Basistextseite

① Einstiegskasten

Hier wird dir gezeigt, mit welchem Inhalt sich diese Seite beschäftigt.

② Lernwörterbox

Die wichtigsten Begriffe werden hier für dich gesammelt. Viele von ihnen findest du außerdem im Lexikon.

③ Merk dir!

Die wichtigsten Inhalte werden am Ende der Seite für dich zusammengefasst.

④ Arbeitsaufträge

Leichte (grün) und schwierigere (rot) Arbeitsaufträge unterstützen dich beim selbstständigen Lernen und helfen dir, Wissen anzueignen und anzuwenden.

H0409656

Natur und Technik

Biologie

Differenzierende Ausgabe
Nordrhein-Westfalen

7–10

Cornelsen

Natur und Technik
Biologie

Autorinnen und Autoren: Julia Budde, Meerbusch; Elke Dröge, Bochum; Dr. Stefanie Esders, Fellbach; Michael Jütte, Dortmund; Anja Jütz, Berlin; Sabine Kampmann, Großenkneten; Dr. Walter Kleesattel, Schwäbisch Gmünd; Dr. Ursula Pälchen, Berlin; Cornelia Pätzelt, Borgholzhausen; Dr. Jutta Rach, Münster; Dr. Julia Schwanewedel, Kassel; Prof. Ulrich Weber, Süßen; Karl-Heinz Werner, Klein Nordende

Bearbeiterinnen und Bearbeiter: Michael Jütte, Dortmund; Cornelia Pätzelt, Borgholzhausen; Dr. Jutta Rach, Münster

Auf Basis der Herausgeberschaft von Prof. Dr. Corinna Hößle beim Vorgängerband.

Redaktion: Christine Amling, Ulrike Reinold

Berater: Hans Tüllmann, Münster; Franz Walz, Billigheim; Ralf Weichselgärtner, Reken

Designberatung: Ellen Meister

Bildrecherche: Kathrin Kretschmer, Berlin

Der Aufbau dieses Buches folgt dem Kernlehrplan für das Fach Biologie des Ministeriums für Schule und Weiterbildung des Landes Nordrhein-Westfalen, in Kraft gesetzt zum 01.08.2011.

Die Abfolge der Inhaltsfelder ist nicht starr, sondern kann durch die Fachkonferenzen didaktisch begründet verändert werden. Deshalb sind nicht alle im Buch angegebenen Beispiele obligatorisch zu behandeln. So ist innerhalb des Inhaltsfeldes „Ökosysteme und ihre Veränderungen" eine lehrplankonforme Auswahl durch die Fachkonferenzen vorzunehmen.

Illustration und Grafik: diGraph, Lahr; Peter Hesse, Berlin; Kurt Krischke, Marbach; Jörg Mair, München; Karin Mall, Berlin; Heike Möller, Rödental; Lutz-Erich Müller, Leipzig; Hans Wunderlich, Berlin

Layoutkonzept: Rosendahl Grafikdesign, Berlin
Technische Umsetzung: Rosendahl Grafikdesign, Berlin; zweiband.media, Berlin
Umschlaggestaltung: SOFAROBOTNIK GbR, Augsburg und München

www.cornelsen.de

Dieses Werk berücksichtigt die Regeln der reformierten Rechtschreibung und Zeichensetzung. Bei den mit **R** gekennzeichneten Texten haben die Rechteinhaber einer Anpassung widersprochen.

1. Auflage, 2. Druck 2014

Alle Drucke dieser Auflage sind inhaltlich unverändert und können im Unterricht nebeneinander verwendet werden.

Druck: Stürtz GmbH, Würzburg

ISBN 978-3-06-014803-5

Inhalt gedruckt auf säurefreiem Papier aus nachhaltiger Forstwirtschaft.

Inhalt

Lebewesen bestehen aus Zellen

Das Mikroskop ermöglicht uns den Blick in eine mit bloßem Auge unsichtbare Welt. Es zeigt uns die Welt der kleinsten Lebewesen. Alle Lebewesen bestehen aus kleinen Bausteinen, die man Zellen nennt. Pflanzen, Tiere und auch der Mensch sind aus Zellen aufgebaut. Wie Zellen aussehen und sich unterscheiden, erfährst du in diesem Kapitel.

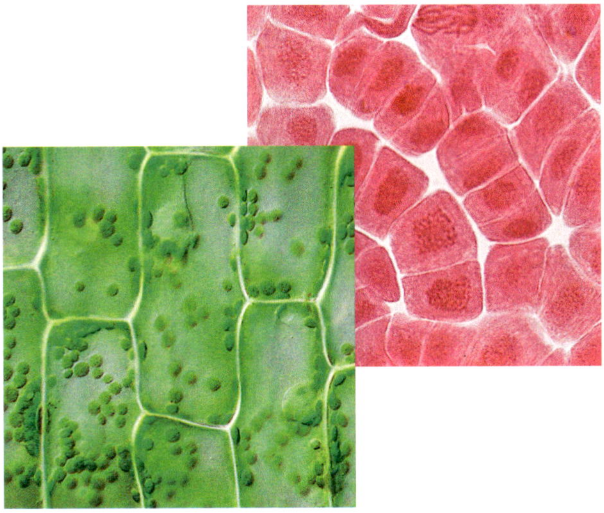

1 Alle Lebewesen bestehen aus Zellen. Doch wie unterscheiden sich pflanzliche und tierische Zellen? (Siehe Seite 12.)

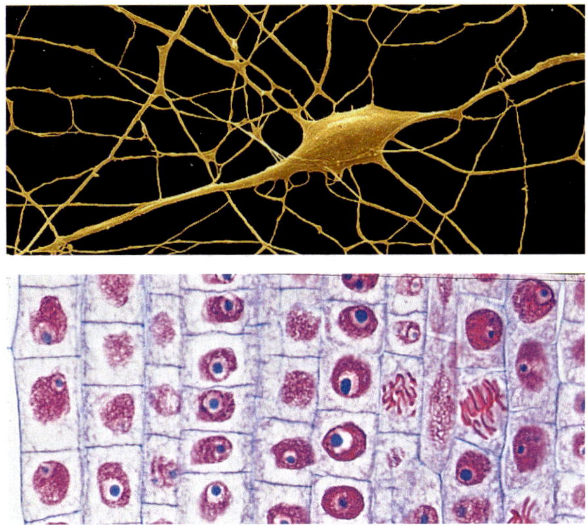

2 Arbeitsteilung unter Zellen – wie funktioniert das? (Siehe Seite 18.)

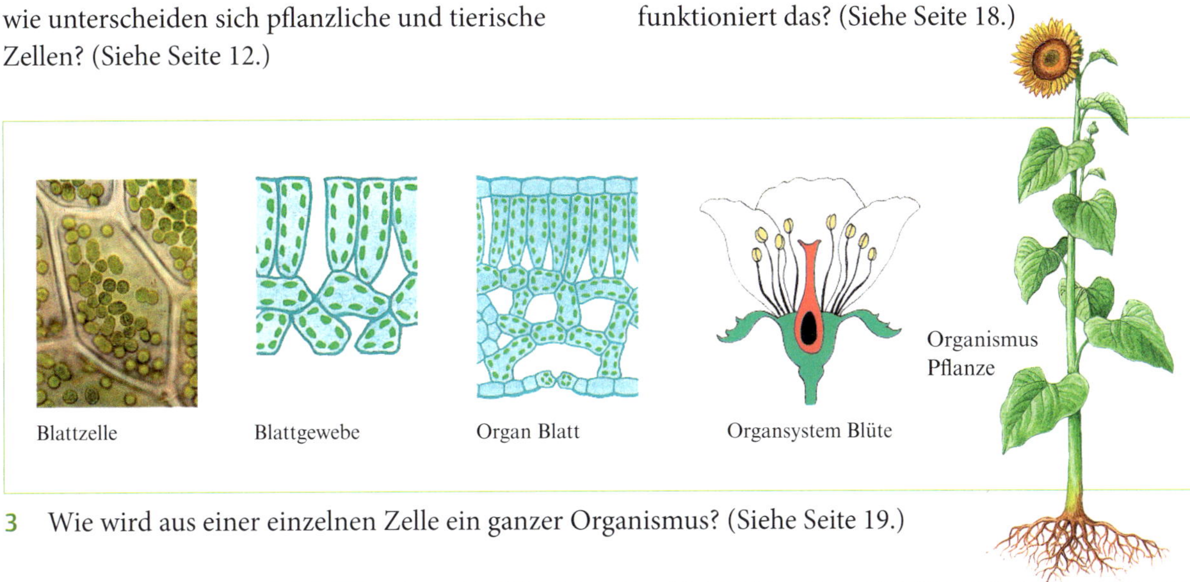

3 Wie wird aus einer einzelnen Zelle ein ganzer Organismus? (Siehe Seite 19.)

4 Das ist doch nur schmutziges Wasser oder? (Siehe Seite 20.)

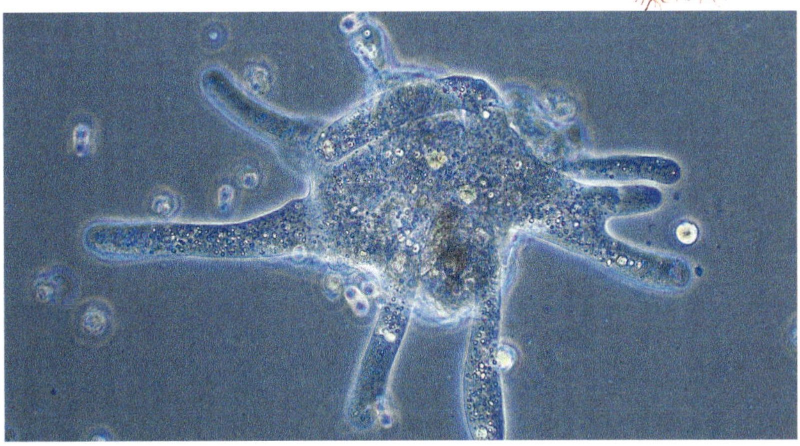

5 Kleinstlebewesen, die nur aus einer einzigen Zelle bestehen – gibt es sie wirklich? (Siehe Seite 22.)

Ein Blick in die Welt des Kleinen: zuerst mit der Lupe, dann mit dem Lichtmikroskop. Je besser die technischen Hilfsmittel, desto mehr können wir erkennen. Wie funktioniert diese Art von Vergrößerung?

1 Die Wasserpest eignet sich gut zum Mikroskopieren.

Eine Reise in die Welt des Kleinen

Die Grenzen unseres Auges

Je näher du den Zweig der Wasserpest an dein Auge heranführst, umso mehr Einzelheiten erkennst du. → 1 Bringst du die Pflanze näher als 25 cm an dein Auge, wird das Bild unscharf und du kannst keine weiteren Feinheiten mehr erkennen.

Lupenvergrößerung

Mit der **Lupe** siehst du das Blatt der Wasserpest auch noch scharf, wenn du es näher heranrückst. Es erscheint jetzt größer. Deutlich erkennst du, wie die Blattoberfläche gestaltet ist. Lupen sind bauchige, also nach außen gewölbte Linsen aus Glas oder durchsichtigem Kunststoff. Durch die bauchige Form haben die Lupen eine Vergrößerungswirkung. Je stärker die Linse gewölbt ist, desto stärker kann sie vergrößern. Einfache Lupen vergrößern etwa 5-fach, stärkere Lupen bis zu 20-fach. Es gibt verschiedene Arten von Lupen. → 2

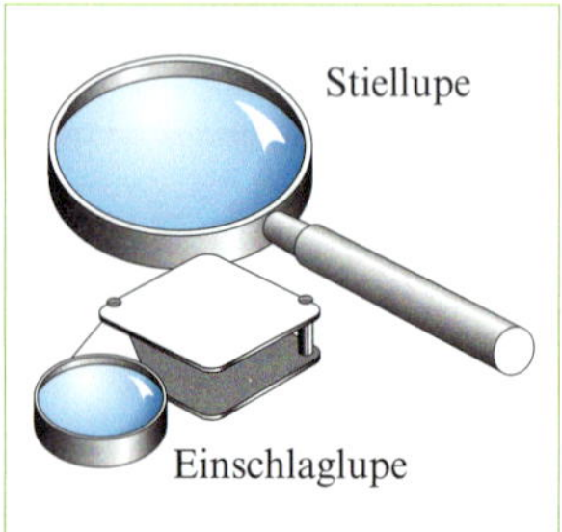

2 Verschiedene Lupentypen

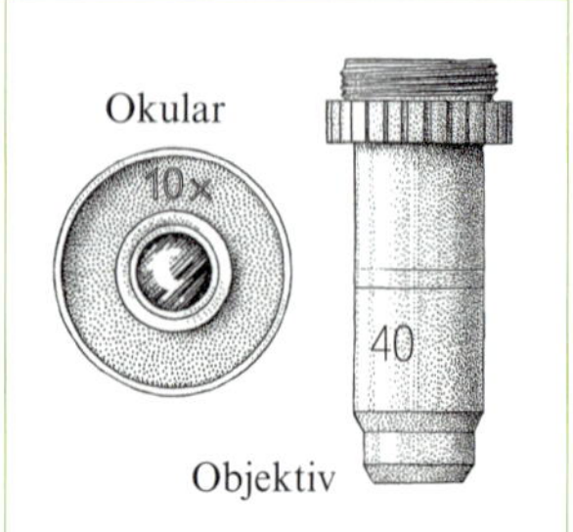

3 Okular und Objektiv

Kleine Welt ganz groß

Mit einem **Lichtmikroskop** können Bilder von Dingen, sogenannten **Objekten**, erzeugt werden, die weder mit dem bloßen Auge noch mit einer einfachen Linse erkennbar sind. → 4 Hier sind verschiedene Glaslinsen, **Okular** und **Objektiv**, hintereinander angeordnet. → 3 Je nach Linsenform vergrößern Lichtmikroskope bis zu 1000-fach.

Lichtmikroskop
Lupe
Objekt
Objektiv
Objektträger
Okular
Präparat

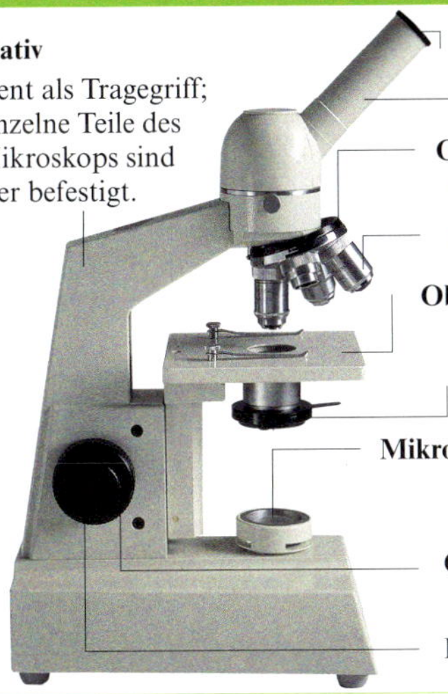

Teile des Mikroskops	Aufgaben
Stativ	dient als Tragegriff; einzelne Teile des Mikroskops sind hier befestigt.
Okular	vergrößert wie eine Lupe (4- oder 10-fach).
Tubus	verbindet Okular und Objektiv.
Objektivrevolver	Durch Drehen wird ein anderes Objektiv eingestellt.
Objektiv	vergrößert das Objekt.
Objekttisch	Objektträger mit dem Objekt wird hier aufgelegt und befestigt.
Blende	reguliert Helligkeit und Kontrast des Bildes.
Mikroskopierleuchte	liefert Licht zur Durchleuchtung des Objekts.
Grobtrieb	dient der ersten Scharfeinstellung des Bildes.
Feintrieb	dient der genauen Scharfeinstellung des Bildes.

4 Aufbau des Lichtmikroskops und die Aufgaben der einzelnen Teile

Damit man auch etwas sieht

Die Objekte, die man mit dem Mikroskop untersuchen will, müssen durchsichtig sein. Dazu werden Gegenstände sehr dünn geschnitten. Jedes Objekt wird auf eine kleine Glasplatte, den **Objektträger**, gelegt. So erhältst du ein **Präparat**.

So ermittelst du die Vergrößerung eines Lichtmikroskops

Die Zahl auf dem Objektiv gibt an, wievielmal das Bild des Objekts vergrößert wird. Die Zahl auf dem Okular zeigt, wievielmal das Bild dadurch zusätzlich vergrößert wird. Du multiplizierst die Vergrößerung des Okulars mit der Vergrößerung des Objektivs und erhältst die Gesamtvergrößerung des Mikroskops.

→ Merk dir! Zellen sind so klein, dass man sie nur mithilfe eines Mikroskops sichtbar machen und untersuchen kann. Wie stark ein Mikroskop vergrößert, ist davon abhängig, wie stark seine Linsen gewölbt sind.

Arbeitsaufträge

1. Nenne Berufe, bei denen ein Mikroskop eingesetzt wird.

2. Betrachte den Zweig einer Wasserpestpflanze aus der Nähe.
- **a** Führe ihn immer näher an dein Auge heran. Wenn das Bild unscharf wird, hast du den „Nahpunkt" deiner Augen erreicht. Bestimme diese Entfernung.
- **b** Welche Einzelheiten der Pflanze kannst du erkennen?

3. Betrachte das Blättchen der Wasserpest mit einer Lupe.
- **a** Beschreibe, was sich gegenüber der Betrachtung mit bloßem Auge ändert.
- **b** Bestimme die Entfernung, bei der du das Blatt gerade noch scharf siehst. Achte auf die Größe des Blattes und seine Oberflächengestaltung.
- **c** Probiere auch Lupen aus, die unterschiedlich stark vergrößern. Achte auf die Form und Dicke der Gläser.

Untersuchungen mit dem Mikroskop zeigen, dass alle Lebewesen aus Zellen bestehen. Jede Zelle ist aus mehreren Bestandteilen aufgebaut. Sind aber alle Zellen wirklich gleich aufgebaut oder gibt es Unterschiede zwischen Pflanze, Tier und Mensch?

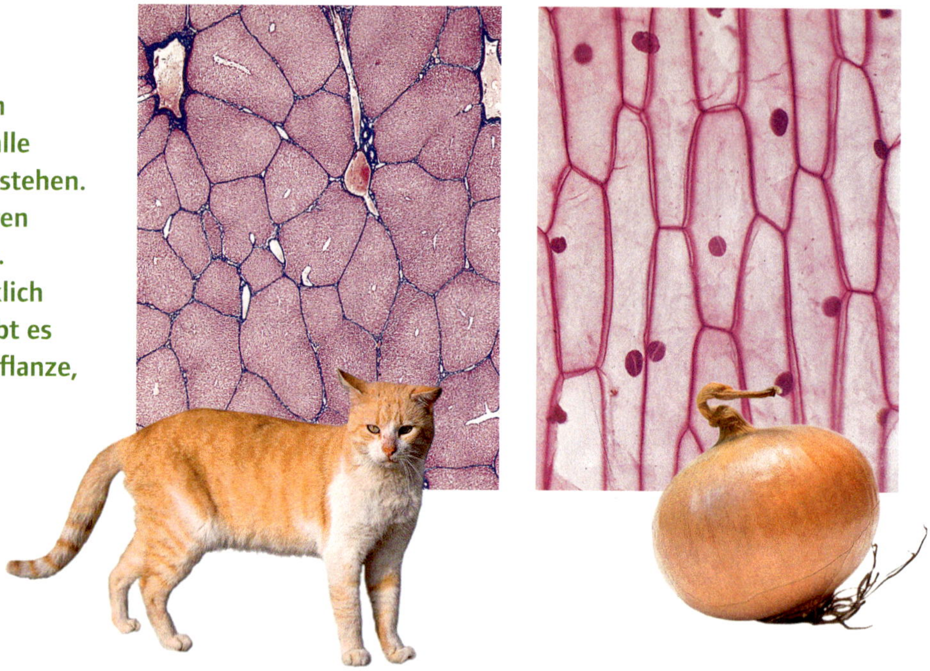

1 Alle Lebewesen bestehen aus Zellen.

Zellen von Pflanze, Tier und Mensch

Gemeinsamkeiten von Zellen

Die Zellen von Pflanze, Tier und Mensch sind ungefähr gleich groß. Im Durchschnitt misst eine Zelle nur einige tausendstel Millimeter. Zu Beginn ihres Lebens bestehen alle Vielzeller nur aus einer einzigen Zelle.

Pflanzenzellen

Eine **Zellwand** umgibt die Pflanzenzelle als feste Hülle. Sie besteht vor allem aus Cellulose und wird von winzigen Poren durchbrochen. Über diese „Tüpfel“ stehen die Zellen untereinander in Verbindung. Unter der Zellwand befindet sich die **Zellmembran**, die das **Zellplasma** umgibt. → 2 Sie ist für Wasser und gelöste Stoffe durchlässig. Dadurch wird der Stoffaustausch zwischen benachbarten Zellen möglich. Das Zellplasma ist eine zähflüssige, von Körnchen durchzogene Masse. Es ist ständig in Bewegung. Auf diese Weise werden Stoffe durch die Zelle transportiert.

Im Innern der Pflanzenzelle

Im Zellplasma befindet sich der **Zellkern.** Er enthält die Erbinformation und steuert die Lebensvorgänge der Zelle. Die Zellen der Blätter und anderer grüner Teile der Pflanze enthalten die Blattgrünkörner, auch **Chloroplasten** genannt. → 2 Mithilfe des Sonnenlichts stellen sie energiereiche Stoffe her. Die Mitte der Pflanzenzellen wird von einem oder mehreren **Zellsafträumen** ausgefüllt. Sie enthalten Wasser, überschüssigen Zucker, Mineral- und Farbstoffe.

Chloroplast
Zellkern
Zellmembran
Zellplasma
Zellsaftraum
Zellwand

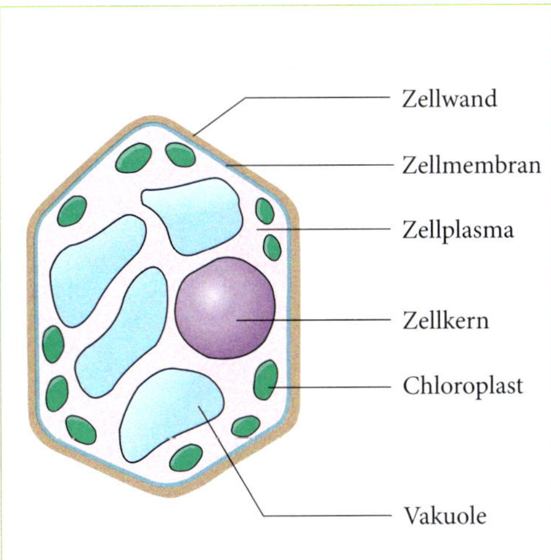

2 Schema einer Pflanzenzelle

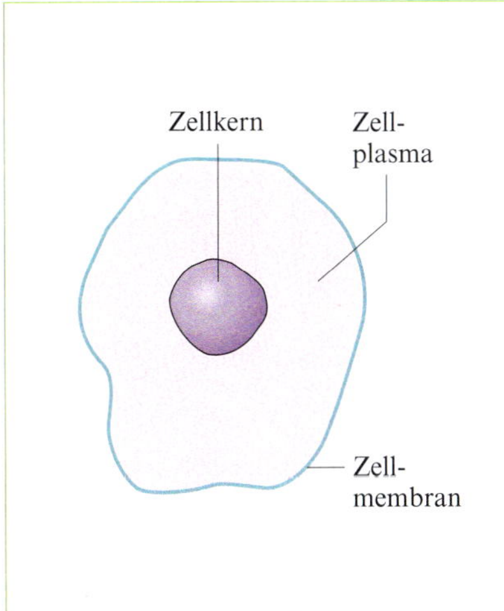

3 Schema einer Tierzelle

Tier- und Menschenzellen

Sie besitzen wie die Pflanzenzellen eine Zellmembran, ein Zellplasma und einen Zellkern. → 3 Eine Zellwand, Chloroplasten sowie Zellsafträume fehlen jedoch. Speicherstoffe werden in winzigen Tröpfchen im Zellplasma eingelagert.

→ **Merk dir!** Alle Pflanzen, Tiere und Menschen bestehen aus Zellen mit einer Zellmembran, dem Zellplasma und dem Zellkern. Pflanzenzellen haben zusätzlich Zellwände und können außerdem Zellsafträume und Chloroplasten enthalten.

Arbeitsaufträge

1. Ein Modell ist ein Hilfsmittel der Wissenschaft.

- **a** Überlege, welche Teile das Modell einer Pflanzenzelle enthalten muss. Wähle geeignetes Material. → 4 Ordne es so an, dass es mit der Wirklichkeit weitgehend übereinstimmt, und klebe die Teile zusammen.
- **b** Erkläre, welche Unterschiede dein Modell im Vergleich zur wirklichen Zelle aufweist.
- **c** Was kann dein Modell veranschaulichen?

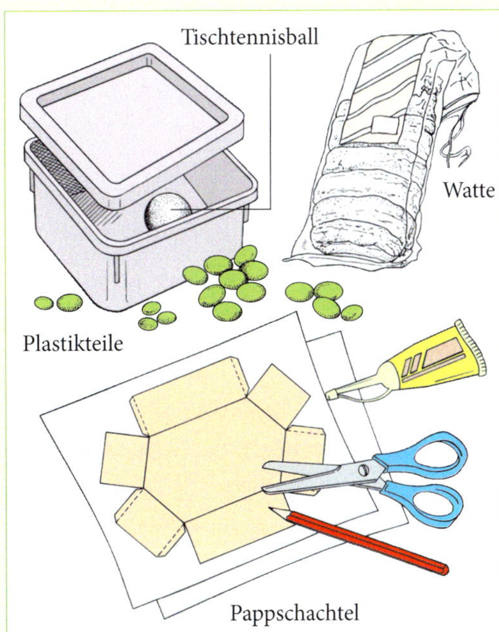

4 Materialien zum Bau eines Zellmodells

Wir üben das Mikroskopieren

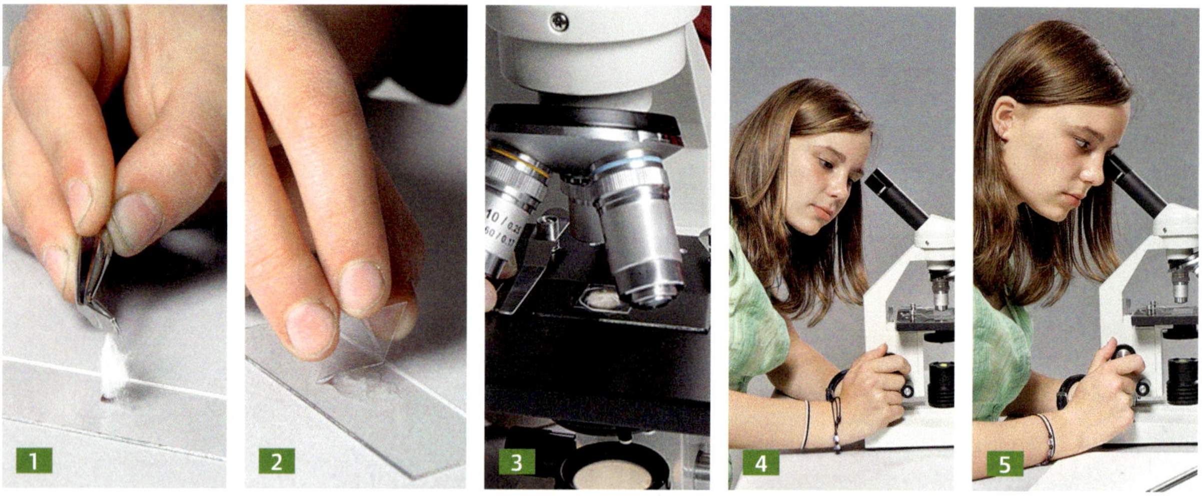

1–5 Die Einzelschritte beim Mikroskopieren

Mikroskopieren in 6 Schritten

Schritt 1 Achte vor dem Mikroskopieren auf die Grundeinstellung des Mikroskops:
Das kleinste Objektiv ist eingeschwenkt.
Der Objekttisch ist weit nach unten gedreht.
Die Blende ist zu etwa einem Drittel geöffnet.
Schalte die Beleuchtung zu Beginn der Mikroskopierarbeit ein und nach Beendigung ab.

Schritt 2 Zum Mikroskopieren eignen sich nur dünne, durchscheinende Objekte. Dickere Objekte werden in feine Scheiben geschnitten. Gib mit der Pinzette das Objekt in einen Wassertropfen auf den Objektträger und decke es mit einem Deckglas ab. → 1, 2 Lege das fertige Präparat so auf den Objekttisch, dass es über der Öffnung auf dem Objekttisch liegt. → 3

Schritt 3 Betrachte das Präparat zunächst mit der kleinsten Objektivvergrößerung. Stelle immer erst mit dem Grobtrieb scharf und reguliere mit dem Feintrieb. Drehe dann mit dem Objektivrevolver das nächste Objektiv ein. Zum Scharfstellen drehst du den Tisch vorsichtig nach oben. Achte darauf, dass sich Objektiv und Objekt nicht berühren, indem du von der Seite kontrollierst. → 4, 5

Schritt 4 Stelle die richtige Blende ein. Den besten Kontrast erreichst du, wenn du die Blende so weit öffnest, dass die Ränder gerade aus dem Lichtfeld verschwinden. Öffne und schließe die Blende. Du siehst, wie sich das ausgeleuchtete Feld verändert.

Schritt 5 Durchmustere das Präparat. Verschiebe es dazu vorsichtig auf dem Objekttisch, bis in der Bildmitte eine günstige Stelle erscheint. Halte beim Mikroskopieren immer beide Augen offen.

Schritt 6 Zum Beenden des Mikrokopierens entfernst du das Präparat und stellst das kleinste Objektiv ein. Schalte die Lampe aus. Wickle das Kabel locker um den Stativfuß und bringe das Mikroskop an seinen Standort zurück.

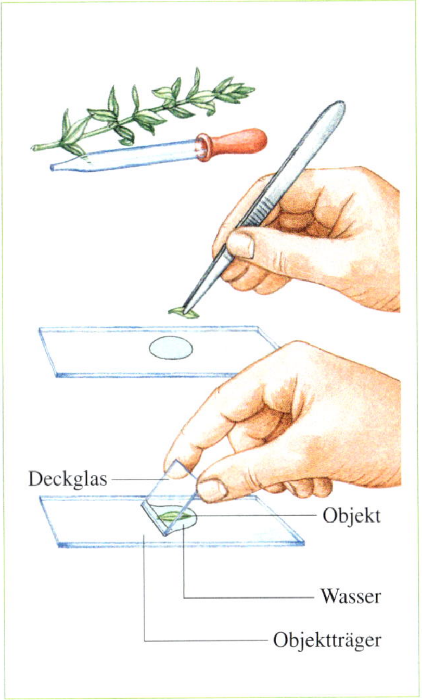

6 Herstellen eines Präparats vom Blättchen der Wasserpest

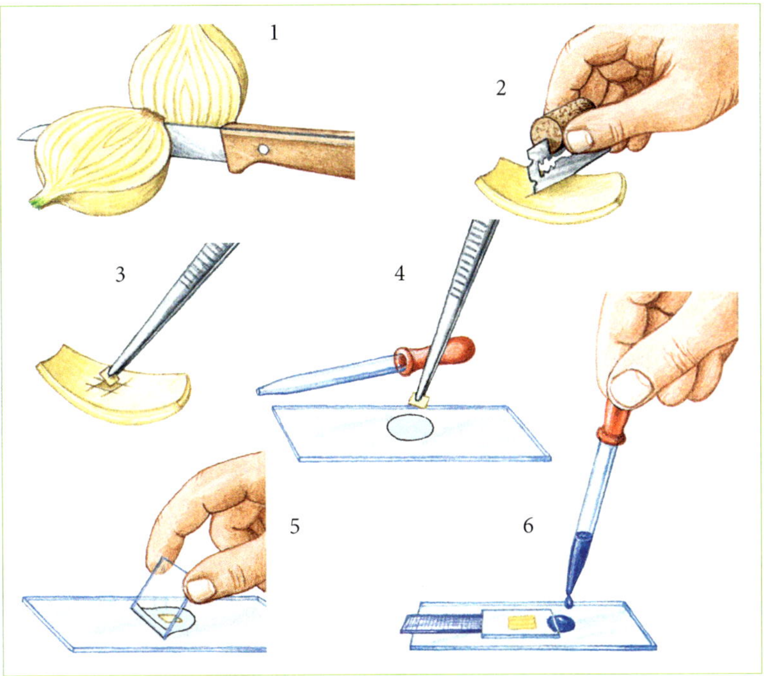

7 Präparieren eines Zwiebelhäutchens und Anfärben eines Präparats

Arbeitsaufträge

1. Vergrößern mit dem Lichtmikroskop

a Zupfe mit der Pinzette ein Blättchen der Wasserpest ab. Gib es auf den Objektträger in einen Wassertropfen und decke es mit einem Deckgläschen vorsichtig ab. → 6

b Stelle zunächst bei schwächster Vergrößerung scharf. Vergrößere nun stärker.

c Du siehst jetzt, dass das Blatt der Wasserpest aus Zellen aufgebaut ist. Wie sind die einzelnen Zellen voneinander getrennt? Welche weiteren Zellbestandteile fallen dir auf?

2. Zellen der Küchenzwiebel Die feinen Häutchen an der Innenseite einer Zwiebelschuppe eignen sich gut zur Herstellung eines Präparats. → 7

a Halbiere eine Zwiebel mit dem Messer.

b Löse eine Schale heraus. Ritze mit der Rasierklinge in die nach innen gewölbte Seite der Schale ein Muster kleiner Quadrate.

c Löse mit der Pinzette ein Hautstückchen.

d Fertige ein Präparat an und mikroskopiere. Welche Zellbestandteile erkennst du?

e Schließe die Blende, um den Kontrast zu erhöhen. Wie ändert sich das Bild?

f Zeichne und beschrifte einen Ausschnitt deines Präparats mit wenigen Zellen.

Anfärben eines Präparats Oft sind die feinen Grauabstufungen der Zellbestandteile im Lichtmikroskop kaum zu unterscheiden. Mit Farbstoffen lassen sich die Zellbestandteile unterschiedlich anfärben. → 7

g Tropfe die Färbelösung Methylenblau auf einen Objektträger. Lege ein Hautstückchen der Zwiebelschale hinein und mikroskopiere.

h Vergleiche gefärbte und ungefärbte Zellen. Worin unterscheiden sie sich?

i Probiere auch andere Färbelösungen aus (zum Beispiel Iod-Kaliumiodid-Lösung).

Unsichtbares sichtbar machen

1. Sind Zucker- und Salzkristalle gleich?

Ihr braucht: 1 Stück Kandis, je 1 Spatelspitze Zucker und Salz, Mikroskop, Objektträger, wasserfesten Filzstift, spitzen Bleistift, unliniertes Papier.

a Betrachte den Kandis, beschreibe und zeichne sein Aussehen.
b Untersuche die Zucker- und Salzkristalle. Notiere Gemeinsamkeiten und Unterschiede der Kristalle.

Unterteile den Objektträger mit dem Filzstift in zwei Hälften. Beschrifte die linke Hälfte mit „Z" für Zucker, die rechte mit „S" für Salz. Gib jeweils eine Spatelspitze Zucker auf die linke und eine Spatelspitze Salz auf die rechte Seite. → 1
Lege deinen Objektträger auf den Objekttisch deines Mikroskops und mikroskopiere deine Präparate mit verschiedenen Vergrößerungen.

c Zeichne dein „Z-Präparat" und vergleiche Präparat und Zeichnung mit dem Kandis.
d Zeichne dein „S-Präparat".
e Vergleiche die Zucker- und Salzkristalle miteinander, sowohl im mikroskopischen Bild als auch in deiner Zeichnung. Nenne Gemeinsamkeiten oder Unterschiede.

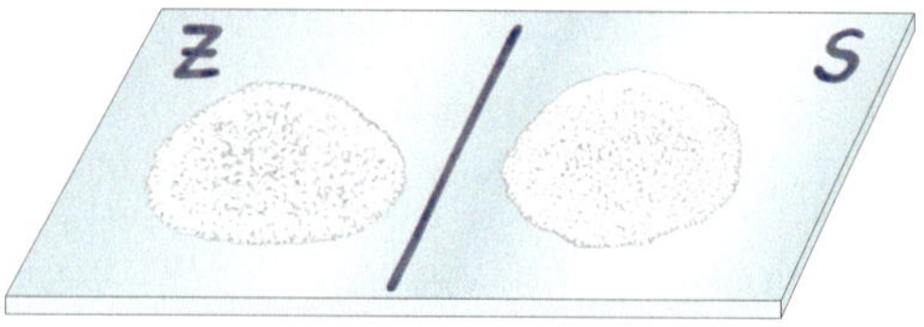

1 Mikroskopieren verschiedener Kristalle

2. Wodurch wird die Vogelfeder stabil?

Ihr braucht: 2 Vogelfedern (Deckfedern), Mikroskop, Objektträger, Klebefilmstreifen, Schere.

a Untersuche zunächst die Feder und beschreibe ihren Aufbau, ihre Form und ihre Oberfläche. → 2

Schneide einen kleinen Teil aus der Fahne und klebe ihn mit dem Klebestreifen auf den Objektträger. Lege dieses Präparat auf den Objekttisch deines Mikroskops. Betrachte den Rand der Feder mit verschiedenen Vergrößerungen.

b Notiere deine Beobachtungen in der Feinstruktur. Zeichne dein Präparat bei 100-facher Vergrößerung.
c Streife die Feder gegen den Strich. Beschreibe deine Beobachtungen. Erkläre, welche Aufgabe die Hakenstrahlen haben könnten.
d Vögel zersausen ihr Federkleid im Geäst oder im Kampf. Erkläre, wie sie die auseinanderklaffenden Federn wieder „reparieren".
e Nenne Beispiele, wie sich der Mensch die Technik mit den Hakenstrahlen zunutze gemacht hat, und erkläre die Technik.

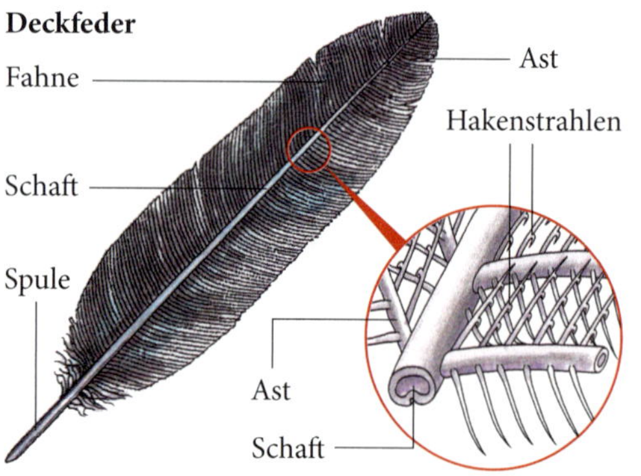

2 Aufbau der Vogelfeder

3. Pollen, nur gelber Staub?

Ihr braucht: Birkenpollen, Lilienpollen, Mikroskop, Objektträger, Klebefilmstreifen, 2 Pinsel.

Tauche zunächst einen sauberen Pinsel in den Birkenpollen und streife ihn auf deinem Objektträger aus. Fixiere den Pollen auf dem Objektträger mit dem Klebefilmstreifen. Der Filmstreifen muss straff gespannt sein und dicht am Objektträger anliegen.
Mikroskopiere deinen Birkenpollen bei verschiedenen Vergrößerungen.
Verfahre anschließend ebenso mit dem Lilienpollen, benutze für das Ausstreichen des Pollens den zweiten sauberen Pinsel.

a Fertige von deinen Pollenpräparaten jeweils eine mikroskopische Zeichnung an.

b Vergleiche die Pollen miteinander. Notiere deine Beobachtungen, die du beim Ausstreichen des Pollens und beim Mikroskopieren gemacht hast.

c Erkläre anhand deiner Beobachtungen die unterschiedliche Verbreitung der Pollen.

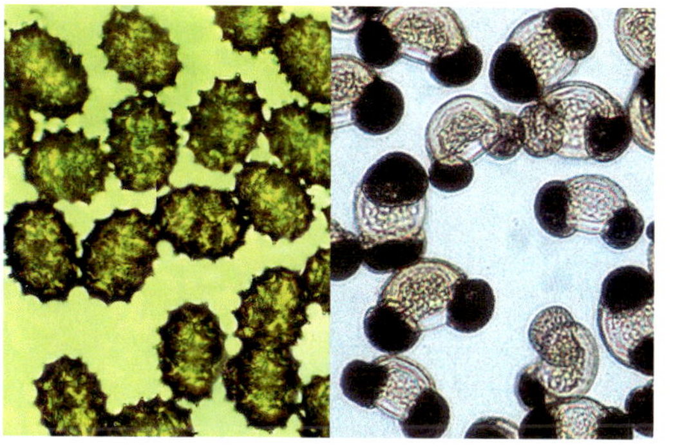

3 Durch Insekten (links) und Wind (rechts) verbreitete Pollen

4. Wieso brennt die Brennnessel?

Ihr braucht: 1 ausgewachsene Brennnessel, Mikroskop, Objektträger, Schere.

Schneide ein etwa 1 cm langes Stück vom Blattstiel der Brennnessel ab und lege es auf den Objektträger.
Lege dein so angefertigtes Präparat auf den Objekttisch des Mikroskops.
Betrachte dein Präparat bei verschiedenen Vergrößerungen und vergleiche mit Abbildung 4.

a Fertige eine mikroskopische Zeichnung bei kleiner und großer Vergrößerung an.

b Konzentriere dich auf die Spitze des Brennhaares und die Wandstärke. Beschreibe die Wandstärke im Verlauf des Brennhaares.

c Vergleiche verschiedene Brennhaare deines Präparats. Erkläre die Unterschiede.

d Erkläre die Funktion der Brennhaare.

4 Brennhaare der Brennnessel

Aus einem Bohnensamen keimt eine neue Bohnenpflanze und wächst heran. Wie kann die Pflanze wachsen? Vermehren sich die Zellen oder werden die Zellen größer? Übernehmen neu entstehende Zellen unterschiedliche Aufgaben für die Pflanze?

1 Keimende Gartenbohne

Zellen teilen, wachsen und verändern sich

Zellteilung

Die Bohnenpflanze entsteht durch **Zellteilungen**. Aus einer einzigen befruchteten Eizelle entwickeln sich viele weitere Zellen. Bei jeder Teilung bilden sich aus einer Mutterzelle zwei Tochterzellen. Sie enthalten die gleiche Erbinformation wie die Mutterzelle. Die Zellteilung läuft bei Pflanze, Tier und Mensch gleich ab. Aus jeweils einer Mutterzelle entstehen bei allen Lebewesen zwei identische Kopien: die Tochterzellen.

Wachstum und Arbeitsteilung

Die Tochterzellen wachsen nach der Zellteilung heran. Sie verändern ihre äußere und innere Form und übernehmen unterschiedliche Aufgaben. → 2 Durch diese **Differenzierung** entwickeln sich beispielsweise Zellen, die Wasser aus dem Boden aufnehmen, andere sind für die Herstellung und Speicherung von Stoffen zuständig. → 3 Diese Arbeitsteilung erhöht die Leistungsfähigkeit eines Lebewesens.

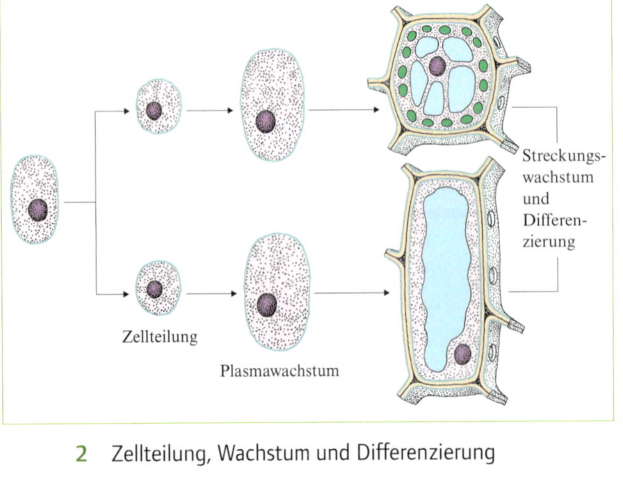

2 Zellteilung, Wachstum und Differenzierung

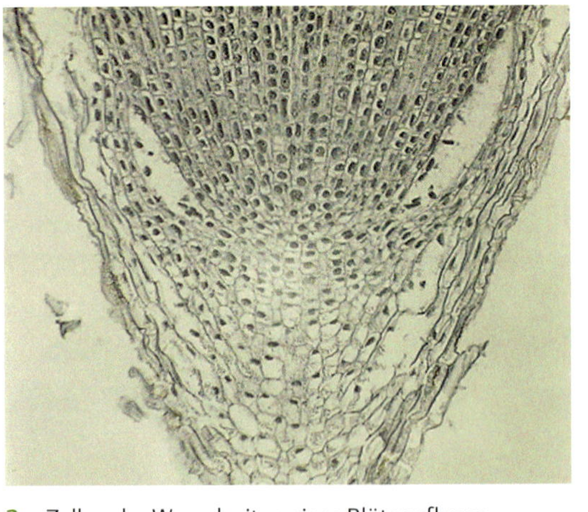

3 Zellen der Wurzelspitze einer Blütenpflanze

Differenzierung
Gewebe
Organ
Organismus
Zellteilung
Zellverband

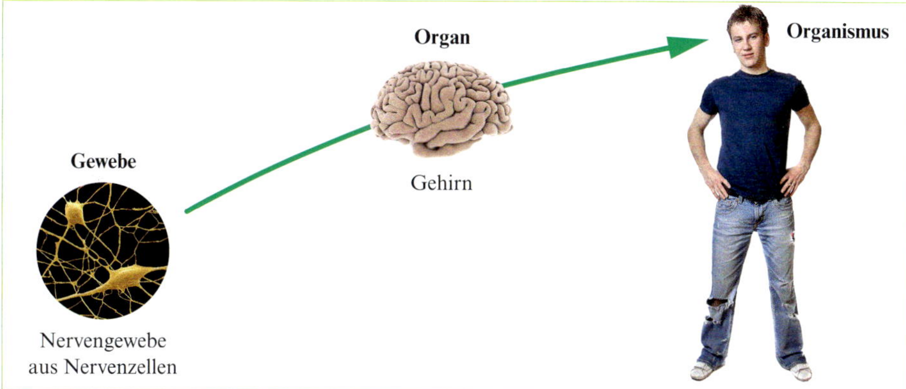

4 Von der Zelle zum Organismus

Zellformen und Aufgaben der Zellen bei Tier und Mensch

Die Zellen von Tier und Mensch sind sehr unterschiedlich gestaltet. Je nach Aufgabe, die sie zu erfüllen haben, sind sie verschieden gebaut. Oft fallen die Unterschiede mehr auf als die gemeinsamen Baumerkmale. Neben verzweigten Nervenzellen mit langen Fortsätzen gibt es spindelförmige Muskelzellen, fast runde Drüsenzellen, rote Blutzellen und viele mehr.

Gewebe und Organe

Gleichartige Zellen bilden **Zellverbände** mit einheitlicher Funktion, die man Gewebe nennt. Bei Tieren und beim Menschen bilden Knochen- und Knorpelzellen das Stützgewebe, Muskelzellen das Muskelgewebe und Nervenzellen das Nervengewebe. → 4 Mehrere Gewebe bilden schließlich **Organe** aus. Dabei stellt meist ein Gewebetyp den Hauptanteil. So findet man im Organ Herz neben Muskelgewebe auch Nervengewebe und ein Deckgewebe, das das Herz umgibt. Jedes Organ trägt mit seinen Fähigkeiten zum Funktionieren des Körpers bei. Alle Organe zusammen bilden den Körper. Man nennt ihn deshalb auch **Organismus**.

> → Merk dir! Alle Lebewesen bestehen aus Zellen, die durch Zellteilung aus einer Zelle entstanden sind. Gleichartige Zellen bilden Gewebe mit einheitlicher Aufgabe. Verschiedene Gewebe bilden zusammen Organe aus.

Arbeitsaufträge

1. Vergleiche verschiedene Zellformen.
- **a** Nenne Gemeinsamkeiten und Unterschiede der verschiedenen Zelltypen.
- **b** Stelle jeweils einen Zusammenhang zwischen Bau und Aufgabe der betreffenden Zelle her.

2. Bringe folgende Begriffe in eine hierarchische Reihenfolge: Nervenzellen, Gehirn, Zellkern, Nervengewebe, Hund.

3. Beim Schwitzen arbeiten viele Gewebe und Organe zusammen.
- **a** Überlege, warum wir beim Sport schwitzen.
- **b** Welche Aufgabe haben dabei die Schweißdrüsen und die Blutgefäße der Haut?

4. Informiere dich darüber, welche Organe zum Nervensystem gehören, welche zum Abwehrsystem des Körpers, welche zum Ausscheidungssystem.

Untersuchen – Entdecken – Zeichnen

1 Ein Heuaufguss entsteht.

In einem Heuaufguss können im Wasser lebende Kleinstlebewesen gezüchtet werden. Viele von ihnen bestehen aus einer einzigen Zelle. Sie sind Einzeller. Bei der Untersuchung mit dem Mikroskop lassen sich verschiedene Arten feststellen und bestimmen.

Ansatz und Untersuchung eines Heuaufgusses

Schritt 1 Gib 1 bis 2 g Heu in ein Glasgefäß. Übergieße es mit 1 Liter Leitungswasser. → 1 Gieße anschließend ein wenig Tümpelwasser zu. Decke das Gefäß mit einer Glasplatte ab. Lass den Heuaufguss bei Zimmertemperatur stehen. Achtung: Nimm nicht mehr als 2 g Heu, da sonst Sauerstoffmangel und Fäulnis auftreten!

Schritt 2 Untersuche den Heuaufguss nach einer Woche und dann alle 2 bis 3 Tage. Entnimm dazu mit einer Pipette einen Wassertropfen aus dem Häutchen, das sich an der Wasseroberfläche bildet. → 2 Mikroskopiere den Wassertropfen.

Schritt 3 Bestimme die gefundenen Arten mithilfe von Bestimmungsliteratur.

Schritt 4 Zeichne einzelne Einzeller bei etwa 400-facher Vergrößerung. → 3, 4

2 Heuaufguss mit Probenentnahme

Tipps für das Anfertigen einer mikroskopischen Zeichnung

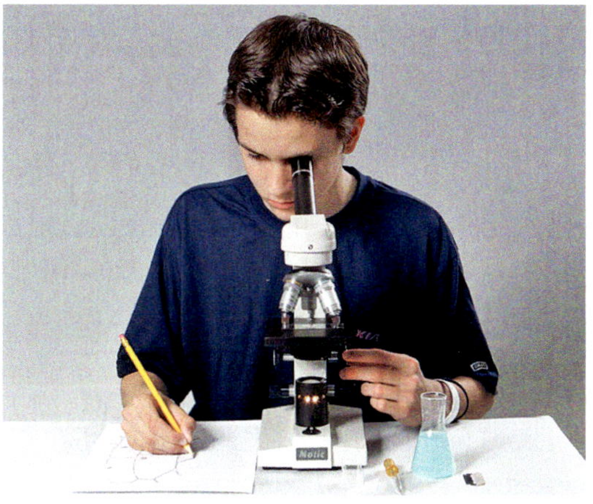

3 Ein mikroskopische Zeichnung wird erstellt.

- Verwende einen gespitzten Bleistift.
- Zeichne möglichst eine halbe Seite groß.
- Lege das Papier rechts neben dein Mikroskop. Dann kannst du mit einem Auge ins Mikroskop, mit dem anderen auf das Blatt schauen. → 3
- Achte darauf, dass du klare und durchgehende Linien zeichnest. Schattierungen, Schraffuren und Farben gehören nicht in eine mikroskopische Zeichnung.
- Beschrifte deine Zeichnung mit dem Namen des Präparats und versuche auch einzelne Zellbestandteile zu benennen.

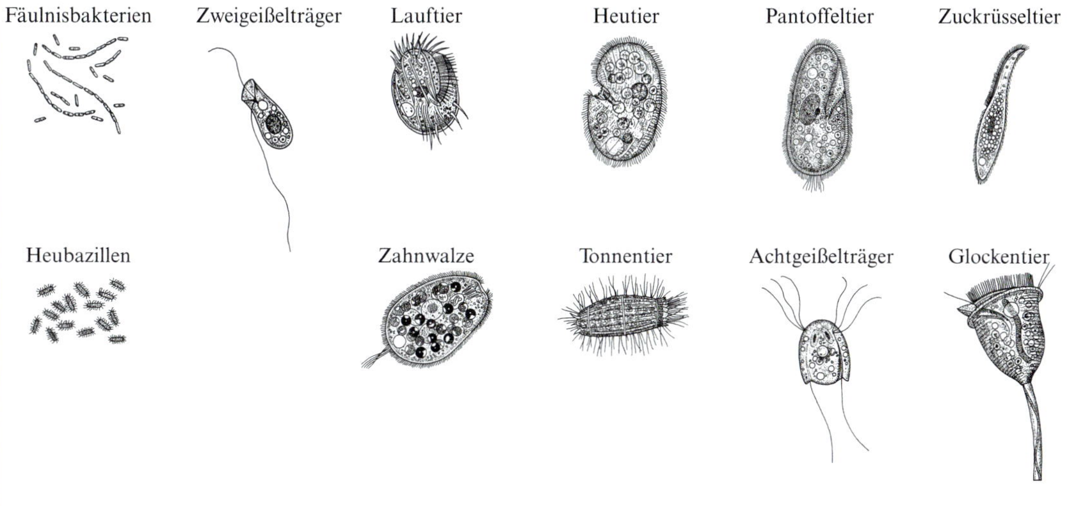

4 Einzeller aus dem Heuaufguss

Arbeitsaufträge

1. Setze einen Heuaufguss an (Schritt 1).
  a Untersuche den Heuaufguss (Schritt 2).
  b Bestimme die gefundenen Einzeller mithilfe von Abbildung 4.
  c Trage alle gefundenen Arten in ein Protokoll ein. Unterscheide dabei nach: selten, mehrere vorhanden und in Massen vorkommend.

2. Beschreibe das Aussehen des Heuaufgusses. Werte deine Untersuchungen nach etwa 4 Wochen aus.
  a Hast du eine Erklärung für das plötzliche Auftreten der Kleinstlebewesen?
  b In welcher zeitlichen Reihenfolge treten die Einzeller gehäuft auf?
  c Informiere dich über Lebensweise und Ernährung der gefundenen Organismen.

Klein, aber oho! – die unsichtbare Welt der Einzeller

Die Rolle der Einzeller

Der Körper der Einzeller besteht aus einer einzigen Zelle, die alle Lebensvorgänge übernimmt: Bewegung, Stoffwechsel, Wachstum, Fortpflanzung und Reizbarkeit. Mehr als 20 000 verschiedene Arten von Einzellern sind bekannt. Sie leben bei unterschiedlichen Temperaturen im Meer oder Süßwasser, in heißen Quellen, feuchten Böden oder im Körper anderer Lebewesen. An vielen Stellen spielen Einzeller eine unersetzliche Rolle, auch wenn sie dabei für unsere Augen unsichtbar bleiben. So reinigen beispielsweise Milliarden von Einzellern einen Großteil unserer Abwässer.

Abwasserreinigung

Festsitzende Glockentiere ernähren sich von Bakterien, Abfallstoffen und Pflanzenresten. → 1 Mit anderen Einzellern und Bakterien sorgen sie für die „Selbstreinigung" der Flüsse. In der biologischen Klärstufe in Kläranlagen bauen sie organische Schmutzstoffe ab. Dazu benötigen sie Sauerstoff.

Verwandlungskünstler Amöbe

Die Amöbe ist im Vergleich zu anderen Einzellern riesig (0,5 mm). Im Mikroskop sieht man sie zunächst nur als kugeliges Schleimklümpchen. Nach einigen Minuten schieben sich wurzelförmige Scheinfüßchen vor, die bei der kleinsten Erschütterung wieder eingezogen werden und danach an anderer Stelle neu erscheinen. → 2 Die Zellmembran wölbt sich hier vor, das Zellplasma strömt nach. Das Außenplasma ist klar und dickflüssig, das Zellplasma im Innern der Zelle, das Innenplasma, ist trübe und dünnflüssig. Hier liegen der Zellkern und die anderen Zellbestandteile. Die Amöbe ändert ständig ihre Gestalt. Man nennt sie deshalb auch Wechseltier. Beim Vorwärtskriechen überfließt sie Sandkörner, Pflanzenreste, andere Einzeller und Bakterien. Die Nährstoffe gelangen ins Zellplasma. Unverdauliche Reste bleiben beim Weiterfließen liegen.

Gefährliche Krankheitserreger

Eine bestimmte Amöbenart kann im Darm des Menschen leben und über das Blut im

1 Kolonie von Glockentierchen

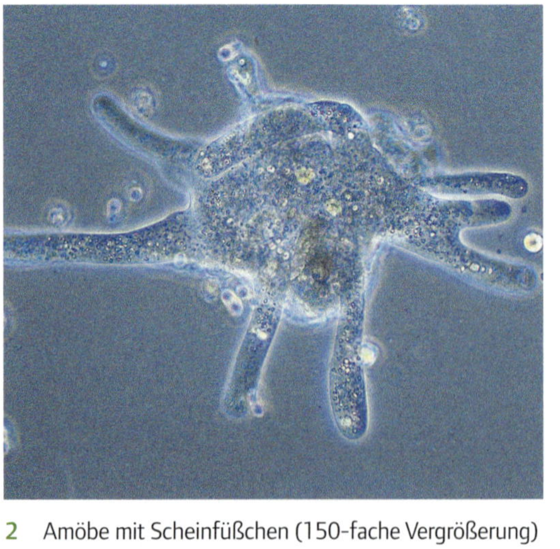

2 Amöbe mit Scheinfüßchen (150-fache Vergrößerung)

Körper verteilt werden. Der Betroffene erkrankt an Amöbenruhr. Der Erreger der Malaria – eine in südlichen Ländern weitverbreitete Krankheit – ruft Fieberanfälle hervor. Der Einzeller (Plasmodium) befällt die roten Blutkörperchen und vermehrt sich dort. → 3

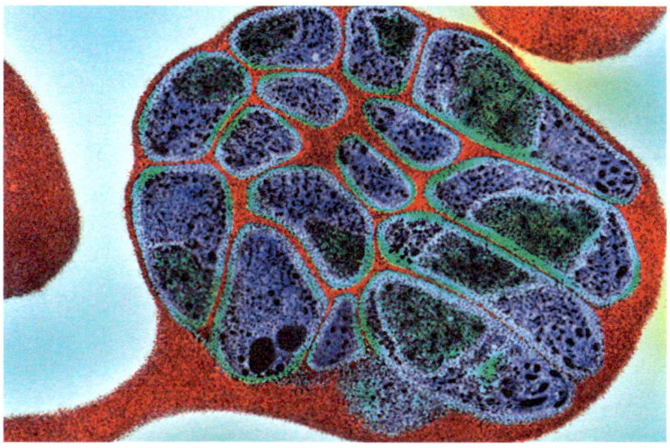

3 Plasmodien in roten Blutkörperchen (13 000-fache Vergrößerung)

Meeresleuchten

Bei windstillem Wetter sammeln sich Millionen von Einzellern an der Meeresoberfläche und bilden eine mehrere Zentimeter dicke Schicht. Wenn der Wind diese Schicht bewegt, entsteht ein gelbgrünes Leuchten. → 4 Der bis zu 2 mm große Einzeller wandelt einen Teil seiner Energie in Lichtenergie um.

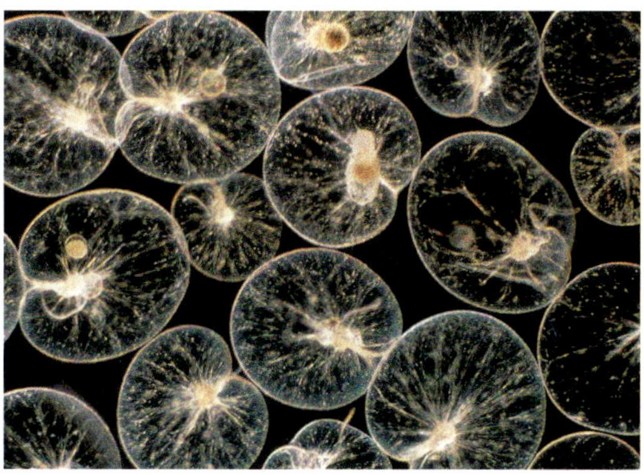

4 Meeresleuchten

Pantoffeltiere – blitzschnelle Schwimmer

Mehr als 10 000 feine Wimpern treiben das Pantoffeltier im Wasser vorwärts. → 5 Die Wimpern dienen zum Schwimmen, am Mundfeld strudeln sie Bakterien, Algen und kleine Einzeller als Nahrung herbei. Pantoffeltiere können sich schnell vermehren. Dazu verdoppeln sie zuerst den Zellkern und die übrigen Zellbestandteile. Dann teilt sich die Zelle quer. Die geteilte Zelle geht ganz in den beiden Tochtertieren auf. Nichts bleibt übrig, nichts stirbt.

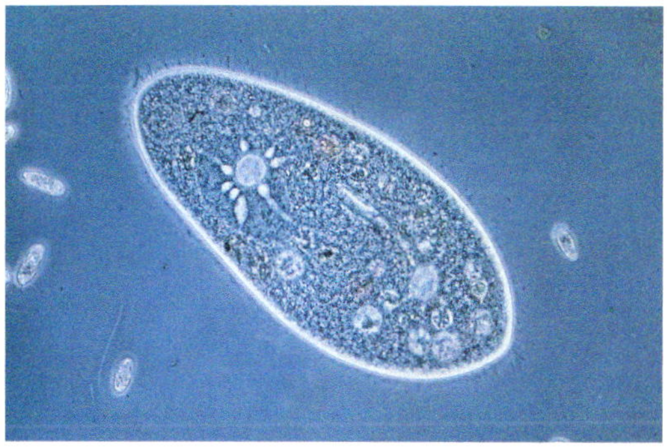

5 Pantoffeltierchen (200-fache Vergrößerung)

Humusbildner

In einem stecknadelkopfgroßen Stück Humus leben viele Millionen Einzeller. Auch sie zersetzen wie Bakterien, Würmer und Pilze abgefallenes Laub oder abgestorbene Pflanzenteile zu nährstoffreichem Humus. → 6

6 Einzeller (Wimpertiere) im Humus

Sauerstoffproduktion in einer einzigen Zelle

Das Augentierchen besitzt Chloroplasten. Mit ihrer Hilfe nutzt es das Sonnenlicht zur Energiegewinnung und Sauerstoffproduktion.

Lebewesen bestehen aus Zellen

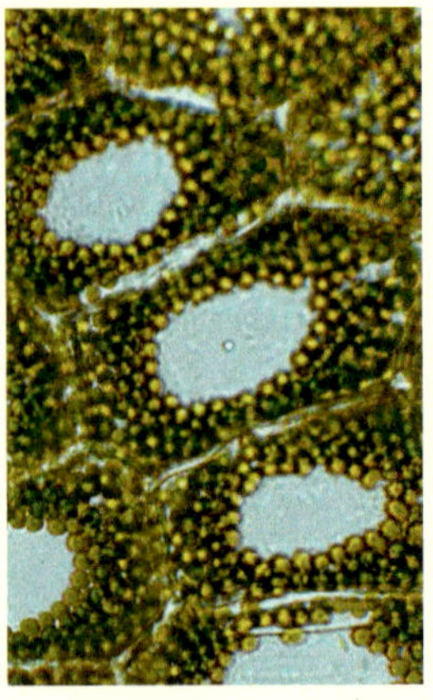

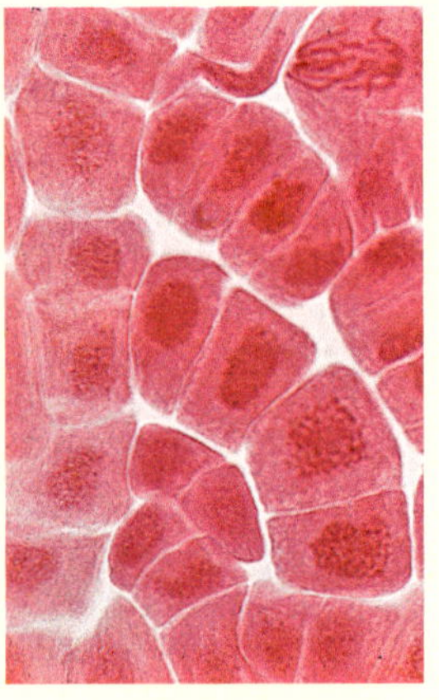

➔ Alle Pflanzen, Tiere und der Mensch sind aus Zellen aufgebaut. (Siehe Seite 12.)

➔ Nur mit Hilfsmitteln wie Lupe und Mikroskop kann man Zellen erkennen und untersuchen. (Siehe Seite 10, 14.)

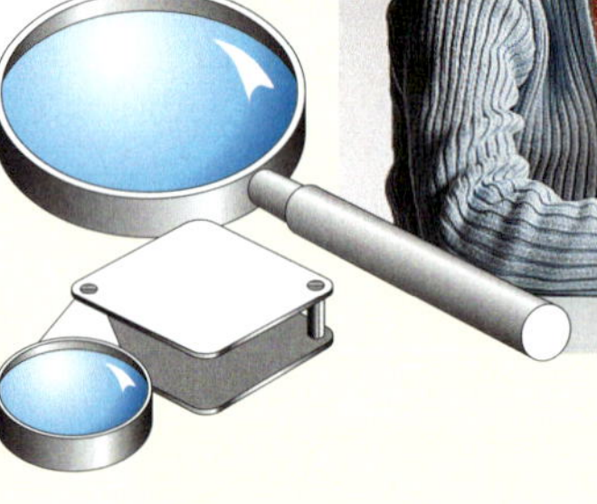

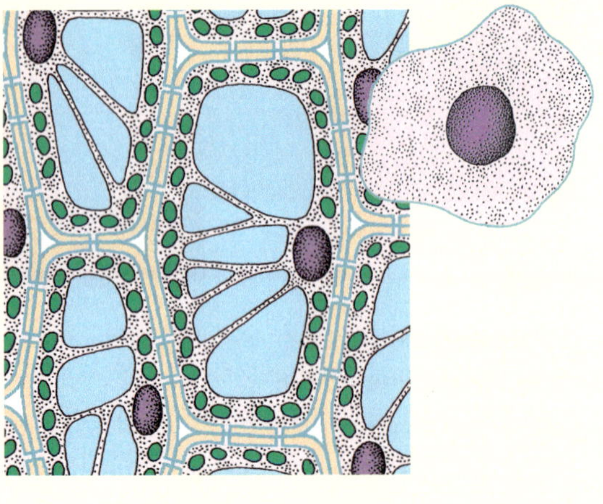

➔ Alle Zellen bestehen aus einer Zellmembran, dem Zellplasma und einem Zellkern. Pflanzenzellen haben zusätzlich eine Zellwand und können Zellsafträume und Chloroplasten enthalten. (Siehe Seite 12.)

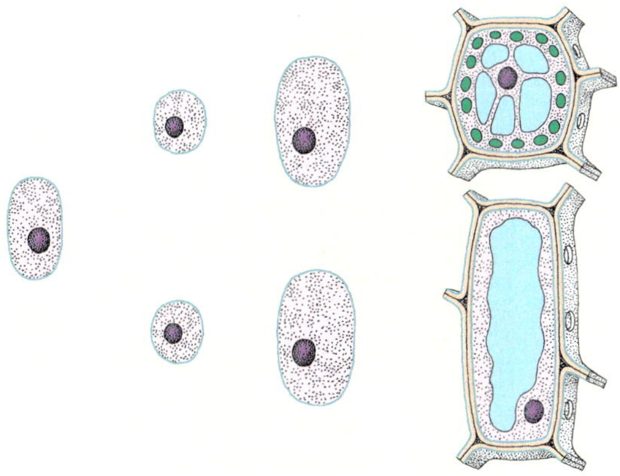

➔ Alle Zellen sind durch Zellteilung aus einer Zelle entstanden. Nachdem die Tochterzellen herangewachsen sind, verändern sie je nach ihrer Aufgabe ihre innere und äußere Form. (Siehe Seite 18.)

➔ Die Zellen von Pflanzen, Tieren und Menschen sind je nach ihrer Aufgabe sehr uneinheitlich gestaltet. Gleichartige Zellen bilden Zellverbände, die man Gewebe nennt. (Siehe Seite 19.)

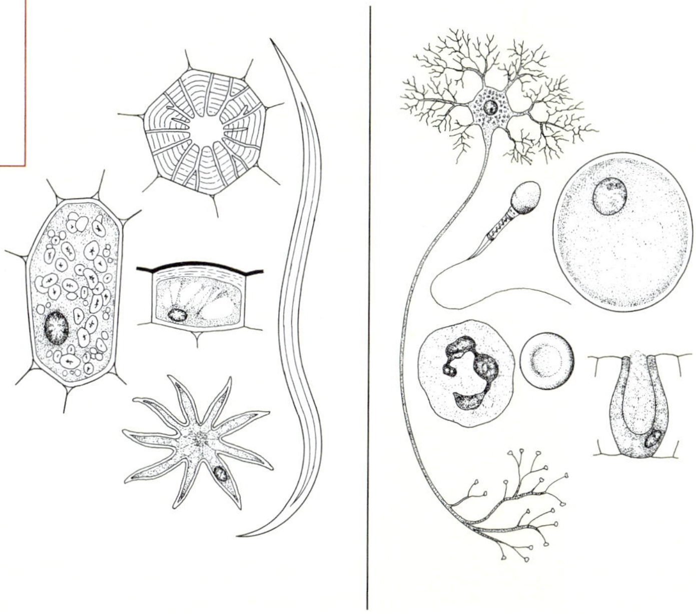

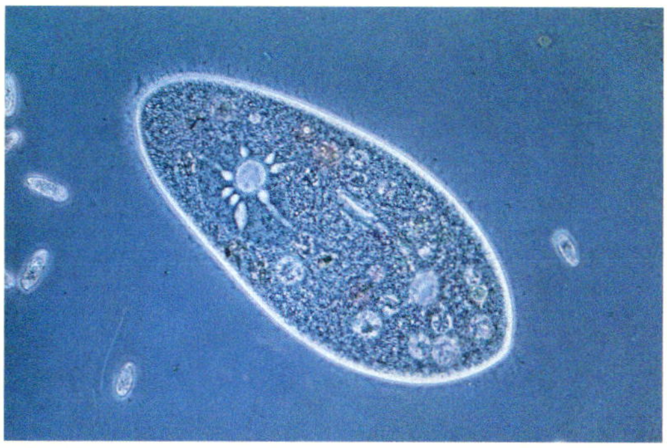

➔ Der Körper der Einzeller besteht aus einer einzigen Zelle, die alle Lebensvorgänge übernimmt: Bewegung, Stoffwechsel, Wachstum, Fortpflanzung und Reizbarkeit. (Siehe Seite 20–23.)

Test

1. In Abbildung 1 siehst du eine Schülerin beim Mikroskopieren.

a Beurteile, ob sie ihr Mikroskop beim Scharfeinstellen richtig bedient.

b Wie lauten die wichtigsten Regeln für den Umgang mit dem Mikroskop?

c Benenne die Teile des Mikroskops und gib ihre Aufgaben an.

d Das Objektiv mit 10-facher Vergrößerung ist eingeschwenkt, das Okular vergrößert 8-fach. Welche Gesamtvergrößerung des Präparats ergibt sich dadurch?

e Nenne den Unterschied zwischen Lupe und Mikroskop.

1 Beim Mikroskopieren

2. Lege in deinem Heft nach folgendem Muster eine vierspaltige Tabelle an, aus der Unterschiede und Gemeinsamkeiten der Zellen von Pflanze, Tier und Mensch hervorgehen. Trage in die vierte Spalte die Aufgaben der jeweiligen Zellbestandteile ein.

Zellbestandteil	Pflanzenzellen	Zellen von Tier und Mensch	Aufgabe der Zellbestandteile
Zellmembran	ja	ja	Abgrenzung, Stoffaustausch
...	...	...	...

2 Tabelle Zellen

3 Modell zur Pflanzenzelle

3. Plane das Modell einer Pflanzenzelle.

a Welches Material benötigst du?

b Wie würdest du dein Modell bauen?

c Was zeigt dein Modell?

d Welchen Teil der Wirklichkeit kann dein Modell nicht wiedergeben?

4 Katze

4. Eine Katze ist wie der Mensch ein Lebewesen, das aus zahlreichen Organen besteht.

a Erkläre, was man unter einem Gewebe und was man unter einem Organ versteht.

b Nenne drei Organe, die bei einer Katze zu finden sind, und beschreibe kurz ihre Aufgaben.

5. Auch der Körper einer Tulpe (Pflanze) besteht aus mehreren Organen.

a Nenne drei davon.

b Welche Aufgaben haben diese pflanzlichen Organe?

6. Betrachte die nachfolgenden mikroskopischen Aufnahmen verschiedener Zellen. Es handelt sich dabei um eine Nervenzelle, eine Zelle aus einem Laubblatt, eine Flimmerhaarzelle aus der Luftröhre und Zellen aus der Wurzel einer Zwiebel.

a Ordne die Bilder den angegebenen Zelltypen zu. Begründe deine Zuordnung.

b Welche Bilder zeigen pflanzliche, welche tierische Zellen?

c Gib die Besonderheiten der jeweiligen Zelltypen an.

d Beschreibe den Zusammenhang zwischen der Struktur der Zellen und ihrer jeweiligen Aufgabe.

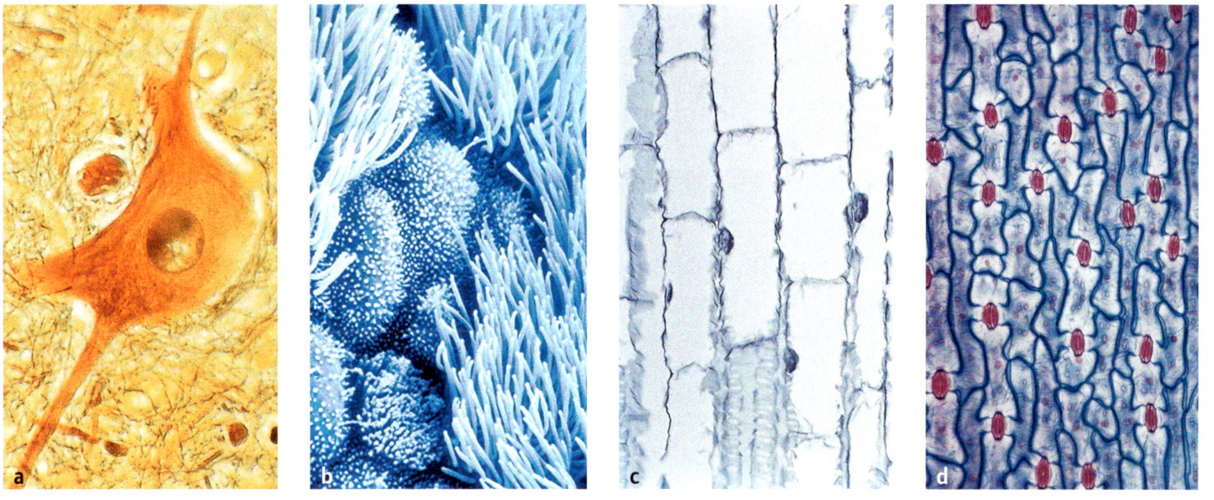

5 Zellen

7. Fertige beschriftete Zeichnungen je einer typischen pflanzlichen und tierischen Zelle an.

Ordne deiner Lösung im Heft ein Smiley zu:

☺ Ich habe die Aufgabe richtig lösen können.

😐 Ich habe die Aufgabe nicht komplett lösen können.

☹ Ich habe die Aufgabe nicht lösen können.

Aufgabe	Fähigkeit	Hilfe findest du auf Seite …
1	Ich kann mit einem Mikroskop richtig umgehen.	10, 14
2	Ich kann pflanzliche und tierische Zellen miteinander vergleichen, kenne ihre Gemeinsamkeiten und weiß, wodurch sie sich unterscheiden.	12
3	Ich kann ein Zellmodell planen und nenne Unterschiede zwischen Modell und Wirklichkeit.	13
4, 5	Ich kann erklären, was man unter einer Zelle, unter einem Gewebe und unter einem Organ versteht.	19
6	Ich erkenne verschiedene Zelltypen und kann ihnen bestimmte Aufgaben zuordnen.	19
7	Ich kann eine mikroskopische Zeichnung anfertigen.	21

Grüne Pflanzen

Ohne grüne Pflanzen gäbe es kein Leben auf der Erde, keine Wiesen und Wälder, Weiden und Parks – und auch keine Tiere und Menschen! Oft ist es uns gar nicht bewusst: Grüne Pflanzen bilden die Grundlage für alles weitere Leben auf der Erde. Warum Pflanzen so wichtig für den Menschen und die Tiere sind, erfährst du in diesem Kapitel.

1 Alle Organe bilden einen Organismus. Welche Organe bilden den Organismus Pflanze? (Siehe Seite 30.)

2 Warum sind Blätter grün? (Siehe Seite 32.)

3 Grüne Pflanzen sind die Grundlage allen Lebens. Warum würde es ohne Pflanzen auch keine Menschen und Tiere geben? (Siehe Seite 36.)

4 Pflanzen stellen Nährstoffe für Menschen und Tiere her. Wie machen sie das? (Siehe Seite 38.)

5 Biologen führen Experimente durch, um Fragen zu beantworten. Kann man auch selbst Experimente entwickeln? (Siehe Seite 40.)

6 Um leben zu können, müssen wir essen. Was geschieht mit den Nährstoffen in unserem Körper? (Siehe Seite 42.)

7 Auch Pflanzen schwitzen – stimmt das? (Siehe Seite 46.)

8 Pflanzen brauchen Kohlenstoffdioxid, Wasser und Licht zum Wachsen. Ist das alles? (Siehe Seite 48.)

Aylin und Alex sollen für ihr Klassenprojekt Blätter sammeln. Sie vergleichen ihre Blattsammlung. „Warum hast du denn die Nadeln hier mitgebracht?", lacht Alex. „Das sind doch keine Blätter!" Hat Alex recht?

1 Blätter von Kastanie und Tanne?

Bau der Pflanzen

Arbeitsteilung

Die Zelle ist die kleinste Einheit der Pflanze. Viele Zellen zusammen bilden das Zellgewebe. Pflanzen bestehen aus vielen verschiedenen Geweben, die unterschiedliche Aufgaben erfüllen. Ein Gewebe, das du mit bloßem Auge sehen kannst, ist die Rinde von Bäumen. Sie wird als Rindengewebe bezeichnet und speichert zum Beispiel Wasser.

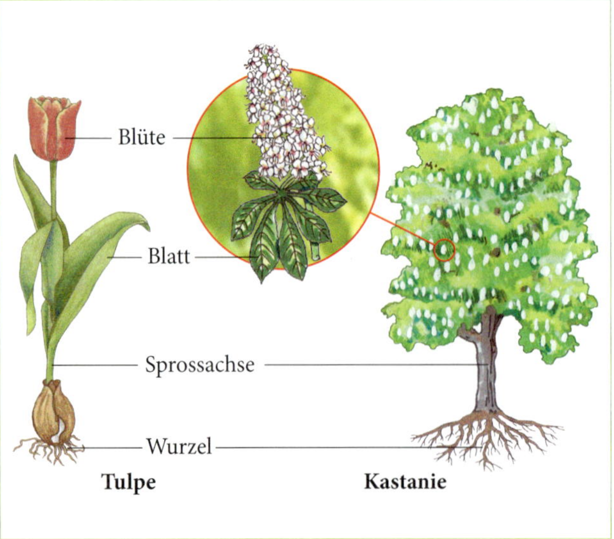

2 Die Grundorgane von Blütenpflanzen

Die Organe der Pflanzen

Mehrere Gewebe bilden zusammen ein Organ. Alle grünen Pflanzen sind aus den gleichen Grundorganen aufgebaut: aus Wurzel, Sprossachse und Blättern. Alle Organe zusammen bilden den Organismus Pflanze. → 2

Ob tief oder flach – Wurzeln geben Halt

Die **Wurzel** verankert die Pflanze im Boden. Sie besteht aus vielen Verzweigungen, den Wurzelhaaren. → 3 Alle Verzweigungen zusammen bilden das Wurzelsystem, das mehrere Kilometer lang sein kann. Bei manchen Pflanzen breiten sich die Wurzeln flach aus, bei anderen Pflanzen verlaufen sie in die Tiefe. Bei großen Bäumen reichen die Wurzeln manchmal bis zu 30 m in die Tiefe. Neben der Verankerung haben Wurzeln noch eine andere wichtige Aufgabe: Über die feinen Wurzelhaare nimmt die Pflanze Wasser und die darin gelösten Nährstoffe auf.

Blattadern
Laubblätter
Leitbündel
Sprossachse
Wurzel

3 Wurzelsystem einer Pflanze

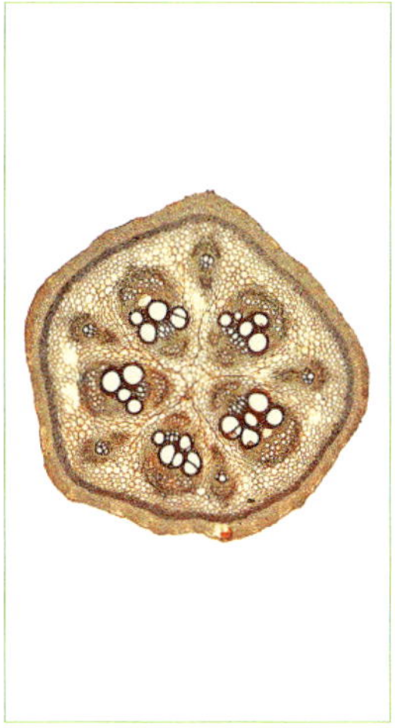

4 Leitbündel

5 Laubblatt mit sichtbaren Blattadern

Stängel oder Stamm?

Die **Sprossachse** stützt die Pflanze und bringt Blätter und Blüten zum Licht. Bei krautigen Pflanzen heißt sie Stängel. Bei Sträuchern und Bäumen ist sie meist verholzt und wird als Stamm bezeichnet. Die Sprossachse stellt die Verbindung zwischen den Wurzeln und Blättern her. In besonderen Transportsystemen, den **Leitbündeln**, werden Wasser und Nährstoffe in die Blätter transportiert. Die Leitbündel kannst du dir wie dünne Wasserrohre vorstellen. Im mikroskopischen Querschnitt sind sie als rundliche Bündel erkennbar. → 4

Grüne Blätter haben Adern

Viele Pflanzen haben grüne Blätter, die an der Sprossachse und ihren Verzweigungen sitzen. Man nennt sie **Laubblätter**. Es gibt große und kleine, längliche und runde Blätter. Sie sind mit den Leitbündeln der Sprossachse verbunden und versorgen das Blatt mit Wasser und Nährstoffen. Auch die Blüte wird aus Blättern gebildet. Durch das Blatt ziehen zahlreiche **Blattadern**. → 5

Gemeinsame Merkmale

Bei vielen Pflanzen sehen die Grundorgane völlig anders aus und du musst genau hinschauen, um sie zu entdecken. So sind die Nadeln der Tanne hart und sehr dünn, ganz anders als die Blätter der Kastanie oder der Tulpe. → 1

→ Merk dir! Grüne Pflanzen bestehen alle aus den gleichen Grundorganen: Wurzel, Sprossachse und Blättern. Die Laubblätter sind von Blattadern durchzogen, in denen Gefäße verlaufen, die Wasser und Nährstoffe in das Blattinnere transportieren.

Arbeitsaufträge

1. Untersuche den Bau von zwei Pflanzen aus deiner Umgebung (z. B. Löwenzahn und Breitwegerich). Entdeckst du die Pflanzenorgane und die Blüte? Fertige eine Zeichnung der Pflanzen an und beschrifte die Grundorgane.
2. Gestalte mithilfe der im Text genannten Merkbegriffe ein Quiz. Schreibe sie auf kleine Karten und die Erklärung auf die Rückseite. Spiele das Quiz mit einem Partner oder einer Partnerin.

Ist dir schon einmal aufgefallen, dass die Blätter von Pflanzen in den meisten Fällen grün sind? Doch warum sind Blätter eigentlich grün?

1 Laubblatt

Das Geheimnis der grünen Farbe

Die Blattoberseite

Betrachtet man ein Blatt von oben, glänzt es oft ein bisschen. Wenn man einen Wassertropfen auf die Oberseite fallen lässt, perlt er ab. → 1 Woran liegt das? Die Oberseite des Laubblatts ist mit einer **Wachsschicht** überzogen. Sie schützt das Blatt davor, dass zu viel Wasser austritt. Außerdem reflektiert sie das Sonnenlicht wie ein Spiegel. So wird das Blatt vor großer Erwärmung geschützt. Unter der Wachsschicht liegt die obere Abschlussschicht. Sie besteht aus vielen großen Zellen, die das Deckgewebe bilden.

Ein Blick in das Blattinnere

Wenn wir uns ein Laubblatt unter dem Mikroskop anschauen, erkennen wir, dass es aus mehreren Schichten besteht. Unter der oberen Abschlussschicht befindet sich das **Palisadengewebe**. → 2 Es besteht aus vielen länglichen Zellen, die wie die Latten eines Zauns angeordnet sind. Sie geben dem Blatt seine Festigkeit. In den einzelnen Zellen kannst du bei genauer Betrachtung die Chloroplasten entdecken. Sie enthalten einen Farbstoff, das Blattgrün, der ihnen die grüne Farbe verleiht. Unter dem Palisadengewebe liegt das **Schwammgewebe**. Es besteht aus unregelmäßig geformten Zellen. Zwischen den Zellen sind große Hohlräume, die **Atemhöhlen**. Sie sorgen für eine gute Durchlüftung des Gewebes. Auch in dieser Schicht befinden sich Chloroplasten, allerdings weniger als im Palisadengewebe.

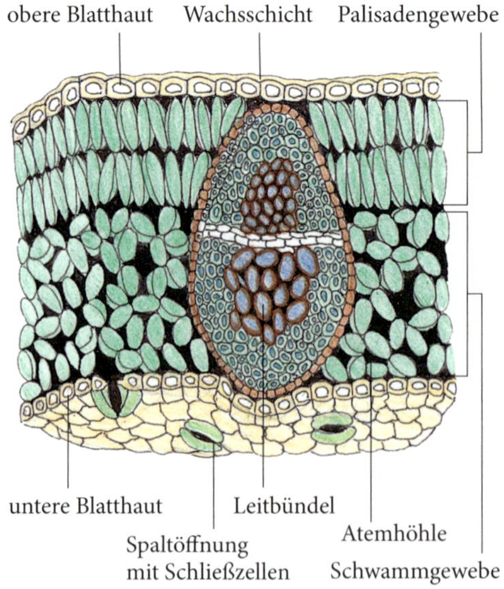

2 Schematischer Querschnitt durch ein Laubblatt

Atemhöhlen
Palisadengewebe
Schwammgewebe
Spaltöffnungen
Wachsschicht

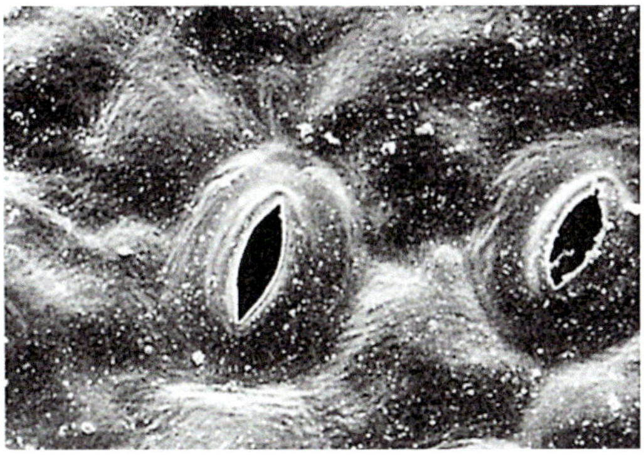

3 Spaltöffnung mit Schließzellen

4 Seerosen im Teich

Gelöcherte Unterseite

Die unterste Schicht des Blattes ist die untere Abschlussschicht. Sie besteht nur aus einer Schicht. Die Zellen sind sehr groß, haben feste Wände und enthalten keine Chloroplasten. Das Gewebe ist von kleinen Poren durchlöchert, den **Spaltöffnungen.** → 3 Jede Spaltöffnung besteht aus zwei Schließzellen, die wieder Chloroplasten enthalten.

Wie funktionieren die Spaltöffnungen?

Die Spaltöffnungen können sich mithilfe der beiden Schließzellen öffnen und schließen. Auf diese Weise kann Wasser aus der Pflanze verdunsten. Außerdem findet hier der Gasaustausch statt, das heißt die Aufnahme von Kohlenstoffdioxid und die Abgabe von Sauerstoff. Nur so können grüne Blätter ihre Aufgabe erfüllen und Nährstoffe bilden.

Wo befinden sich Spaltöffnungen?

Die meisten Blätter haben ihre Spaltöffnungen an der Unterseite. Schwimmblattpflanzen haben ihre Spaltöffnungen in der oberen Blatthaut, weil sonst kein Gasaustausch stattfinden könnte. → 4 Manche Pflanzen, wie bestimmte Gräser oder Nadelbäume, haben auf beiden Seiten Spaltöffnungen.

→ Merk dir! Ein Laubblatt ist aus mehreren Schichten aufgebaut. Die Spaltöffnungen an der Blattunterseite können sich öffnen und schließen. Sie regeln die Verdunstung und den Gasaustausch der Pflanze.

Arbeitsaufträge

1. Fertige eine Zeichnung des Querschnitts eines Laubblatts an. Beschrifte die einzelnen Schichten. Zeichne auch die Chloroplasten und Spaltöffnungen ein.

2. Erkläre, warum die Spaltöffnungen bei Seerosen an der Blattoberseite liegen.

3. Bestreiche ein Blatt auf der Ober- und Unterseite mit etwas Kleber. Lass den Kleber trocknen.

- **a** Ziehe vorsichtig ein kleines Stück der Lackschicht von der Blattunterseite mit einer Pinzette ab oder biege das Blatt so, dass sich das Lackhäutchen löst. Mikroskopiere und zeichne es bei mittlerer Vergrößerung.
- **b** Mikroskopiere und zeichne nun ein Lackhäutchen von der Blattoberseite.

Wie funktioniert Fotosynthese?

1. Besteht Blattgrün nur aus einer Farbe?

Mit einer Chromatografie kannst du herausfinden, ob eine Substanz, zum Beispiel eine Farbe, aus einem Gemisch besteht.

Ihr braucht: frische Laubblätter, Mörser und Pistill, Quarzsand, Brennspiritus oder Ethanol, Teesieb, 2 Marmeladengläser, Tafelkreide, Waschbenzin (Petrolether).

→ ***Achtung:*** *Bei allen Versuchen muss dein Lehrer mit dabei sein. Sei vorsichtig mit der Verwendung von brennbaren Chemikalien!*

Zerrupfe die Blätter grob und fülle den Mörser damit. Gib einen Teelöffel Quarzsand hinzu. Zerreibe die Blätter mit dem Pistill.

Gib vorsichtig etwas Ethanol oder Brennspiritus hinzu und zerreibe die Blätter etwas stärker.

Trenne die Blattreste von der Flüssigkeit mit dem Teesieb. Fange die Flüssigkeit in einem Glas auf. → 1

1 Gewinnung des Blattfarbstoffs

Stelle ein längeres Stück Tafelkreide in das Glas. Warte, bis die Flüssigkeit etwa 1 cm aufgestiegen ist. → 2

2 Tafelkreide nimmt Flüssigkeit auf.

Stelle die Kreide einige Minuten in ein anderes Glas, das 5 mm hoch mit Waschbenzin gefüllt ist. → 3

3 Chromatografie mit Kreide

a Protokolliere den Versuchsaufbau und deine Beobachtungen.

b Deute die Ergebnisse der Chromatografie.

c Was passiert, wenn sich Blätter im Herbst gelb färben? Stelle eine Vermutung an.

2. Sind alle Blätter am Baum gleich?

Manche Laubblätter besitzen eine große Oberfläche, sind aber durchscheinend dünn. Andere Blätter sind dicker, aber kleiner.

4 Buchenblätter

Ihr braucht: Sonnen- und Schattenblätter von der Rotbuche, Millimeterpapier, spitzen Bleistift, Schere, Waage.

Sammle je 15 Sonnen- und Schattenblätter. Wiege die Blätter getrennt voneinander. Notiere jeweils das Gewicht. Lege die Blätter auf das Millimeterpapier und zeichne den Umriss jedes Blattes. → 4 Beschrifte die Umrisse und schneide sie aus. Wiege die Papierumrisse der Sonnen- und Schattenblätter getrennt voneinander. Notiere das Gewicht des Papiers.

Um berechnen zu können, welche Fläche die Blätter besitzen, musst du noch das Gewicht einer dir bekannten Papierfläche ermitteln. Schneide 200 cm² Millimeterpapier aus und wiege es. Notiere das Gewicht.

a Berechne das Gewicht von 1 cm² Papier.
b Ermittle die durchschnittlichen Blattflächen der Sonnen- und der Schattenblätter. Zur Berechnung benötigst du das Gewicht von 1 cm² Papier, das Gewicht aller ausgeschnittenen Blattumrisse und die Anzahl der gesammelten Sonnen- bzw. Schattenblätter (Dreisatz).
c Berechne jeweils das durchschnittliche Verhältnis von Blattfläche zu Blattgewicht und vergleiche die Ergebnisse von Sonnen- und Schattenblatt.
d „Je dicker das Blatt ist, desto mehr Blattgrün besitzt das Blatt." Begründe, warum Sonnenblätter so aufgebaut sein müssen.
e Stelle Vermutungen dazu auf, welchen Vorteil ein Schattenblatt durch seine große Blattoberfläche erhält.

3. Was lässt die Pflanze wachsen?

Ihr braucht: Ableger einer Topfpflanze, Pflanztopf, Blumenerde, Waage.

Wiege die Pflanze, die eingepflanzt werden soll. Pflanze den Ableger in Blumenerde. Wiege dann Pflanze, Erde und Topf.

Lass die Pflanze drei Monate an einem hellen Platz wachsen. Gieße sie regelmäßig und füge dem Gießwasser einmal im Monat Flüssigdünger zu.

Entferne die Pflanze mit allen Wurzeln aus dem Topf. Entferne anhaftende Blumenerde vorsichtig.

Wiege sowohl die Pflanze als auch den Topf mit der Erde.

a Notiere die Ergebnisse in einer Tabelle und berechne die Gewichtsunterschiede in Gramm. → 5
b Erkläre, wie die Pflanze an Gewicht zugenommen hat.

	Ableger mit Wurzel	Topf + Erde
Gewicht vorher		
Gewicht nachher		

5 Tabelle für Gewichtsmessung

Ohne grüne Pflanzen gäbe es kein Leben auf der Erde, keine Wiesen und Wälder, Äcker und Weiden – und auch keine Tiere und Menschen! Vielen Menschen ist das gar nicht bewusst! Kannst du dir vorstellen, warum die Pflanzen so wichtig sind?

1 Grüne Pflanzen – Grundlage des Lebens

Pflanzen als Grundlage des Lebens

Pflanzen als Nahrungsgrundlage

Stell dir vor, es gäbe plötzlich keine pflanzliche Nahrung mehr auf der Welt, keine Äpfel, kein Gemüse, keine Pommes frites. Für Kühe, Schafe und Pferde gäbe es kein saftiges Gras mehr. Bienen und Schmetterlinge würden keinen Nektar mehr in den Blüten finden. Ohne Pflanzen gäbe es also bald auch keine Tiere und Menschen mehr. Diese Vorstellung ist nicht schön, macht aber deutlich, wie wichtig Pflanzen für Menschen und Tiere als **Nährstofferzeuger** sind.

Nahrungsbeziehungen

Pflanzen, Tiere und der Mensch sind durch **Nahrungsbeziehungen** miteinander verbunden. Diese stellt man als **Nahrungskette** dar. Das erste Kettenglied, beispielsweise der Löwenzahn, wird von Kühen gefressen. Diese werden vom Menschen geschlachtet, der ihr Fleisch verzehrt. → 2 In der Natur gibt es viele dieser Nahrungsketten. Das erste Kettenglied sind dabei immer die grünen Pflanzen. Grüne Pflanzen bilden die Grundlage aller unserer Nahrungsbeziehungen.

Allroundtalente

Pflanzen sind nicht nur Nährstofferzeuger, sondern werden für viele andere Zwecke ge-

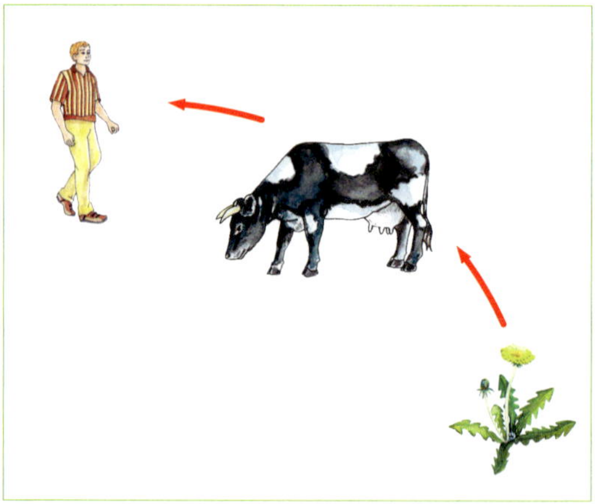

2 Menschen, Tiere und Pflanzen sind über Nahrungsketten verbunden.

Nährstofferzeuger
Nahrungsbeziehungen
Nahrungskette

3 Maiglöckchen

4 Grüne Pflanzen verbessern die Stadtluft.

nutzt. Wir verwenden das Holz von Bäumen und anderen Pflanzen zur Herstellung von Häusern, Möbeln, Papier und Textilien. Aus vielen Pflanzen oder Pflanzeninhaltsstoffen werden wichtige Medikamente hergestellt. Aus Maiglöckchen werden zum Beispiel wichtige Herzmedikamente gewonnen. → 3 Die pflanzlichen Farbstoffe wurden früher zum Färben von Textilien genutzt. Heute verwenden wir Pflanzenfarbstoffe unter anderem, um Gummibärchen zu färben. Daneben gewinnen wir aus Pflanzen Duftstoffe. So enthalten Rosenblätter ätherische Öle, die bei der Herstellung von Parfüm eingesetzt werden.

Sauerstofffabriken

Wie du bereits weißt, sind grüne Pflanzen in der Lage, Sauerstoff zu produzieren und an die Umgebung abzugeben. Menschen und Tiere benötigen Sauerstoff zum Leben. Ein Mensch kann ohne Nahrung etwa 30 Tage, ohne Flüssigkeit 3 Tage, aber ohne Sauerstoff nur etwa 3 Minuten überleben.

Die „Klimaverbesserer"

Grüne Pflanzen tragen wesentlich zur Verbesserung des Klimas in Städten bei – nicht nur weil sie Sauerstoff über ihre Spaltöffnungen abgeben. Sie filtern auch Staub und Schadstoffe aus der Luft. Außerdem verdunsten sie über ihre Blätter Wasser und sorgen so für Kühlung. Im Sommer spenden sie Schatten. Dies ist besonders in Städten und anderen warmen Gegenden von großer Bedeutung. → 4

Merk dir! Grüne Pflanzen sind die Grundlage allen Lebens auf der Erde. Sie sind der Ausgangspunkt für alle Nahrungsbeziehungen. Pflanzen stellen Sauerstoff her und filtern Staub und Schadstoffe aus der Luft.

Arbeitsaufträge

1. Erstelle eine Mindmap, in der du die Bedeutung der grünen Pflanzen für die Lebewesen auf der Erde darstellst.
2. Stelle dir vor, du isst einen Hamburger. Verfolge die Nahrungsketten bis zu den grünen Pflanzen zurück. Schreibe sie auf.

Menschen und Tiere müssen essen, um lebenswichtige und energiereiche Nährstoffe zu sich zu nehmen. Wie aber gelangen Pflanzen an ihre Nährstoffe?

1 Pflanzen verarbeiten das Sonnenlicht.

Pflanzen stellen Nährstoffe her

Energie zum Leben

Ob Menschen, Pflanzen oder Tiere, alle Lebewesen brauchen energiehaltige Nährstoffe zum Leben und Wachsen. Diese sind in der Nahrung enthalten, die wir essen. Sie versorgen uns mit Energie für unseren Körper. Aber wie funktioniert das bei den Pflanzen? Nahrungsaufnahme ist nicht die einzige Form, in der Lebewesen an diese wichtigen Stoffe gelangen können. Grüne Pflanzen können eigenständig energiereiche Nährstoffe herstellen.

Aufnahme energiearmer Stoffe

Um Nährstoffe herstellen zu können, benötigt die Pflanze die energiearmen Stoffe Wasser und das Gas Kohlenstoffdioxid. **Wasser** nimmt sie über die Wurzeln auf. Das Gas **Kohlenstoffdioxid** entsteht zum Beispiel, wenn Menschen und Tiere ausatmen. → **2, 3**

Sonnenlicht als Energiequelle

Aus den Ausgangstoffen Wasser und Kohlenstoffdioxid stellt die Pflanze energiereichen **Traubenzucker** her. Das **Sonnenlicht** liefert die dafür nötige Energie. Dieser Pro-

2 Fotosynthese und Atmung am Tag

3 Fotosynthese und Atmung bei Nacht

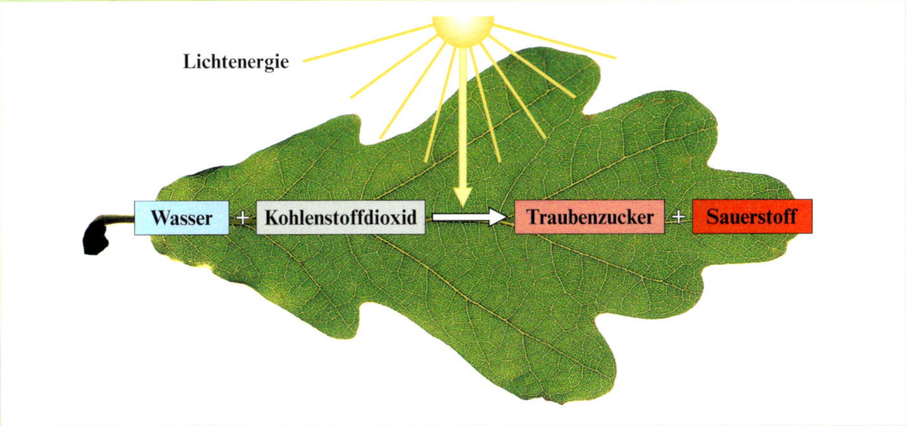

4 Ausgangs- und Endsubstanzen bei der Fotosynthese

Fotosynthese
Kohlenstoffdioxid
Sauerstoff
Sonnenlicht
Stärke
Traubenzucker
Wasser

zess wird **Fotosynthese** genannt. Die Fotosynthese ist ein sehr komplizierter und einmaliger Vorgang, mit dem die grünen Pflanzen energiereiche Nährstoffe selbst herstellen können. Tiere können dies nicht, sie müssen energiereiche Nährstoffe von außen aufnehmen. Bei der Fotosynthese entsteht neben Traubenzucker auch **Sauerstoff**. → 4 Da die Pflanze den Sauerstoff nicht komplett selbst benötigt, gibt sie einen Teil davon als „Abfallprodukt" an die Umgebung ab. Diesen Sauerstoff brauchen Menschen und Tiere zum Atmen.

Energie wird umgewandelt

Den Traubenzucker, den die Pflanze durch die Fotosynthese herstellt, können wir schmecken. Früchte wie Weintrauben oder Erdbeeren schmecken süß. Die Pflanze selbst benötigt einen Teil des Traubenzuckers zur Herstellung anderer wichtiger Stoffe. Den Rest wandelt sie in **Stärke** um, die in Knollen wie den Kartoffeln oder in Samen wie den Weizenkörnern gespeichert wird. Stärke liefert den Samen dann wieder Energie zum Keimen.

Der Ort der Fotosynthese

Du weißt, dass die Fotosynthese in den grünen Blättern stattfindet. Das Wasser wird durch die Wurzeln aufgenommen und über die Leitbündel in die Blätter transportiert. Das Kohlenstoffdioxid gelangt über die Spaltöffnungen in das Blatt und sammelt sich in den Atemhöhlen im Schwammgewebe. Das Blattgrün in den Chloroplasten kann das Sonnenlicht einfangen und für die Fotosynthese nutzbar machen.

→ **Merk dir!** Grüne Pflanzen sind Lebewesen, die fast alle Stoffe zum Leben selbst herstellen können. Dieser Prozess wird Fotosynthese genannt. Er findet in den grünen Blättern statt. Mithilfe von Lichtenergie wird aus Kohlenstoffdioxid und Wasser Traubenzucker hergestellt. Bei der Fotosynthese wird Sauerstoff frei, den die Pflanzen über die Blätter abgeben.

Arbeitsaufträge

1. Viele Menschen essen gerne süße Früchte, beispielsweise Erdbeeren oder Bananen. Erkläre, woher der Zucker darin stammt.

2. Erstellt in der Gruppe ein Lernplakat zur Fotosynthese.

Experimentieren mit Forschertagebuch

In einem Forschertagebuch kannst du Experimente dokumentieren, die du selbst durchgeführt hast. Du kannst Experimente festhalten, die ihr mit der Klasse im Biologieunterricht durchführt. Du kannst dir aber auch selbst Versuche ausdenken und in deinem Tagebuch aufzeichnen, wie du diese Experimente geplant und ausgeführt und welche Ergebnisse du erhalten hast.

Name:	**Datum:**
Phänomen:	Mein Freund Anton hatte sich Wasserpest für sein Aquarium gekauft. Er stellte den Behälter mit der Pflanze aber in einen Schrank. Als er die Pflanze nach einigen Tagen aus dem Schrank holte, sah sie sehr kümmerlich aus. Ich weiß, dass Pflanzen Wasser und Kohlenstoffdioxid für die Fotosynthese benötigen. Vielleicht spielt aber auch Licht eine Rolle.
Fragestellung:	Benötigt die Pflanze neben Wasser und Kohlenstoffdioxid auch Licht für die Fotosynthese?
Vermutung:	Ohne Licht findet keine Fotosynthese statt.
Planung des Experiments:	
Durchführung:	
Beobachtung:	
Deutung:	

1 Forschertagebuch eines Schülers

Phänomen

Wenn du einen Gegenstand, ein Lebewesen oder einen Vorgang beobachtest, stößt du vielleicht auf ein Phänomen. Beschreibe hier das Problem oder die Frage, auf die du gestoßen bist und die du näher untersuchen möchtest.

Fragestellung

Was genau möchtest du untersuchen? Welche Frage willst du mit deinem Experiment beantworten?

Vermutung

Welches Ergebnis vermutest du als Antwort auf deine Frage?

Planung des Experiments

Wie willst du deine Vermutung überprüfen? Welche Materialien brauchst du? Wie willst du genau vorgehen?

Durchführung

Was hast du bei der Durchführung des Experiments gemacht? Beschreibe genau den Ablauf des Experiments.

Beobachtung

Was konntest du im Verlauf des Experiments beobachten oder messen? Achte darauf, dass du nur aufschreibst, was man sehen, fühlen oder messen kann.

Deutung

Nun wird die Beobachtung interpretiert. Wie lautet die Antwort auf die zu Beginn gestellte Frage? Formuliere einen Ergebnissatz. War deine Vermutung richtig oder falsch?

Experiment 1 Welche Rolle spielt Licht bei der Fotosynthese?

Ihr braucht: Glastrichter, Wasserpest, abgestandenes Wasser.

Gib die Wasserpest in ein Becherglas und fülle es mit abgestandenem Wasser so auf, dass die Pflanze vollständig bedeckt ist. Stülpe den Glastrichter umgekehrt über die Wasserpest. → 2 Nun wird der Spross unterschiedlicher Lichtintensität ausgesetzt (Flur, Fenster, volles Sonnenlicht, Tageslichtprojektor). Er sollte 3 Minuten an dem jeweiligen Ort stehen. Danach kann man sehen, dass sich am Spross Bläschen bilden, die nach oben steigen. → 3

2 Wasserpest unter dem Glastrichter

3 Wasserpest mit aufsteigenden Bläschen

Experiment 2 Welche Rolle spielt Kohlenstoffdioxid bei der Fotosynthese?

Ihr braucht: 3 Reagenzgläser, Wasserpest, unterschiedliches kohlenstoffdioxidreiches Wasser (abgekochtes Wasser, Leitungswasser, sprudelndes Mineralwasser).

Die Wasserpest wird jeweils in ein Reagenzglas gegeben:

- mit abgekochtem Wasser
- mit Leitungswasser
- mit Mineralwasser

Nach 3 Minuten werden die Bläschen gezählt. Die Temperatur und der Lichteinfall sollten gleich bleiben.

Arbeitsaufträge

1. Führe Experiment 1 nach Anleitung durch.
- **a** Zähle die Bläschen, die in 1 Minute hochsteigen. Notiere die Ergebnisse bei unterschiedlichen Standorten. Was kannst du feststellen?
- **b** Vergleiche deine Ergebnisse mit denen deiner Mitschüler.
Erkläre die Ergebnisse.

2. Führe Experiment 2 nach Anleitung durch.
- **a** Zähle die Bläschen, die in den 3 Reagenzgläsern nach 3 Minuten hochsteigen. Notiere die Ergebnisse von allen 3 Versuchsansätzen. Was kannst du feststellen?
- **b** Vergleiche deine Ergebnisse mit denen deiner Mitschüler. Versucht zu erklären, warum ihr bei einigen Experimenten zu unterschiedlichen Ergebnissen gekommen seid.

Menschen, Tiere und Pflanzen benötigen Energie zum Leben. Sie gewinnen diese Energie aus Nährstoffen. Doch wie können Nährstoffe in Energie umgewandelt werden?

1 Beim Sport wird Energie benötigt.

Energie zum Leben

Kein Leben ohne Nährstoffe

Um bei Menschen und Tieren die lebenswichtigen Vorgänge wie die Atmung oder den Herzschlag aufrechtzuerhalten, werden Nährstoffe benötigt. Sie sorgen außerdem dafür, dass Menschen, Tiere und Pflanzen wachsen. Grüne Pflanzen stellen die Stoffe, die sie zum Leben benötigen, durch die Fotosynthese selbst her. Menschen und Tiere müssen die Nährstoffe mit der Nahrung aufnehmen. → 2 Nahrung besteht aus Nährstoffen, die im Körper in **Energie** oder **Baustoffe** umgewandelt werden.

Energiegewinnung in Zellen

In den Zellen aller Lebewesen laufen Prozesse ab, die Energie benötigen. In einem Vorgang, der **Zellatmung** genannt wird, wird diese Energie bereitgestellt. Traubenzucker wird hier mithilfe von Sauerstoff abgebaut. Dabei wird Energie freigesetzt und es entstehen Kohlenstoffdioxid und Wasser. → 3

Ausgangspunkt aller Lebensvorgänge

Die Energie, die durch die Zellatmung entsteht, ist die Grundlage aller Lebensvorgänge bei Menschen, Tieren und Pflanzen.

2 Nährstoffe sind lebenswichtig.

3 Schematische Darstellung der Zellatmung

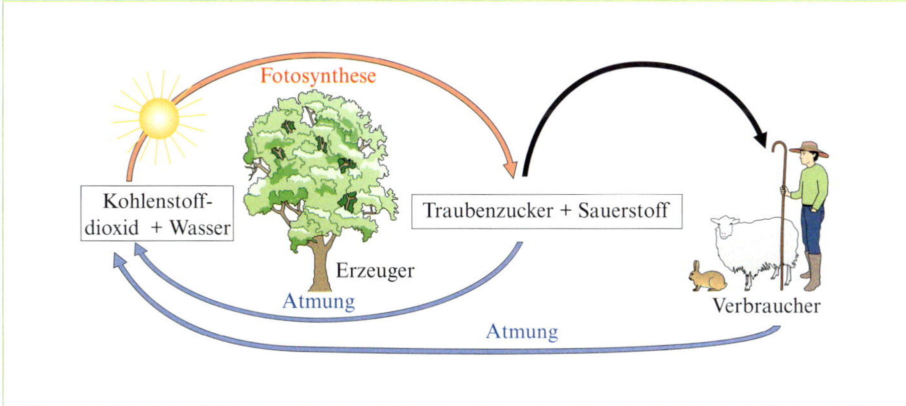

4 Der perfekte Kreislauf

Beim Menschen benötigt zum Beispiel das Herz die Energie, damit es schlagen und das Blut durch den Kreislauf pumpen kann.

Ein ewiger Kreislauf

Schon Joseph Priestley bewies 1771 in seinen Versuchen, dass Menschen und Tiere zur Energieerzeugung Sauerstoff und energiereiche Stoffe benötigen. Dabei entsteht als „Abfallstoff" Kohlenstoffdioxid, das beim Ausatmen an die Umgebungsluft abgegeben wird. Grüne Pflanzen nehmen dieses Gas wieder auf. Bei der Fotosynthese erzeugen sie aus Kohlenstoffdioxid und Wasser mithilfe von Sonnenenergie Traubenzucker und Sauerstoff. Den Sauerstoff geben sie wieder an die Umgebungsluft ab. Menschen, Tiere und grüne Pflanzen sind aufeinander angewiesen und ergänzen sich zu einem **Kreislauf**. → **4**

Umweltveränderungen mit Folgen

Der Einfluss des Menschen verändert den Kreislauf von Kohlenstoffdioxid und Sauerstoff. Bei großflächigen Brandrodungen, wie in den Regenwäldern, bei der Abholzung der Regenwälder oder der Verbrennung von Erdöl und Kohle entsteht sehr viel zusätzliches Kohlenstoffdioxid. Gleichzeitig gibt es durch Abholzungen sowie den Bau von Städten und Straßen immer weniger Pflanzen. Die verbliebenen Pflanzen sind nicht mehr in der Lage, die großen Mengen an Kohlenstoffdioxid aufzunehmen und zu Sauerstoff umzuwandeln.

> → **Merk dir!** Bei der Zellatmung entsteht in den Zellen von Lebewesen aus Traubenzucker und Sauerstoff Energie für alle lebenswichtigen Vorgänge. Menschen, Tiere und Pflanzen ergänzen sich im Kreislauf von Sauerstoff, Kohlenstoffdioxid und Nährstoffen.

Arbeitsaufträge

1. Erkläre mit eigenen Worten, warum Menschen, Tiere und Pflanzen aufeinander angewiesen sind.

2. Stelle den Prozess der Zellatmung in einer einfachen Wortgleichung dar.

3. Informiere dich über die Folgen, die durch das Abholzen großer Waldgebiete (Regenwälder) entstehen. Berichte der Klasse.

**Im Weltraum herrscht eine Temperatur von –273 °C.
Wie kommt es, dass wir auf der Erde nicht so kalte Temperaturen haben?
Und wie kann es passieren, dass es auf der Erde zu warm wird?**

1 Die Temperaturunterschiede zwischen dem Weltraum und der Erde sind gewaltig.

Warum es der Erde zu warm wird

Der natürliche Treibhauseffekt

Auf der Erde ist Leben möglich, weil wir Wasser haben. Zudem ist die Erde gut gegen die Kälte im Weltraum gewappnet. Das liegt an der Zusammensetzung der **Atmosphäre**. Die Atmosphäre ist die Gashülle, die die Erde umgibt. Sogenannte Treibhausgase in dieser Gashülle lassen die Wärmestrahlung der Sonne durch, halten aber die von der Erde reflektierte Wärmestrahlung zurück. → 2
Ohne diesen **natürlichen Treibhauseffekt** wäre auf der Erde kein Leben möglich.

Der anthropogene Treibhauseffekt

Neben dem Wasserdampf gibt es noch andere **Treibhausgase**. Diese Gase, wie das Kohlenstoffdioxid (CO_2), kommen normalerweise nicht dauerhaft in so großen Mengen in der Atmosphäre vor, da Pflanzen und Meere das CO_2 aufnehmen. Durch industrielle Produktion und vor allem durch die Verbrennung von Kohle, Erdöl und Erdgas werden vom Menschen jedoch riesige Mengen von CO_2 und anderen Treibhausgasen produziert. Diese zusätzlichen Treibhausgase halten mehr Wärmestrahlung auf der Erde zurück. Der natürliche Treibhauseffekt wird verstärkt. Da dieser verstärkte Treibhauseffekt vom Menschen gemacht ist, bezeichnet man ihn als „anthropogen“ (griech. *anthropos* = der Mensch). Der **anthropogene**

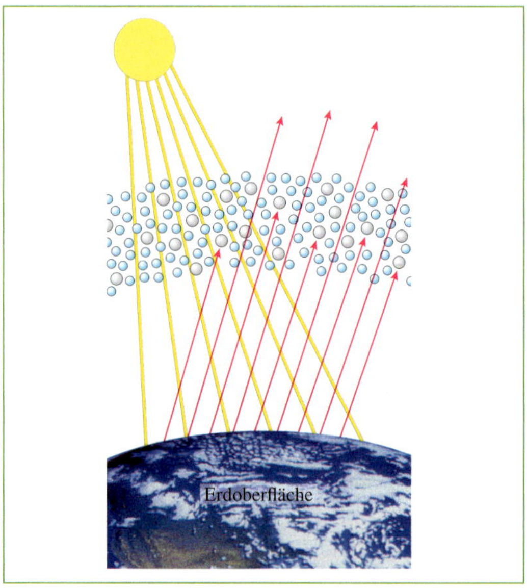

2 Schematische Darstellung des Treibhauseffekts

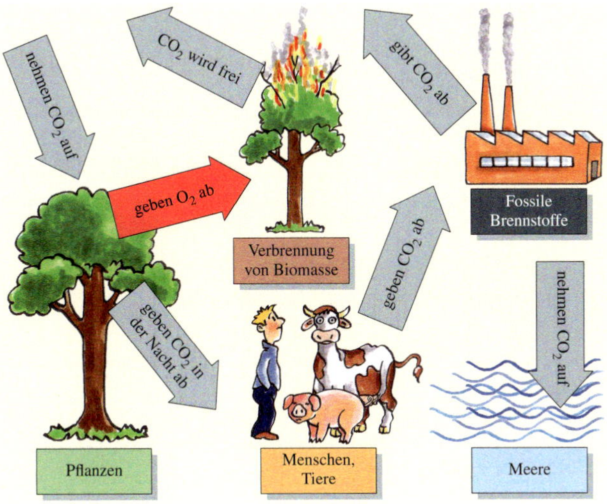

3 Kohlenstoffkreislauf

anthropogener Treibhauseffekt

Atmosphäre

Klimawandel

natürlicher Treibhauseffekt

Ozonloch

Treibhausgase

Treibhauseffekt führt zu einer weltweiten Erwärmung und stellt eine Gefahr für die ganze Erde dar.

Der Kohlenstoffkreislauf

Pflanzen nehmen für die Fotosynthese Kohlenstoffdioxid (CO_2) auf und geben Sauerstoff (O_2) ab. Tiere und Menschen und in der Nacht auch die Pflanzen geben bei der Atmung wieder CO_2 ab. → **3** Die Meere nehmen einen großen Teil des CO_2 wieder auf, weil dieses sich im Wasser löst. Auch betreiben winzige Einzeller im Meer Fotosynthese und nehmen dafür ebenfalls CO_2 auf. Dieser Kreislauf ist inzwischen jedoch durch anthropogene Einflüsse im Ungleichgewicht.

Was verursacht den Klimawandel?

Der **Klimawandel** wird durch den zunehmenden Ausstoß von Treibhausgasen verursacht. Das **Ozonloch** hingegen ist auf die vermehrte Freisetzung von Fluor-Chlor-Kohlenwasserstoffen (FCKW) zurückzuführen. Dieses schädigt die Ozonschicht. Das Klima erwärmt sich also, weil aufgrund der anthropogen verursachten Treibhausgase weniger Wärme in den Weltraum zurückstrahlen kann, und nicht, weil durch das Ozonloch mehr Sonnenstrahlen auf die Erde treffen.

Merk dir! Bestimmte Gase auf der Erde ermöglichen das Leben auf ihr. Durch den zusätzlichen Ausstoß von Treibhausgasen verursacht der Mensch den anthropogenen Treibhauseffekt und sorgt für eine weltweite Erwärmung. Das Ozonloch entsteht durch zu viel FCKW in der Atmosphäre.

Arbeitsaufträge

1. Alex sagt: „Der Treibhauseffekt ist doch etwas ganz Natürliches. Er ist nicht schlimm und sollte darum auch nicht weiter beachtet werden.“ Was würdest du ihm entgegnen?

2. Sammelt Informationen über die Entstehung und die Folgen des Ozonlochs. Erstellt ein Plakat, auf dem die Unterschiede zwischen dem Klimawandel und dem Ozonloch deutlich werden.

Wasser und Pflanzen

1. Wie verlieren Pflanzen Wasser?

Ihr braucht: 2 Reagenzgläser, Reagenzglasständer, Öl, 2 gleich große, 30 bis 40 cm lange, beblätterte Sprosse, zum Beispiel vom Fleißigen Lieschen, wasserfesten Folienstift.

1 Wasserverbrauch von Pflanzen

Fülle die Reagenzgläser mit Wasser und stelle sie in den Reagenzglasständer. Stecke in jedes einen frisch angeschnittenen Spross. Entferne an einem Spross alle Blätter bis auf eins. Bringe anschließend den Wasserstand auf gleiche Höhe und gib jeweils einen Tropfen Öl auf die Wasseroberfläche. Das Öl verhindert die Verdunstung über die Wasseroberfläche. Markiere den Wasserstand zu Beginn des Versuchs mit einem Folienstift. → 1 Stelle den Reagenzglasständer an einen hellen, warmen Ort. Vergleiche im Abstand von 10 Minuten den Wasserstand in den Reagenzgläsern. Markiere seine Höhe jeweils mit dem Folienstift.

Zeichne deine Ergebnisse in ein Diagramm ein. Beschrifte die Achsen. Schreibe auf, was deine Ergebnisse bedeuten.

2. Wie transportieren Pflanzen Wasser?

Ihr braucht: Bechergläser, durch Eosin oder durch rote oder blaue Tinte kräftig gefärbte wässrige Lösung, Sprosse mit hellen Blüten, zum Beispiel von Fleißigem Lieschen oder Margerite.

2 Pflanzen transportieren Wasser.

Fülle die Bechergläser mit der gefärbten Lösung. Schneide die blühenden Sprosse frisch an und stelle sie hinein. → 2 Stelle ein Becherglas an einen kühlen, dunklen Ort und ein Becherglas an einen hellen, warmen Ort. Beobachte die Blüten im Abstand von 15 Minuten. Wenn die Sprosse durchscheinende Stängel besitzen, beobachte auch diese. Schließe das Experiment nach 45 Minuten ab. Schreibe deine Vermutungen zum Ergebnis des Experiments auf. Notiere deine Beobachtungen und deute das Ergebnis.

3. Wie ist der Weg des Wassers durch die Pflanze?

Ihr braucht: Skalpell, verschiedene Sprosse, zum Beispiel von Mais, Kürbis, Tulpe oder Fleißigem Lieschen, Lupe.

Schneide mit einem Skalpell quer durch den Spross der Pflanzen. Betrachte mit der Lupe die Schnittflächen. Vergleiche die Schnittflächen mit Abbildung 3. Welche Strukturen erkennst du wieder?

Schneide mit dem Skalpell längs durch den Spross und betrachte die Schnittfläche erneut mit der Lupe. Erkennst du auch hier Strukturen, die Abbildung 3 zeigt?

Fertige eine grobe Zeichnung (Skizze) von den Schnittflächen an. Beschrifte sie wie in Abbildung 3.

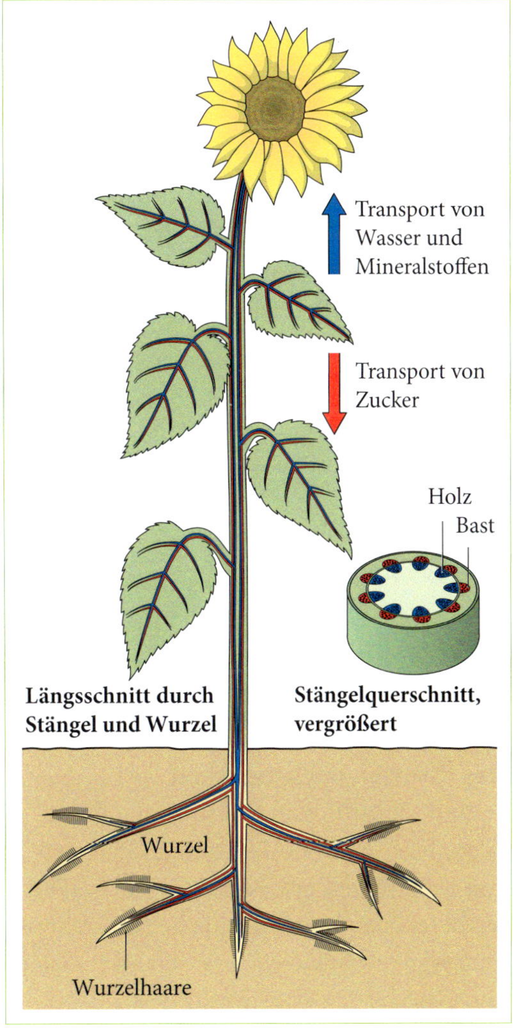

3 Querschnitt und Längsschnitt durch den Spross

4. Speichern Pflanzen Wasser?

Ihr braucht: 3 Messzylinder (250 Milliliter), 2 Trichter, Waage, Uhr, trockenes Wald- oder Rasenmoos, trockenes Rasengras mit Wurzeln.

Wiege gleich viel Moos und Gras ab (etwa 50 Gramm) und gib die Pflanzen jeweils in einen Trichter. Setze die Trichter jeweils in einen Messzylinder. Gieße 50 Milliliter Wasser über die Pflanzen in beiden Trichtern. Wiederhole dies nach 2, 4, 6 und 8 Minuten. Übernimm die Tabelle in dein Heft und notiere jeweils den Wasserstand aus den Messzylindern. → 4

Deute die Ergebnisse des Versuchs.

Minuten	Moospflanzen – Milliliter Wasser	Graspflanzen – Milliliter Wasser
0		
2		
…		
…		

4 Tabellenmessergebnisse

Du weißt, dass der Boden Wasser speichert, das die Pflanzen über ihre Wurzeln aufnehmen. Mithilfe der Fotosynthese kann die Pflanze wichtige Nährstoffe selbst herstellen.
Doch reichen Wasser, Kohlenstoffdioxid und Licht für alle Lebensvorgänge bei den Pflanzen?

1 Richtiges Düngen verbessert das Wachstum von Pflanzen.

Der Boden – Mineralstofflieferant für Pflanzen

Was Pflanzen noch brauchen

Erst mit der Aufnahme bestimmter **Mineralstoffe** aus dem Boden können Pflanzen ihre Lebensvorgänge aufrechterhalten. Die verschiedenen Mineralstoffe helfen im Stoffwechsel der Pflanze beim Aufbau der Zellen und Gewebe. Die Mineralstoffe Stickstoff, Phosphor und Kalium werden von den Pflanzen in größeren Mengen benötigt. Stickstoff ist ein wichtiger Bestandteil der Eiweiße und der Erbsubstanz. Auch Phosphor trägt zum Aufbau der Erbsubstanz bei. Kalium ist sehr wichtig für die Wasserspeicherung in der Pflanze.

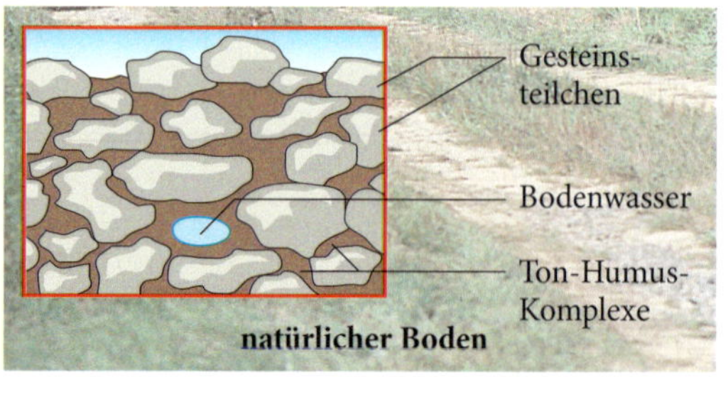

2 In den Hohlräumen im Boden kann sich Wasser sammeln.

Mineralien im Boden

Der Boden setzt ständig Mineralien frei, die im Bodenwasser gelöst werden. Nur so kann die Pflanze Mineralstoffe aufnehmen. Das Bodenwasser sammelt sich vor allem in den Hohlräumen zwischen den verschiedenen Bodenbestandteilen. → 2 Die feinen Wurzelhaare der Pflanze wachsen in die wassergefüllten Räume hinein und saugen das Wasser mit den darin gelösten Mineralien auf. Von der Wurzel aus bildet sich ein Wasserstrom in Richtung der Blätter. Mit dem Wasserstrom werden auch die Mineralstoffe in alle Teile der Pflanze gesogen.

Woraus besteht der Boden?

Bei Baggerarbeiten kann man gut sehen, wie der Boden aussieht. Häufig lassen sich mehrere Schichten erkennen. Die obere Schicht ist oft dunkler als die tieferen Schichten. Die Bodenarten unterscheiden sich in der Größe der Teilchen. Sandkörner sind mindestens 100-fach größer als Tonteilchen. Boden, der einem durch die Finger rieselt und schnell austrocknet, ist sandig. Wenn du feuchten

Düngung
Humus
Mineralstoffe
Sand
Schluff
Ton

3 Aufsitzerpflanze im Urwald

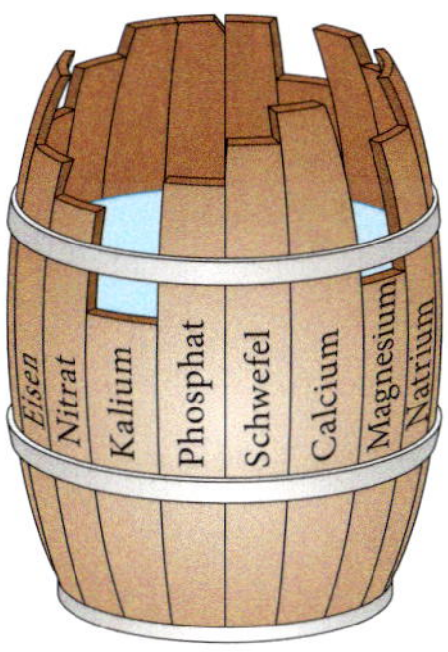

4 Das Holzfass als Modell

Boden gut kneten kannst, liegt ein toniger oder schluffiger Boden vor. Lehmboden besteht aus **Sand**, **Ton** und **Schluff**. Im Boden findet sich auch **Humus**. Während Sand, Ton und Schluff aus Gestein entstehen, wird Humus durch abgestorbene Pflanzen und Tiere gebildet.

Unterschiedliche Bedürfnisse

Viele Pflanzen sind in ihrem Wachstum sehr gut an den Boden angepasst. So können auf sehr sandigen Böden wie auf Dünen nur Pflanzen wachsen, die Austrocknung ertragen und wenige Mineralstoffe benötigen. Manche Pflanzen wie die Schwimmpflanzen wurzeln gar nicht im Boden. Die Wurzeln erhalten Mineralstoffe direkt über das Wasser. Aufsitzerpflanzen leben auf anderen Pflanzen und benötigen nur eine geringe Menge an Mineralstoffen, die sie teilweise direkt mit dem Regenwasser über die Blätter aufnehmen. In den Tropen besiedeln sie Urwaldbäume. → 3

Düngen mit Verstand

Das Wachstum von Pflanzen kann durch **Düngung** gesteigert werden. → 1 Bei der Düngung führt man dem Boden Mineralstoffe zu, an denen es ihm mangelt. Das Wachstum von Pflanzen lässt sich nur mit dem Mineralstoff fördern, der am knappsten ist. Vereinfacht kann man sich ein Holzfass mit unterschiedlich langen Planken vorstellen. → 4 Jede Holzplanke steht für einen Mineralstoff. Die oberste Füllhöhe des Fasses mit Wasser, also das Wachstum der Pflanze, wird durch die kürzeste Planke begrenzt.

→ **Merk dir!** Grüne Pflanzen brauchen zum Wachstum Mineralstoffe, die sie aus dem Boden aufnehmen. Über Düngung kann die Menge der Mineralstoffe im Boden erhöht werden. Die Düngung muss sich nach dem knappsten Mineralstoff richten.

Arbeitsaufträge

1. Pflanzen brauchen neben Wasser und Kohlenstoffdioxid Stickstoff, Phosphor und weitere Mineralstoffe. Erkläre.

2. Untersuche die Angaben auf der Verpackung von Blumendünger. Nenne den Hauptmineralstoff und die anderen Stoffe, die enthalten sind.

Grüne Pflanzen

Alle grünen Pflanzen bestehen aus den Grundorganen Wurzel, Sprossachse und Blätter. (Siehe Seite 30.)

Ein Laubblatt ist aus mehreren Schichten aufgebaut. Chloroplasten geben dem Blatt die grüne Farbe. Spaltöffnungen, die sich durch Schließzellen öffnen und schließen, regeln die Verdunstung und den Gasaustausch. (Siehe Seite 32.)

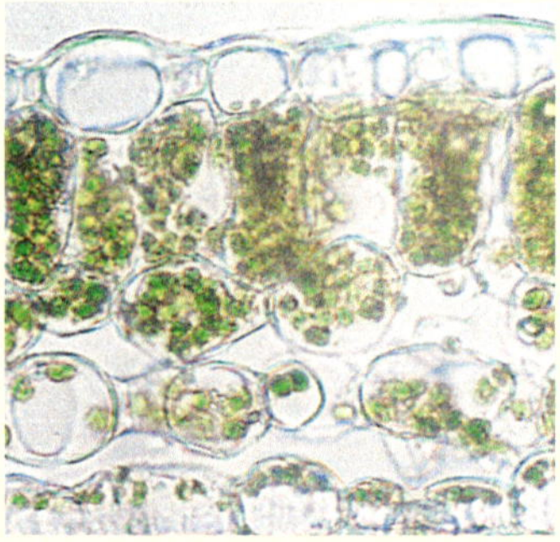

Grüne Pflanzen sind die Grundlage allen Lebens auf der Erde. Sie sind der Ausgangspunkt für alle Nahrungsbeziehungen, denn als Nährstofferzeuger sind sie das erste Glied in jeder Nahrungskette. (Siehe Seite 36.)

Grüne Pflanzen können alle Nährstoffe zum Leben selbst herstellen. Der Herstellungsprozess heißt Fotosynthese und findet in den Blättern statt. Mithilfe von Lichtenergie wird aus Kohlenstoffdioxid und Wasser Traubenzucker hergestellt. Dabei wird Sauerstoff frei, den die Pflanzen über die Blätter abgeben. (Siehe Seite 38.)

Bei der Zellatmung entsteht in den Zellen von Lebewesen aus Traubenzucker und Sauerstoff Energie für alle lebenswichtigen Vorgänge (z. B. Bewegung, Wachstum). (Siehe Seite 42.)

Stoffumwandlung

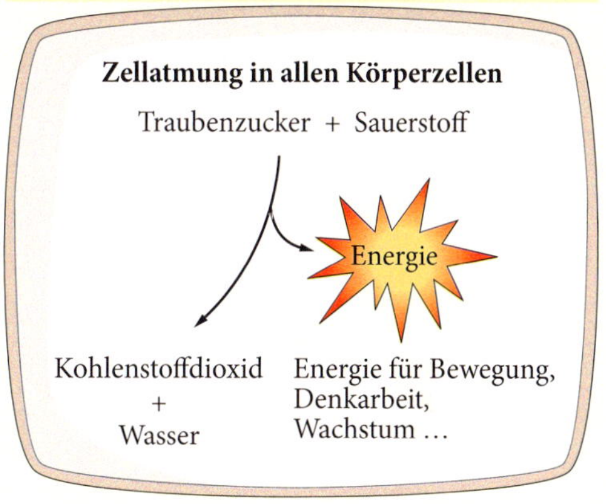

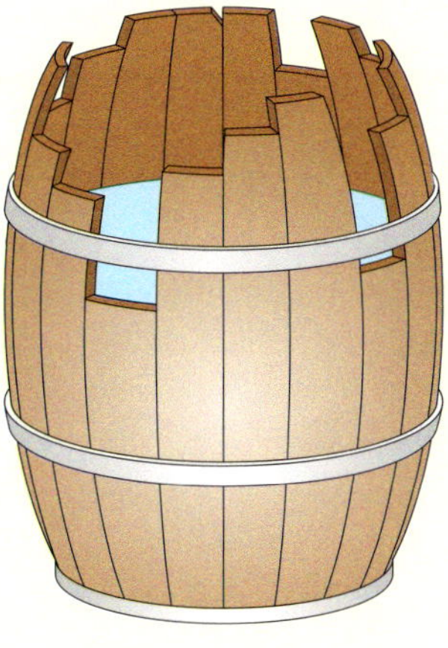

Grüne Pflanzen nehmen für ihr Wachstum Mineralstoffe aus dem Boden auf. Über Düngung wird die Menge der Mineralstoffe im Boden erhöht. Die Düngung muss sich nach dem knappsten Mineralstoff richten. (Siehe Seite 48.)

1. Zeichne eine grüne Pflanze und beschrifte die Grundorgane.

2. Nenne bei einer Pflanze ein Beispiel für:
a ein Gewebe
b ein Organ

3. Erkläre, warum die meisten Pflanzen ihre Spaltöffnungen an der Blattunterseite haben. Nenne eine Pflanze, die ihre Spaltöffnungen an der Oberseite hat. Erkläre, warum dies so ist.

4. Richtig oder falsch? Begründe jeweils deine Entscheidung.
a Einer der Grundstoffe, den grüne Pflanzen für die Fotosynthese benötigen, ist Sauerstoff.
b Während der Fotosynthese produzieren grüne Pflanzen Zucker.
c Pflanzen können Energie in Form von Stärke speichern.
d Die Fotosynthese von Pflanzen findet auch im Dunkeln statt.

5. Beschreibe einen Versuch, mit dem man nachweisen kann, dass Pflanzen bei der Fotosynthese Sauerstoff produzieren und an die Umgebung abgeben.

1 Versuch zur Fotosynthese

2 Diese Versuche führte Joseph Priestley 1771 durch.

6. Joseph Priestley (1733 bis 1804) war ein englischer Geistlicher und Naturgelehrter. Zu seiner Zeit glaubte man, die Luft sei ein einheitlicher Stoff. Priestley untersuchte nun jeweils eine portionierte Menge Luft, die sich unter einer dichten Glasglocke befand.

a Beschreibe die drei Versuche. → 2

b Erkläre, warum die Maus in Versuch b stirbt, in Versuch c dagegen überlebt.

c Erkläre was Priestley mit der Unterscheidung in „gute" und „schlechte Luft" meinte.

d Beantworte Priestley folgende Frage: „Wie kann Luft, die Schaden gelitten hat, wiederhergestellt werden?"

7. Alex ist ratlos. Obwohl er seine Balkonpflanzen einmal im Monat mit Brennnesselbrühe düngt und sie genügend gießt, haben sie gelbliche Blätter und wachsen nicht mehr. Die Brennnesselbrühe enthält vor allem Stickstoff. Was könnte der Grund für das schlechte Wachstum der Pflanzen sein?

3 Brennnesseln

Ordne deiner Lösung im Heft ein Smiley zu:

☺ Ich habe die Aufgabe richtig lösen können.

😐 Ich habe die Aufgabe nicht komplett lösen können.

☹ Ich habe die Aufgabe nicht lösen können.

Aufgabe	Fähigkeit	Hilfe findest du auf Seite …
1	Ich weiß, wie Pflanzen aufgebaut sind und aus welchen Grundorganen sie bestehen.	30
2	Ich kenne den Aufbau von Pflanzen und Pflanzenteilen.	30, 32
3	Ich kann die Funktion von Spaltöffnungen beschreiben und kenne die Anordnung der Spaltöffnungen bei verschiedenen Pflanzen.	33
4	Ich kenne den Prozess der Fotosynthese und die beteiligten Stoffe.	34, 38
5	Ich kenne Versuche, mit denen man die Stoffe nachweisen kann, die an der Fotosynthese beteiligt sind.	34, 40
6	Ich weiß, dass Menschen, Tiere und Pflanzen aufeinander angewiesen sind und sich zu einem Kreislauf ergänzen.	43
7	Ich weiß, worauf man bei der Düngung von Pflanzen achten muss.	48

Ökosystem Wald

Wälder kommen auf fast allen Kontinenten der Erde vor. Eines haben alle Wälder gemeinsam: die Bäume. Doch wie viele Bäume sind ein Wald? Und was ist sonst noch typisch für Wälder? Hier bekommst du Anregungen und Informationen, wie du mehr über die Wälder deines Wohnorts lernen kannst. Du wirst etwas über die Lebewesen des Waldes erfahren, aber auch über die Aufgaben, die Wälder auf unserer Erde übernehmen.

1 Es gibt verschiedene Arten von Wäldern. Was unterscheidet einen natürlichen Wald von einem Forst? (Siehe Seite 56.)

2 Was würde wohl mit einer Stadt passieren, wenn die Menschen diese verlassen? (Siehe Seite 58.)

3 Zur Lebensgemeinschaft Wald gehören viele verschiedene Tiere. Wer zählt zu den typischen Waldbewohnern? (Siehe Seite 62.)

4 In Systemen hängt alles zusammen. Jeder Bestandteil wirkt auf einen anderen. Wie funktioniert das im Ökosystem Wald? (Siehe Seite 64.)

5 Die Eule frisst Mäuse und Mäuse fressen Haselnüsse. Ist das eine Nahrungskette? (Siehe Seite 66.)

6 Wovon ernähren sich die Lebewesen in der Moosschicht? Was ist eine Nahrungspyramide? (Siehe Seite 70, 74.)

7 Wie wertvoll sind eigentlich unsere Wälder? (Siehe Seite 76.)

Vor etwa 2000 Jahren war Deutschland zu 90 % bewaldet. Heute sind nur noch 30 % der Landfläche mit Wald bedeckt, weil der Mensch viele Waldgebiete abgeholzt und zu Acker- und Weideland gemacht hat. Was ist eigentlich das Besondere an einem Wald und wozu brauchen wir Wälder?

1 Mischwald mit typischer Gliederung

Wie sieht ein Wald aus?

Was ist ein natürlicher Wald?

Bäume, weitere Pflanzen- und Tierarten bilden eine **Lebensgemeinschaft**. Wenn du durch einen Mischwald gehst, erkennst du, dass neben hohen Laub- und Nadelbäumen auch niedrigere Bäume und Sträucher wachsen. → 1 Außerdem gibt es krautige Pflanzen und Moose. Wälder besitzen ein eigenes Klima. Wenn in einem Mischwald das Kronendach ausgebildet ist, ist es im Wald kühler und feuchter als außerhalb.

Mehrere Etagen

Bäume, Sträucher, Kräuter und Moose bilden Schichten in unterschiedlichen Höhen aus: die Stockwerke. Man unterscheidet **Baumschicht**, **Strauchschicht**, **Krautschicht** und **Moosschicht**. → 2 Dabei bildet jedes Stockwerk einen Lebensraum für bestimmte Tiere und Pflanzen.

Bäume bilden den Wald

In Wäldern können Moos-, Kraut- und Strauchschicht fehlen. Ohne Bäume wie Eiche, Buche, Ahorn und andere Baumarten aber kann sich kein Wald ausbilden.

Hasel & Co.

Haselstrauch, Holunder und einige weitere Pflanzen bilden die Strauchschicht. → 3 Sie werden höchstens 5 m hoch und verzweigen ihren Stamm teilweise direkt über dem Boden.

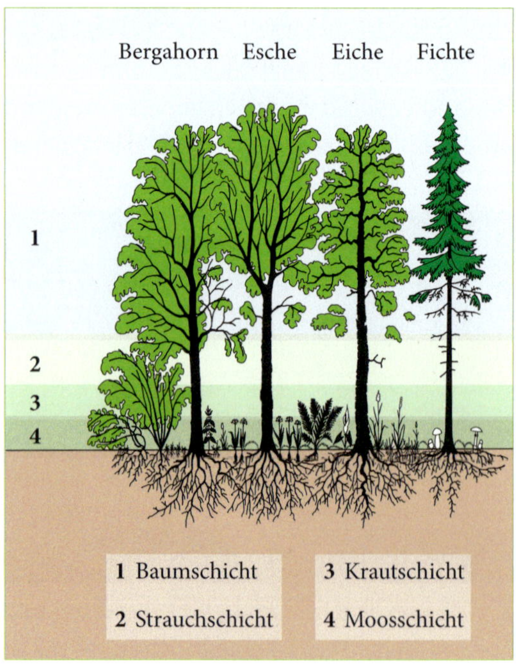

2 Stockwerkbau im Mischwald

Baumschicht
Krautschicht
Lebensgemeinschaft
Moosschicht
Strauchschicht

3 Holunder

4 Pflanze der Krautschicht

5 Moosschicht mit Pilzen

Kräuter am Waldboden

Die Krautschicht wird bis zu 1 m hoch. In ihr finden sich Pflanzen, die nicht verholzen. → 4 Wenn im Frühjahr das Sonnenlicht ungehindert auf den Boden trifft, kann diese Schicht einen Teppich von Frühjahrsblühern bilden. Die Pflanzen überwintern mit Zwiebeln, Knollen und Wurzelstöcken im Boden.

Ohne Moos nichts los?

Die Moosschicht bietet vor allem Gliedertieren einen Lebensraum. Im feuchten Moos finden sie Nahrung und Schutz. Auch Pilze gehören zur Moosschicht. → 5

„Künstliche Wälder"

Nur wenige Wälder sind natürlich gewachsen. Die meisten heute existierenden Wälder wurden für die Holzwirtschaft angepflanzt und werden Forste genannt.

→ Merk dir! Ein natürlicher Wald besteht aus mehreren Stockwerken: Moosschicht, Krautschicht, Strauchschicht, Baumschicht. Die Baumschicht ist immer vorhanden. Alle Stockwerke bieten einen Lebensraum für Tiere.

Arbeitsaufträge

1. Erstelle zum Begriff „Wald" eine Mindmap.
2. Folgende Pflanzen wachsen im Laubwald: Ahorn, Buschwindröschen, Esche, Weißdorn, Sauerklee. Ordne die Pflanzen den Stockwerken im Wald zu. Hilfe findest du in Büchern oder im Internet.
3. Scharbockskraut überwintert mit Wurzelknollen im Waldboden. → 6 Die Pflanze blüht sehr früh im Jahr und bildet dann auch Laubblätter aus. Erkläre, warum die Pflanze ganz früh im Jahr blüht und man sie später nicht mehr findet.

6 Blühendes Scharbockskraut

Orte und Landschaften, die nicht mehr von Menschen bewohnt oder genutzt werden, verändern sich in kurzer Zeit. Kannst du dir vorstellen, dass in deiner Stadt anstelle der Fußballfelder, der Straßen und Häuser bald Wälder stünden, wenn keine Menschen mehr dort leben würden?

1 Orte, die von Menschen nicht mehr genutzt werden

Wälder können fast überall wachsen

Erste Siedler

Dort, wo größere Bodenflächen freigelegt werden, beispielsweise beim Straßenbau, keimen bald Pflanzen, die manchmal dichte Teppiche bilden. Diese Pflanzen nennt man **Pioniere**, da sie sich zuerst ansiedeln.

Die Besiedlung schreitet fort

Nach mehreren Wochen wachsen bereits krautige und holzige Pflanzen. Es kommt zur **Verbuschung** der Fläche. → 2 Birken können sich auf solchen Flächen besonders gut entwickeln. Sie besiedeln auch ungenutzte landwirtschaftliche Flächen. Pflanzen verändern den Ort, an dem sie wachsen. Die Sträucher werfen das Laub im Herbst ab. Die entstandene Streuschicht ist Nahrung für viele Bodentiere und wird von ihnen zerkleinert und verändert. Es entsteht Humus, auf dem hohe Bäume wie Eiche oder Buche wachsen können. Am Ende der gesamten Entwicklung ist ein Wald entstanden.

2 Verbuschung

3 Lichtung im Laubwald

4 Mischwald

5 Nadelwald

Lichtungen
Mischwälder
Nadelwälder
Pioniere
Regenwälder
Verbuschung

Immer in Bewegung

Obwohl Wälder am Ende der Entwicklung einer Pflanzendecke stehen, verändern sie sich ständig. Wenn zum Beispiel ein Baum umfällt, entstehen **Lichtungen.** → 3 Dort wachsen wieder Pionierpflanzen. Der Weg zur Waldentwicklung beginnt erneut.

Wald ist nicht gleich Wald

Wälder können fast überall wachsen. Doch solche, die an Flüssen wachsen, sehen anders aus als Gebirgswälder. In Mitteleuropa gibt es neben Laub- und Nadelwäldern auch **Mischwälder** aus Laub- und Nadelbäumen. → 4 In Nordeuropa gibt es viele **Nadelwälder**. Typische Nadelbäume sind Kiefer, Fichte und Tanne. Mit ihren nadelförmigen Blättern sind sie an die trockenen und kalten Bedingungen angepasst. → 5 In den Tropen rund um den Äquator bilden sich **Regenwälder** mit vielen Pflanzen- und Tierarten. Auch in Deutschland gibt es Feuchtwälder. Deren Bäume können auch auf nassen und überfluteten Böden wachsen.

→ Merk dir! Größere ungenutzte Bodenflächen entwickeln sich mit der Zeit zu Wäldern. Die Besiedlung beginnt immer mit Pionierpflanzen und endet mit Bäumen. Wälder können fast überall wachsen. Es gibt Misch-, Nadel-, Feucht- und Regenwälder.

Arbeitsaufträge

1. Informiere dich über die Unterschiede zwischen Laub- und Nadelbäumen.
- **a** Vergleiche in einer Tabelle folgende Punkte: Blattform, Blattaufbau, Blattabwurf, Wasserhaushalt, Wuchsform.
- **b** Begründe mithilfe der Tabelle, warum Laubbäume nicht in Gegenden wachsen, in denen es lange kalt und trocken ist.

2. Stelle die Entwicklung eines Laubwalds in einem Diagramm dar. Die x-Achse ist eine Zeitachse, die y-Achse eine Höhenachse.
- **a** Kennzeichne die Abschnitte der Waldentwicklung. Teile dazu die Zeitachse in drei beschriftete Abschnitte ein.
- **b** Skizziere und beschrifte die Pflanzen, die in den verschiedenen Abschnitten der Waldentwicklung vorkommen. Achte dabei auf die Höhe der Pflanzen in Metern. Teile die Höhenachse in sinnvolle Abschnitte ein.

Wir erforschen den Wald

1. Wie erfasst man ein Waldstück?

Ihr braucht: Maßband, Zollstock, kleine Holzpflöcke, Taschenrechner, Pflanzenbestimmungsbuch, Notizblock.

Bildet mehrere Gruppen und sucht euch ein Waldstück aus.

a Grenzt ein rechteckiges Waldstück mit Holzpflöcken ab. Länge und Breite des Stücks sollten zwischen 10 und 20 m liegen. Übertragt die Fläche verkleinert auf ein Blatt Papier.

b Zeichnet die Bäume und Sträucher als Kreise ein. Die Größe der Kreise richtet sich nach der Größe der Pflanzen. → 1

c Bestimmt die Bäume und Sträucher mit einem Bestimmungsbuch und tragt die Namen in die Kreise ein.

d Berechnet die Baumhöhe: Eine Person hält in ihrer ausgestreckten Hand einen Stock, dessen unteres Ende sich in Augenhöhe befindet und dessen Länge dem Abstand vom Auge entspricht. Sie entfernt sich so weit vom Baum, bis die obere Stockspitze mit der Baumspitze zur Deckung kommt. → 2 Messt mit einem Maßband die Entfernung *x* zum Baum und die Augenhöhe *y* der Person. Die Baumhöhe *h* errechnet sich aus der Summe von *x* und *y*. Tragt die Höhen der Bäume in die Kreise auf dem Blatt ein.

e Messt die Höhe der Kraut- und Moosschicht an drei Stellen des Waldstücks mit einem Zollstock und berechnet den Mittelwert. Notiert eure Beobachtung.

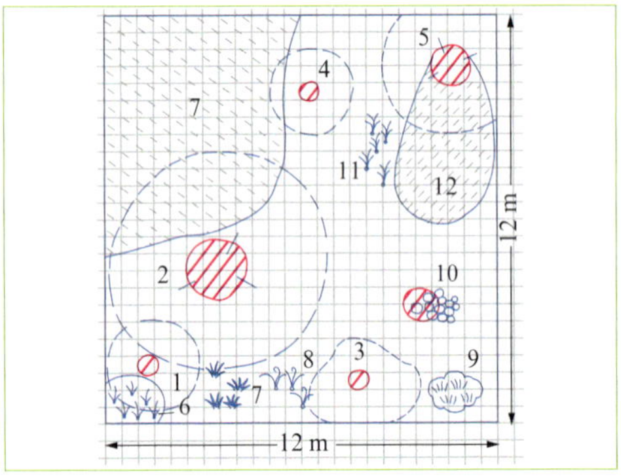

1 So könnte die Skizze eures Waldstücks aussehen.

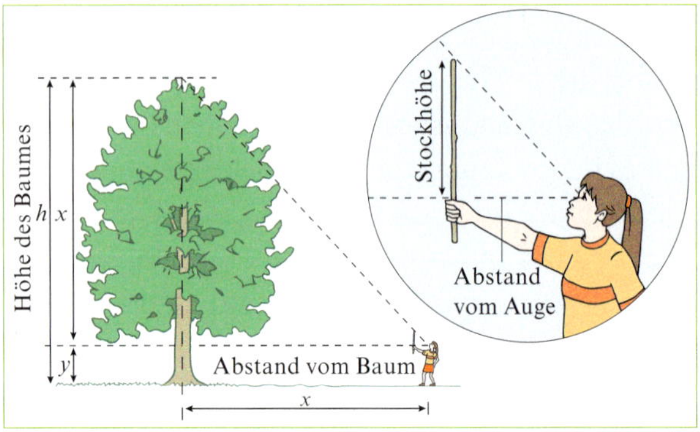

2 Messung der Baumhöhe mit der Stockmethode

2. Wie sind die Klimabedingungen im Wald?

Ihr braucht: 4 Thermometer, Bindfaden, 6 flache Schalen gleicher Größe, Wasser, Messzylinder, Notizblock, Maßband, Photometer.

Befestigt die Thermometer in den unterschiedlichen Stockwerken des Waldes. Messt zum Vergleich auch die Temperatur außerhalb des Waldes. Notiert die Temperaturen im Abstand von einer halben Stunde.

a Zeichnet den Verlauf der Temperatur für jedes Stockwerk in ein Diagramm ein. Wählt als x-Achse die Zeit und als y-Achse die Temperatur in °C. Erklärt das Ergebnis.

b Füllt flache Schalen mit jeweils der gleichen Menge Wasser. Der Boden der Schale sollte knapp bedeckt sein. Stellt drei Schalen auf den Waldboden und drei außerhalb des Waldes auf. Füllt das Wasser nach Abschluss eures Messtages in den Messzylinder. Notiert die Wassermenge.

c Legt eine Tabelle nach folgendem Muster an und tragt eure Ergebnisse ein. → 3 Deutet die Ergebnisse.

d Führt nun mit dem Photometer vier Lichtmessungen durch: die erste Messung außerhalb des Waldes zum Vergleich, die zweite am Waldrand, die dritte 10 m im Wald und die vierte mitten im Wald.
Notiert eure Messwerte und erklärt mit Hilfe der Messwerte, den Einfluss des Lichts auf das Vorhandensein und Wachstum der Pflanzen.

	Wassermenge bei Versuchsbeginn (ml)	Wassermenge bei Versuchsende (ml)
Wald		
Schale 1	20	...
...		
Waldrand		

3 Tabelle für Ergebnisse

3. Welche Tiere leben im Wald?

Welche Tiere findet ihr in eurem Waldstück? Hört und schaut genau hin.

Ihr braucht: Betttuch, Becherlupen, Fernglas, Tierbestimmungsbuch, Vogelbestimmungsbuch, CD mit Vogelstimmen, Notizblock.

→ *Nachdem du die Tiere bestimmt hast, lässt du sie wieder frei. Schmetterlinge bestimmst du, ohne sie einzufangen. Bitte lass Vogelnester in Ruhe!*

a Viele Tiere könnt ihr an Spuren im Wald erkennen. Findet ihr Wühlspuren des Wildschweins oder Fraßspuren eines Eichhörnchens? Rehe machen sich kleine Kuhlen, in denen sie ruhen. Eulen und Greifvögel hinterlassen Gewölle. → 4 Fragt beispielsweise auch einen Förster, welche Spuren ihr im Wald noch verfolgen könnt.

b Beobachtet die Waldvögel mit dem Fernglas. Welche Vögel erkennt ihr? Könnt ihr Vögel am Gesang erkennen? Eine CD mit Vogelstimmen kann euch helfen.

c Haltet ein Betttuch unter die Zweige eines Strauchs und klopft kräftig auf die Äste. Welche der gefangenen Tiere könnt ihr benennen?

d Untersucht Totholz und Borken. Welche Fraßspuren findet ihr dort? → 5

4 Gewölle einer Waldohreule

5 Fraßspur des Borkenkäfers unter der Fichtenborke

Bewohner des Waldes

1 Keiler

Wildschweine – typische Waldbewohner

Tagsüber sind Wildschweine selten anzutreffen. Sie leben in Gruppen von bis zu 20 Tieren und streifen meist in der Dämmerung oder nachts auf Suche nach Nahrung durch den Wald. Wildschweine gehören zu den Allesfressern. Sie ernähren sich von Eicheln, Wurzeln, Insekten und kleineren Säugetieren, zum Beispiel Mäusen. Mit ihren stark ausgebildeten Eckzähnen können sie den Boden durchwühlen. Die Wühlspuren von Wildschweinen kann man in Waldgebieten gut erkennen. Die Wildschweingruppe, Rotte genannt, wird von einem erfahrenen weiblichen Schwein geleitet. Die weiblichen Wildschweine heißen Bachen. Im Familienverband leben weitere Bachen mit ihren Jungen, den Frischlingen. Während die erwachsenen Wildschweine ein dunkelbraunes, borstiges Fell besitzen, sind die Frischlinge gestreift. Die erwachsenen männlichen Tiere, die Keiler, sind Einzelgänger. → 1 Sie treffen die Rotte nur zur Paarungszeit. → 2

2 Wildschweinrotte mit Frischlingen

Reh oder Rotwild?

Trotz ihrer Verwandtschaft gibt es deutliche Unterschiede im Aussehen und Verhalten zwischen Rehen und dem Rotwild. Die männlichen Tiere des Rotwilds werden Hirschböcke genannt. Sie bilden ein großes Geweih aus, mit dem sie zur Brunftzeit im Herbst Revierkämpfe bestreiten. → 3 Rotwild ist sehr gesellig, lebt aber nach Geschlechtern getrennt in Rudeln. Es frisst Gras, Blätter und Früchte. Die männlichen Tiere der Rehe, die Rehböcke, tragen ein gabeliges Gehörn und sind deutlich kleiner als Hirschböcke. Rehe leben nur im Winter in Rudeln. Die übrige Zeit sind sie Einzelgänger und kommen nur im Sommer zur Paarung zusammen. Während das Rotwild auf den Wald als Lebensraum angewiesen ist, suchen Rehe ihre Nahrung häufig auch auf Weiden und Feldern. → 4

3 Rothirsch

4 Rehe

5 Ein Buntspecht klopft nach Nahrung.

Ein Zimmermann im Wald

Hast du bei einem Waldspaziergang schon einmal ein lautes, merkwürdiges Klopfen gehört? Dieses Geräusch entsteht, wenn der Buntspecht mit seinem Schnabel auf Baumrinden klopft, um diese vom Stamm zu lösen. → 5 Dahinter finden sich Fraßgänge von Insekten und Larven. Seine Beute kann er mit seiner langen Zunge hervorholen. → 6 Mit seinen Krallen kann sich der Specht an der Baumrinde festhalten und so seine „Klopfarbeit" durchführen. Mit dem Schnabel kann er in morsche Bäume auch Höhlen zimmern, in denen er brütet.

6 Mit seiner langen Zunge erbeutet der Specht Insektenlarven unter der Rinde.

Der Staat im Wald

Eine besonders gefährdete Tierart unserer Wälder ist die Rote Waldameise. Mehrere Millionen Tiere können in einem Ameisennest leben. Dieses Nest sieht wie ein Hügel aus und besteht vor allem aus Zweigen und Nadelblättern. → 7

7 Ameisenhügel im Wald

Wenn du einen Ameisenhügel beobachtest, siehst du, wie aktiv die Ameisen dort sind. Die Arbeiterinnen sorgen sich den ganzen Tag um die Beschaffung von Nahrung. Dazu jagen sie in Gruppen Insekten und Spinnen in der Umgebung des Ameisenhügels. Auch wenn die Beute sehr viel größer ist als die Ameisen selbst, können sie diese zum Nest bringen. → 8

8 Ameisen schleppen Beute zum Nest.

Kein Lebewesen kann ohne seine Umwelt leben. Auch der abgebildete Baum ist so nicht lebensfähig. Die Wissenschaft von der Umwelt, die Ökologie, gibt uns Antwort auf die Frage: Was genau ist die Umwelt eines Lebewesens?

1 Kann ein Baum so leben?

Vom Haushalt der Natur

Ökologie – was ist das?

Der Begriff „Öko“ kommt aus dem Griechischen und heißt „Haus“. Daraus leitet sich der Begriff **Naturhaushalt** ab. Zum Naturhaushalt gehören die Lebewesen und die Bedingungen, unter denen diese Lebewesen existieren. Die **Ökologie** untersucht die Beziehungen der Lebewesen untereinander, die **belebte Natur**. Dazu zählen zum Beispiel Nahrungsnetze und Konkurrenz. Ökologie beschäftigt sich aber auch mit dem Einfluss von Licht, Boden, Temperatur und Niederschlag auf die Lebewesen, also mit der **unbelebten Natur**.

Komplett vernetzt

Belebte und unbelebte Natur bilden ein System, in dem ein Bestandteil – ein Faktor – immer eine Wirkung auf andere Bestandteile hat. → 2 Der Boden wirkt auf die Pflanzen und fördert deren Wachstum. Die Pflanzen bieten Nahrung für Tiere und regulieren das Klima, indem sie Schatten spenden. Die Einheit zwischen der unbelebten und der belebten Natur, zwischen Lebensraum und Lebensgemeinschaft, heißt **Ökosystem**. Es gibt die unterschiedlichsten Ökosysteme, zum Beispiel das Ökosystem Wald, das Ökosystem See, das Ökosystem Wattenmeer. Alle Ökosysteme sind offene Systeme, da sie im ständigen Energie- und Materialaustausch mit der Umgebung stehen. Sie erhalten zum Beispiel über Niederschläge Wasser und geben dieses über die Verdunstung der Pflanzen wieder ab.

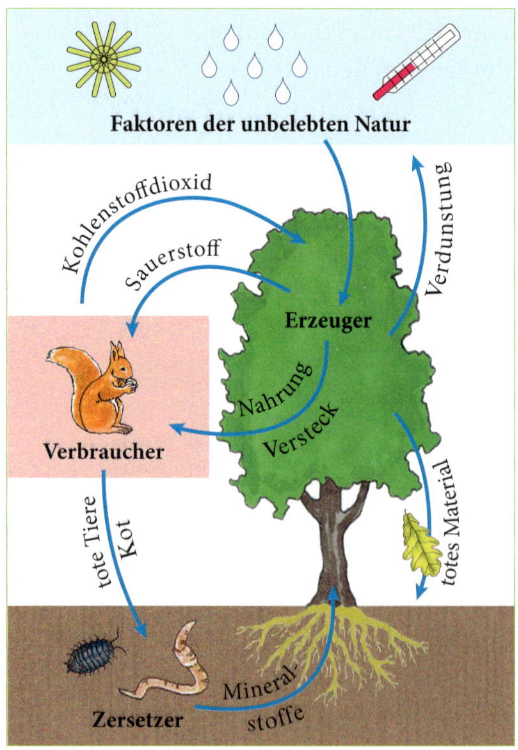

2 Im Ökosystem Wald wirken Faktoren der belebten und der unbelebten Natur.

3 Ein See wird zum Wald.

belebte Natur
Naturhaushalt
Ökologie
Ökosystem
unbelebte Natur

Jedes Ökosystem ist anders

Charakteristische Pflanzen, typische Nahrungsnetze, Luftfeuchtigkeit und Bodenbeschaffenheit sind einige Faktoren, die ein Ökosystem kennzeichnen. Im Ökosystem Wiese gibt es andere Pflanzen, andere Nahrungsnetze und einen anderen Boden als im Laubwald. Mit einem Blick aus dem Wald erkennst du, dass am Waldrand ein neues Ökosystem beginnt.

Alles im Lot

Natürliche Ökosysteme können gewisse Strömungen und Veränderungen ausgleichen. Sie befinden sich in einem ökologischen Gleichgewicht. So kann sich das Ökosystem Laubwald trotz einer Veränderung, wenn zum Beispiel ein Baum umstürzt, erholen und weiterhin ein Laubwald bleiben. Es gibt aber auch Störungen in Ökosystemen, die so stark sind, dass sie nicht ausgeglichen werden können. Ein ursprünglich baumloser Sumpf, dem immer das Wasser fehlt, wird so mit der Zeit zu einem Wald. → 3 Bei der Entwicklung eines Waldes bilden sich verschiedene Ökosysteme, die durch die Lebensgemeinschaften immer wieder verändert werden. Dies ist ein natürlicher Prozess. Viele Veränderungen in Ökosystemen werden auch durch den Menschen verursacht. Die Abholzung von Bäumen oder die Anpflanzung neuer Pflanzenarten führen beispielsweise im Wald zu Veränderungen der Ökosysteme.

→ Merk dir! Die Ökologie untersucht die Beziehungen zwischen Lebewesen untereinander sowie zwischen belebter und unbelebter Natur. Die Einheit zwischen Lebensraum und Lebensgemeinschaft wird als Ökosystem bezeichnet. Natürliche Ökosysteme stehen in einem ökologischen Gleichgewicht.

Arbeitsaufträge

1. Erstelle mit einem Mitschüler eine Liste von Faktoren der unbelebten Natur und der belebten Natur, die dir zum Ökosystem Laubwald bekannt sind. Stellt die Liste der Klasse vor.
2. Fertigt gemeinsam ein Plakat an, auf dem ihr festhaltet, was sich alles verändert, wenn mehrere Bäume im Laubwald umfallen. Überlegt, wie der Ort nach einem Jahr aussieht.
3. Erstelle eine ausführliche Liste der Faktoren der unbelebten und belebten Natur, die auf eine Eiche wirken, die im Wald steht.

In den unterschiedlichen Schichten des Eichen-Hainbuchenwaldes leben die verschiedensten Tier- und Pflanzenarten. Bei genauerer Betrachtung sind alle diese Lebewesen irgendwie miteinander verbunden. Was aber passiert, wenn ein Lebewesen in diesem System verschwindet?

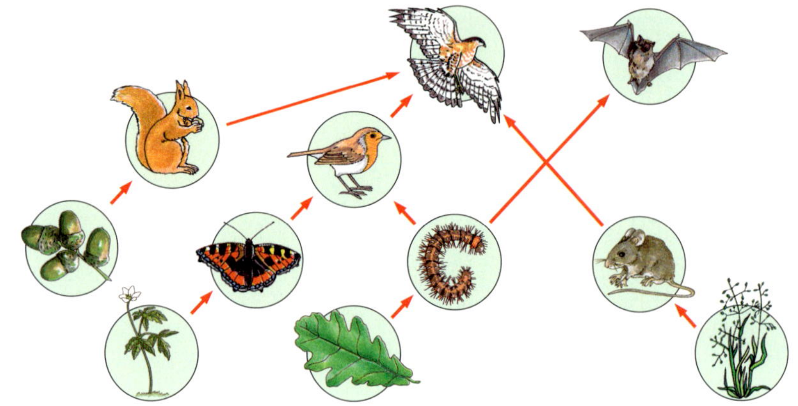

1 Nahrungsnetz in einem Laubwald

Wer frisst was im Wald?

Keine Nährstoffe – kein Leben

In allen Lebensgemeinschaften geht es um Nahrungsbeschaffung. Nährstoffe liefern Energie für Atmung und Bewegung und sind daher die Grundlage des Lebens. So frisst die Raupe des Eichenwicklers vom Laubblatt der Eiche und wird selbst vom Rotkehlchen verzehrt. Das Rotkehlchen wiederum bildet die Nahrung des Sperbers, der zu den Greifvögeln gehört. Jedes Tier ist von anderen Lebewesen abhängig und somit Teil einer . → 2 Jedes Lebewesen kann zu mehreren Nahrungsketten gehören. Dadurch ergibt sich ein verzweigtes System zwischen den Lebewesen in einem Wald, ein **Nahrungsnetz**. → 1 Auch der Mensch ist Teil dieses Nahrungsnetzes, da er sich von Pflanzen und Tieren ernährt.

Räuber-Beute-Beziehung

Im Nahrungsnetz sind die einzelnen Lebewesen aufeinander angewiesen. Wenn plötzlich ein Lebewesen aus einer Nahrungskette ausscheidet, verändert sich das Netz. Stelle dir vor, der Sperber konnte kaum Jungtiere ausbrüten, weil der Frühling zu regenreich war. Wenn die Anzahl dieses Räubers sinkt, kann sich seine Beute gut vermehren. Diese erhöhte Anzahl von Beutetieren bietet dann den Räubern eine gute Nahrungsgrundlage und sie können wieder mehr Junge aufziehen. Zwischen Räuber und Beute herrscht ein dynamisches Gleichgewicht, das auf Veränderungen im Nahrungsnetz reagiert und sich ständig neu einstellt. → 3, 4 Man spricht vom **biologischen Gleichgewicht**.

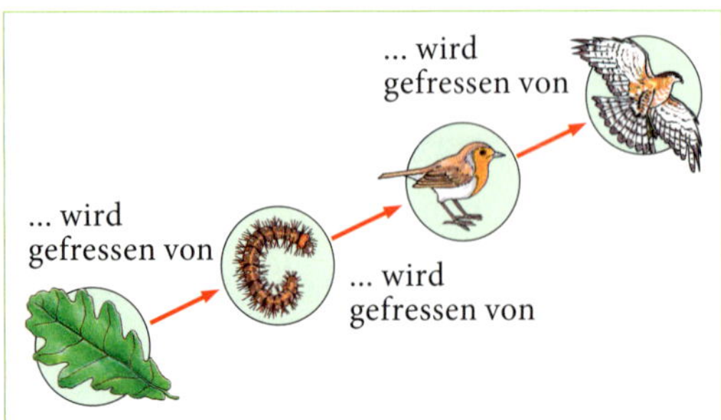

2 Beispiel einer Nahrungskette

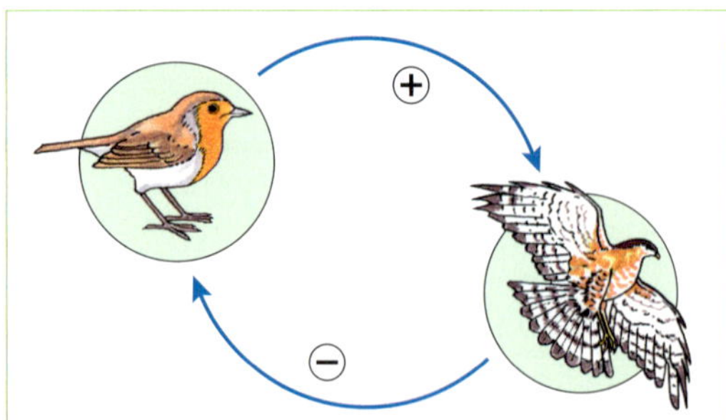

3 Räuber-Beute-Beziehung

biologisches Gleichgewicht

Konkurrenz

Nahrungsnetz

ökologische Nische

4 Grafische Darstellung der Räuber-Beute-Beziehung

Ausweichmanöver

Das Nahrungsnetz in Abbildung 1 zeigt, dass einige Tiere die gleiche Beute jagen. So fressen sowohl das Rotkehlchen als auch die Fledermaus Insekten. Bezüglich dieser Beute stehen beide Tierarten in **Konkurrenz.** Da die Fledermaus jedoch nachts jagt und das Rotkehlchen tagsüber seine Beute fängt, ist die Konkurrenz nicht sehr groß. Man spricht von Konkurrenzvermeidung. Im Wald hat jede Tierart eine spezielle Aufgabe übernommen. Man sagt, jede Tierart hat einen bestimmten „Beruf" und hat damit eine **„ökologische Nische"** gefunden. Diese Aufgaben sind wichtig für den Erhalt des biologischen Gleichgewichts.

Merk dir! Nahrungsbeziehungen zwischen Lebewesen lassen sich als Nahrungskette und Nahrungsnetze darstellen. Die Lebewesen stehen in Konkurrenz. Das biologische Gleichgewicht gibt an, wie gut Veränderungen im Nahrungsnetz ausgeglichen werden können.

Arbeitsaufträge

1. Rotkehlchen erbeuten Insekten. Welche Veränderungen erwartest du für das Nahrungsnetz Laubwald, wenn die Zahl der Rotkehlchen sinkt? Schreibe auf, wer im Nahrungsnetz davon betroffen ist, und begründe.

2. Lies folgende Steckbriefe von Blaumeise und Kohlmeise. → 5, 6

a Schreibe mithilfe einer Tabelle auf, in welchen Punkten die beiden Meisenarten miteinander konkurrieren.

b Entscheide, ob Blaumeise und Kohlmeise gemeinsam im Laubwald vorkommen können. Begründe deine Entscheidung.

Blaumeise

Gewicht: 9–12 Gramm

Nahrung im Sommer: Insekten, Spinnen

Nahrung im Winter: Beeren, Samen

Ort der Nahrungssuche: Strauch- und Baumzweige

Nestbau: in höher gelegenen Baumhöhlen

5 Steckbrief Blaumeise

Kohlmeise

Gewicht: bis 20 Gramm

Nahrung im Sommer: Insekten, Spinnen

Nahrung im Winter: Beeren, Samen, Knospen

Ort der Nahrungssuche: Baumstammnähe und Boden

Nestbau: Baumhöhlen in bis zu 5 Metern Höhe

6 Steckbrief Kohlmeise

Nahrungsbeziehungen im Wald

1. Welche Nahrungsnetze gibt es?

Ihr braucht: mehrere Wollknäuel, Pappkarten, Klebeband, Bestimmungsbücher.

Sucht in Büchern Pflanzen und Tiere, die zum Nahrungsnetz im Wald gehören. Bildet Gruppen von 6 bis 10 Personen und stellt euch im Klassenraum auf.

Der erste Schüler wählt eine Pflanzenart aus. Der Name dieser Pflanze wird auf eine Pappkarte geschrieben. Die Karte wird auf die Kleidung des Schülers geklebt. Nun fragt der Schüler: „Wer will mich fressen?" Hierauf muss mit einer Waldtierart geantwortet werden.

Der erste Schüler wirft dem antwortenden Schüler das Wollknäuel zu. Das Spiel geht weiter, bis die Nahrungskette beendet ist. Der Name der Tierart wird auf eine Pappkarte geklebt und diese anschließend auf die Kleidung des antwortenden Schülers.

Wenn noch Schüler übrig sind, kann eine weitere Nahrungskette gebildet werden.

a Verknüpft mehrere Nahrungsketten.
b Demonstriert im Spiel, was passiert, wenn eine Tierart ausstirbt oder überhandnimmt.
c Notiere die Nahrungsketten und Nahrungsnetze in deinem Heft.

1 Ein Nahrungsnetz entsteht.

2. Wie funktioniert die Zersetzung?

2 Unterschiedlich zersetztes Laub

Ihr braucht: mehrere Marmeladengläser, Bestimmungsbücher, Klebstoff, Permanentstift, Lupe.

> **Achtung:** *Gehe vorsichtig mit den Tieren um und bringe die Tiere nach deiner Bestimmung wieder in den Wald zurück!*

Sucht im Buchenwald eine Stelle, an der viel Laub liegt. Legt ein Quadrat (1 m²) mit Zweigen. Dies ist eure Probestelle.

Füllt in ein Gefäß nur die obere, lose Schicht aus Laub. In das zweite Gefäß füllt ihr die darunterliegende Schicht Laub, das schon leicht zersetzt ist. In das dritte Gefäß füllt die Schicht, die direkt dem Boden aufliegt.

Sammelt auch Tiere ein, die sich in den Schichten befinden. Beschriftet die Gefäße mit einem Permanentstift und bringt sie in den Klassenraum.

Bestimmt die größeren Tiere mit einem Bestimmungsbuch. Sucht die Laubschicht mit einer Lupe nach kleineren Tieren und nach Pilzen ab. Notiert, welche Tiere ihr findet. Breitet die Laubblätter aus jedem Marmeladenglas zum Trocknen auf Papier aus.

Fertigt ein Plakat an, auf dem ihr die verschiedenen Zersetzungsstufen des Laubblattes darstellt. Klebt dazu die getrockneten Blätter auf.

a Schau dir die Blätter genau an. Welche Fraßspuren findest du? Beschrifte die Blätter mit den Begriffen: Fensterfraß, Lochfraß und Skelettfraß. Überprüfe deine Zuordnung mithilfe von Abbildung 3.

b Benenne die Tiere, die für die Fraßspuren verantwortlich sind. Vergleiche die Tierarten mit denjenigen, die du bestimmt hast.

c Erkläre, warum die Blattadern fast bis zum Schluss der Zersetzung übrig bleiben.

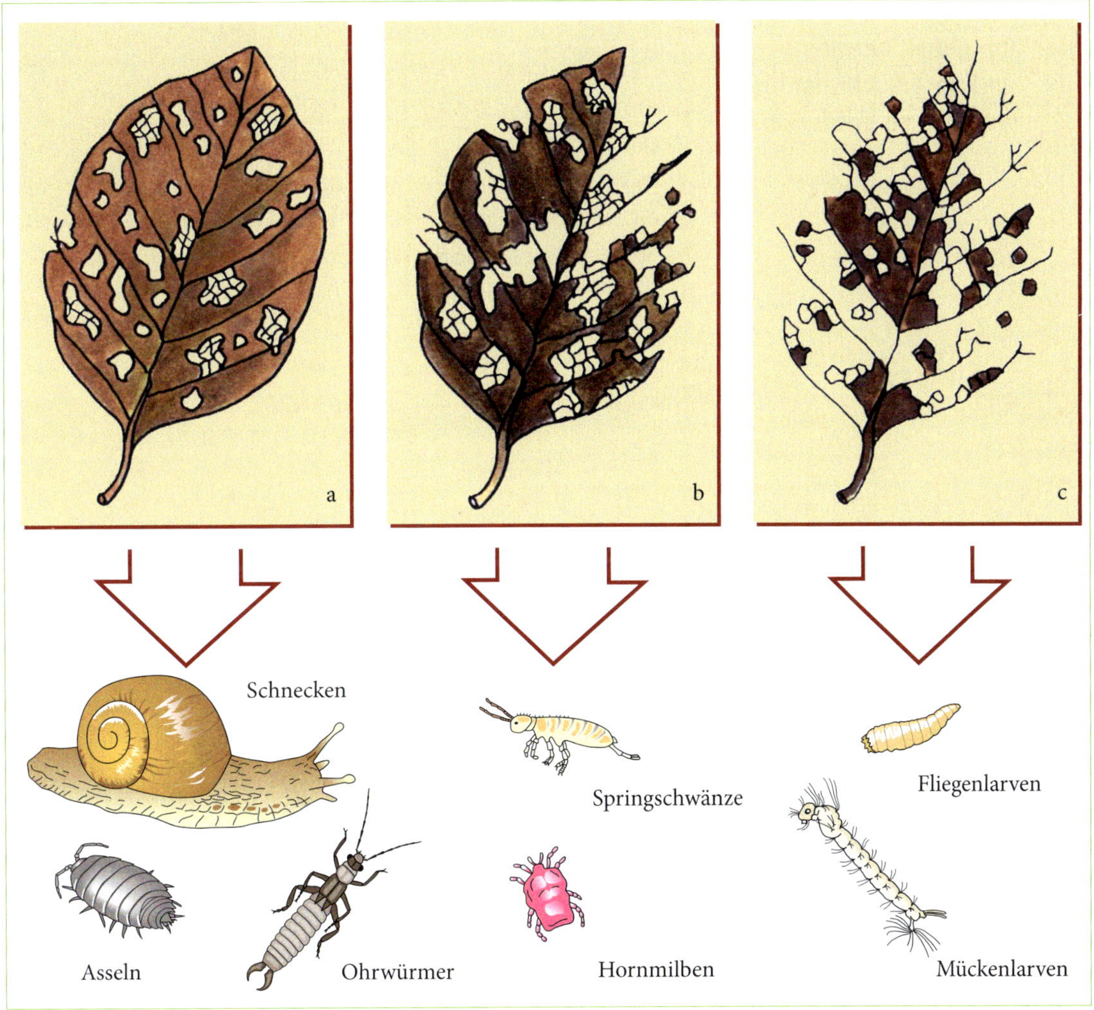

3 Fensterfraß, Lochfraß und Skelettfraß

Der Dschungel unter unseren Füßen

Wenn du durch einen Wald gehst, achtest du vielleicht auf die Bäume, die Vogelstimmen und Wildtiere, die du siehst. Der Waldboden bleibt meistens unbeachtet. Doch wenn man ihn genau betrachtet und untersucht, ist hier sehr viel zu entdecken.

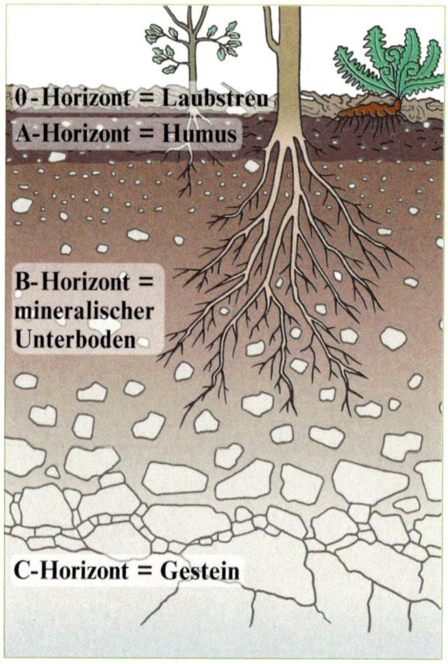

1 Schematischer Aufbau des Waldbodens

2 Querschnitt durch den Boden

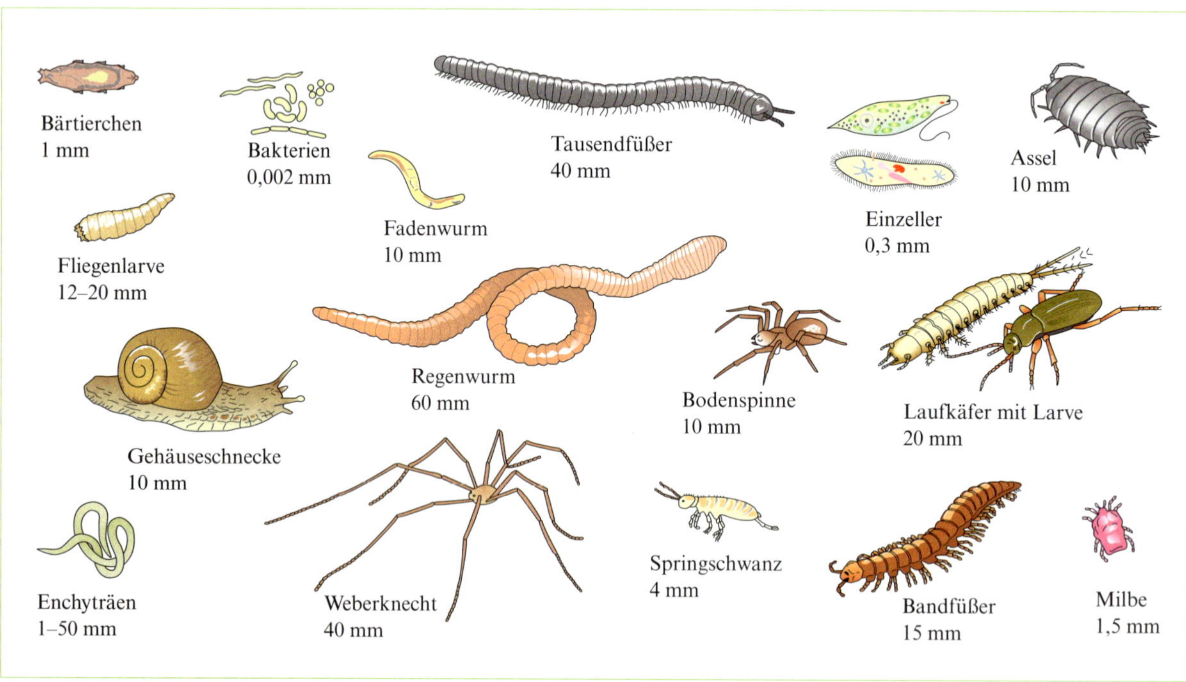

3 Häufige Tiere in der Laubstreu

Schritte und Tipps für euer Waldprojekt

Vorbereitung
Besprecht in der Gruppe, was ihr am oder im Boden untersuchen wollt. Eine Mindmap hilft euch dabei. Ergänzt eure Ideen.

Planung
Überlegt, welches Bodenprojekt ihr durchführen wollt. Welche Informationen und Materialien braucht ihr?
- Bestimmungsbücher für die Tiere in der Laubstreu → 3
- Materialien zum Bau einer Lichtfalle → 5
- Informationen zum Aufbau und zur Zusammensetzung des Bodens mithilfe von Broschüren → 1, 6

Durchführung
Bildet Arbeitsgruppen und verteilt die Aufgaben.
- Wie viele Schüler sind in einer Gruppe?
- Wer interessiert sich für welches Thema?
- Erledigt die verschiedenen Aufgaben in den Gruppen.

Abschluss und Präsentation
Stellt eure Ergebnisse der Klasse vor. Überlegt euch dazu, wie ihr euren Mitschülern die Ergebnisse möglichst interessant vermitteln könnt.
- Könnt ihr mit den Ergebnissen eine Bodenausstellung in der Schule machen?
- Welche Untersuchungen sind gut gelaufen, welche waren nicht so erfolgreich?
- Denkt daran, dass alle Tiere, die ihr gesammelt habt und der Klasse vorstellt, nach dem Projekt wieder in ihren Lebensraum zurückgesetzt werden müssen!

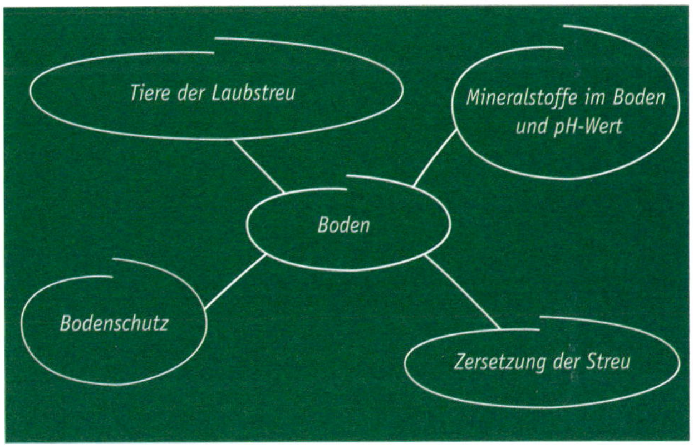

4 Mindmap zum Boden

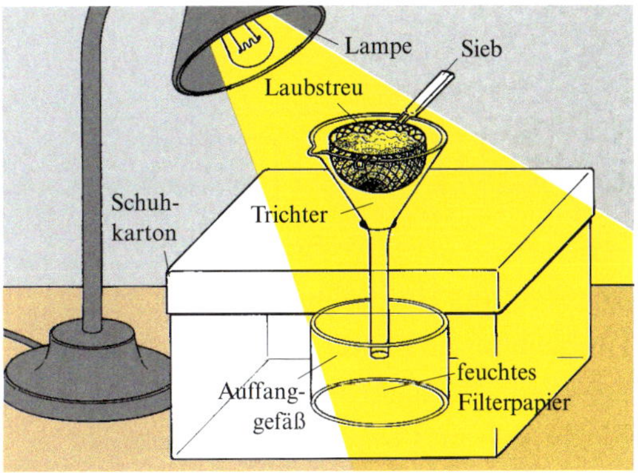

5 Lichtfalle für Bodentiere

6 Wie ist der Boden zusammengesetzt?

7 Verschiedene Bodenschichten in einem Glasgefäß

Aus alten Sachen neue Dinge herstellen – du kennst sicherlich den Begriff Recycling oder Wiederverwertung. Auch in Ökosystemen findet eine Wiederverwertung statt, es geht fast nichts verloren. Wie kann die Natur wohl aus alten, verbrauchten Stoffen wieder neue Materialien herstellen?

1 Aus Alt wird Neu: Altpapier kann recycelt werden.

Recycling im Ökosystem

Der Weg des Herbstlaubs

Wo bleiben die Blätter, die im Herbst von den Bäumen fallen? Fast unsichtbar zersetzen sie sich und werden zu braunem Humus, der Teil des Bodens ist. → 2 Hier sind also Zersetzer am Werk, die aus der Zerkleinerung abgestorbener Blätter oder Tiere Energie zum Leben erhalten. Die Zersetzer nennt man **Destruenten**. Destruenten in Streu- und Bodenschicht sind zum Beispiel Regenwürmer, Pilze und Bakterien.

Destruenten schaffen Pflanzennahrung

Die abgefallenen Blätter, Tier- und Pflanzenleichen sowie der Kot enthalten Kohlenhydrate und Eiweiße, die noch weiter abgebaut werden können. Destruenten bereiten die Stoffe so auf, dass sie von den Pflanzen als Kohlenstoffdioxid über die Blätter oder über die Wurzeln als Mineralstoffe und Wasser aufgenommen werden können. Mithilfe der Fotosynthese produzieren die Pflanzen damit Baustoffe. Dadurch schließen sich der

2 Zersetzung eines Laubblatts

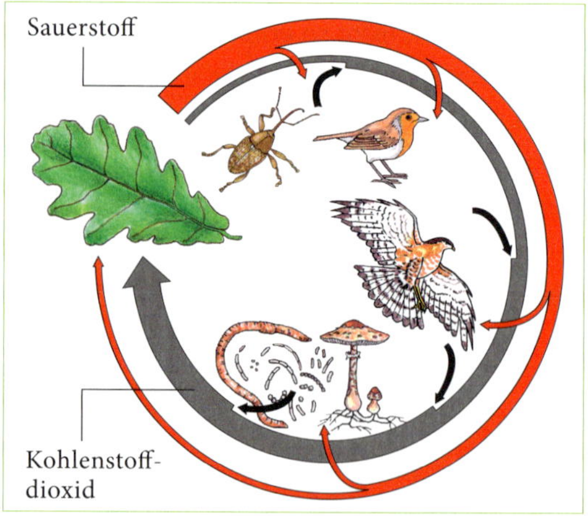

3 Kohlenstoffdioxid- und Stickstoffkreislauf im Wald

Destruenten
Konsumenten
Produzenten

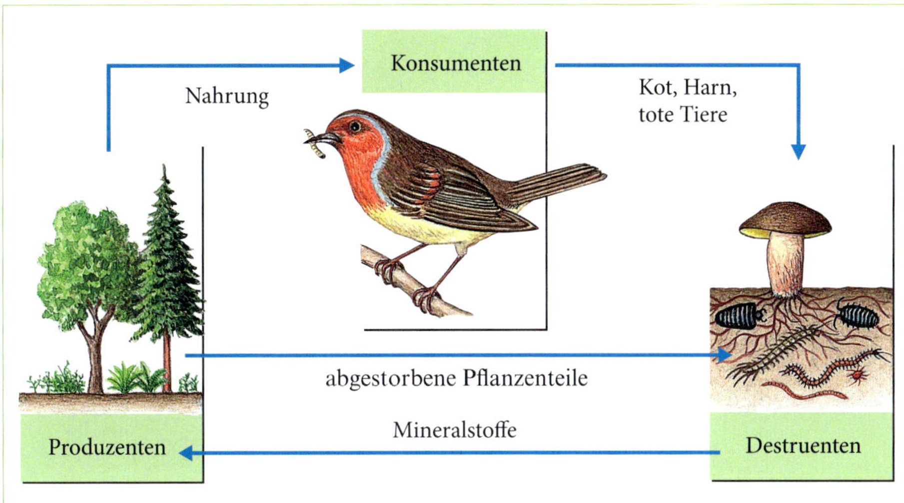

4 Stoffkreislauf im Wald

Kohlenstoff- und der Stickstoffkreislauf. Recycling findet statt. → **3, 4**

Produzenten und Konsumenten

Wenn du dir die Nahrungsketten genau anschaust, stellst du fest, dass die Pflanzen immer am Anfang einer Nahrungskette oder eines Kreislaufs stehen. Sie werden als **Produzenten** bezeichnet, da sie mithilfe der Fotosynthese Kohlenhydrate aus Kohlenstoffdioxid, Licht und Wasser herstellen können. Die Kohlenhydrate werden in Blättern, Stängeln und Wurzeln gespeichert und von den **Konsumenten**, den Verbrauchern, gefressen. Zu den Verbrauchern zählen Pflanzen- und Fleischfresser. Die Fleischfresser hast du schon als Räuber kennengelernt.

> **→ Merk dir!** In einem Ökosystem stehen Pflanzen als Produzenten immer am Anfang einer Nahrungskette. Sie bauen energiereiche Nährstoffe auf, die von den Konsumenten aufgenommen werden. Destruenten ermöglichen den Kreislauf der Stoffe, indem sie totes Material zerkleinern und so den Pflanzen als Mineralstoffe wieder zur Verfügung stellen.

Arbeitsaufträge

1. Ordne folgende Nahrungskette und schreibe auf, wer Produzent, Konsument und Destruent ist: Specht, Fichte, Borkenkäfer, Assel, Regenwurm.

2. Kann ein Ökosystem ohne Verbraucher bestehen? Begründe deine Meinung.

3. Erstellt in der Gruppe ein Plakat, wie der Mensch in den Kohlenstoffkreislauf einwirkt.

a Informiert euch in Büchern und im Internet darüber, welche Folgen die Eingriffe des Menschen für ein Ökosystem haben.

b Diskutiert in der Gruppe, welche Möglichkeiten der Mensch hat, weniger in den Kohlenstoffkreislauf einzugreifen. Stellt eine Liste von Forderungen auf.

Ein Mäusebussard sitzt auf einem Baum, seiner Warte. Er lauert in der Umgebung auf Beute. Von Zeit zu Zeit steigt er bis zu 200 Meter hoch in die Luft und sucht in seinem Revier nach Beutetieren. Sein Revier kann bis zu mehreren Quadratkilometern groß sein. Weshalb gibt es in diesem großen Revier nicht mehrere Mäusebussarde?

1 Mäusebussard auf seiner Warte

Nahrungspyramide und Energiefluss

Der Mäusebussard

Ein Mäusebussard wird etwa 60 Zentimeter groß und etwa ein Kilogramm schwer. → 1 Er ernährt sich hauptsächlich von Feldmäusen, aber auch von Kaninchen oder Rebhühnern. Berechnungen haben ergeben, dass der Mäusebussard pro Jahr etwa 3000 Feldmäuse frisst, um zu überleben. Der Fang der Feldmäuse kostet ihn Energie. Wenn sich ein weiterer Mäusebussard im Revier aufhalten würde, so müssten beide längere Zeit nach Beutetieren suchen. Dadurch steigt der Energieaufwand für den Beutefang. Die Anzahl der Beutetiere im Revier sinkt und der Mäusebussard müsste sich weit aus seinem Revier entfernen, um Beute zu finden. Schließlich könnte der Mäusebussard seinen Energiebedarf für die Jagd durch die Aufnahme von Nahrung nicht mehr decken. Aus dem gleichen Grund hat er keine Feinde. Ihr Energieaufwand, um Mäusebussarde zu jagen, wäre zu groß. Der Mäusebussard ist ein Konsument 3. Ordnung. → 2

Nahrungspyramide

Wofür nutzt der Mäusebussard die Nahrung? Der Mäusebussard baut aus den Nährstoffen körpereigene Stoffe, Biomasse, auf. Dazu gehören zum Beispiel Federn oder Blutzellen. Er gibt jedoch auch Wärme an die Umgebung ab, die durch die Bewegung seiner Muskeln im Körper erzeugt wird. Die Nährstoffe der Nahrung gleichen den Energieverlust durch den Stoffwechsel und die Bewegung der Muskeln aus. Deshalb muss der Mäusebussard pro Jahr ein Vielfaches seines eigenen Körpergewichts fressen. 3000 Feldmäuse wiegen insgesamt etwa 90 Kilogramm. Auch die Feldmäuse nehmen Nahrung auf. Sie fressen Samen und Getreidekörner und werden als Pflanzenfresser Konsumenten 1. Ordnung bezeichnet. Sie fressen pro Jahr etwa 1000 Kilogramm pflanzliches Material und nutzen die Nährstoffe auch zum Aufbau ihrer Biomasse sowie zum Ausgleich ihres Energieverlustes. Manchmal werden die Feldmäuse Opfer an-

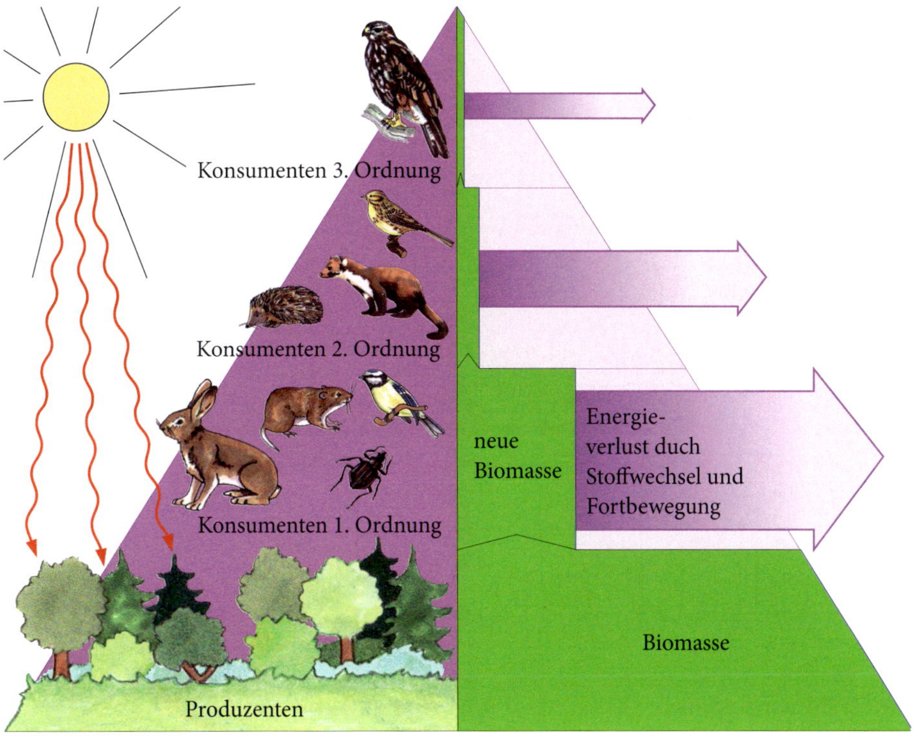

2 Nahrungspyramide

derer Fleischfresser wie dem Marder. Solche Tiere werden Konsumenten 2. Ordnung genannt. → 2 Sie können selbst von Konsumenten 3. Ordnung gefressen werden. Pflanzen können als Produzenten Biomasse mithilfe der Fotosynthese aus Kohlenstoffdioxid und Wasser selbst herstellen. Die Zusammenhänge lassen sich in Form einer **Nahrungspyramide** darstellen. → 2 An der Basis stellen die Produzenten eine große Menge an Biomasse her. Nur zu einem geringen Teil wird auf den weiteren Stufen daraus neue Biomasse gebildet. Der Hauptteil wird genutzt, um den Energieverlust auszugleichen.

Energiefluss

Auf jeder Stufe der Nahrungspyramide geht Energie verloren, die die Lebewesen zur Aufrechterhaltung ihrer Lebensfunktionen benötigen. Dies wird als **Energiefluss** bezeichnet. Pflanzen beziehen diese Energie aus dem Sonnenlicht. Alle anderen Lebewesen müssen Nahrung aufnehmen.

→ **Merk dir!** Auf jeder Stufe der Nahrungspyramide wird ein Teil der aufgenommenen Biomasse genutzt und ein Teil geht als Energieverlust verloren.

Arbeitsaufträge

1. Erläutere Abbildung 3.
- **a** Überlege, wie sich ein steigender Fleischkonsum auf das Energieflussdiagramm auswirkt.
- **b** Erläutere, inwiefern der steigende Fleischkonsum auch Auswirkungen auf das Ökosystem Wald hat.

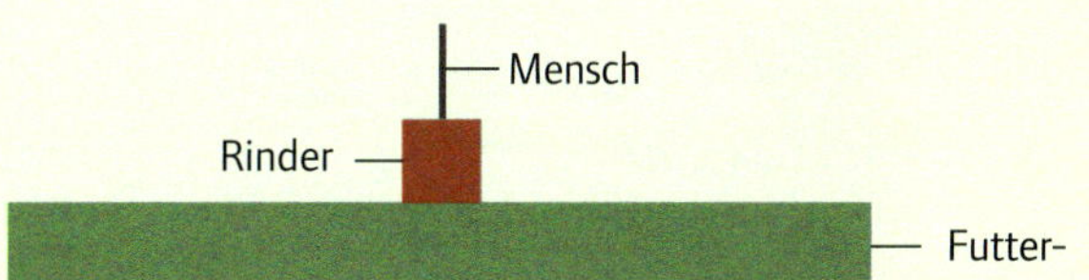

3 Biomasse

Was würde ein Förster antworten, wenn du ihn fragst: Wie wertvoll ist der Wald? Was würde ein Tourist antworten, der eine Radtour mit dem Mountainbike durch einen Wald macht? Und welchen Wert hat der Wald für dich?
Vielleicht sind alle drei Meinungen unterschiedlich. Was macht einen Wald nun aber wertvoll?

1 Der Wald – ein Schutzraum für Pflanzen und Tiere

Wie wertvoll ist ein Wald?

Mit Holz kann man Geld verdienen

Viele Wälder sind Forste. Sie dienen vor allem dem Wachstum von Bäumen, die wertvolle Holzlieferanten sind. Je höher der Preis des Holzes auf dem Holzmarkt ist, desto wertvoller ist ein Wald für den Waldbesitzer. Ein Förster wird den Wert des Waldes vor allem nach dem Gewinn beurteilen, den er beim Holzverkauf erzielen kann. → 2

Freizeitgestaltung im Wald

„Im Wald kann ich mich erholen. Die Luft ist besser als in der Stadt und ich kann mich frei bewegen.“ Dies könnte die Aussage einer Spaziergängerin sein, die mit ihrer Familie im Wald wandert. Viele Menschen machen Urlaub in der Nähe von Waldgebieten. Am Wochenende sind die Stadtwälder ein beliebtes Ausflugsziel. Der Wald bietet den Menschen **Erholung**. → 3

2 Holz für die Industrie

3 Radtour durch den Wald

Abholzung
Erholung
Klima

4 Brandrodung im Regenwald

5 Abholzung von Regenwald

Wald und Klima

Laubwälder mit einem schattigen Kronendach besitzen niedrigere Lufttemperaturen und eine höhere Luftfeuchtigkeit als unbewaldete Gebiete. Sie bilden ihr eigenes **Klima** und sind Lebensraum für Pflanzen und Tiere. Wälder haben auch Auswirkungen auf das Klima der Erde. In den Pflanzen der tropischen Regenwälder werden über die Fotosynthese unvorstellbar hohe Mengen an Kohlenstoffdioxid gebunden. Mit der Brandrodung der Wälder wird das Kohlenstoffdioxid wieder frei, das fördert den Treibhauseffekt. → 4 Wenn Wälder über Rodung verschwinden, weil Felder und Weiden entstehen sollen, verlieren die Gebiete auch ihre Fähigkeit als Wasserspeicher.

Orang-Utan, Papagei & Liane

Insbesondere die tropischen Regenwälder besitzen eine sehr hohe Artenvielfalt. Die **Abholzung** dieser Wälder zerstört Lebensräume für Pflanzen und Tiere. → 5 Viele natürliche Urwälder werden abgeholzt, um Ackerflächen für Nutzpflanzen zu schaffen. Wo vorher mehr als 1000 Tier- und Pflanzenarten auf einem Hektar Fläche lebten, findet sich dann nur noch eine Art.

→ **Merk dir!** Der Wald ist wertvoll für den Menschen. Er dient als Holzlieferant und Erholungsgebiet. Zudem haben Wälder Auswirkungen auf das Klima und bieten Lebensraum für viele Pflanzen und Tiere.

Arbeitsaufträge

1. „Der Wald ist wertvoll, weil …"

a Ergänze den Satz mit allem, was dir einfällt. Beim „Brainstorming" darf jeder sagen, was er wichtig findet. Haltet alle genannten Punkte schriftlich fest.

b Einigt euch in einer Abstimmung auf die wichtigsten Aussagen. Jeder Schüler darf drei Punkte vergeben. Du kannst deine gesamten Punkte einer Aussage zuordnen oder sie verteilen.

c Bildet zwei Gruppen, die miteinander über den Wert des Waldes diskutieren. Welche Argumente fallen den „Naturschützern" ein, welche den „Vertretern der Forstwirtschaft"?

Ökosystem Wald

Mischwälder haben einen Stockwerkbau, der aus Baumschicht, Strauchschicht, Krautschicht und Moosschicht besteht. (Siehe Seite 56.)

Buntspecht, Wildschwein und die Rote Waldameise sind typische Waldbewohner. Die Tiere sind durch ihre Lebensweise sehr gut an die Bedingungen im Wald angepasst. (Siehe Seite 62.)

Die Ökologie untersucht Faktoren der belebten und unbelebten Natur. Zur belebten Natur gehören die Lebewesen und ihre Beziehungen untereinander. Zur unbelebten Natur gehören die Lichteinstrahlung, das Klima und die Bedingungen im Boden. (Siehe Seite 64.)

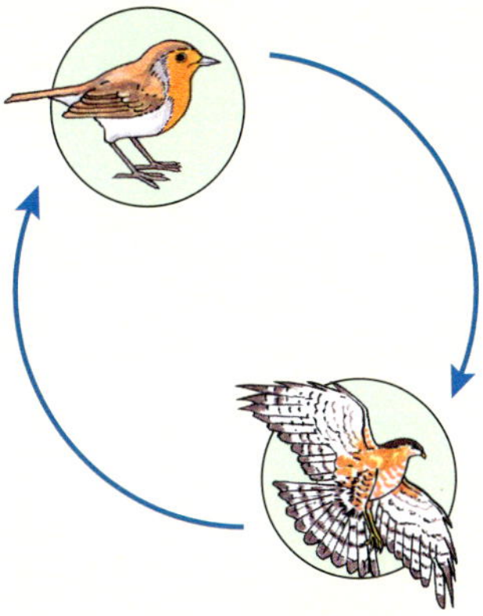

In Ökosystemen lassen sich die Nahrungsbeziehungen zwischen Lebewesen als Nahrungskette oder Nahrungsnetz ausdrücken. In Ökosystemen herrscht biologisches Gleichgewicht. (Siehe Seite 66.)

Ein Ökosystem kann ohne Erzeuger, Verbraucher und Zersetzer nicht bestehen. Durch ihr Zusammenwirken werden Kreisläufe in Ökosystemen geschlossen.
(Siehe Seite 72.)

1

2

3

4

5

6

1. Ordne die Pflanzen und Tiere auf Abbildung 1 bis 6 den Stockwerken im Wald zu.

2. Die Wälder in Deutschland wurden immer wieder von starken Stürmen zerstört. → 7 Schreibe auf, wie sich die Flächen nach den starken Stürmen weiterentwickelt haben.

3. Welcher Unterschied besteht zwischen dem biologischen und dem ökologischen Gleichgewicht? Erkläre, was beide gemeinsam haben.

7 Sturmschäden

4. Pflanzen und Tiere übernehmen im Ökosystem unterschiedliche „Aufgaben“, die man auch ökologische Nische nennt. Wenn sich die Aufgaben der Lebewesen zu sehr überschneiden, konkurrieren die Lebewesen in einem Ökosystem. Halte in einer Tabelle fest, in welchen Bereichen die beiden Vogelarten Kleiber und Buntspecht miteinander konkurrieren. Informiere dich dazu in Büchern oder im Internet.

5. Erkläre den Weg der Zersetzung eines Blattes und nenne mögliche Zersetzer. Was geschieht mit den Produkten der Zersetzung? → 8

8 Regenwurm

6. Folgende Begriffe gehören zum Kohlenstoffkreislauf: Kohlenstoffdioxid, Pflanze, Zersetzer. Zeichne den Kreislauf des Kohlenstoffs auf und verwende die genannten Begriffe.

7. Tropenhölzer sind sehr lange haltbar. Aus diesem Grund werden Urwaldbäume unter anderem für die Fertigung von Gartenmöbeln abgeholzt.

a Notiere Gründe gegen die Abholzung der Urwaldbäume in dein Heft.

b Beschreibe Gründe für die Abholzung.

c Nenne Alternativen für die Nutzung von Tropenhölzern.

Ordne deiner Lösung im Heft ein Smiley zu:

☺ Ich habe die Aufgabe richtig lösen können.

😐 Ich habe die Aufgabe nicht komplett lösen können.

☹ Ich habe die Aufgabe nicht lösen können.

Aufgabe	Fähigkeit	Hilfe findest du auf Seite …
1	Ich kenne den Stockwerkaufbau eines Waldes und kann Tiere und Pflanzen den verschiedenen Stockwerken zuordnen.	56
2	Ich habe gelernt, wie sich ein Wald-Ökosystem grundsätzlich entwickelt, und kann die einzelnen Stadien darstellen.	58
3	Ich beherrsche die wesentlichen Grundbegriffe der Ökologie.	64, 66
4	Ich kann die Konkurrenzsituationen zwischen einzelnen Lebewesen beschreiben.	67
5	Ich kann den Prozess der Zersetzung und seine biologische Bedeutung erklären.	72
6	Ich bin in der Lage, das System des Kohlenstoffdioxidkreislaufs darzustellen und zu erläutern.	72
7	Ich kenne die Bedeutung der Tropenwälder und weiß, wie man sie schützen und erhalten kann.	77

Leben im Wasser

Die Gewässer – Bäche, Flüsse, Seen, Moore und Meere – bilden auf unserem Planeten den größten und ältesten Lebensraum. Im Wasser hat sich eine große Artenvielfalt unterschiedlicher Pflanzen und Tiere entwickelt. Eingriffe durch den Menschen wie die Verschmutzung der Gewässer verändern diese einzigartigen Lebensräume.

1 Wie unterscheiden sich fließende und stehende Gewässer? (Siehe Seite 86.)

2 Was macht eine Kläranlage? (Siehe Seite 90.)

3 Lassen sich die Lebewesen eines Sees bestimmten Lebensbereichen zuordnen? (Siehe Seite 92.)

4 Wie lässt sich die Vielfalt der Lebewesen ordnen? (Siehe Seite 94.)

5 Willkommen an der Nordsee! Welche Lebensraumtypen bieten hier das Meer und seine Küstengebiete? (Siehe Seite 100.)

6 Das Meer – wir nutzen es vielfältig, nutzen wir es aus? (Siehe Seite 102.)

7 Seen kippen um – was können wir tun? (Siehe Seite 104.)

Unsere Erde ist zu drei Vierteln mit Wasser bedeckt. Wasser spielt in vielen Lebensbereichen eine wichtige Rolle und ist für die meisten von uns eine Selbstverständlichkeit. Was aber geschieht, wenn es kein Wasser gibt? Ist Leben ohne Wasser überhaupt möglich?

1 Pflanzen und Tiere sind vom Wasser abhängig.

Wasser – die Grundlage für das Leben

Ein wichtiges Gut

Wasser ist farb-, geruchlos und geschmacksneutral. Es ist unser wichtigstes Nahrungsmittel. Das tatsächlich verfügbare Süßwasser auf der Erde macht nur etwa 2,5 % des Gesamtwassers aus, nur 0,3 % davon sind Trinkwasser. → 2

Wasser besitzt die physikalische Eigenschaft, andere Stoffe lösen zu können. Auf diese Weise transportiert das Wasser lebensnotwendige Stoffe und Stoffwechselprodukte durch Lebewesen, Organe, Zellen und die Natur. Wasser ist für alle Lebensformen unentbehrlich.

Der Wasserhaushalt der Lebewesen

Alle Tiere und Pflanzen sind vom Wasser abhängig. Der Wasseranteil schwankt zwischen 2 und 98 %. Der menschliche Körper besteht altersabhängig zu 50 bis 80 % aus Wasser. Wir geben ständig Wasser über den Urin oder den Schweiß ab. Diesen **Wasserverlust** müssen wir ausgleichen, indem wir 2 bis 3 Liter Wasser täglich trinken bzw. zusätzliche Flüssigkeit über Nahrungsmittel aufnehmen. Andere Lebewesen haben einen noch höheren Wasseranteil. So besteht eine Qualle zu 98 % aus Wasser, ein grünes Blatt zu 80 bis 90 %. Ein großer Laubbaum zieht

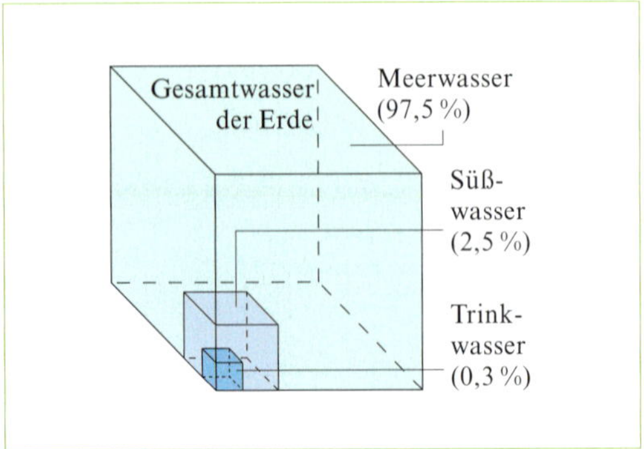

2 Wasserhaushalt der Erde

3 Leben in der Wüste

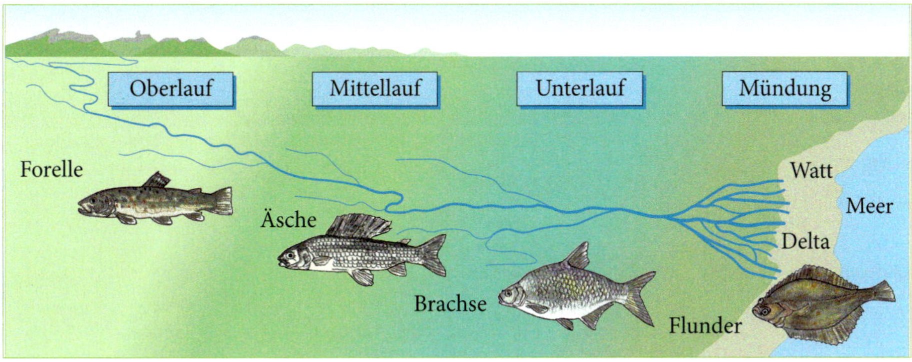

4 Von der Quelle bis zur Mündung

Mittellauf
Mündungsbereich
Oberlauf
Unterlauf
Verdunstungsschutz
Wasserverlust

täglich etwa 100 Liter Wasser aus der Erde. Durch die Verdunstung über die Blätter gibt er große Wassermengen wieder ab.
Auch in Wüstenregionen, in denen nur wenig Wasser zur Verfügung steht, gedeihen Lebewesen. Sie speichern Wasser und besitzen einen **Verdunstungsschutz**. → 3

Von der Quelle bis zum Meer

An und in Gewässern finden Pflanzen und Tiere einen Lebensraum. Eine Quelle entspringt oft in den Bergen. Ein Bach entsteht, der je nach Gefälle schnell fließt und sauber und sauerstoffreich ist. In diesem **Oberlauf** leben beispielsweise Forellen. Pflanzen, die im Bach wachsen, müssen gut entwickelte Wurzeln haben. Im ruhigeren Wasser des Oberlaufs leben Äschen. Der **Mittellauf** ist durch träge fließendes Wasser geprägt. Hier lagern sich mitgeschwemmte Äste und Pflanzen ab. Pflanzen wie Weiden und Tiere wie Äschen und Barben leben hier. An den breiten Ufern bilden sich Schilf- und Röhrichtgürtel aus, Brut- und Rückzugsgebiete für Vogelarten. Im **Unterlauf** wird der Fluss schlammig und warm. Hier leben Brachsen bis zum **Mündungsbereich**. Im Brackwasser, dem Wassergemisch aus Süß- und Salzwasser, leben Flunder und Kaulbarsch. → 4

Merk dir! Wasser ist die Grundlage des Lebens auf der Erde. Alle Lebewesen sind vom Wasser als Nahrungs- oder Transportmittel abhängig. Im Lebensraum Wasser sind die Lebewesen den unterschiedlichen Bedingungen optimal angepasst.

Arbeitsaufträge

1. Wasser sichert das Überleben. Nimm Stellung zu dieser Aussage.
2. Recherchiere mithilfe des Internets oder weiterer Literatur, wie Tiere und Pflanzen der Wüste an „ihren Lebensraum" angepasst sind. Erinnere dich auch an dein Wissen aus der 5. und 6. Klasse.
3. Erstelle eine Tabelle „Von der Quelle bis zur Mündung". → 5 Finde für jeden Flussabschnitt weitere Lebewesen und informiere dich über deren Lebensbedingungen.

Flussabschnitt	Lebensbedingungen	Lebewesen
Quelle	sauberes, klares Wasser	Flohkrebs, Strudelwürmer, Molch, Algen, Moose
Oberlauf	…	…

5 Beispieltabelle

**Unter dem Begriff Gewässer fasst man verschiedene Wasservorkommen wie Fluss, Kanal, Bach, See, Weiher, Tümpel und Teich zusammen.
Wie werden sie unterschieden, wie werden sie genutzt?**

1 Flüsse sind wichtige Schifffahrtswege.

Gewässervielfalt und ihre Nutzung

Stehende Gewässer

Seen sind tief und werden meist von Regen- und Schmelzwasser gespeist. Du kennst beispielsweise die Gletscherseen in den Alpen oder die in den Eiszeiten entstandenen Seen des Norddeutschen Tieflands. Stauseen sind künstlich angelegte Seen. Sie dienen uns als **Trinkwasserspeicher** oder der Energieerzeugung. Heute werden Seen stark beansprucht. Wir baden, surfen, angeln, fahren Motorboot, segeln und beeinträchtigen dadurch den Ufer- und Schilfgürtel. → 2 Einen Weiher kann man als Überbleibsel eines verlandenden Sees betrachten. Selten ist er tiefer als zwei Meter. Flache Gewässer, die künstlich angelegt werden und einen regulierbaren Abfluss haben, werden als Teich bezeichnet. Hier werden zum Beispiel Forellen gezüchtet. Ein Tümpel ist noch flacher als ein Weiher. Wie eine Pfütze kann er nach kräftigen Regenfällen entstehen und trocknet bei längerer Trockenheit einfach aus. Es ist wichtig, die vorhandenen Gewässer zu schützen, denn sie bieten vielen Tieren und Pflanzen einen **Lebensraum**.

2 Seen dienen als Erholungsgebiet.

Natürlich oder künstlich

Bäche und Flüsse sind Fließgewässer, die über viele Kilometer unsere Landschaften durchziehen. Sie sind **natürliche Gewässer**. Menschen legen aber auch Gewässer künstlich an. Zum Beispiel wird ein Kanal von Menschen gebaut, um die Schifffahrt zu ermöglichen, ein Teich wird von Menschen angelegt, um Fische zu züchten. Kanal und Teich sind **künstliche Gewässer**.

Fließende Gewässer

Viele Flüsse wurden begradigt und kanalisiert, um ihrer heutigen Funktion als **Transportweg** oder **Abwasserkanal** besser zu entsprechen. → 3 Sie haben daher heute nicht

Abwasserkanal
künstliche Gewässer
Lebensraum
natürliche Gewässer
Transportweg
Trinkwasserspeicher

3 Begradigtes Fließgewässer

4 Renaturiertes Fließgewässer

mehr ihren natürlichen Verlauf. Manche ehemals begradigten Flüsse werden aber auch wieder in ihren Ursprungszustand zurückversetzt, man sagt: renaturiert. → 4 Wegen der Verunreinigungen durch das Abwasser können manche Fische in Flüssen gar nicht mehr überleben. Sie leiden unter Sauerstoffmangel. Nur noch wenige Gebirgsbäche können ungeklärt zu unserer Trinkwasserversorgung beitragen.

Merk dir! Die verschiedenen Gewässertypen werden vom Menschen in vielfältiger Weise genutzt. Sauberes Wasser ist für Menschen, Tiere und Pflanzen lebensnotwendig.

Arbeitsaufträge

1. Übertrage die Tabelle ins Heft und fülle sie weiter aus.

Gewässertypen	fließend	stehend
natürlich	Fluss	
künstlich		Teich

2. Sieh dir die Abbildungen 5, 6 und 7 an. Wie werden die Gewässer genutzt? Welche Nutzungsmöglichkeiten kennst du noch?

3. Liste die vielfältigen Nutzungen eines Gewässers auf und überprüfe durch schrittweise Gegenüberstellung, ob sich alle diese Nutzungen „miteinander vertragen".

4. Erkundige dich nach Wasserschutzgebieten in deiner Umgebung und kläre ihre Bedeutung.

5 Wassersport

6 Trinkwasser-Schutzgebiet

7 Fischzucht

Wir untersuchen Fließgewässer

1. Wie schnell fließen Bach und Fluss?

Ihr braucht: Bandmaß (Länge 10 m), Stoppuhr, Klemmbrett mit Papier und Bleistift, Stück Treibholz.

Miss am Ufer des Baches 10 m ab. Markiere am Ufer den Start und das Ziel. Setze das Treibholz am Startpunkt, nicht zu dicht am Ufer, in den Bach. Stopp die Geschwindigkeit, die das Treibholz braucht, um die 10 m auf dem Bach zurückzulegen, und notiere die Zeit.

Führe den Versuch insgesamt 10-mal durch. Wiederhole die Messungen an anderen Bachabschnitten.

a Berechne die durchschnittliche Fließgeschwindigkeit des Baches.

b Vergleiche die Ergebnisse zur Fließgeschwindigkeit der verschiedenen Bachabschnitte miteinander.

c Erkläre, wieso der gleiche Bach manchmal schneller, manchmal langsamer fließt.

1 Schüler beim Bestimmen der Fließgeschwindigkeit

2. Leben unter Steinen?

Ihr braucht: Kescher, Präparierschale mit Wasser, 2 Petrischalen mit Deckel, Becherlupe, Pinsel, Federstahlpinzette, Bestimmungsbücher, Gummistiefel.

→ ***Achtung:*** *Ihr untersucht und bestimmt lebende Tiere. Nach dem Bestimmen setzt ihr sie wieder unbeschädigt in den Bach!*

Suche eine Stelle im Bach auf, an der mittelgroße Steine am Grund liegen. Beobachte das Leben um die Steine herum. Nimm einen Stein auf und lege ihn in die Präparierschale.

Untersuche die Stelle, an der der Stein gelegen hat. Fasse die Tiere, die dort im Sand sind, mit der Federstahlpinzette und setze sie in eine Petrischale mit Wasser.

Untersuche nun den Stein, streife die Tiere, die an ihm sitzen, vorsichtig mit dem Pinsel in die Petrischale.

a Bestimme die gesammelten Tiere mithilfe der Bestimmungsbücher.

b Beschreibe die Tiere. Achte darauf, wie sie sich festheften oder frei bewegen.

c Begründe, ob das Leben unter Steinen vorteilhaft ist.

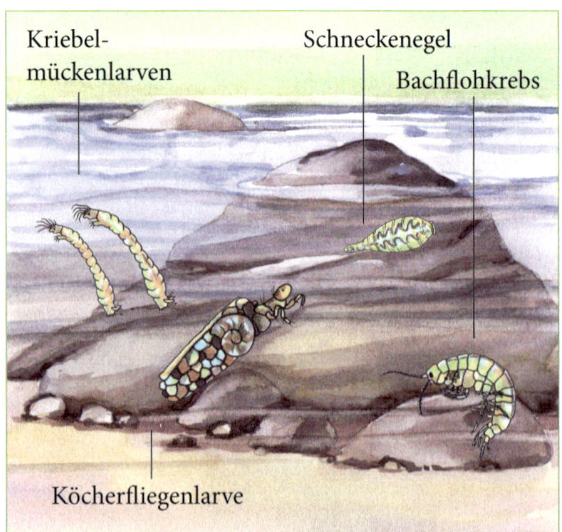

2 Typische Bachbewohner an einem Stein

3. Wer lebt in der Strömung, wer im ruhigen Wasser?

Ihr braucht: Kescher, 2 Bechergläser (500 ml), 2 Petrischalen mit Deckel, Lupe, Pipette, Federstahlpinzette, Bestimmungstafeln und -bücher.

➔ ***Achtung:*** *Ihr untersucht und bestimmt lebende Tiere. Nach dem Bestimmen setzt ihr sie wieder unbeschädigt in den Bach!*

Keschere Tiere in verschiedenen Bereichen des Baches, an langsam und schnell fließenden Plätzen, vom Grund und aus dem Freiwasser.

Ziehe den Kescher mehrmals durch das Wasser, entleere ihn in ein Becherglas. Greife die Tiere behutsam mit der Pinzette, setze sie vorsichtig in eine Petrischale mit Wasser.

a Bestimme die Tiere mithilfe der Bestimmungstafeln und -bücher.

b Vergleiche die Tiere miteinander. Nenne die Tiere, die du nur am Grund, im schnell fließenden Wasser oder im ruhigen Wasser findest.

c Erkläre, wie die Tiere der Strömung gut angepasst sind.

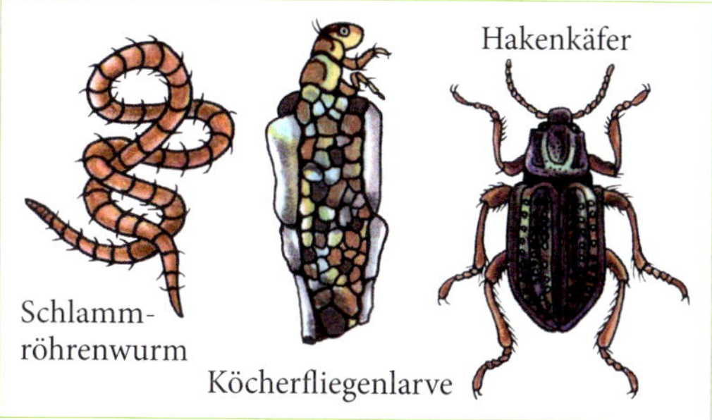

3 Tiere des Fließgewässers

4. Können sich Pflanzen in der Strömung halten?

Ihr braucht: wasserfesten Filzstift, 3 Bechergläser (500 ml), kleine Schaufel, 3 Präparierschalen, Bestimmungsbücher.

Beschrifte die Bechergläser entsprechend der Fließgeschwindigkeit (langsam, mittel, schnell).

Grabe Pflanzen an verschiedenen Stellen des Flusslaufs aus. Wähle die Stellen aus nach schneller, langsamer und mittlerer Fließgeschwindigkeit und gib sie möglichst ganz und mit Wurzeln in die Bechergläser.

a Bestimme die Pflanzen mithilfe eines Bestimmungsbuches.

b Untersuche die Pflanzen und beschreibe sie (Wurzeln, Blätter, Stängel).

c Erkläre, welche Angepasstheiten die Pflanzen in starker Strömung im Vergleich zu denen im langsam fließenden Wasser besitzen.

d Fertige eine Skizze mit Beschriftung für deine Pflanzen an. Erkläre mithilfe der Skizze die Angepasstheiten.

4 Wasserpest (oben) und Hahnenfuß (unten)

Jedes Mal, wenn wir die Spülmaschine oder die Waschmaschine benutzen, duschen oder auf die Toilette gehen, verschmutzen wir Wasser. Auch durch die Verwendung von Dünger in der Landwirtschaft wird Wasser belastet.
Wie wird dieses verschmutzte Wasser wieder sauber?

1 Kläranlage

Die Kläranlage reinigt unser Wasser

Wasser wird gereinigt

Je dichter die Besiedlung und je mehr das Wasser durch **Abwässer** von Haushalten, Landwirtschaft, Gewerbe und Industrie belastet ist, umso schneller ist die **Selbstreinigungskraft** der natürlichen Gewässer überfordert. Klärwerke bringen Abhilfe. → 1, 2 Ohne sie wären unsere Flüsse und Seen längst die reinsten Abwasserkanäle. Moderne Klärwerke arbeiten in drei Stufen: mechanisch, biologisch und chemisch.

Mechanische Reinigungsstufe

Mit Rechen, Sieben und Sandfang werden Papier, Zweige, Steine und Sand beseitigt. Das Rechengut wird maschinell gewaschen und anschließend verbrannt, kompostiert oder auf einer Deponie gelagert. Das Sandfanggut wird beispielweise im Straßenbau verwendet.

Biologische Reinigungsstufe

Mit ihr wird der Vorgang der Gewässerselbstreinigung nachgeahmt, indem die

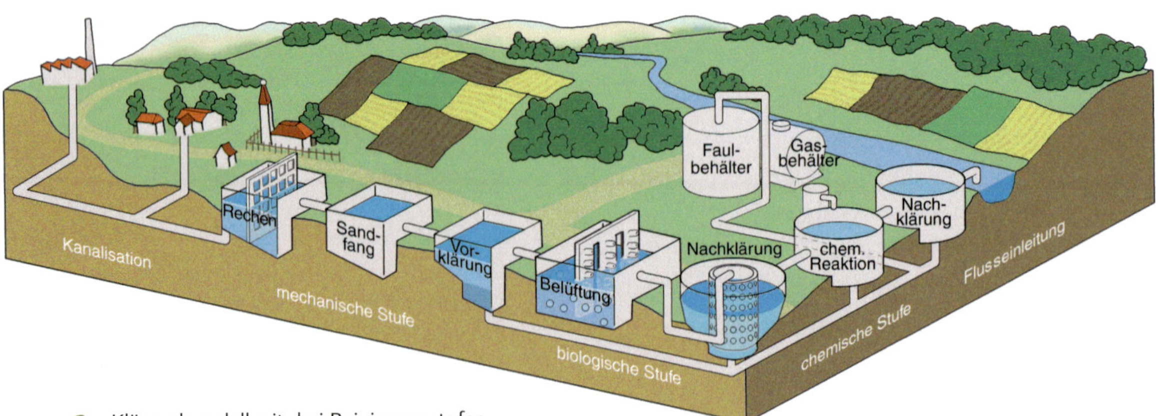

2 Klärwerkmodell mit drei Reinigungsstufen

Abwässer
Bakterien
Einzeller
Faulturm
Pilze
Selbstreinigungskraft

3 Belebtschlammbecken

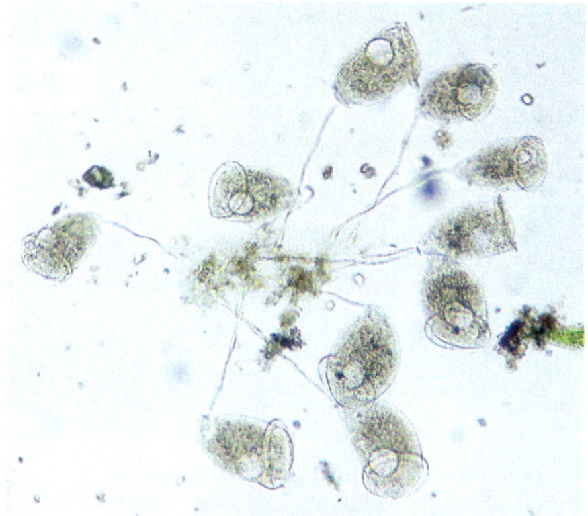

4 Einzeller im Belebtschlamm

organischen Stoffe des Abwassers durch **Bakterien**, **Pilze** und **Einzeller** zu mineralischen Stoffen abgebaut werden. Für die Abbauvorgänge benötigen Lebewesen Sauerstoff. In das Belebtschlammbecken wird daher oft Sauerstoff gepumpt, der für eine gute Durchlüftung sorgt. → 3, 4

Chemische Reinigungsstufe

Zuletzt werden dem Wasser die gelösten Mineralstoffe wieder entzogen. Dadurch verringert man die bekannte Düngewirkung der Abwässer auf Flüsse und Seen. Sollen beispielsweise die angefallenen Phosphate wieder entfernt werden, setzt man dem Abwasser Eisen zu. Unlösliches Eisenphosphat entsteht, das man entfernen kann. Danach kann das gereinigte Wasser wieder in einen nahen Bach oder Fluss eingeleitet werden. Der bei der Klärung anfallende Schlamm wird in einem **Faulturm** von Bakterien weiter zersetzt. → 5 Dabei entstehen Wärme und das brennbare Gas Methan. Enthält der Klärschlamm Giftstoffe, muss man ihn auf Mülldeponien ablagern.

5 In Faultürmen wird der Schlamm weiter zersetzt.

→ **Merk dir!** Klärwerke ahmen mit erheblichem Aufwand den Vorgang der biologischen Selbstreinigung nach und verstärken ihn zusätzlich.

Arbeitsaufträge

1. Erkläre den Begriff Belebtschlamm.
2. Die Klärwerke funktionieren nicht mehr, wenn Giftstoffe in die Kanalisation gelangt sind. Begründe, warum das so ist.
3. Erkundige dich bei der Verwaltung deiner Stadt oder Gemeinde nach den Kosten der Abwasserentsorgung.
4. Recherchiere, was geschieht, wenn die Wassermengen durch starke Regengüsse ansteigen.

Sicherlich bist du schon einmal auf einem Steg ein Stück in einen See hineingelaufen. Hast du dabei bemerkt, dass sich die Pflanzen – aber auch die Tierwelt – mit zunehmender Wassertiefe verändern?

1 Lebensraum See

Der See als Wohn- und Brutstätte

Zonen im See

Wenn du den Uferbereich eines Sees genau betrachtest, erkennst du vom Ufer bis zum **Freiwasserbereich** parallel zur Uferlinie verschiedene Bereiche, die **Pflanzengürtel**. → 1 Den äußersten Gürtel bilden Erlen, Pappeln und Weiden. Am Ufer wächst das Röhricht mit bis zu 2 m hohem Schilf und Rohrkolben. Die Pflanzen sind durch starkes Wurzelgeflecht gut an wechselnde Wasserstände und Wellengang angepasst, die biegsamen Halme halten Wellen und starken Stürmen stand. Der **Schwimmblattgürtel** mit See- und Teichrosen zeichnet sich durch auf dem Wasser liegende Blätter aus. Die Pflanze ist über biegsame, Luft führende Stängel fest im Seegrund verankert. Im **Tauchblattgürtel** wächst zum Beispiel die Wasserpest. Diese Pflanzen treiben im Wasser unter der Wasseroberfläche. Sie entnehmen Kohlenstoffdioxid direkt aus dem Wasser. Im Freiwasser leben frei schwimmende Algen.

Idealer Lebensraum

Der Uferbereich bietet Vögeln Verstecke und Brutstätten. Die Nester sind in dem dicht wachsenden Röhricht gut getarnt, die Jungvögel vor Fressfeinden wie Fuchs oder Marder sicher. → 2 Insekten, beispielsweise Libellen, legen ihre Eipakete im Wasser ab.

2 Das Nest einer Rohrweihe im dichten Schilf

3 Eine Libelle schlüpft aus der Larvenhaut.

Freiwasserbereich
Pflanzengürtel
Schnorchler
Schwimmblattgürtel
Tauchblattgürtel

4 Stechmückenlarven mit Atemrohr

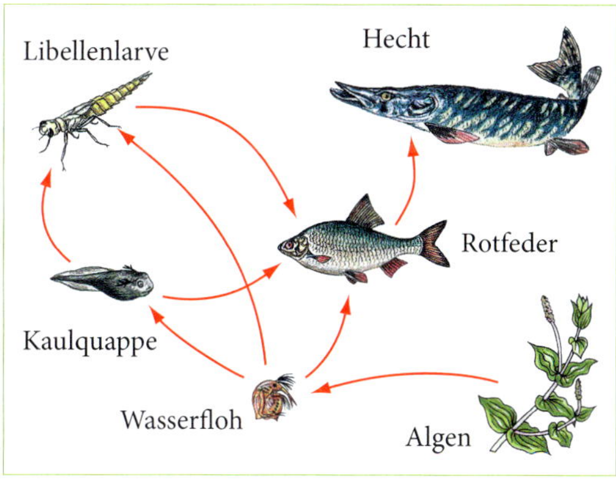

5 Beispiel für ein Nahrungsnetz im See

Hier entwickeln sich die Libellenlarven. Im letzten Stadium schlüpft die Libelle außerhalb des Wassers aus der Larvenhaut. → 3

Grenzenlose Angepasstheit

Es gibt die verschiedensten Strategien, um in diesem besonderen Lebensraum existieren zu können. Wasserläufer können über das Wasser laufen, ohne einzusinken. Der Rückenschwimmer klebt an der Wasseroberfläche, Gelbrandkäfer und Wasserspinne können gut tauchen. Enten gründeln am Grund des Sees nach Nahrung, der Reiher fischt ruhig abwartend vorüberschwimmende Fische aus dem Wasser. Auch um den lebenswichtigen Sauerstoff zu bekommen, gibt es verschiedene Techniken. Viele Insektenlarven sind **Schnorchler**, wie die Larven der Stechmücken. Sie holen sich den Sauerstoff über ein Atemrohr. → 4 Spinne und Gelbrandkäfer nehmen beim Tauchen die Luft mit, Fische atmen über Kiemen, Kleinstlebewesen und Amphibien über die Haut.

Nahrungsnetz See

Die grünen Pflanzen des Sees und das pflanzliche Plankton liefern einer Vielzahl von Tieren Nahrung, die wiederum von größeren Tieren gefressen werden. Der Wasserfloh frisst Algen, die Kaulquappe oder Libellenlarve frisst den Wasserfloh, die Rotfeder frisst die Larve, der Hecht die Rotfeder. Auch im See verbinden sich viele Nahrungsketten zu einem Nahrungsnetz. → 5

> → Merk dir! Ein See mit seinen unterschiedlichen Pflanzengürteln bietet einer Vielzahl von Tieren Wohn- und Kinderstube. Er ist Jagdrevier und auch Schutzraum, dem die Tiere optimal angepasst sind.

Arbeitsaufträge

1. Beschreibe drei einfache Nahrungsketten und zwei Nahrungsnetze im Lebensraum See.
2. Besorge dir einen Spross der Wasserpest. Untersuche die Pflanze mit der Lupe, ein Blatt mit dem Mikroskop. Erkläre, wieso die Wasserpest unter Wasser leben kann.
3. Frösche sitzen zum Beutefang auf Seerosenblättern. Teste die Tragfähigkeit eines Seerosenblatts, indem du es nach und nach mit Legosteinen beschwerst (abwiegen).
Überprüfe, wo die Tragfähigkeit am größten ist (Rand, Mitte, über dem Stängel). Fertige dazu eine Grafik an.

Wir bestimmen Tiere am und im See

Am Ufer eines Sees und im Wasser schwimmend, treibend oder schwebend, finden wir eine Vielzahl großer und kleiner Tiere, deren Namen wir häufig nicht kennen. Oft wissen wir nicht einmal, zu welcher Gruppe die Tiere gehören. Bestimmungsübungen helfen dir, Tiere richtig einzuordnen und zu benennen.

1 Ein See ist Lebensraum für viele Tiere und Pflanzen.

In wenigen Schritten Tiere einordnen und bestimmen

Schritt 1 Verschaffe dir zunächst einen Überblick über die am See lebenden sichtbaren und unsichtbaren Tiere und deren Spuren. → 1, 2 Achte darauf, eindeutig bekannte Tiere direkt in eine Gruppe einzuordnen.

Schritt 2 Lege dir eine Tabelle an, in der du dir bekannte Säugetiere, Vögel, Amphibien, Schnecken direkt zuordnest. → 3 Die Tiere, die an Land leben oder an der Wasseroberfläche meistens sichtbar sind, hast du somit schon richtig eingruppiert.

Schritt 3 Um Kleinlebewesen einordnen zu können, musst du mit dem Bestimmungsbuch arbeiten. Ordne nach dem Schlüssel deines Buches ein, ob dein Tier zu den Insekten, Krebsen, Spinnentieren oder Weichtieren gehört. Die Tiere werden anschließend freigelassen.

Schritt 4 Viele Insekten nutzen das Wasser als „Kinderstube" für ihren Nachwuchs. Die Larven der Insekten leben meistens als Räuber im See. Arbeite mit dem Bestimmmungsbuch, um Insektenlarven zu bestimmen.

Schritt 5 Zum Abschluss deiner Bestimmung kannst du in einer selbst angelegten Skizze des Sees die Bewohner ihrem Lebensraum zuordnen.

2 Schüler bei der Bestandsaufnahme

Säugetiere	Vögel	Amphibien	Fische	Kleinlebewesen
Spuren von Rehen	Haubentaucher	Kaulquappe	Hecht, Plötze	Großlibellenlarve
…	…	…	…	…

3 Erstes Ordnen der Tiere

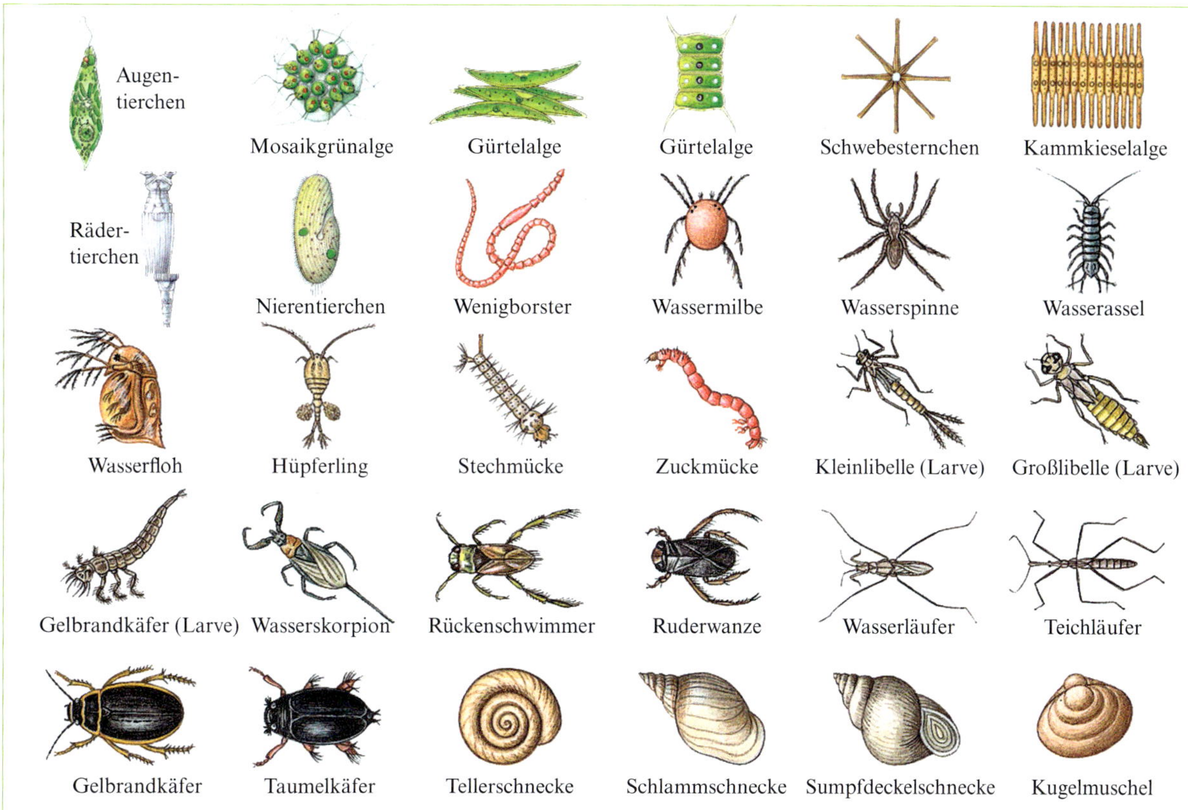

4 Häufige Kleinlebewesen im See oder Teich

Arbeitsaufträge

1. Bestimme die Tiere in Abbildung 1 und ordne sie ähnlich Abbildung 3 richtig zu.

2. Wähle eines der Kleinlebewesen aus Abbildung 4 aus, suche weitere Informationen (z. B. Internet) und beschreibe es für deine Mitschüler in einem Steckbrief.

3. Untersuche das mikroskopisch kleine Leben in einem Wassertropfen eures Schulteichs. Arbeite mit einem Bestimmungsbuch und benenne mindestens fünf Lebewesen.

4. Finde von vier eindeutig bestimmten Tieren heraus, wie sie sich ernähren oder welchem anderen Tier sie als Nahrung dienen.

Wir untersuchen einen Teich

Jeder natürliche Teich oder See weist typische Zonen auf: eine Erlen-, eine Schilfrohr-, Schwimmblatt- und Tauchblattzone und das Freiwasser. In jeder Zone leben verschiedene Pflanzen- und Tierarten, die ihrer Zone speziell angepasst sind.

1 Ein Teich bietet vielen Pflanzen und Tieren einen Lebensraum.

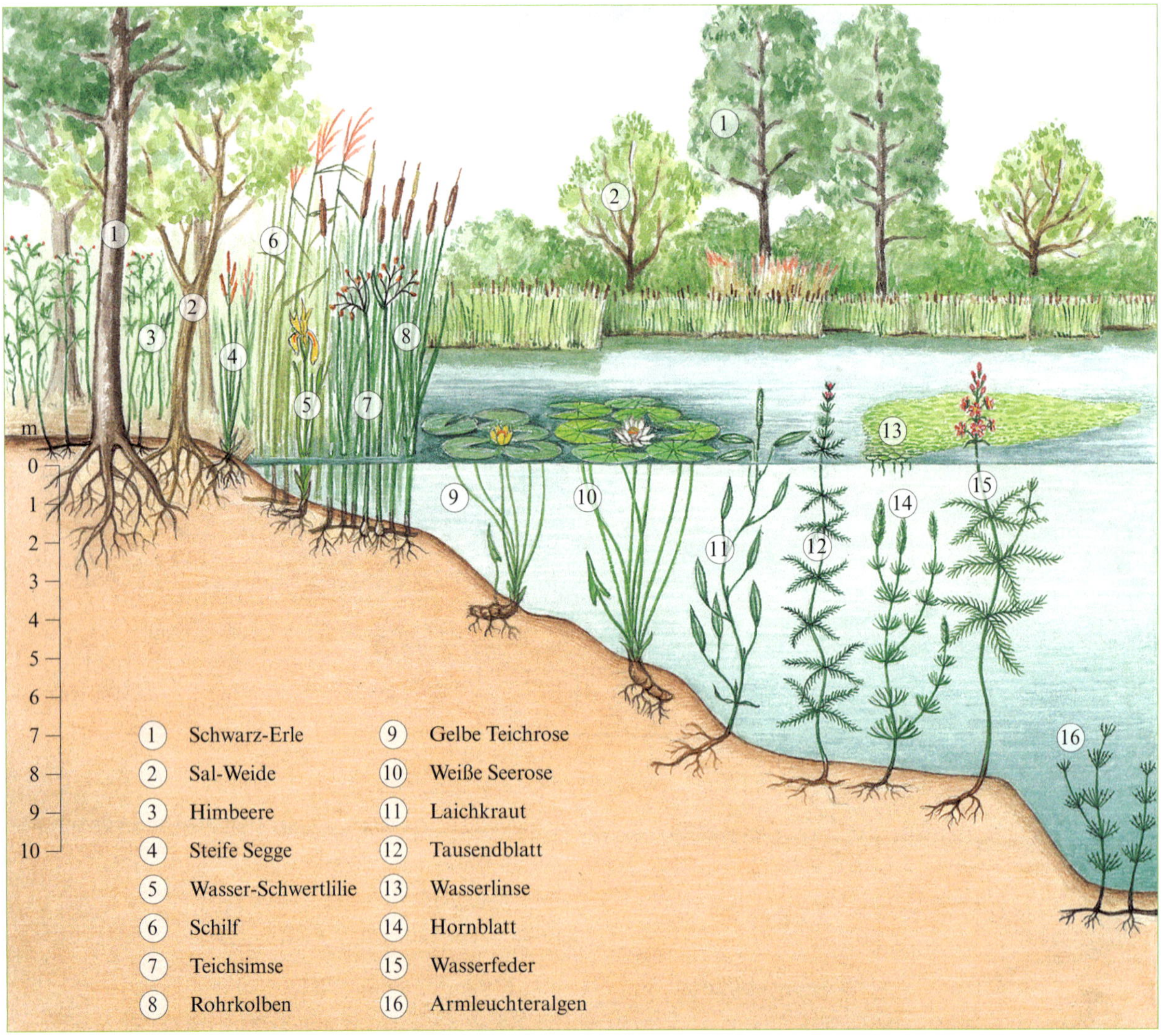

2 Lebensräume eines Sees und typische Bewohner

Schritte und Tipps für das Teichprojekt

Vorbereitung

Besprecht, wie ihr den Teich und sein Ufer sinnvoll einteilen könnt, um arbeitsteilig vorzugehen.

Eine Mindmap hilft euch dabei. Ergänzt eure Ideen.

Planung

Überlegt, welche Informationen und welches Material ihr braucht:

- Übersichtsskizze des Teichs → 2
- Bücher/Internetinformationen über das Leben am und im Teich
- Material für biologische, physikalische und chemische Untersuchungen
- Bestimmungsbücher
- Binokular und/oder Mikroskop

Durchführung

Bildet Arbeitsgruppen und verteilt die Aufgaben (möglichst nur 4 Schüler in einer Gruppe).

- Ordnet jeder Gruppe eine zu bearbeitende Aufgabe zu.
- Verteilt Aufgaben an jeden Einzelnen der Gruppe.
- Kartiert die Zonen arbeitsteilig.

Abschluss und Präsentation

Überprüft eure Ergebnisse und führt sie mit den Ergebnissen der anderen Gruppen zusammen, sodass die Einzelergebnisse ein Gesamtbild zum Lebensraum Teich ergeben.

- Präsentiert euren Teich mithilfe eines Plakats oder einer Fotoausstellung, auch mit Herbarpflanzen.
- Physikalische und chemische Untersuchungen können in Schaubildern oder Grafiken dargestellt werden.
- Erstellt Nahrungsketten und Nahrungsnetze für euren Teich.
- Diskutiert die Arbeitsschritte, die Probleme bereiteten, und besprecht, was besonders gelungen ist.

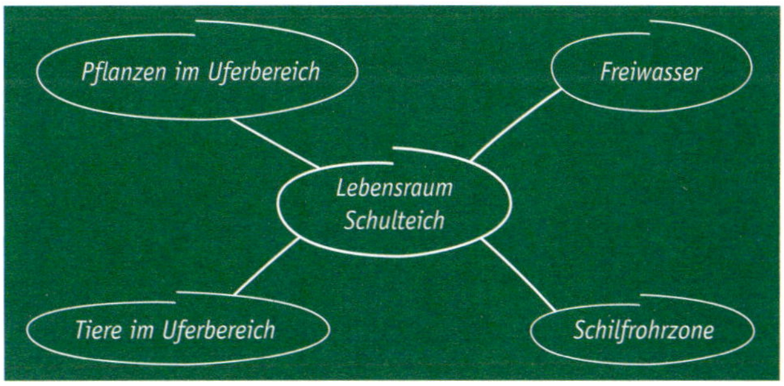

3 Mindmap zum Schulteich

4 Schilf, das größte einheimische Gras

5 Weiße Seerose in der Schwimmblattzone

6 Die Wasserpest gedeiht in der Tauchblattzone.

7 Im Freiwasser lebt der Hecht.

Ungebetene Gäste und Überlebenskünstler

Graureiher – Diebe am Gartenteich

Der Graureiher, auch Fischreiher genannt, lebt an flachen, kleinen Teichen, die durch Buschwerk geschützt sind. Er wird etwa 90 cm hoch. Das Gefieder ist am Rücken aschgrau von zwei weißen Bändern durchzogen, am Kopf und Hals grauweiß. → 1 Eigentlich ist er ein Zugvogel, der im Winter in wärmere Regionen zieht. Bei uns ist er wegen der milden Winter aber zum Standvogel geworden. Immer häufiger dringt der Graureiher in unsere Wohnbereiche vor, wo er von Gartenteichen angelockt wird. Die Jagd am Gartenteich ist einfach und die Jagdmethode perfekt: Der Fischreiher landet einige Meter vom Wasser entfernt, schreitet dann langsam in das seichte Wasser und sticht schließlich blitzschnell mit seinem langen Schnabel ins Wasser. Er erbeutet Fische, Frösche oder Molche. Der Graureiher frisst aber auch Schlangen und Wasserinsekten. Im Winter, wenn die Seen zugefroren sind, begnügt er sich mit Wasserratten oder Mäusen.

1 Graureiher

Die Bisamratte – gejagt für einen Wintermantel

Diese Nagetierart, die ursprünglich aus Nordamerika stammt, hat sich über Böhmen und Frankreich mittlerweile über ganz Europa ausgebreitet und lebt hier als neue Art. Die Bisamratte, auch Bisam genannt, ist keine Ratte, sie gehört zu den Wühlmäusen. → 2 Der Lebensraum des Bisams ist das Wasser, er kann ausgezeichnet schwimmen und bis zu 10 m tief tauchen. Er gräbt Baue in die Uferbereiche eines Flusses oder Sees. Der Eingang des Baus liegt bei den scheuen Tieren immer unter Wasser. Wenn der Wasserstand sinkt, wird der Eingang tiefergelegt. Mit dem Angraben des Uferbereichs durch Unterhöhlen von Deichen und Dämmen richten Bisamratten große Schäden an.

2 Bisam an einem Ufer

3 Biber

4 Das Leben in der Biberburg

Das dichte, glänzende Fell des Bisams, das von Schwarz über Dunkelbraun bis cremefarben unterschiedliche Färbungen aufweist, ist für die Pelzindustrie sehr wichtig. Eine Bisamratte wird ohne Schwanz etwa 35 cm lang. Wie viele Tiere muss man töten, um einen Wintermantel anfertigen zu können? Sollten Tiere für einen warmen Wintermantel getötet werden?

Der Biber – ein Burgherr

Der Biber ist ein sehr großes Nagetier. Er wird bis zu 1,40 m lang, 35 kg schwer und kann bis zu 20 Jahre alt werden. Er besitzt ein dichtes, wasserabweisendes Fell. → 3 Aufgrund seiner Haardichte (12 000 Haare pro cm^2 am Bauch und bis zu 23 000 Haare pro cm^2 am Rücken) wurde er bei uns durch die Pelzindustrie fast ausgerottet.
Der Biber sucht sich als Lebensraum stehende oder fließende Gewässer sowie deren Uferbereiche. In seinem Revier legt er mehrere Wohnbauten an, die sogenannte Biberburg, die zum Schutz vor Fressfeinden vollständig von Wasser umgeben ist. Der Eingang der Burg liegt immer unter Wasser. Über dem Eingang folgt der große Wohnkessel. → 4 Wenn der Wasserstand fällt, baut der Biber Dämme, um Wasser aufzustauen. Biber sind Pflanzenfresser. Im Winter ernähren sie sich von Baumrinde. Um an die Rinde zu gelangen, werden die Bäume gefällt, was zu erheblichen Schäden in der Forstwirtschaft führt.

Ein flinker Jäger – der Fischotter

Der Fischotter ist ein Marder, der an das Leben im und am Wasser perfekt angepasst ist. → 5 Er ist ein ausgezeichneter, schneller Schwimmer und Taucher. Der Fischotter jagt in erster Linie, was er am leichtesten erbeuten kann: die Fische im Wasser. Daneben frisst er aber auch Frösche und Krebse, Blesshühner, Enten, Bisams und Wasserratten. Kleine Beutetiere frisst er direkt im Wasser, größere an Land.
Fischotter leben in einem Bau am Uferbereich, der Eingang der Wohnhöhle liegt etwa 50 cm unter dem Wasserstand. Die Wohnhöhle selbst befindet sich immer über der Hochwassergrenze.
Natürliche Feinde des Otters sind Wolf, Luchs und Seeadler, aber auch frei laufende Hunde.

5 Fischotter

Wenn du deinen Urlaub schon einmal an der Nordsee verbracht hast, bist du sicherlich auch bei Ebbe durchs Watt gewandert. Oder hast du vielleicht eine der Dünen an der Küste erklommen? Die Nordsee bietet eine Fülle von besonderen Lebensräumen. Welche Tiere und Pflanzen kann man hier entdecken?

1 Dünen und Strand an der Nordsee

Die Nordsee

Eine Fülle von Lebensräumen

Steilküste, Felsküste, Sandküste und das Freiwasser sind Lebensräume, die die Nordsee kennzeichnen. Die Übergangsgebiete, die **Salzwiesen** und das **Watt**, sind durch den Wechsel der Gezeiten, durch **Ebbe** und **Flut**, gekennzeichnet. Die hier lebenden Organismen müssen dem regelmäßigen mehrstündigen Trockenfallen angepasst sein.

Berge aus Sand

Dünen stellen besondere Lebensräume dar. Sie bieten vielen Vögeln Nist- und Ruheplätze. Bewachsen sind Dünen mit Strandaster, Strandhafer und Stranddistel. → 2 Mit ihren festen, spröden Stängeln und Blättern trotzen diese Pflanzen Hitze und Wind. Meterlange Wurzeln befestigen den Sand. Werden die Pflanzen mit Sand zugeweht, wachsen sie einfach höher. Aus abgestorbenen Pflanzen entsteht nahrhafter Humus, sodass im Laufe der Jahre auch andere Pflanzen die Düne besiedeln und ihr Halt geben. Dünen dienen auch dem **Küstenschutz**. Sie bieten Schutz vor Überflutung und Sturmfluten und bewahren die Küste vor Sandabschwemmung und Landabbruch.

2 Typischer Dünenbewuchs

Der Spülsaum

Dieser Lebensraum ist eine wahre Fundgrube. Der Uferbereich wird ständig mit Salzwasser benetzt, liegt oberhalb der Wasserlinie und bildet den Lebensraum vieler Organismen. Auf dem salzhaltigen Boden wachsen Melde, Quecke und Meersenf. Man findet hier Blasentang und Seegras sowie Schalen und Reste toter Tiere. Watvögel, Krabben, Aasfresser und Kleintiere finden hier reichhaltige Nahrung.

Leben im Meer

Seeigel, Quallen, Hummer, Krebse, Haie und Muränen sind einige Beispiele für die Artenvielfalt im Meer. Alle diese Tiere haben sich dem Leben unter Wasser angepasst. Die Scholle hält sich gut getarnt auf dem Mee-

Dünen
Ebbe
Flut
Küstenschutz
Salzwiesen
Symbiose
Watt

3 Im Sand getarnte Scholle

4 Einsiedlerkrebs mit Seeanemone

resgrund auf, um ihren Feinden zu entgehen. → 3 Der Rochen ist getarnt, um besser jagen zu können. Tintenfische verstecken sich bei Gefahr hinter ihrer eigenen Tintenwolke.

Gemeinsam sind wir stark

Manchmal leben Tiere verschiedener Arten zusammen. Jeder der Partner hat bei dieser Form des Zusammenlebens Vorteile. Man spricht von **Symbiose** (griechisch sym = zusammen; bios = Leben). So versteckt der Einsiedlerkrebs seinen empfindlichen Hinterleib in dem verlassenen Haus einer Wellhornschnecke. Auf dem Haus siedelt oft eine Seeanemone. → 4 Der Einsiedlerkrebs zerkleinert mit seinen Scheren Beute, die umherwirbelnden Reste fängt die Anemone, die ihrerseits den Krebs durch das Nesselgift in ihren Tentakeln vor Angreifern schützt.

Weitere Bewohner der Nordsee

Die bedeutendsten Säugetiere der deutschen Nordsee sind Seehunde und Kegelrobben. Vereinzelt tritt auch der Schweinswal auf. Alle diese Säuger ernähren sich hauptsächlich von Fisch. Vereinzelt fressen sie auch Borstenwümer, Schnecken, Krebstiere und Tintenfische.

→ Merk dir! Die Nordsee bietet Pflanzen und Tieren die unterschiedlichsten Lebensräume. Pflanzen und Tiere der Nordsee sind dem Leben an ihrem Standort entsprechend angepasst.

Arbeitsaufträge

1. Informiere dich mithilfe von Internet und Fachliteratur über Auswirkungen des Klimawandels auf die Küstenregion der Nordsee. Nenne Gefahren für Mensch und Tier sowie Maßnahmen, die die Bewohner zum Schutz der Küste ergreifen.
2. Recherchiere die Lebensweise eines auf dieser Seite genannten Lebewesens möglichst genau, fertige einen Steckbrief an und stelle es deinen Mitschülern/Mitschülerinnen vor.
3. Auch in der Nordsee existieren vielfältige und komplexe Nahrungsnetze.
   Erstelle ein umfassendes Nahrungsnetz von der Alge bis zum Seehund und von der Alge bis zum Austernfischer. Nutze das Internet oder Fachliteratur.
4. Konstruiere einen geeigneten Versuchsaufbau, um aus Meerwasser Salz zu gewinnen.

Wusstest du, dass die Nordsee jedes Jahr von mehr als 420 000 Schiffen befahren wird? Und jeder zwanzigste Fisch, der auf der Erde gefangen wird, stammt aus der Nordsee. Meere haben eine wichtige wirtschaftliche Bedeutung. Wir nutzen die Meere sehr vielfältig.
Hat die wirtschaftliche Nutzung auch Nachteile für die Weltmeere und ihre Bewohner?

1 Das Meer – eine wichtige Nahrungsquelle

Das Meer – eine Quelle für die Wirtschaft

Delikatessen aus dem Meer

Fisch ist ein gesundes Lebensmittel. Aufgrund der großen Nachfrage werden viel mehr Fische gefangen, als durch natürliche Fortpflanzung wieder hinzukommen. Diese **Überfischung** führt dazu, dass sich die Fischbestände weltweit immer weiter verringern. Auch gehen bei diesen Fangmethoden häufig ungewollt Meeresschildkröten und Meeressäuger wie Delfine ins Netz. → 2 Überfischung und Beifang führen dazu, dass sich die Fischbestände nicht mehr erholen können. Es kommt zur **Ausrottung**.

Straßen auf dem Meer

Die Ozeane stellen wichtige Transportwege dar. Damit Schiffe gut im Wasser liegen, tanken sie Ballastwasser. Auf diese Weise werden Meerestiere in fremde Lebensräume eingeschleppt und verändern dort die heimische Tier- und Pflanzenwelt. Diese Tiere, zu denen beispielsweise die Wollhandkrabbe gehört, werden als **Neozoen** bezeichnet (griechisch neos = neu; zoe = Leben). → 3 Pflanzen, die in neue Lebensräume eingeschleppt und dort heimisch werden, nennt man **Neophyten** (griechisch phytos = Pflanze).

2 Delfin als Opfer des Fischfangs

3 Wollhandkrabbe

Ausrottung
Neophyten
Neozoen
Offshore-Windparks
Überfischung

4 Offshore-Windpark

5 Qualvoller Tod

Energie aus dem Meer

Besonders in den Industrieländern steigt der Bedarf an Heizmitteln. **Offshore-Windparks** stellen eine alternative Energiequelle dar. → 4 Der Wind, der am Meer immer weht, soll als Windenergie für die Stromerzeugung genutzt werden. Auch an deutschen Küsten und in der Nordsee sind riesige Windparks geplant. Die Vor- und Nachteile des Baus so großer Parks müssen gut gegeneinander abgewogen werden.

Müllkippe Ozean

Immer wieder gelangen durch fehlerhafte Kläranlagen Schadstoffe über die Flüsse in die Ozeane. Fährschiffe entsorgen ihre Fäkalien ins Meer und Abfälle unserer Industriegesellschaft werden zu qualvollen Todesfallen für Meerestiere. → 5 Wenn zum Beispiel eine Meeresschildkröte eine treibende Plastiktüte mit einer Qualle verwechselt und diese frisst, verstopft ihr Verdauungssystem und sie verhungert. Fischereileinen und -netze oder Plastikringe führen zu Amputationen oder zum Tod von Lebewesen. Die gefangenen Tiere ziehen außerdem Raubfische an, die sich ebenfalls in den Netzen verwickeln und getötet werden.

→ Merk dir! **Die Weltmeere sind wertvoller Vorrat für Nahrung und Energie. Wir müssen besonders darauf achten, dass wir sie nutzen, ohne sie jedoch auszubeuten.**

Arbeitsaufträge

1. Erkläre und bewerte die Probleme, die mit den neuen Fischfangmethoden entstehen.
2. Erkläre, wie es zur Einführung von Neozoen/Neophyten kommt und warum dies das Ökosystem gefährdet.
3. Interpretiere die Fakten zur Energieproblematik, die du aus Presse, Funk und Fernsehen kennst. Bilde dir eine Meinung zu Öl- und Gasplattformen sowie zu Offshore-Parks und begründe sie.
4. Erstelle mögliche Handlungsanweisungen, wie der sensible Lebensraum der Ozeane nachhaltig geschützt werden könnte. Diskutiert eure Vorschläge in der Klasse.
5. Informiere dich mithilfe des Internets über die Ernährung der Weltbevölkerung. Suche aussagekräftige Daten und beurteile, ob „Fischfabriken“ sinnvoll sind oder nicht.

Wir Menschen benötigen sauberes Wasser vor allem zum Trinken, zur Zubereitung von Nahrung und für unsere Hygiene. Es dient aber auch als Kühlwasser für Industrie und Kernkraftwerke. Außerdem bewässern wir damit die Felder. Wir nutzen die Gewässer für Sport und Erholung, für die Schifffahrt und zur Einleitung von Abwasser. Wo ein und dasselbe Gewässer verschiedenen Zwecken dient, bringt das Probleme mit sich.

1 Wasser wird in vielfältiger Weise genutzt.

Wir nutzen und schützen unser Wasser

Wasserverschmutzung

Unsere Haushaltsabwässer sind reich an **Phosphaten** aus Waschmitteln. Regen schwemmt Nitrate, die aus Dünger stammen, von den Äckern. Die Folge ist, dass viele Gewässer „überdüngt" sind. Man spricht von **Eutrophierung**. In überdüngten Gewässern wird das Pflanzenwachstum beschleunigt. Plankton und Kleinkrebse, die sich von Algen ernähren, nehmen zu. Mit dem Wachstum von Pflanzen und Tieren entsteht immer mehr organisches Material, das die Zersetzer abbauen müssen. Dafür verbrauchen die Bakterien den im Wasser gelösten Sauerstoff. Fische und andere Tiere ersticken, die Pflanzen sterben ab. Auf dem Grund bildet sich übel riechender Faulschlamm. Das Gewässer verwandelt sich in eine stinkende Brühe. Man sagt, es „kippt um". → 2

2 Ein überdüngtes Gewässer kippt um.

Wasserschutz

Die Verunreinigungen aus Haushaltsabwässern werden durch Kläranlagen weitgehend beseitigt. Industrieabwässer enthalten jedoch oft giftige Quecksilber-, Schwermetall- und Kohlenwasserstoffverbindungen. Ihr Abbau bereitet große Schwierigkeiten. Wenn diese Schadstoffe in die Gewässer gelangen, reichern sie sich über die Nahrungskette immer mehr an. So können sie letztlich auch dem Menschen schaden. Zum Schutz des Grundwassers wurden bislang mehrere Tausend **Wasserschutzgebiete** ausgewiesen. Dort darf nicht gebaut werden. Landwirtschaft ist nur unter Einschränkungen erlaubt. Nach Meinung der Fachleute wären jedoch doppelt so viele Schutzgebiete nötig.

Eutrophierung
Phosphate
Wasserschutzgebiete

3 Zahlen zum Wasserverbrauch

4 Die paar Tropfen …

Zahlen zum Wasser

1 m^3 Trinkwasser kostet in Deutschland zurzeit durchschnittlich rund 1,60 Euro. Seine Qualität wird in der deutschen Trinkwasserverordnung geregelt. 1 Flasche mit 1 l Cola kostet zurzeit etwa 0,80 Euro. Der häusliche Wasserverbrauch je Person und Tag beträgt:
- in Deutschland 127 l,
- als Landbewohner in Spanien 150 l,
- als Stadtbewohner in Spanien 240 l,
- als Hotelgast in Spanien 500 l. → 3

Ein Tropfen Wasser sind etwa 0,1 ml.
60 Tropfen ergeben in der Minute 6 ml,
in 1 Stunde sind dies 360 ml,
an 1 Tag …?
in 1 Jahr …? → 4

Merk dir! Durch die Wassernutzung im Haushalt und in der Industrie wird Wasser verunreinigt. Zum Schutz des Grundwassers wurden Wasserschutzgebiete eingerichtet.

Arbeitsaufträge

1. Denke über den Wasserverbrauch in deiner Familie nach und überlege dir Möglichkeiten, wo Wasser gespart werden kann. → 3, 4
2. Erkundige dich bei deiner Gemeinde, wo dein Schmutzwasser gereinigt wird.
3. Beschreibe die Abbildungen 5 und 6. Welche Bedeutung hat das Wasser für die abgebildeten Menschen?
4. Wähle Dinge aus deinem Alltag und überlege, was sie mit Wasserverschmutzung zu tun haben könnten.

5 Nutzung von Wasser

6 Nutzung von Wasser

Leben im Wasser

→ Wasser sichert das Überleben aller Lebewesen auf der Erde. Es transportiert als Lösemittel lebensnotwendige Stoffe sowie Stoffwechselprodukte durch Zellen und Organe. Wasser ist ein unentbehrlicher Lebensraum für viele Lebewesen, die nur dem Leben im Wasser angepasst sind. (Siehe Seite 84.)

→ Kläranlagen reinigen mit großem Aufwand unser Wasser. Dabei ahmen sie die biologische Selbstreinigung nach. (Siehe Seite 90.)

→ Ein See mit seinen verschiedenen Pflanzengürteln bietet vielen Tieren und Pflanzen spezielle Lebensräume. Pflanzen und Tiere dieser Lebensgemeinschaft sind aufeinander angewiesen und über Nahrungsketten und -netze miteinander verbunden. Wasser lockt aber auch ungebetene Gäste an. (Siehe Seite 92, 98.)

Die deutsche Nordseeküste ist mit ihrer Strand-, Dünen- und Wattlandschaft ein einzigartiger, sensibler Lebensraum. Sie ist Kinderstube vieler Meerestiere. (Siehe Seite 100.)

Die Weltmeere sind für uns Menschen ein wichtiges Wirtschaftsgut. (Siehe Seite 102.)

Durch Nutzung in Haushalt und Industrie wird Wasser verschmutzt. Zur Trinkwassergewinnung werden Gebiete als Wasserschutzgebiete eingerichtet. (Siehe Seite 104.)

Test

1. Erkläre, warum Wasser für Pflanzen, Tiere und Menschen lebensnotwendig ist. → **1**

1 Wasser und seine Bedeutung

2. Liste die verschiedenen Zonen eines Sees auf und nenne je zwei typische Vertreter der Pflanzen- und Tierwelt. → **2**, **3**

2 Zonen des Sees

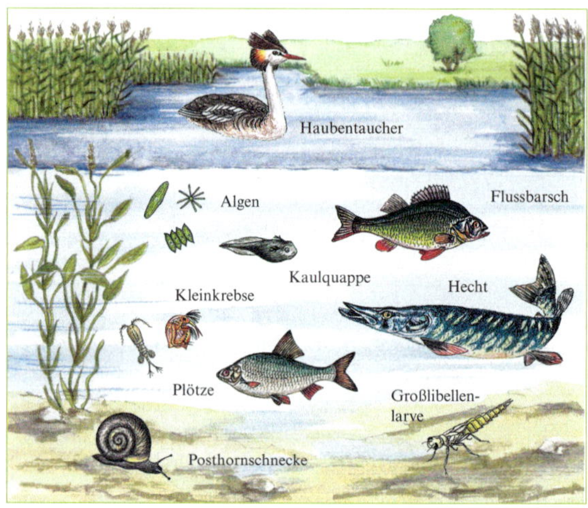

3 Tiere im und am See

3. Erkläre, warum Dünen am Strand nicht betreten werden dürfen. Welche Aufgabe erfüllen Dünen? Informiere dich, wie Dünen befestigt werden und welche Tiere hier leben.

4 Düne an der Nordsee

4. Erkläre den Begriff Symbiose anhand eines Beispiels.

5. Stelle in einer Tabelle dar, welche Schäden für das Meer durch intensive Nutzung entstehen können. Überlege dir Möglichkeiten der Schadensbegrenzung.

Nutzung	Mögliche Schäden	Schadensbegrenzung

5 Tabelle

6. Löse das folgende Rätsel und notiere jeweils den in Klammern angegebenen Buchstaben. In der Reihenfolge von a bis p ergeben sie das Lösungswort.

a Bewuchs um einen See (3)
b Typische Pflanze des Schwimmblattgürtels (2)
c Fliegendes Raubinsekt (3)
d Wo findet der Graureiher leichte Beute? (5)
e Name eines deutschen Küstengewässers (1)
f Nagetier aus Nordamerika (3)
g Pflanze des Schilfgürtels (1)
h Einzigartiger Lebensraum an der Nordseeküste (2)
i Hochwasser (3)
j Küstenvogel (1)
k Größtes Meeressäugetier (1)
l Öltransporter auf dem Meer (2)
m Gift der Quallen (4)
n Typische Wiese an der Nordsee (1)
o Niedrigwasser (4)
p Zweitgrößter Fisch der Ozeane (1)

Ordne deiner Lösung im Heft ein Smiley zu:
☺ Ich habe die Aufgabe richtig lösen können.
😐 Ich habe die Aufgabe nicht komplett lösen können.
☹ Ich habe die Aufgabe nicht lösen können.

Aufgabe	Fähigkeit	Hilfe findest du auf Seite …
1	Ich kenne die Bedeutung von Wasser.	84
2	Ich kenne die Pflanzengürtel eines Sees und seine Bewohner.	92–95
3	Ich kann Verhaltensregeln für den Küstenschutz aufstellen.	100
4	Ich weiß, was Symbiose ist, und kenne Beispiele.	101
5	Ich kann menschliche Eingriffe in einen Lebensraum erkennen und beurteilen.	102
6	Ich kann wichtige Lernwörter des Kapitels Wasser nennen und erklären.	84–105

Lebensraum Stadt

Die Stadt ist ein Lebensraum, der sehr von Menschen geprägt ist. Es gibt viele Straßen, viel Lärm und oft wenig grüne Flächen. Trotzdem bietet die Stadt Lebensraum für viele Pflanzen und Tiere. Die Lebensbedingungen von Pflanzen und Tieren sind hier allerdings nicht immer günstig. Die Luft wird durch Staub und Schadstoffe verunreinigt, der Boden ist oft asphaltiert und mit Schadstoffen belastet. Was denkst du – wie können Pflanzen und Tiere in der Stadt überleben?

1 Was zieht Tiere in die Stadt? (Siehe Seite 114.)

2 Kennst du deine tierischen Mitbewohner? (Siehe Seite 116.)

3 Wie kommen Pflanzen in die Stadt? (Siehe Seite 118.)

4 Wie werden Städte grüner? (Siehe Seite 120.)

5 Darf man Wölfe, die in die Nähe der Städte kommen, töten? (Siehe Seite 122.)

6 „Aliens" in der Stadt – gibt es sie wirklich? (Siehe Seite 124.)

In der Stadt herrschen andere Bedingungen als auf dem Land. Für viele Menschen sind „Stadt“ und „Natur“ zwei völlig verschiedene Dinge, die sich gegenseitig ausschließen. Aber ist das wirklich so?
Und können in Städten mit all ihren Problemen überhaupt Pflanzen und Tiere leben?

1 Großstadt

Natur in der Stadt

Alles zubetoniert

Viele Flächen in der Stadt sind bebaut und zubetoniert. Diese **Versiegelung** führt dazu, dass Regenwasser nicht versickern kann, sondern direkt in die Kanalisation fließt. Pflanzen können das Regenwasser nicht mehr nutzen und Bodenlebewesen wie Regenwürmer können unter versiegelten Böden kaum leben.

Dunstglocke

Die Luft in Städten ist oft durch Staub und Schadstoffe verunreinigt. Die **Luftverunreinigung** stammt größtenteils von Industrie, Kraftwerken und Autoverkehr. Die Dunstglocken, die manchmal entstehen, können zu schweren Erkrankungen wie Asthma führen. → 2 Pflanzen, besonders Bäume, sind daher sehr wichtig zur Verbesserung der Stadtluft. Sie filtern Staub und liefern Sauerstoff.

2 Dunstglocke über einer Stadt

Eigenes Klima

Die Temperaturen, die Luft, der Boden und der Wasserhaushalt in Städten unterscheiden sich vom Klima auf dem Land. Man spricht von **Stadtklima**. Die Gebäude bremsen den Wind. Darum ist die Windgeschwindigkeit in der Stadt gering. Straßen und Häuser heizen sich durch Sonneneinstrahlung auf und geben die Wärme wieder ab. Auch die Wärme von Fabriken, Autos und Heizungen sorgt für Temperaturen, die bis zu 10 °C höher als auf dem Land sind. Städte werden auch als **Wärmeinseln** bezeichnet. Die Luftfeuchtigkeit ist relativ gering, da weniger Pflanzen Wasser verdunsten und Regenwasser direkt in die Kanalisation läuft.

Ersatzfelsen und grüne Oasen

Die vielen Gebäude in der Stadtmitte sind oft Lebensraum von Vögeln, die sonst nur in Felswänden leben. Häuserwände und Dächer dienen als **Ersatzfelsen**. → 3 In Städten

3 Das Dach als Ersatzfelsen

4 Stadtparks dienen als Erholungs- und Lebensraum.

Brachflächen
Ersatzfelsen
Luftverunreinigung
Stadtklima
Versiegelung
Wärmeinseln

findet man häufig Stadtwälder und Parks. Sie dienen den Menschen als Erholungsstätten. → 4 Tieren und Pflanzen bieten sie ähnliche Lebensbedingungen wie Wälder auf dem Land. Außerhalb der Innenstadt gibt es viele Wohnviertel. Blumenreiche Balkons oder kleine Gärten mit Bäumen und Hecken bieten den verschiedensten Tierarten Nahrung und Schutz.

Von der Natur zurückerobert

In fast jeder Stadt gibt es Gelände, die einmal vom Menschen genutzt, schließlich aber verlassen worden sind. Auf solchen **Brachflächen** war beispielsweise einmal eine Fabrik oder ein großes Gebäude, das abgerissen wurde. Nach und nach siedeln sich hier wieder verschiedenste Wildpflanzen, Insekten und andere Kleintiere an.

> → Merk dir! **Städte sind nicht nur Betonwüsten. Sie besitzen ihr eigenes Klima und bieten verschiedenste Lebensräume.**

Arbeitsaufträge

1. Erläutere, was den Lebensraum Stadt von anderen Lebensräumen unterscheidet.

2. Besorgt euch einen Stadtplan eurer Stadt.
- **a** Notiert, wo in der Stadt Lebensräume für Tiere und Pflanzen existieren.
- **b** Erstellt eine Liste mit Tier- und Pflanzenarten, die in verschiedenen Gebieten eurer Stadt leben.
- **c** Erkundet die Stadt und sucht nach Pflanzen und Tieren an ungewöhnlichen Orten. Notiert diese auch in der Liste.

3. Messt die Staubbelastung in eurer Stadt. Ihr braucht: leere Streichholzschachteln, doppelseitiges Klebeband, Stift, Lupe, Mikroskop.
- **a** Beklebt die Schachteln mit Klebeband und verteilt sie an verschiedenen Orten (Bushaltestelle, Stadtpark …). Vermerkt den Aufstellungsort.
- **b** Sammelt die Schachteln am nächsten Tag wieder ein, entfernt vorsichtig den Klebestreifen und betrachtet ihn unter dem Mikroskop.
- **c** Notiert, wo sich die meisten/wenigsten Staubteilchen gesammelt haben. Welche Schlussfolgerungen könnt ihr aus den Resultaten ziehen? Formuliert einen Ergebnissatz.

Affen auf Hochhäusern und Elefanten auf den Straßen wirst du auf einer Stadtsafari sicherlich nicht finden. Trotzdem bestehen Städte aber nicht nur aus Beton und Asphalt. Viele Pflanzen und Tiere haben in der Stadt einen Lebensraum gefunden. Doch was zieht diese Lebewesen in die Stadt?

1 So wild sind unsere Städte noch nicht!

Safari durch die Stadt

Artenvielfalt

Die Stadt bietet vielfältige Lebensräume für Tiere und Pflanzen. In Parks, Stadtwäldern und auf Friedhöfen findet man typische Waldtiere wie Füchse, Wildkaninchen, Eichhörnchen und Spechte sowie Waldpflanzen wie Eichen und Hainbuchen. In Teichen und Weihern, Kanälen und Hafenbecken leben Enten, Schwäne oder sogar Möwen. → 2

Eine Frage der Anpassung

Tiere und Pflanzen müssen sich auf die städtischen Lebensbedingungen einstellen. Für manche ist das gar nicht so schwer: Sie stammen aus einem Lebensraum, der dem der Stadt gleicht. Andere haben ihre Gewohnheiten beim „Umzug" in die Stadt geändert. Manche Tierarten kommen mit den Lebensbedingungen in der Stadt besonders gut zurecht. Man nennt sie **Kulturfolger**. Beispiele sind Kaninchen, Haussperlinge, Krähen, Ratten und Mäuse. Sie finden genügend Nahrung und leben eng mit dem Menschen zusammen.

2 Schwäne auf dem Stadtparkteich

Gründe für einen Umzug in die Stadt

Allesfresser wie Haussperling, Tauben, Ratten oder Krähen finden in menschlichen Siedlungen reichlich Nahrung, da Essensabfälle häufig in der Mülltonne oder auf der Straße landen. → 3

Tiere, die ursprünglich in Felslandschaften beheimatet sind, wie Schwalben, Schleiereulen oder Haustauben, finden in Nischen, Vorsprüngen und Spalten von Häusern und Kirchen gute Nist- und Brutplätze. → 4

Dachböden sind im Sommer Tagesquartier für Fledermäuse. Insekten, zum Beispiel Wildbienen, finden in Gebäuderitzen günstige Nistgelegenheiten. Wie du bereits weißt, herrscht in Städten ein anderes Klima als auf dem Land. Der Schnee bleibt aufgrund der

Kulturfolger
offenes System

3 Müll als Nahrung

4 Gebäude bieten Nistplätze.

höheren Temperaturen nicht so lange liegen. Stadtamseln können deshalb eine zusätzliche Brut hochziehen. Tauben brüten im Winter. In Städten ist die Jagd verboten. Vögel brüten ungestört, weil sie weniger Fressfeinde haben.

Nahrungsketten und -netze

Auch in der Stadt gibt es Nahrungsketten und Nahrungsnetze. Grüne Pflanzen, wie beispielsweise der Löwenzahn, produzieren Nährstoffe. Sie stehen als Erzeuger am Anfang der Nahrungskette. Die Raupe ernährt sich vom Löwenzahn, wird selbst von einer Kohlmeise gefressen, die wiederum die Beute des Steinmarders ist. Raupe, Kohlmeise und Steinmarder sind Verbraucher. Auch der Mensch ist in das Nahrungsnetz eingebunden, da er sich von Pflanzen und Tieren ernährt.

Wohnsitz ist nicht gleich Nahrungsrevier

In Städten gibt es weniger grüne Pflanzen als in Wäldern. Die Erzeuger können nicht alle Verbraucher mit Nahrung versorgen. Deshalb müssen große Mengen an Nahrungsmitteln zusätzlich in die Städte geliefert werden. Schwalben brüten und leben zwar in der Stadt, bei ihrer Nahrungssuche fliegen sie aber häufig hinaus auf das Land. Der Lebensraum Stadt ist ein **offenes System**.

→ Merk dir! **Viele Tiere und Pflanzen nutzen die vorhandenen Lebensbedingungen in der Stadt und finden dort einen Lebensraum. Sie müssen sich auf die vorhandenen speziellen Lebensbedingungen einstellen. Auch in der Stadt gibt es Nahrungsnetze, über die Pflanzen und Tiere miteinander verbunden sind.**

Arbeitsaufträge

1. Erläutere, welche Vorteile die Stadt Tieren und Pflanzen bietet.
2. Nenne ein weiteres Beispiel für eine Nahrungskette in der Stadt.
3. Jakob füttert gerne Tauben im Stadtpark. In der Zeitung liest er einen Bericht über die „Taubenplage".
   - **a** Recherchiere mithilfe des Internets oder Zeitungsberichten, was es mit der Taubenplage auf sich hat.
   - **b** Nimm selbst Stellung zu dem Problem.

Bei der Frage nach Haustieren denkst du sicherlich zuerst an Hunde, Katzen, Wellensittiche oder Kaninchen. In und an Häusern kann man aber noch ganz andere Mitbewohner finden, die wir mit bloßem Auge manchmal gar nicht sehen können. Nicht immer sind sie uns als Haustiere willkommen.
Sind dir auch schon einmal solche Mitbewohner begegnet?

1 Kellerasseln

Tierische Mitbewohner

Kellerbewohner

Wenn du dich auf Forschungsreise durch euer Haus begibst, entdeckst du einige tierische Mitbewohner, die **Kellerasseln** zum Beispiel, die mit den Krebsen verwandt sind. → 1 Sie ernähren sich hauptsächlich von abgestorbenen Substanzen, gehören also zu den Zersetzern. Feuchte Keller sind auch der ideale Wohnsitz für die Kellerschnecke, die verschimmelte Bierhefe und alte Etiketten verspeist.

Gäste aus der Urzeit

Ein lichtscheuer Untermieter, der gerne in Badezimmern lebt und von Staub, Schmutz und Hautschuppen lebt, ist das **Silberfischchen**. → 2 Es bewohnt seit über 300 Millionen Jahren die Erde. Das Urinsekt ist etwa 12 mm lang, seine schlängelnden Bewegungen erinnern an die eines Fisches. Tagsüber verstecken sie sich in feuchtwarmen Ecken. Wenn man nachts im Bad plötzlich das Licht anschaltet, kann man sie entdecken.

Weitere Untermieter

Stubenfliegen oder Spinnen wagen sich bis in unsere Wohnräume. So ist die Zitterspinne fast in jedem Haus anzutreffen. → 3 Bei Gefahr beginnt sie im Netz zu zittern. Dadurch verschwinden ihre Konturen und Fressfeinde können sie nicht mehr wahrnehmen.

2 Silberfischchen

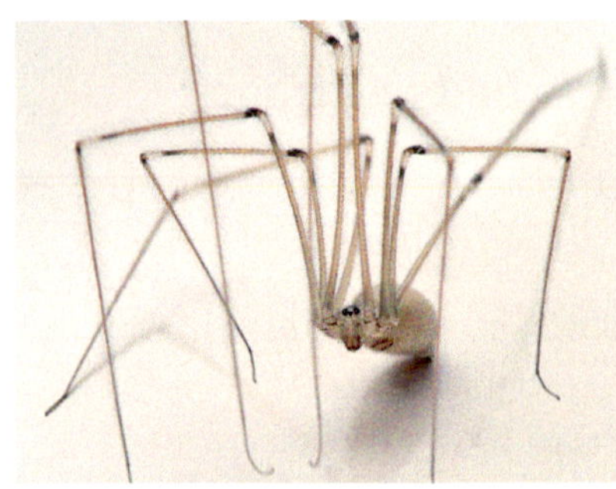

3 Zitterspinne

Hausstauballergie
Kellerasseln
Milben
Silberfischchen

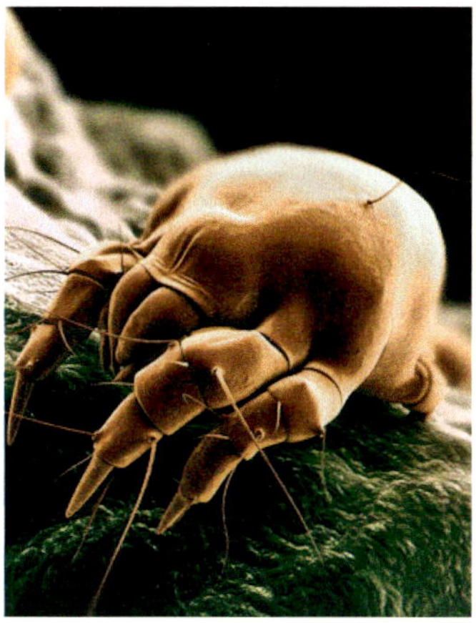

4 Hausstaubmilbe vergrößert

5 Haussperlinge

Unsichtbar und doch da

Manche Tiere sind mit dem bloßen Auge nicht zu sehen und doch leben sie massenhaft im Staub unserer Matratzen und Kissen. **Milben** ernähren sich von Hautschuppen und sind eigentlich nicht schädlich. → 4 Menschen mit **Hausstauballergie** reagieren jedoch allergisch auf den Kot der Tiere.

Rund ums Haus

An Häusern kannst du feststellen, dass Mehlschwalben ihr Nest gerne an die Hauswand bauen. Im Garten findest du im Frühling und Sommer an den Blumen Insekten und in Sträuchern und Bäumen Vögel. → 5

Unbeliebte Untermieter

Einige unserer tierischen Mitbewohner richten Schäden im Haus an, vernichten Vorräte oder gefährden unsere Gesundheit. Zu diesen Schädlingen gehören Ratten, Mäuse, Motten und Milben. Im Gegensatz dazu zählen Fledermäuse oder Spinnen zu den Nützlingen, da sie sich beispielsweise von schädlichen Insekten ernähren.

→ Merk dir! Häuser sind Lebensraum für viele teilweise winzige Tiere. Unter unseren Mitbewohnern gibt es Schädlinge und Nützlinge.

Arbeitsaufträge

1. Begib dich auf Forschungsreise durch dein Wohnhaus. Ein Bestimmungsbuch hilft dir, die gefundenen Tiere zu benennen. Kannst du zwischen Schädlingen und Nützlingen unterscheiden?

2. Mögen es Asseln lieber feucht oder trocken? Du brauchst: eine Petrischale, Küchentuch, Schere, Stift, Sprühflasche mit Wasser, Papier (5 cm · 10 cm), 4 bis 6 Asseln.

   a Schneide aus dem Küchenpapier einen Kreis aus, der genau in die Petrischale passt. Schneide ihn in der Mitte durch, sodass zwei Halbkreise entstehen, und lege diese so in die Schale, dass in der Mitte ein 1 cm breiter Streifen frei bleibt. Feuchte einen Halbkreis mit Wasser an.

   b Setze die Asseln auf den freien Streifen und beobachte sie. Notiere alle 30 Sekunden die Zahl der Asseln auf dem feuchten und dem trockenen Halbkreis. Kannst du die Frage nun beantworten?

Betonierte Gehwege, viel befahrene Straßen, Luft, die mit Staub und Schadstoffen belastet ist, und Wasser, das gleich im Gully verschwindet – all diese Merkmale kennzeichnen die Großstadt. Trotzdem wachsen in Gehwegritzen, am Straßenrand oder an den Bahngleisen Pflanzen. Wie kommen sie dorthin und wie können sie hier überleben?

1 Pflanzen erobern die Bahngleise.

Zwischen Gleisen und in Ritzen

Einreisetaxis

Viele Pflanzen wie der Löwenzahn nehmen den Luftweg. Sie verfügen über besondere Flugvorrichtungen, sodass der Wind sie verbreiten kann. Andere Pflanzen wie die Kirsche besitzen unverdauliche Samen, die von einer nahrhaften, auffallenden Frucht umgeben sind. Wenn Vögel diese Früchte fressen, scheiden sie häufig im Flug die Samen mit ihrem Kot ganz woanders wieder aus. Die Früchte der „Klettpflanzen", beispielsweise der Kletten, bleiben mit kleinen Widerhäkchen am Fell vorbeilaufender Tiere hängen und werden woanders wieder abgestreift. → 2 Die Samen des Wegerichs verbreiten wir unbemerkt über unsere Schuhsohlen oder mit Autoreifen.

Exoten in der Stadt

Viele Samen kommen aus fremden Ländern in unsere Städte. In Häfen und auf Bahnhöfen werden sie mit Waren aus anderen Ländern angeliefert. Deshalb finden wir zwischen Bahngleisen oft zahlreiche fremde Pflanzen. Kanadische Goldrute oder die Nordamerikanische Ambrosia sind Beispiele solcher Neophyten. → 3

Wilde Flächen

In der Stadt gibt es zahlreiche Flächen, die nicht gepflegt, gemäht oder gedüngt werden. Die sogenannten **Unkräuter** werden auf dem Land aus Gärten oft entfernt und auf den Feldern von Landwirten mithilfe von Unkrautvernichtungsmitteln beseitigt. Auf den

2 Klette

3 Kanadische Goldrute

Spezialisten
Trittpflanzen
Unkräuter

4 Glanz-Melde

5 Breitblättriger Wegerich

wilden Flächen in der Stadt können sie oft ungehindert leben und sich fortpflanzen.

Salzliebhaber

Die Randbereiche von Schnellstraßen und Autobahnen sind lebensfeindliche Standorte. Abgase, starke Luftbewegung und vor allem das Streusalz im Winter verhindern das Wachstum einheimischer Pflanzen. Das Salz bewirkt, dass die Pflanzen kein Wasser mehr über ihre Wurzeln aufnehmen können. Einige **Spezialisten** sind diesen Bedingungen allerdings gewachsen. Beispiele sind das Dänische Löffelkraut oder die Glanz-Melde, die eigentlich an der Meeresküste und in den Salzsteppen Asiens wachsen und sich jetzt entlang der Straßenränder ausbreiten. → 4

Betreten erlaubt

In Ritzen von Gehwegen, auf Parkplätzen oder auf dem Schulhof wachsen Pflanzen, denen Fußtritte und Autoreifen nichts anhaben können und deren Blätter flach auf dem Boden ausgebreitet sind. Sie kommen mit sehr wenig Platz aus. Man nennt diese Pflanzen **Trittpflanzen**. Ihre Blätter und Sprossachsen sind sehr hart und widerstandsfähig. Typische Trittpflanzen sind der Löwenzahn und der Breitblättrige Wegerich. → 5

Merk dir! Pflanzenarten, die unter den teilweise ungünstigen Lebensbedingungen der Stadt leben können, gelangen über Wind, Tiere oder den Menschen in diesen Lebensraum.

Arbeitsaufträge

1. Beschreibt, wie Pflanzen an ungewöhnliche Orte wie Gehwegritzen, Dächer oder Mauern gelangen und dort leben können. Sucht Beispiele solcher Pflanzen in eurer Stadt.

2. Erkläre, warum Pflanzen in der Stadt geschützt werden sollten.

3. Mit dem folgenden Versuch kannst du feststellen, welche Wirkung Streusalz auf Pflanzen hat. Du brauchst: flache Schale, Kressesamen, Salz.

- **a** Säe Kressesamen in der Schale aus.
- **b** Gib reichlich Salz ins Gießwasser und halte die Keimlinge damit gut feucht. Kressesamen in einer zweiten Schale gießt du mit normalem Gießwasser.
- **c** Notiere deine Beobachtungen und vergleiche beide Versuche.

Wir tun etwas für die grünen Oasen

Pflanzen, besonders Bäume, produzieren Sauerstoff, binden Staub und Schadstoffe und sorgen für eine angenehme Luftfeuchtigkeit. Außerdem bieten Pflanzen Lebensraum und Nahrung für zahlreiche Tiere. Und letztendlich bringen sie Grün in graue Städte. Dennoch werden viele Bereiche in Städten immer mehr zubetoniert und verbaut und so Lebensräume für Pflanzen und Tiere zerstört.

1 Graue Großstadt

In vielen Städten gibt es Behörden oder auch einzelne Vereine, die sich um eine umweltfreundlichere und grünere Gestaltung der Stadt oder einzelner Stadtbereiche bemühen. Trage deinen Teil zu einer Verbesserung und Verschönerung der Städte durch Pflanzen bei und plane deine eigene grüne Stadtoase. Wie können Städte so verändert werden, dass sie grüner sind und mehr Pflanzen und Tieren Lebensraum bieten? → 2

2 Beispiele für Grün in der Stadt

Schritte und Tipps für das Projekt „Grüne Oasen“

Vorbereitung

Besprecht, wie eure Vorschläge zum Thema „Grüne Oasen“ präsentiert werden können. Es bietet sich an, dass ihr Modelle erstellt, die zeigen, wie Städte grüner werden können. → 3

Planung

Überlegt, welche Informationen und Materialien ihr braucht:

- Fachinformationen: Wie wird ein Teich angelegt? → 5 Wo können welche Pflanzen wachsen? Welche Tiere leben auf und von welchen Pflanzen? Beispiele für Informationsquellen: Bücher, Broschüren von Umweltschutzorganisationen (BUND), Internet, regionale Umweltzentren
- Informationen aus dem Internet über ähnliche Projekte
- Materialien für die Modelle (Pappe, Kleber, Farbe ...)

Durchführung

Bildet Arbeitsgruppen und verteilt innerhalb der Gruppen die einzelnen Aufgaben:

- Wie viele Schüler sind in einer Gruppe?
- Wer übernimmt welche Aufgaben?

Erledigt die Aufgaben und fertigt ein Modell eurer „Grünen Oase“ an.

3 Modell eines grünen Schulhofs

Abschluss und Präsentation

Überprüft eure Ergebnisse. Bereitet eine Präsentation vor: Erstellt beispielsweise eine Broschüre oder ein Plakat. Wertet die Gesamtergebnisse in der Klasse aus.

- Welche Probleme gab es?
- Was ist gelungen?
- Bewertet eure Modelle: Kann man sie tatsächlich realisieren und graue Städte umweltfreundlicher und grüner machen?
- Überlegt, wie ihr die Ergebnisse anderen Klassen, euren Eltern oder der Öffentlichkeit präsentieren könnt. Beispiele: Fest, Ausstellung, Zeitungsartikel in eurer Heimatzeitung oder eigene Zeitung

4 Sammeln von Informationen

5 Ein fachgerecht angelegter Teich

Bilde dir eine Meinung

Sicherlich hast du davon gehört, dass Tiere, die wir bisher nur im Zoo sehen konnten, in der Nähe von Städten beobachtet wurden. Im Sommer 2006 wurde der Bär Bruno in Bayern entdeckt, verfolgt und schließlich erschossen. → 1 Ähnlich verhielt es sich mit den Wölfen, die in der Lausitz auftauchten. Es entfachte sich eine lange Diskussion darüber, ob der Mensch diese sogenannten Raubtiere töten darf, wenn sie sich den dicht besiedelten Städten nähern, oder ob diese selten gewordenen Tiere unter Schutz stehen.

Auf dieser Seite lernst du eine Methode kennen, die dir helfen soll, zu einem Urteil hinsichtlich schwieriger ethischer Fragen wie „Was darf der Mensch?“, „Darf der Mensch töten?“, „Darf er in die Natur eingreifen?“ … zu gelangen.

1 Zeitungsartikel zum Bären Bruno

Was ist ein Wert?

- Werte sind Eigenschaften, die der Mensch bestimmten Dingen zuschreibt.
- Wir unterscheiden Güterwerte/materielle Werte (Geld, Haus, Auto) von ethischen/Orientierungswerten (Recht auf Leben, Glück, Wohlergehen, Freiheit).

2 Definition „Wert“

In 6 Schritten zu einem gut überlegten Urteil

Schritt 1 Zuerst wird das Problem genau beschrieben. Dazu gehört, dass man sich gut über die Tiere und ihre Lebensweise informieren sollte. Damit kannst du feststellen, ob eine Gefahr für den Menschen besteht. Am besten legst du einen Steckbrief an. → 3

Schritt 2 Sammle alle Argumente, die für (pro) und gegen (kontra) das Töten dieser Tiere sprechen, und halte sie in einer Tabelle fest. → 4

Schritt 3 Denke nun darüber nach, welche ethischen Fragen mit dem Problem verbunden sind. → 2

Schritt 4 Überlege dir, wie das Problem am besten zu meistern ist. Dazu solltest du mehrere Lösungsmöglichkeiten entwickeln.

Schritt 5 Fälle nun ein Urteil, indem du das Problem aus deiner persönlichen Sicht beurteilst und einen Lösungsweg vorschlägst. Wichtig ist, dass dein Urteil gut begründet ist.

Schritt 6 Abschließend solltest du genau darüber nachdenken, welche Folgen das persönliche Urteil für dich selbst, für deine Familie und Freunde, für die Gesellschaft und für die Pflanzen und Tiere haben könnte.

Der Wolf im Stadtpark

Alex liest morgens in der Zeitung, dass im Stadtwald ein Wolf gesehen wurde. → 5 Er berichtet davon aufgeregt seinen Eltern. Während sein Vater dafür ist, dass der Wolf erschossen werden muss, um eine Gefahr für die Bürger abzuwenden, setzt sich seine Mutter für das Leben des Wolfes ein. Antons Mutter ist der Auffassung, dass der Wolf keine Gefahr für die Menschen darstellt und geschützt werden muss. Anton ist verunsichert. Es fällt ihm schwer, ein eigenes Urteil zu fällen.

Steckbrief Wolf

- Raubtier, gehört zu den Hundeartigen
- lebt und jagt im Rudel von 5 bis 10 Tieren
- frisst Wildschweine, Schafe, Ziegen, aber auch Hunde, Katzen und junge Rinder
- …

3 Steckbrief zum Wolf

Der Wolf im Stadtpark soll getötet werden

pro	*kontra*
· *stellt eine Gefahr für Menschen dar* · *greift Kinder an* · *tötet Haustiere* · …	· *bisher sind keine Angriffe auf Menschen bekannt* · *Wölfe sind streng geschützt* · …

4 Argumente für und gegen die Tötung eines Wolfes

5 Ein Wolf im Park

Arbeitsaufträge

1. Kannst du Alex in seiner Meinungsbildung helfen? Bilde dir deine eigene Meinung, indem du das Problem mithilfe der Schritte 1 bis 6 bearbeitest.

2. Formuliere das Ergebnis deiner Überlegungen in Form eines Briefes, den du an Anton schreibst, und erläutere darin genau deine Überlegungen.

3. Vergleiche deine Resultate mit denen deiner Mitschüler. Diskutiert eure Ergebnisse in der Klassengemeinschaft.

„Aliens" im Stadtpark

Aus der Ferne in die Stadt

In der Stadt gibt es jede Menge „Aliens". Diese Tiere und Pflanzen kommen zwar nicht von fremden Planeten, aber aus fernen Ländern und sind eigentlich bei uns nicht heimisch. Viele dieser „Fremdlinge" haben jedoch bei uns eine Heimat gefunden.

1 Waschbär in der Mülltonne

Waschbärenalarm

Ganze Heerscharen von Waschbären treiben seit einiger Zeit im Stadtgebiet einiger deutscher Städte, beispielsweise in Kassel, ihr Unwesen. → 1 Waschbären stammen ursprünglich aus Nordamerika und wurden zur Pelztierzucht nach Mitteleuropa gebracht. Entflohene Tiere konnten jedoch überleben und sich vermehren. Mittlerweile gibt es sehr viele Waschbären. Da sie sich so rasant vermehrt haben und ihr Lebensraum dadurch immer kleiner wird, bleibt ihnen nichts anderes mehr übrig, als neben den Wäldern auch die Städte zu erobern. Hier finden sie vor allem im Müll ausreichend Nahrung.

Papageien im Stadtpark

In einigen deutschen Städten gibt es wild lebende Papageien. Der grün gefärbte Halsbandsittich ist vor allem in der laublosen Jahreszeit kaum zu übersehen und konnte sich vor allem in Köln und Wiesbaden erfolgreich vermehren. → 2

Seit der ersten Sichtung einiger weniger Halsbandsittiche im Jahr 1983 ist ihre Zahl auf über 5000 Vögel in ganz Deutschland angestiegen. Der Halsbandsittich stammt ursprünglich aus Afrika und Asien. Er wurde als Käfigvogel nach Europa gebracht und ist entwichen oder freigelassen worden. In wintermilden Gebieten, in denen zudem passende Lebensräume mit Bäumen und Baumhöhlen vorhanden sind, hat sich der ehemalige Käfigvogel in freier Wildbahn behaupten können.

2 Papagei im Stadtpark

3 Indisches Springkraut

Schleudertaktik

Das Indische Springkraut, auch Drüsiges Springkraut genannt, hat im Himalaya seine ursprüngliche Heimat. → 3 1839 wurde die rosa-rot blühende Pflanze nach England eingeführt, von wo aus sie auch in die Gärten des europäischen Festlands gebracht wurde. Seit etwa 1920 gibt es sie in Deutschland. Sie besiedelt massenhaft Ufer und Auenwälder. Der hohe Nektargehalt lockt viele Insekten an, die die Pflanzen bestäuben. Eine einzelne Pflanze produziert rund 4000 Samen. Bei Berührung der Früchte springen diese auf und verschleudern die Samen meterweit. Wegen seiner schnellen Ausbreitung gilt das Indische Springkraut als starke Konkurrenz für heimische Pflanzenarten und kann diese verdrängen.

Vorsicht: Verbrennungsgefahr!

Der Pflanzensaft des aus dem Kaukasus stammenden Riesen-Bärenklaus (Herkulesstaude) kann verbrennungsähnliche Hautschädigungen verursachen. Ende des 19. Jahrhunderts wurde das weiß blühende, über 3 m groß werdende Doldengewächs als Zierpflanze in Gärten ausgesät. Heute besiedelt die anspruchslose Art die unterschiedlichsten Standorte in der Stadt.

„Problempflanzen" und ihre Bekämpfung

Manche Neophyten können durchaus zum „Problem" werden: Sie breiten sich rasant aus, nehmen anderen Pflanzen das Licht weg, verdrängen sie aus dem Wurzelreich und überwuchern große Flächen, ohne andere Arten neben sich zu dulden. Sie werden deshalb mit verschiedenen Methoden wie Ausgraben oder Mähen bekämpft. → 4

4 Abholzung bzw. Ausgraben des Riesen-Bärenklaus

Lebensraum Stadt

In Städten herrscht ein besonderes Stadtklima. Es zeichnet sich durch höhere Temperaturen, eine niedrige Luftfeuchtigkeit und eine hohe Belastung der Luft mit Staub und Schadstoffen aus. (Siehe Seite 112.)

Nicht nur auf dem Land, auch in der Stadt gibt es viele verschiedene Lebensräume, in denen zahlreiche Tier- und Pflanzenarten vorkommen. (Siehe Seite 114, 116.)

Manche Tiere, sogenannte Kulturfolger, ziehen in die Städte, weil es dort ein großes Nahrungsangebot, ein mildes Klima, zahlreiche Unterschlupfmöglichkeiten und wenige Fressfeinde gibt. (Siehe Seite 114.)

Im und am Haus leben zahlreiche Tierarten. (Siehe Seite 116.)

→ Pflanzen haben viele Möglichkeiten, ihre Samen zu verbreiten und neue Flächen zu besiedeln. (Siehe Seite 118.)

→ Nur aufgrund ihrer besonderen Anpassungen können Trittpflanzen den starken Belastungen standhalten. (Siehe Seite 119.)

→ Die Frage, ob der Mensch Wildtiere töten darf, die in die Stadt kommen, ist eine ethische Frage. Die Lösung dieses Problems bedarf einiger Kenntnisse über das Tier und reiflicher Überlegung. (Siehe Seite 122.)

→ Manche Tiere und Pflanzen wurden aus weit entfernten Ländern bei uns eingeschleppt und werden hier heimisch. (Siehe Seite 124.)

1. Die Kirschbäume im Stadtpark blühen meist früher als in den Gärten auf dem Dorf. Kannst du dir vorstellen, warum das so ist? Begründe deine Antwort.

1

2. Erkläre mit eigenen Worten, was man unter der Versiegelung des Bodens versteht.

3. Nenne zwei unterschiedliche Lebensräume in der Stadt. Welche Tiere und Pflanzen kommen dort vor? Nenne jeweils eine typische Pflanzenart und zwei Tierarten.

4. Erkläre den Begriff Kulturfolger. Nenne einen typischen Vertreter.

5. Wenn Anna morgens aufsteht, muss sie ständig niesen. Stelle eine Vermutung auf, woran das liegen könnte. Erläutere, wie du zu deiner Vermutung kommst.

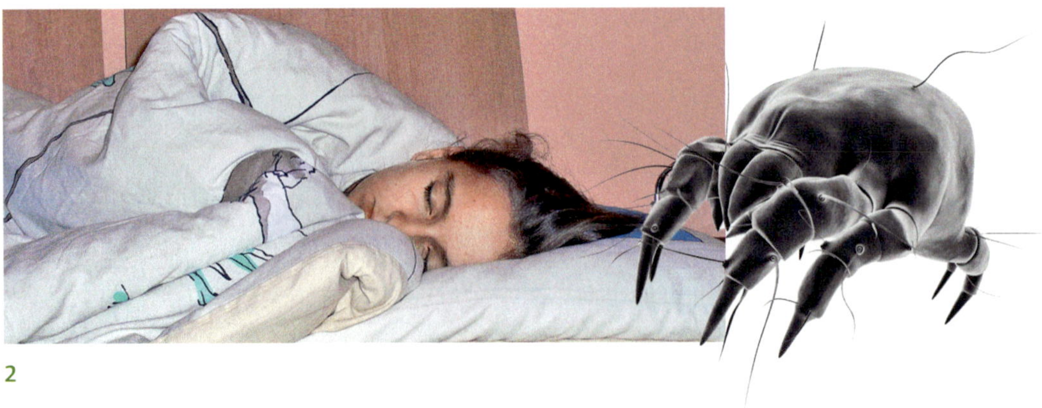

2

6. Jakob hat auf dem Dachboden des Hauses Fledermäuse entdeckt, die dort überwintern. Er weiß, dass Fledermäuse unter Naturschutz stehen. Seinen Eltern machen die Fledermäuse aber zu viel Schmutz auf dem Dachboden. Sie möchten sie entfernen. Jakob weiß nun nicht, wie er sich verhalten soll. Kannst du ihm helfen? Gehe dazu in mehreren Schritten vor.

a Benenne das Problem.

b Nenne Argumente, die für und gegen den Verbleib der Fledermäuse auf dem Dachboden sprechen.

c Zähle Werte auf, die durch das Problem berührt werden.

d Beschreibe Handlungsmöglichkeiten, die das Problem lösen würden.

e Wie würdest du entscheiden? Teile Jakob deine Entscheidung mit.

f Zähle Folgen auf, die deine Entscheidung hätte.

3

Ordne deiner Lösung im Heft ein Smiley zu:

☺ Ich habe die Aufgabe richtig lösen können.

😐 Ich habe die Aufgabe nicht komplett lösen können.

☹ Ich habe die Aufgabe nicht lösen können.

Aufgabe	Fähigkeit	Hilfe findest du auf Seite …
1	Ich kenne die Unterschiede zwischen dem Klima in der Stadt und auf dem Land.	112
2	Ich kann erklären, was man unter der Versiegelung des Bodens versteht.	112
3	Ich kenne verschiedene Lebensräume in der Stadt und kann typische Tiere und Pflanzen nennen, die dort vorkommen.	114
4	Ich kann den Begriff Kulturfolger erklären und Beispiele nennen.	114
5	Ich kann erklären, welche Schädlinge eine Hausstauballergie auslösen können.	116
6	Ich kann bei einer schwierigen (ethischen) Frage in mehreren Schritten zu einer begründeten Entscheidung gelangen.	122

Stationen eines Lebens

Die Geschichte eines Lebens beginnt mit der Befruchtung einer Eizelle durch eine Spermienzelle. Meistens geschieht die Befruchtung auf natürlichem Wege beim Geschlechtsverkehr. Ein Kind kann jedoch auch durch künstliche Befruchtung entstehen. Das Wachstum des mit der Befruchtung entstandenen Embryos beginnt mit der Zellteilung. Durch eine Veränderung der Zellen entwickelt sich ein vollständiger Mensch, der mit jedem Tag seines Lebens altert.

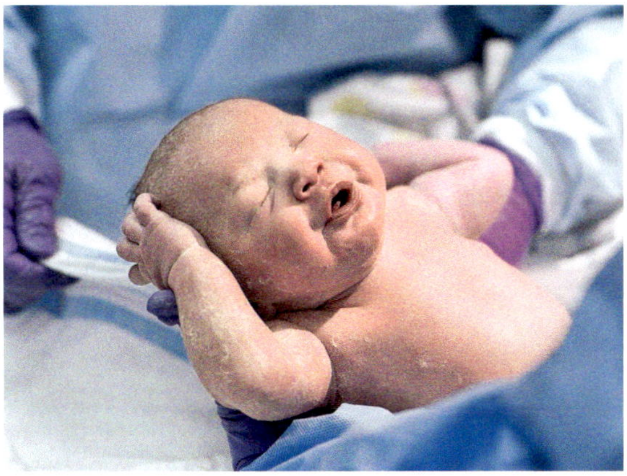

1 Ein Baby wird geboren. Wie kann es sich aus einer befruchteten Eizelle entwickeln? (Siehe Seite 132.)

2 Jede unserer Zellen enthält die Erbanlagen aus Eizelle und Spermienzelle. Wie kommen die Erbanlagen in jede einzelne Zelle unseres Körpers? (Siehe Seite 134.)

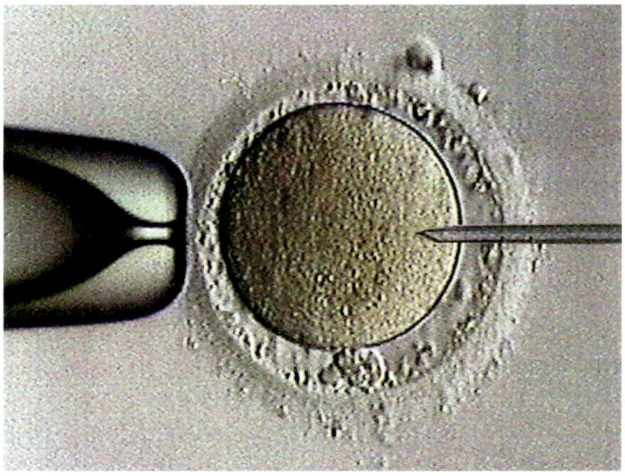

3 Was ist unter künstlicher Befruchtung zu verstehen und welche Methoden gibt es? (Siehe Seite 136.)

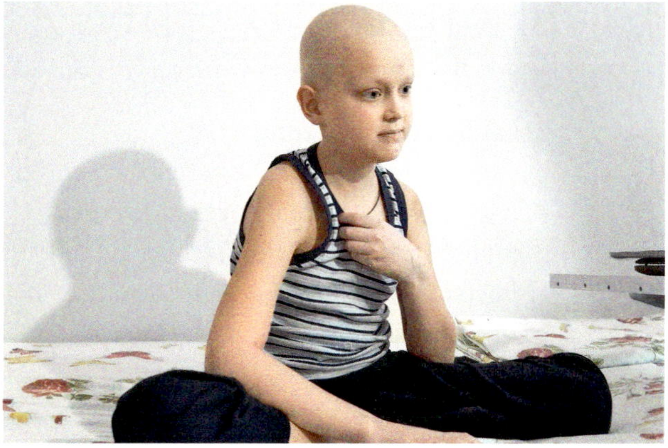

4 Eine Stammzelltherapie kann vielleicht helfen. Was sind Stammzellen und wie gewinnt man sie? (Siehe Seite 138.)

5 Ein Embryo im Achtzellstadium. Beginnt hier schon menschliches Leben? (Siehe Seite 140.)

6 Unser Körper altert mit jedem Tag des Lebens. Was verändert sich beim Altern? (Siehe Seite 144.)

Die meisten Lebewesen bestehen aus unzähligen Zellen, die unterschiedliche Aufgaben übernehmen. Wie kommt es dazu, dass ein Lebewesen aus einer einzigen Zelle entsteht und sich zu einem komplexen Organismus mit verschiedenen Organen entwickelt? Wie wird eine befruchtete Eizelle zum Fetus?

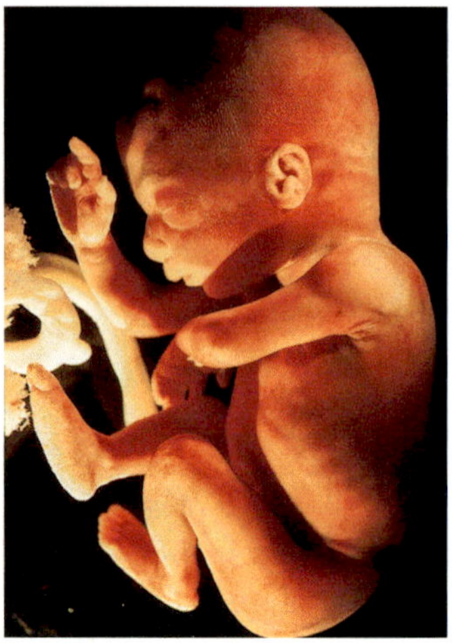

1 Von der befruchteten Eizelle zum Fetus

Von der Eizelle zum Fetus

Sexuelle Fortpflanzung

Die meisten höheren Lebewesen vermehren sich geschlechtlich. Dabei verschmelzen männliche und weibliche Geschlechtszellen zur befruchteten Eizelle, der **Zygote**. Sie trägt **Erbanlagen** des Vaters und der Mutter.

Durch Zellteilung zum Embryo

Sobald die Erbanlagen der väterlichen Spermienzelle und der mütterlichen Eizelle miteinander verschmolzen sind, beginnt sich die Zygote zu teilen und wird damit zum **Embryo**. → 1 Aus einer Zelle werden zwei, aus diesen zwei Zellen werden vier, aus diesen vier Zellen werden acht Zellen und so fort. Bei diesem Vorgang entwickelt sich der **Blasenkeim**, der einer Hohlkugel ähnelt. → 2

Einnistung des Blasenkeims

Der Blasenkeim wandert während der Zellteilungen durch den Eileiter in die Gebärmutter. Dort nistet er sich nach etwa 6 Tagen in der Schleimhaut ein – die Schwangerschaft beginnt. → 4 Die äußere Hülle des Blasenkeims wird gemeinsam mit der Gebärmutterschleimhaut zum **Mutterkuchen**, der den Embryo versorgt.

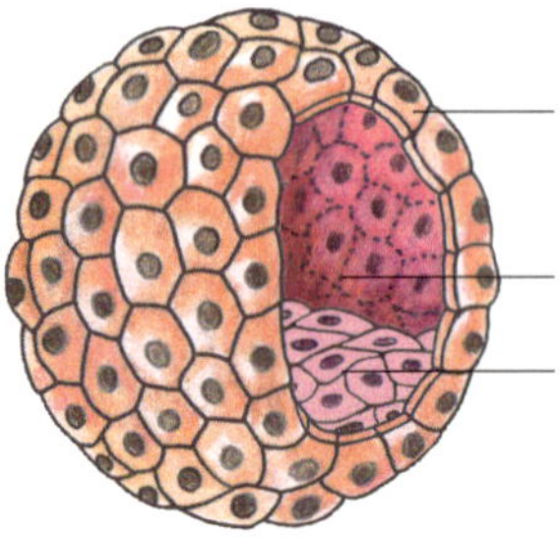

2 Blasenkeim

3 Eineiige Zwillinge

Blasenkeim
eineiige Zwillinge
Embryo
Erbanlagen
Mutterkuchen
Zygote

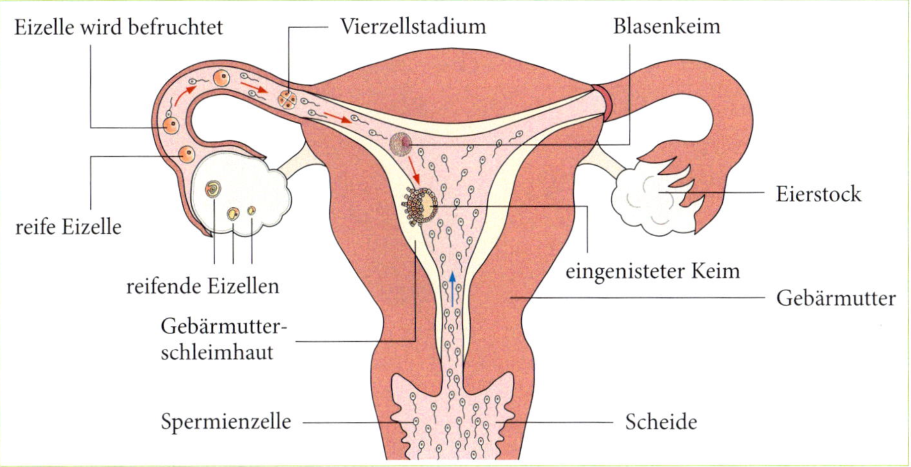

4 Einnistung eines Blasenkeims

Welche Zelle erhält welche Aufgabe?

Alle embryonalen Zellen besitzen ein Programm, das ihnen vorgibt, zu welcher Zelle sie sich entwickeln müssen. Nur bis zum Achtzellstadium kann sich noch aus jeder Zelle des Embryos ein gesundes Lebewesen entwickeln. Dies ist wichtig bei der Entwicklung **eineiiger Zwillinge**. → 3 Hier teilt sich drei Tage nach der Befruchtung der Blasenkeim und zwei Embryonen, die jeweils einen Mutterkuchen besitzen, entstehen. Sie besitzen identische Erbanlagen.

Der Bauplan des Körpers entsteht

Nach einer weiteren Teilung der Zellen wird bestimmt, welche Aufgabe die Zellen später erfüllen müssen. Der Blasenkeim verändert seine Form: Er faltet sich und stülpt sich ein. Er enthält verschiedene Bereiche, aus denen sich später Zellen zu Geweben differenzieren. Aus einem Teil entwickelt sich zum Beispiel die innere Auskleidung von Magen, Darm und Lunge. Aus anderen Zellen werden Gewebe für die Organe, Blutgefäße, Knochen und Muskeln gebildet. Ein weiterer Teil der Zellen ist Ursprung für die Zellen des Nervensystems, für Haut und Haare.
Der menschliche Embryo wird ab der 9. Schwangerschaftswoche **Fetus** genannt. Er benötigt durchschnittlich 38 Wochen, um sich vollständig zu entwickeln.

→ Merk dir! Ein Blasenkeim ist das Stadium des Embryos, welches sich in der Gebärmutter einnistet. Die zukünftigen Aufgaben der Zellen des Embryos sind vorprogrammiert.

Arbeitsaufträge

1. Beschreibe die Entwicklung der Eizelle zum Fetus in eigenen Worten.
2. Es gibt eineiige und zweieiige Zwillinge.
   - **a** Erkläre, warum eineiige Zwillinge immer das gleiche Geschlecht besitzen.
   - **b** Finde heraus, wie es zur Bildung zweieiiger Zwillinge kommt. Nenne die Unterschiede zwischen eineiigen und zweieiigen Zwillingen.

Sicherlich hast du dir schon einmal in den Finger geschnitten oder dir das Knie geschrammt. Du kannst beobachten, dass die entstandene Wunde nach einigen Tagen oder Wochen wieder verheilt. Es haben sich neue Hautzellen gebildet und die Wunde verschwindet.
Doch wie kommt es zur Bildung neuer Hautzellen?

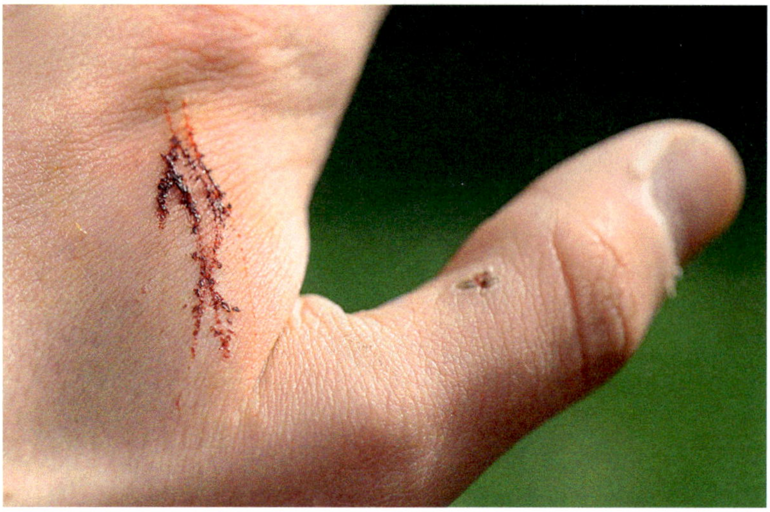

1 Bei der Wundheilung werden neue Hautzellen gebildet.

Kernteilung und Zellverdopplung

Aus eins werden zwei

Alle Lebewesen bestehen aus Zellen. Damit neue Zellen wie Hautzellen entstehen und eine Wunde verheilen kann, müssen sich die vorhandenen Zellen vermehren. → 1 Dies ist für das Wachstum aller Lebewesen wichtig. Zellen vermehren sich, indem sie sich teilen.

Im Zellkern liegen die Erbinformationen

Die Erbanlagen enthalten wichtige Informationen für alle Lebensvorgänge des Organismus. Diese Informationen sind auf den Chromosomen gespeichert. → 3 Stell dir die Erbinformationen wie einen Text vor, der regelmäßig abgelesen werden muss, damit die Zellen ihre Aufgaben wie Wachstum oder Teilung erfüllen können. Damit jede neue Zelle genau dieselben Informationen enthält, werden vor der Zellteilung die Erbanlagen verdoppelt und später auf die neuen Zellen verteilt.

Die Chromosomen werden sichtbar

Im mikroskopischen Bild besteht der Zellkern vor seiner Teilung aus einer einheitlichen Masse. → 2 Mit Beginn der Kernteilung erkennt man plötzlich fädige Strukturen, die Chromosomen. → 3 Sie liegen vor der Kernteilung als **Zwei-Chromatid-Chromosomen** vor. → 3, 5 Die beiden Chromatiden tragen identische Erbinformationen. Während die **Kernteilung** beginnt, wird die Zellkernhülle abgebaut.

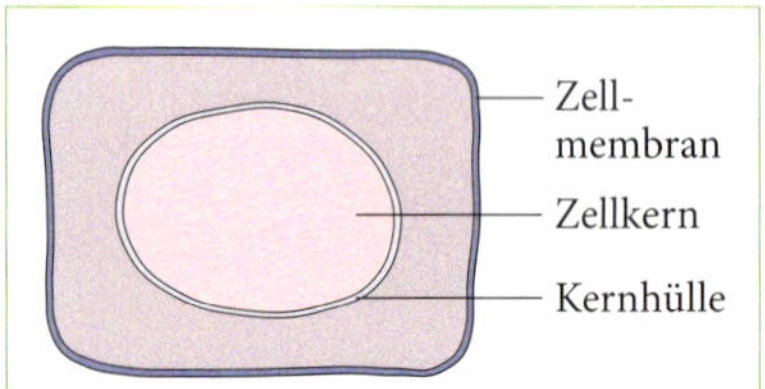

2 Zellen mit Zellkern

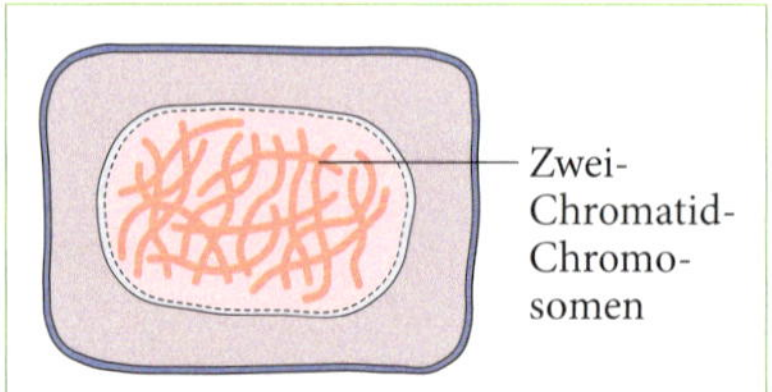

3 Sichtbarwerden der Chromosomen

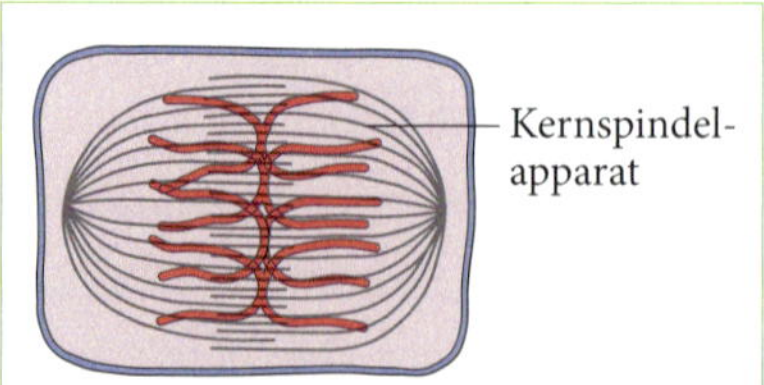

4 Anordnung der Chromosomen

Ein-Chromatid-Chromosom

Kernteilung

Mitose

Zwei-Chromatid-Chromosom

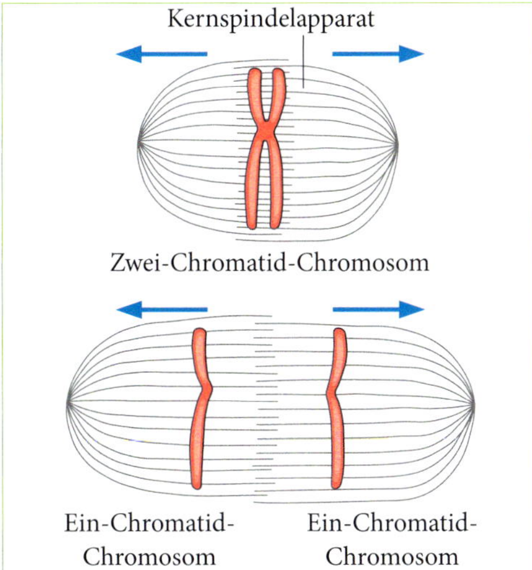

5 Trennung der Zwei-Chromatid-Chromosomen

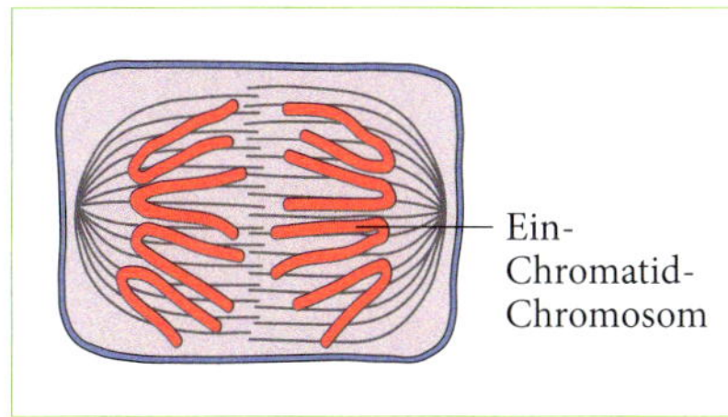

6 Teilung der Chromosomen

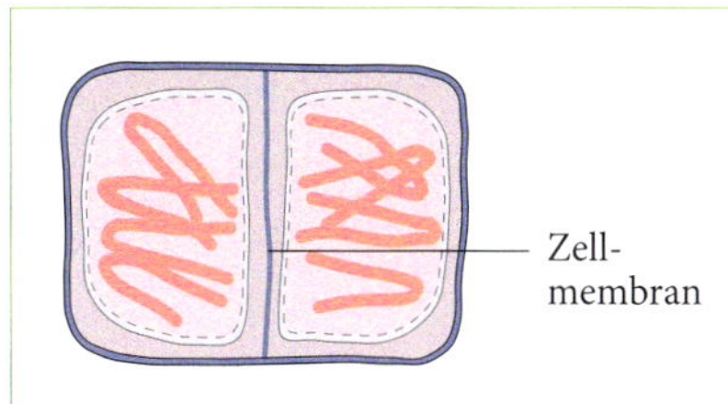

7 Teilung der Zelle

Anordnung in der Zellmitte

Die Zwei-Chromatid-Chromosomen ordnen sich in der Zellmitte an. Gleichzeitig entsteht der Kernspindelapparat. Er zieht sich als fädiges Gebilde von einer Zellseite zur gegenüberliegenden Seite. → 4, 5

Gleichmäßige Aufteilung

Die Zwei-Chromatid-Chromosomen werden längs getrennt und die identischen Chromatiden werden entlang des Kernspindelapparats zu den Zellenden gezogen. → 5, 6 An jedem Zellende befindet sich nun die gleiche Anzahl von **Ein-Chromatid-Chromosomen**. Sie werden jeweils von neuen Kernhüllen umgeben.

Jeder der beiden neu entstandenen Zellkerne enthält nun die identische Erbinformation.

Der gesamte Vorgang, bei dem sich die Zellkerne teilen, wird **Mitose** genannt.

Teilung der Zelle

Erst jetzt findet die Teilung der Zelle statt. → 7 Die Zellen werden durch Membranen vollständig getrennt. Die neuen Zellen sind kleiner und vergrößern sich nach der Zellteilung durch Wachstum. Wenn du eine Wunde hast, bilden sich durch Mitose also neue Hautzellen. Das gesamte Wachstum eines Lebewesens ist auf Mitose zurückzuführen.

> **→ Merk dir!** Bei der Mitose teilen sich die Zellkerne. Die beiden neu entstandenen Zellen enthalten die gleiche Anzahl an Chromosomen wie die ursprüngliche Zelle.

Arbeitsaufträge

1. Schildere den Vorgang der Mitose mit deinen eigenen Worten.
2. Erkläre, warum die Erbinformation verdoppelt werden muss, damit die Zellteilung erfolgreich ablaufen kann.
3. Beim Skaten hast du dir dein Knie aufgeschrammt. Erkläre, wie es zur Wundheilung kommt.

Künstliche Befruchtung

Unerfüllter Kinderwunsch

Liebe, Partnerschaft und dann das erste Kind: Dieser Wunsch erfüllt sich nicht für alle Paare. → 1 Etwa 15 Prozent aller in Deutschland lebenden Paare bleiben kinderlos, weil zumindest ein Partner unfruchtbar ist. Die Kinderlosigkeit wird häufig zu einer seelischen Belastung. Für viele Paare eröffnet die künstliche Befruchtung Hoffnung auf ein Baby.

Unfruchtbarkeit und ihre Ursachen

Wenn ein Paar ein Jahr lang regelmäßig Geschlechtsverkehr hat, keine Verhütungsmittel benutzt und sich dennoch keine Schwangerschaft ergibt, spricht man von Unfruchtbarkeit. Liegt die Ursache beim Mann, spricht man von Zeugungsunfähigkeit. Hier sind die Spermienzellen entweder in zu geringer Anzahl vorhanden oder ihre Qualität ist herabgesetzt. Die Spermienzellen sind zum Beispiel unbeweglich. Die Unfähigkeit zur Empfängnis bei der Frau kann viele Gründe haben – hormonelle Störungen oder die Verklebung der Eileiter sind nur einige Ursachen. Bei Mann und Frau können Drogenkonsum, Stress oder seelische Probleme Auslöser für die Unfruchtbarkeit sein.

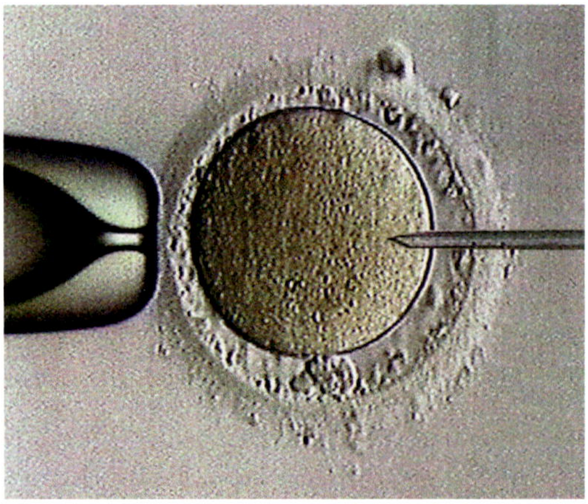

2 Eine Spermienzelle wird in die Eizelle injiziert.

1 Unerfüllter Kinderwunsch?

Methoden der künstlichen Befruchtung

Seit Ende der 1970er-Jahre kann Paaren, die kinderlos bleiben, mithilfe der künstlichen Befruchtung geholfen werden. Häufig wird dazu die In-vitro-Fertilisation (IVF) angewendet. „In vitro“ heißt „im Glas“ und Fertilisation ist der Fachbegriff für Befruchtung. Bei der klassischen IVF werden die Spermienzellen des Mannes mit mehreren Eizellen der Frau im Reagenzglas zusammengebracht – dort soll es zu einer normalen Befruchtung kommen. In einem anderen Verfahren (ICSI) wird eine Spermienzelle mit einer feinen Kanüle in die Eizelle injiziert. → 2

Keimzellgewinnung und Einnistung

Bei beiden Methoden erfolgt die Befruchtung außerhalb des Körpers der Frau. Die Spermienzellen des Mannes werden entweder durch Masturbation gewonnen oder werden in einem kleinen operativen Eingriff dem Hoden entnommen. Die Gewinnung der Eizellen ist schwieriger und für die Frauen mit einer gesundheitlichen und oftmals psychischen Belastung verbunden. Damit mehrere reife Eizellen zur künstlichen Befruchtung zur Verfügung stehen, muss die Frau über längere Zeit hormonell behandelt

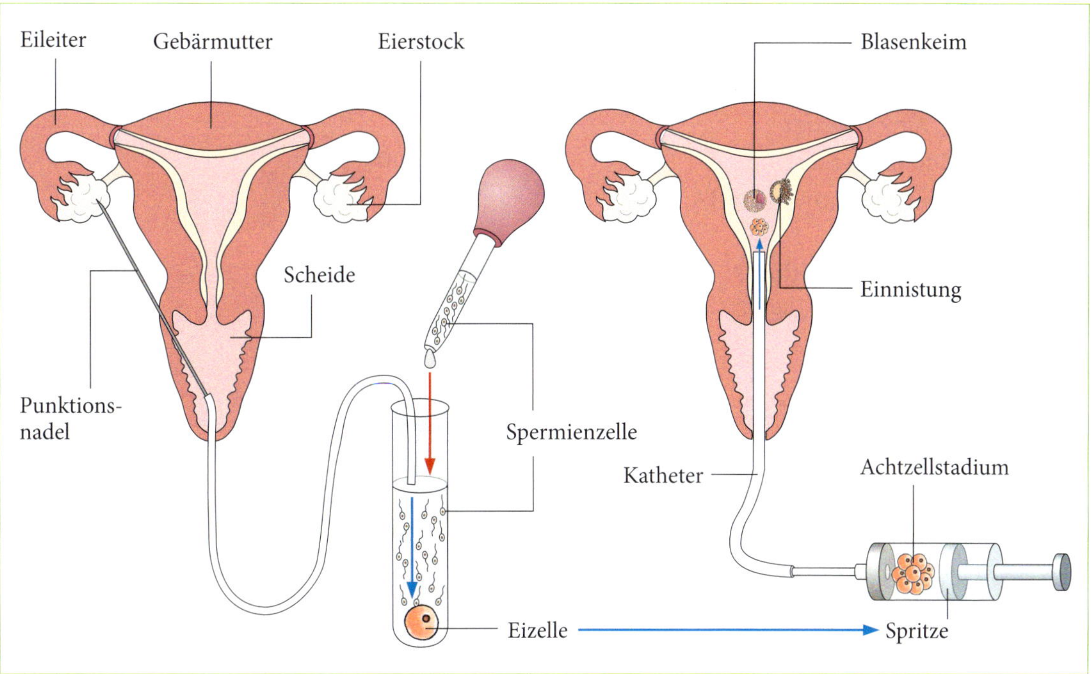

3 Methode der In-vitro-Fertilisation (IVF)

werden. Mithilfe einer speziellen Methode werden der Frau unter Narkose die Eizellen entnommen. → 3 War die Befruchtung erfolgreich, werden meistens zwei Embryonen ab dem Achtzellstadium in die Gebärmutter der Frau eingebracht. Danach muss die Einnistung des Embryos in die Gebärmutterschleimhaut von selbst erfolgen.

Rechtliche und ethische Aspekte

Paare, bei denen der Mann nicht zeugungsfähig ist, können auf Spermienzellen von Samenspendern zurückgreifen. Dagegen ist eine Eizellspende in Deutschland nicht erlaubt. Das Embryonenschutzgesetz verbietet dies genauso wie eine Leihmutterschaft. Bei der Leihmutterschaft trägt eine Frau den durch künstliche Befruchtung erzeugten Embryo bis zur Geburt aus. Homosexuelle Paare oder Frauen, die zum Beispiel krankheitsbedingt kein Kind austragen können, hätten so dennoch die Chance, Eltern zu werden. → 4 Andererseits ist nicht abzuschätzen, welche seelischen Probleme auf die Leihmutter zukommen, die das Kind im eigenen Körper ausgetragen hat. Auch besteht die Gefahr, dass sich Frauen aus finanzieller Not als Leihmütter anbieten.

Ein großes Problem der künstlichen Befruchtung ist, dass häufig mehrere Embryonen erzeugt werden. Diese dürfen nach dem Embryonenschutzgesetz nicht vernichtet werden. Überführt man jedoch alle Embryonen in die Gebärmutter, erhöht sich die Wahrscheinlichkeit auf eine Mehrlingsgeburt.

4 Homosexuelles Paar mit Adoptivkind

„Da kann jetzt nur noch eine Stammzelltherapie helfen", liest Alex in einer Schlagzeile. Daneben sieht er das Bild eines kranken Mädchens, das an Blutkrebs leidet.
Aber was sind Stammzellen eigentlich? Besitzt jeder Stammzellen? Und wie können sie bei Krankheiten helfen?

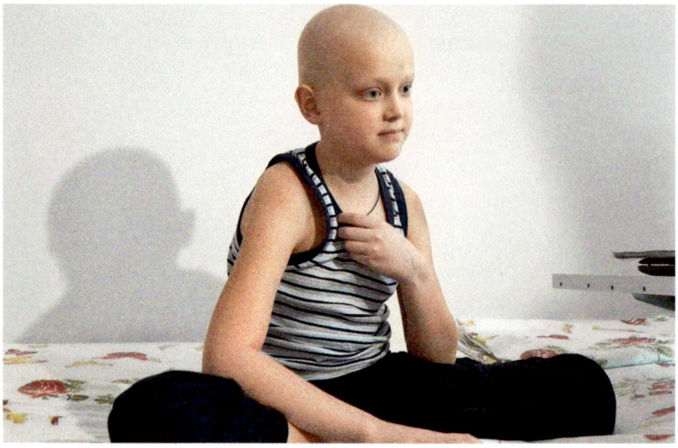

1 Letzte Hoffnung: Stammzelltherapie?

Stammzellen und ihre Vermehrung

Stammzellen sind vielseitig

Unser Körper ist aus den Zellen des Embryos entstanden. Die ersten Zellen des Blasenkeims konnten sich in alle Körperzellen differenzieren, sie waren Alleskönner. Erst ab einem bestimmten Stadium des Embryos wird festgelegt, zu welchem Zelltyp eine Zelle wird. Die Alleskönner des Embryos werden **embryonale Stammzellen** genannt. Auch wenn unser Körper ausgewachsen ist, muss er an vielen Stellen Zellen erneuern. Blutzellen müssen beispielsweise stets neu im Knochenmark gebildet werden. Damit dies geschehen kann, besitzt auch der erwachsene Organismus noch Stammzellen. Man nennt sie **adulte Stammzellen** (engl. adult = erwachsen). Sie sind keine Alleskönner mehr, können sich aber zu einem bestimmten Zelltyp entwickeln.

Hilfe durch Stammzellen?

Die Ärzte haben die Hoffnung, dass sie zukünftig vielen Menschen, die an einer bislang unheilbaren Krankheit leiden, mit einer **Stammzelltherapie** helfen können. → 1 Bestimmte Blutkrebsarten werden schon heute mit adulten Stammzellen aus dem Knochenmark eines gesunden Knochenmarkspenders bekämpft. Die kranken Stammzellen werden bei der **Knochenmarktransplantation** durch gesunde blutbildende Stammzellen ersetzt. → 2 Da die adulten Stammzellen keine Alleskönner sind, setzen viele Forscher Hoffnung auf die embryonalen Stammzellen.

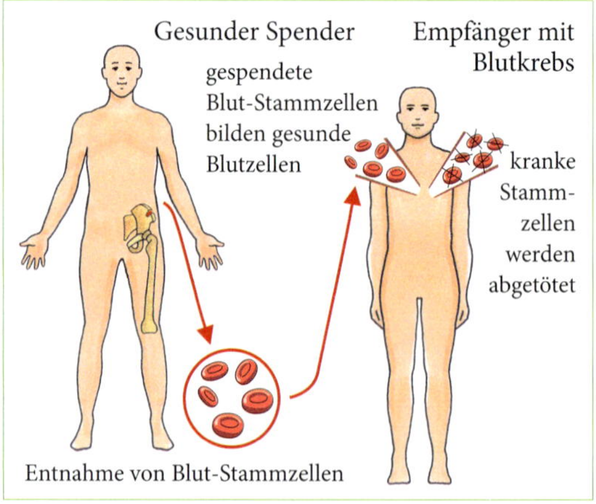

2 Knochenmarktransplantation

adulte Stammzellen

embryonale Stammzellen

Knochenmark-transplantation

Stammzelltherapie

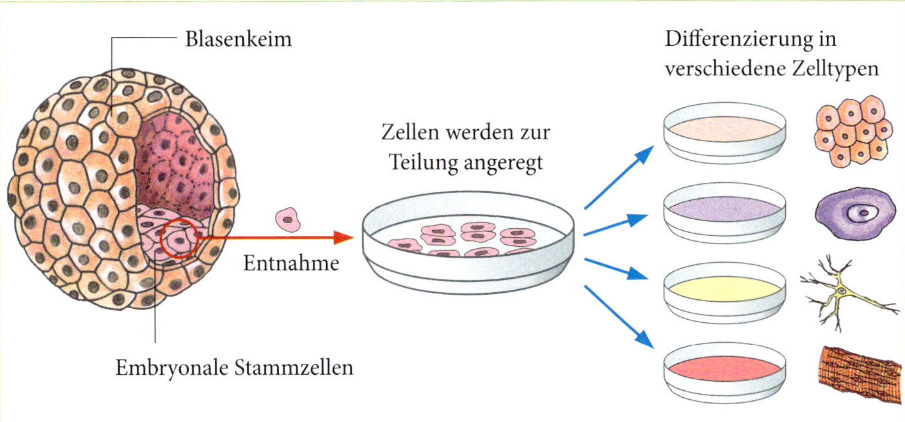

3 Gewinnung embryonaler Stammzellen

Vermehrung von Stammzellen

Für eine Stammzelltherapie benötigt man sehr viele Stammzellen. Zur Vermehrung von adulten Stammzellen wird Gewebe des Knochenmarks entnommen. Die Stammzellen können über ein spezielles Verfahren zur Teilung angeregt und so vermehrt werden. Zur Gewinnung und Vermehrung embryonaler Stammzellen benötigt man einen Embryo. Dieser muss durch künstliche Befruchtung erzeugt werden. Hat der Embryo das Achtzellstadium erreicht, werden die Zellen voneinander getrennt und über ein bestimmtes Verfahren zur Teilung und zur Differenzierung angeregt. → 3 Dieses Verfahren ist in Deutschland gesetzlich verboten, da der ursprüngliche Embryo dabei zerstört wird. Forscher dürfen jedoch zur Erforschung von Krankheiten mit Zellen von Embryonen arbeiten, die vor dem Jahr 2007 erzeugt wurden. Zur Therapie werden diese Zellen jedoch nicht eingesetzt.

Stammzellen – heiß diskutiert

Bei der Stammzelltherapie sind noch viele Fragen offen. Viele Menschen sind aus ethischen Gründen gegen die Forschung mit embryonalen Stammzellen. Daher suchen die Forscher aktuell nach Methoden, um adulte Stammzellen ebenfalls zu Alleskönnern zu machen. Sie hoffen, dass dadurch in Zukunft auf die Nutzung embryonaler Stammzellen verzichtet werden kann.

Merk dir! Stammzellen können sich zu anderen Zelltypen differenzieren. Die Gewinnung und Nutzung embryonaler Stammzellen ist mit ethischen Problemen verbunden.

Arbeitsaufträge

1. Beschreibe die Abläufe in Abbildung 3 in einem Text.

2. Sucht im Internet und in Zeitungen nach Artikeln, die mit Stammzellen zu tun haben.

a Ordnet die Artikel danach, ob sie fachliche Informationen zum Thema Stammzellen geben oder ob sie die Meinung des Lesers beeinflussen sollen.

b Notiert, welche Probleme mit der Stammzelltherapie verbunden sind.

Forscher hoffen, dass zukünftig mithilfe von embryonalen Stammzellen schwere Krankheiten geheilt werden können. „Das ist doch gut", meint Jakob. „Warum sind so viele Menschen gegen die Stammzellforschung?" „Vor unserem Gesetz ist der Embryo ab der Befruchtung ein Mensch. Überleg mal, was es bedeutet, wenn man ihn für die Forschung einsetzt", meint Lena.

1 Nur Zellen oder schon ein Mensch?

Embryonenschutz

Wann wird man zum Menschen?

Ab wann würdest du den menschlichen Embryo als Menschen bezeichnen? → 1 Diese Frage wird in verschiedenen Ländern unterschiedlich beantwortet. Die Einstellung zur Menschwerdung hängt zu einem großen Teil von der religiösen und ethischen Grundeinstellung ab. In christlich beeinflussten Ländern wird der Embryo sehr früh als Mensch angesehen: Ein Mensch entsteht dann, wenn der Kern der Eizelle mit dem Kern der Spermienzelle verschmilzt. Diese Grundhaltung findet sich auch in den deutschen Gesetzen wieder. → 2

Das **Embryonenschutzgesetz** folgt dabei unserem höchsten Gesetz, dem Grundgesetz. In Artikel 1 des Grundgesetzes steht, dass die Würde des Menschen unantastbar ist und dass jedem Menschen die Bewahrung der Menschenrechte zusteht. Erkennt man die befruchtete Eizelle bereits als einen Menschen an, muss sie den gleichen Schutz wie ein ausgewachsener Mensch erhalten.

Überzählige Embryonen

Bei der künstlichen Befruchtung werden mehrere Eizellen befruchtet. Nicht alle Embryonen können in die Gebärmutter über-

Gesetz zum Schutz von Embryonen (Embryonenschutzgesetz – ESchG) Ausfertigungsdatum: 13. 12. 1990

§ 2 Mißbräuchliche Verwendung menschlicher Embryonen

(1) Wer einen extrakorporal[1] erzeugten oder einer Frau vor Abschluß seiner Einnistung in der Gebärmutter entnommenen menschlichen Embryo veräußert oder zu einem nicht seiner Erhaltung dienenden Zweck abgibt, erwirbt oder verwendet, wird mit Freiheitsstrafe bis zu drei Jahren oder mit Geldstrafe bestraft.

§ 3 Verbotene Geschlechtswahl

Wer es unternimmt, eine menschliche Eizelle mit einer Samenzelle künstlich zu befruchten, die nach dem in ihr enthaltenen Geschlechtschromosom ausgewählt worden ist, wird mit Freiheitsstrafe bis zu einem Jahr oder mit Geldstrafe bestraft.

§ 8 Begriffsbestimmung

(1) Als Embryo im Sinne dieses Gesetzes gilt bereits die befruchtete, entwicklungsfähige menschliche Eizelle vom Zeitpunkt der Kernverschmelzung an, ferner jede einem Embryo entnommene totipotente Zelle[2], die sich bei Vorliegen der dafür erforderlichen weiteren Voraussetzungen zu teilen und zu einem Individuum zu entwickeln vermag.

2 Auszüge aus dem Embryonenschutzgesetz; [1](= außerhalb des Mutterleibs) [2](= Alleskönner-Zelle)

Embryonenschutzgesetz

ethische Debatte

Präimplantationsdiagnostik (PID)

3 Kind nach Wunschvorstellungen?

tragen werden. Die überzähligen Embryonen werden in einigen anderen Ländern verworfen oder zur Forschung verwendet. In Deutschland ist dies verboten.

Recht auf ein gesundes Kind?

Bei der künstlichen Befruchtung können mit der **Präimplantationsdiagnostik (PID)** Schäden in der Erbanlage des Embryos festgestellt werden, bevor er in die Gebärmutter eingebracht wird. Damit können die Eltern sicherer sein, dass ihr Kind an keiner Erbkrankheit leiden wird. Bislang wurde in Deutschland aus dem Embryonenschutzgesetz abgeleitet, dass die PID zur „missbräuchlichen Verwendung menschlicher Embryonen“ gehört, weil damit Embryonen ausgewählt und andere verworfen werden. Befürworter der PID sagen jedoch, dass jedes Paar, das Kinder haben möchte, das Recht auf gesunde Kinder haben sollte. Gegner argumentieren unter anderem damit, dass mit der PID die Möglichkeit eröffnet wird, sich ein perfektes Kind mit Wunschmerkmalen auszusuchen. → 3 Zum Thema PID wird in vielen Ländern eine **ethische Debatte** geführt, bei der die Argumente der Befürworter und Gegner abgewogen werden.

Schwangerschaftsabbruch

Wenn eine Frau Zweifel hat, ob sie das Kind tatsächlich haben möchte, muss sie sich in einer Beratungsstelle fachkundig beraten lassen. Erst danach kann sie einen Schwangerschaftsabbruch in den ersten drei Monaten vornehmen lassen. Gilt hier das Embryonenschutzgesetz nicht mehr? An dieser Stelle wird das Recht auf Selbstbestimmung der Frau höher angesehen als die Unversehrtheit des nicht geborenen Embryos.

→ Merk dir! Bei Verschmelzung der Kerne von Eizelle und Spermienzelle entsteht nach deutschem Recht menschliches Leben. Es wird nach dem Embryonenschutzgesetz geschützt.

Arbeitsaufträge

1. Erstellt in der Klasse ein Mindmap zum Thema Embryonenschutz.
2. Sucht in der Klasse nach Argumenten zum Für und Wider der Präimplantationsdiagnostik (PID). Listet die Argumente in einer Tabelle auf.

Diskussion Embryonenschutz

1. Wann beginnt menschliches Leben?

Es gibt unterschiedliche Meinungen dazu, wann menschliches Leben beginnt. Ab wann ist das neu entstandene Leben schutzwürdig? Auch dazu sind die Meinungen unterschiedlich. → 1

Christentum: Der Mensch entsteht mit der Verschmelzung der Kerne von Ei- und Spermienzelle.

Islam: Der Fetus erlangt mit der „Beseelung" am 40. Tag einen moralischen Status als Mensch.

Judentum: Der Fetus wird mit dem 40. Tag „beseelt", besitzt jedoch im Mutterleib schon davor einen schützenswerten Status. Außerhalb des Uterus, also bei einer IVF, kommt ihm kein moralischer Status als Mensch zu.

1 Positionen dreier großer Weltreligionen

Ihr braucht: Plakatpapier.

Startet an der Schule eine Umfrage zu den Fragen:
Wann beginnt für dich menschliches Leben?
Die Würde des Menschen ist unantastbar – gilt das auch schon für einen Embryo?

a Ordnet die Antworten auf Plakatpapier und vergleicht sie mit Meinungen, die ihr im Internet findet (www.zellux.net).

Diskutiert in eurer Klasse die Aussagen in Abbildung 2.

Auch wenn der Embryo noch ein Zellhaufen ist, so kann er doch ein Mensch werden. Dem Embryo steht die gleiche Wertschätzung wie einem Menschen zu.

Selbst als ich nur aus zwei Zellen bestand, war ich es. Aber: Wie wäre es, wenn ich einen eineiigen Zwillingsbruder hätte?

2 Welchen Wert besitzt ein Embryo?

b Findet heraus, wie die Gesetze zum Embryonenschutz in anderen Ländern (z. B. USA, Israel) sind. Nutzt wieder Plakatpapier.

c Entscheidet, ob es eine eindeutige Antwort auf die Frage zum Beginn menschlichen Lebens gibt.

Macht eine Ausstellung in der Schule zum Thema „Wann beginnt menschliches Leben?".

2. Sollte man Forschung mit embryonalen Stammzellen erlauben?

Lies das folgende Fallbeispiel:

Alexandra ist 15 Jahre alt. Vor einem Jahr hatte sie einen schweren Unfall beim Mountainbiking und ist seitdem querschnittgelähmt. → 4 Die einzige Hoffnung von Alexandra, wieder laufen zu können, ist die Therapie mit embryonalen Stammzellen. Die Ärzte hoffen, dass mit dieser Therapie Menschen mit Querschnittlähmung wieder laufen können. Für die Stammzelltherapie werden jedoch Embryonen „verbraucht". Man könnte hier überzählige Embryonen aus der künstlichen Befruchtung verwenden. In Deutschland ist es jedoch verboten, diese Embryonen zur Gewinnung von embryonalen Stammzellen zu nutzen. Alexandras Eltern wollen für eine Lockerung dieser Gesetzgebung kämpfen, damit die Forschung an embryonalen Stammzellen in Deutschland nicht behindert wird.

3 Fallbeispiel

Stimmt in der Klasse ab, wer für oder gegen die Forschung mit embryonalen Stammzellen ist.

a Nenne die Entscheidungsmöglichkeiten in dem Fall „Alexandra". Notiere, welche Folgen die jeweiligen Entscheidungen hätten.

Bildet Vierergruppen. Zwei Schüler spielen Alexandras Eltern. Die beiden anderen Schüler argumentieren gegen die Stammzellforschung.

Beendet das Rollenspiel nach 10 Minuten. Tauscht euch über eure Rollen aus: Wie leicht ist dir deine Rolle gefallen? Entsprach deine Rolle deiner Haltung zur Stammzelltherapie mit embryonalen Stammzellen?

b Begründe deine Haltung.

4 Alexandra ist querschnittgelähmt.

3. Wie stehst du zur PID?

Bei der PID treffen Argumente zum absoluten Embryonenschutz und zur Ermöglichung eines bestmöglichen Starts in ein gesundes Leben aufeinander.

Ihr braucht: Plakatpapier.

Bildet Gruppen von drei bis fünf Schülern.

a Haltet schriftlich fest, was ihr über PID wisst. Schreibt offene Fragen auf. Informiert euch über die genaue Durchführung der PID.

Diskutiert in der Gruppe eine der vier Aussagen zur PID. → 5 Zwei Aussagen befürworten die PID, zwei Aussagen lehnen die PID ab. Diskutiert 20 Minuten in eurer Gruppe über die Aussage.

b Haltet die Argumente aus eurer Diskussion auf dem Plakat fest und heftet es an die Wand.

Lest das Plakat einer Gruppe, die eine andere Haltung zur PID vertritt.

c Diskutiert über die Argumente und ergänzt sie eventuell.

d Begründe, welche persönliche Haltung du zur PID hast.

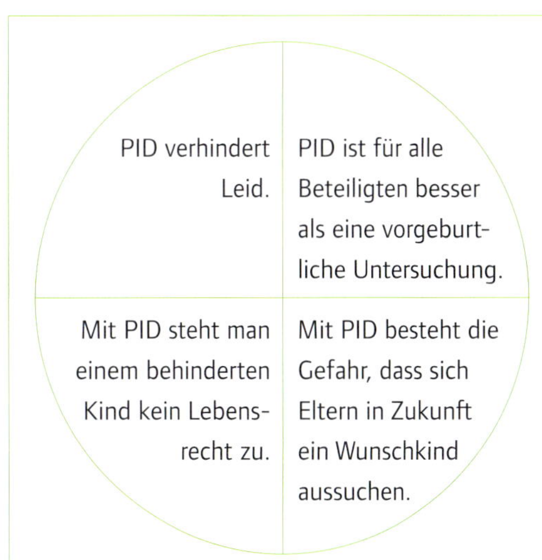

5 Aussagen zur PID

Die Werbung verspricht ewige Jugend. Kosmetische Produkte verdecken die äußeren Spuren, Vitaminkapseln und andere Präparate sollen Gehirn, Gelenke und Herz fit halten. Aber wirklich aufhalten lässt sich das Altern nicht. Warum altern wir?

1 Altern ist ein natürlicher Prozess

Was passiert beim Altern?

Wie alt werden wir?

Die Menschen werden immer älter. Die **Lebenserwartung** ist deutlich gestiegen. → 2 Um 1750 wurde ein Mensch etwa 30 Jahre alt, heute sind 80 Jahre keine Seltenheit. Hochwertige Nahrung, eine gute medizinische Versorgung und Hygiene ermöglichen uns heute eine längere Lebensdauer. Das führt aber auch zu neuen Krankheiten und Alterserscheinungen, die man früher nicht kannte.

Jahr	Lebenserwartung
1750	30
1859	37
1900	45
1950	65
1975	72
1997	72 (Männer)
	79 (Frauen)
2006	77 (Männer)
	82 (Frauen)

2 Mittlere Lebenserwartung des Menschen ab Geburt

Warum wir altern

Die Altersforschung untersucht verschiedene Aspekte des Alterns. Sogenannte **freie Radikale**, das sind negativ geladene Sauerstoffmoleküle, die im Körper bei allen Stoffwechselvorgängen entstehen, schädigen die Zellen. Man weiß heute auch, dass Zellen sich nicht unbegrenzt teilen können. Fehler, die bei der Umsetzung der Erbinformation und im Zellaufbau entstehen, können durch körpereigene Reparaturgene korrigiert werden. Altern diese Gene, so nimmt die Zahl der Zellen zu, die ihre Aufgaben nicht mehr fehlerfrei erfüllen können. Die Anhäufung solcher Fehler kann als Altern bezeichnet werden.

Wechseljahre

Frauen spüren das Altern sehr deutlich. Um das 47. Lebensjahr beginnen die **Wechseljahre.** → 3 Die Produktion des Hormons Östrogen lässt nach. Die noch vorhandenen Eizellen reifen nicht mehr heran. Der bis dahin monatliche Eisprung und damit auch die Regelblutung finden zunächst nur unregelmäßig statt, bis sie ganz aufhören. Man

Arterienverkalkung
Arthrose
freie Radikale
Lebenserwartung
Menopause
Todesursachen
Wechseljahre

3 Die Wechseljahre bedeuten Veränderungen.

4 Im Alter ist die Beweglichkeit oft eingeschränkt.

spricht von der **Menopause**. Die fruchtbare Phase im Leben einer Frau ist beendet. Das fehlende Östrogen hat Folgen für den ganzen Körper. So wird manchmal die Knochensubstanz abgebaut, der Knochen wird brüchig. Neben dieser sogenannten Osteoporose sind auch psychische Symptome nicht selten. Auch bei Männern verringert sich die Hormonproduktion. Sie spüren dies aber nicht so deutlich.

Anzeichen des Alterns

Mit zunehmendem Alter nimmt die körperliche Leistungsfähigkeit ab. → 4 Durch den Verschleiß der Gelenke sinkt die Beweglichkeit (**Arthrose**), die Alterungsprozesse in den Gefäßen führen zu Kreislaufbeschwerden und Herzerkrankungen (**Arterienverkalkung**) und das Nachlassen der Elastizität der Linse bewirkt die typische Altersweitsichtigkeit.

Am Ende steht der Tod

Sind die Schädigungen von Zellen und Organen zu groß geworden, stirbt der Mensch. Oft gehen verschiedene Erkrankungen dem Tod voran. Früher starben die meisten Menschen an Infektionen. In Deutschland stehen Herz-Kreislauf-Erkrankungen, gefolgt von Krebserkrankungen, ganz oben auf der Liste der **Todesursachen**. In vielen Ländern sind nach wie vor die Infektionskrankheiten Todesursache Nummer eins.

Merk dir! Die Lebenserwartung eines Menschen ist im Laufe der letzten Jahrhunderte stark gestiegen. Die körperliche Leistungsfähigkeit sinkt mit zunehmendem Alter, lässt sich aber durch konsequentes Training länger erhalten. Das Altern hat verschiedene Ursachen. Bei zu vielen Schädigungen tritt der Tod ein.

Arbeitsaufträge

1. Informiere dich über die Lebensbedingungen und die Lebenserwartung in früheren Jahrhunderten.
2. Beschreibe, was während der Wechseljahre im Körper einer Frau passiert.
3. Informiere dich über verschiedene Todesursachen und deren Häufigkeit.

Stationen eines Lebens

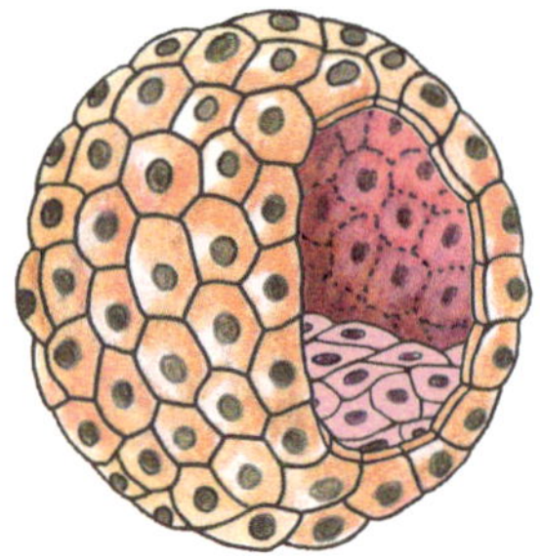

Ein Blasenkeim ist das Stadium des Embryos, welches sich in der Gebärmutter einnistet. Die zukünftigen Aufgaben der Zellen des Embryos sind vorprogrammiert.
(Siehe Seite 132.)

Bei der Mitose trennen sich die Zwei-Chromatid-Chromosomen voneinander. Die bei der Zellteilung neu entstandenen Zellen enthalten die gleiche Anzahl an Chromosomen wie die ursprüngliche Zelle.
(Siehe Seite 135.)

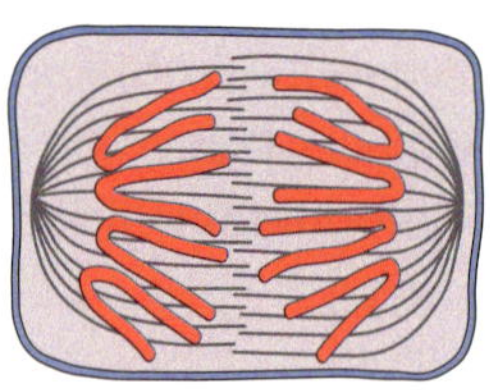

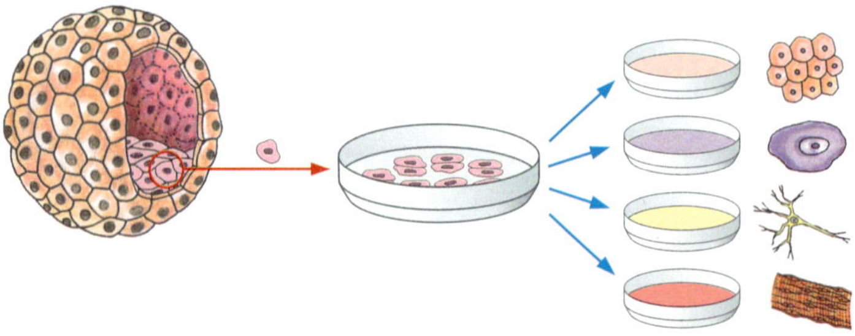

Es gibt adulte und embryonale Stammzellen. Die adulten Stammzellen werden bei der Stammzelltherapie eingesetzt.
(Siehe Seite 138.)

Nach Verschmelzung der Kerne von Eizelle und Spermienzelle entsteht nach deutschem Recht menschliches Leben. Es wird durch das Embryonenschutzgesetz geschützt. (Siehe Seite 140.)

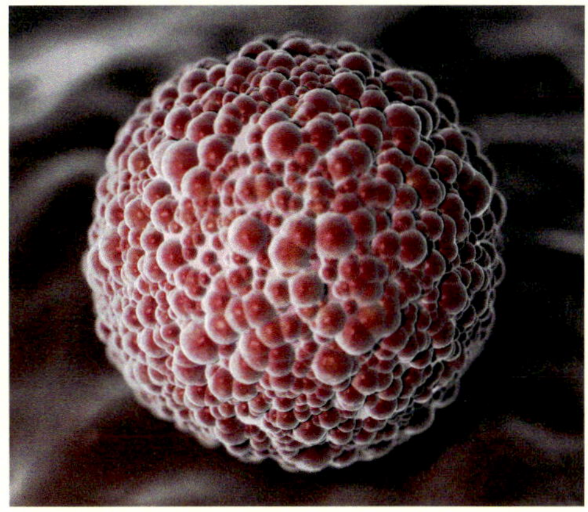

Stammzellforschung, PID und künstliche Befruchtung sind Themen, zu denen es unterschiedliche Meinungen gibt. Im Mittelpunkt der ethischen Debatte steht der Embryonenschutz.
(Siehe Seite 142.)

Unsere Lebenserwartung ist in den letzten Jahrhunderten deutlich gestiegen. Mit geeignetem Training kann man gegen einige Alterserscheinungen etwas tun. Der Mensch stirbt, wenn Teile des Körpers durch Erkrankungen oder Alterungsprozesse zu stark geschädigt sind und ihre Funktion nicht mehr aufrechterhalten werden kann. (Siehe Seite 144.)

1. Der Blasenkeim nistet sich bei der Schwangerschaft einer Frau etwa am dritten Tag nach der Befruchtung in der Gebärmutterschleimhaut ein.

a Beschrifte den Blasenkeim. → 1 Trage dazu die Ziffern in dein Heft.

b Aus den mit Ziffer 1 benannten Zellen entwickelt sich ein spezielles Gewebe. Nenne seinen Namen und seine Aufgabe während der Schwangerschaft.

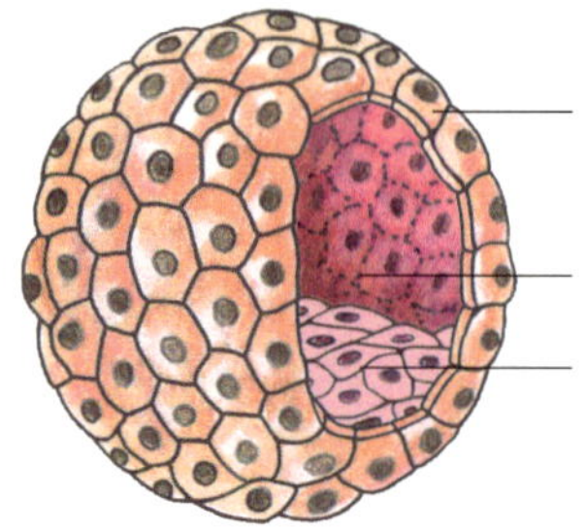

1 Blasenkeim

2. Bei der Mitose entstehen aus einer Zelle zwei neue Zellen.

a Erkläre, was vor der Zellteilung ablaufen muss, damit sich jede neue Zelle erneut teilen kann.

b Begründe, ob es bei Pflanzen ebenfalls den Vorgang der Mitose gibt.

3. Stammzellen sind vielseitig.

a Vergleiche in einer Tabelle embryonale mit adulten Stammzellen zu den Aspekten: Ort der Entstehung, Vielseitigkeit, Gewinnung, Therapiemöglichkeiten, ethische Probleme.

b Beschreibe, wie eine Knochenmarktransplantation durchgeführt wird. → 2

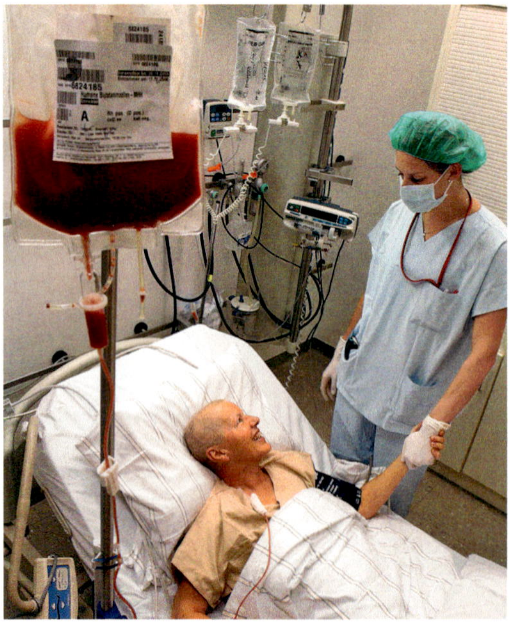

2 Patient erhält Stammzellen

4. Der Embryo im Mutterleib hat Anspruch auf Unversehrtheit.

a Nenne das Gesetz, das in Deutschland die Unversehrtheit des Embryos regelt.

b Nenne den Zeitpunkt, ab dem nach deutschem Recht menschliches Leben beginnt.

c Ein Wissenschaftler, der mit embryonalen Stammzellen forschen möchte, muss mit Schwierigkeiten rechnen. → 3 Nenne das Hauptproblem und erläutere seine Ursachen.

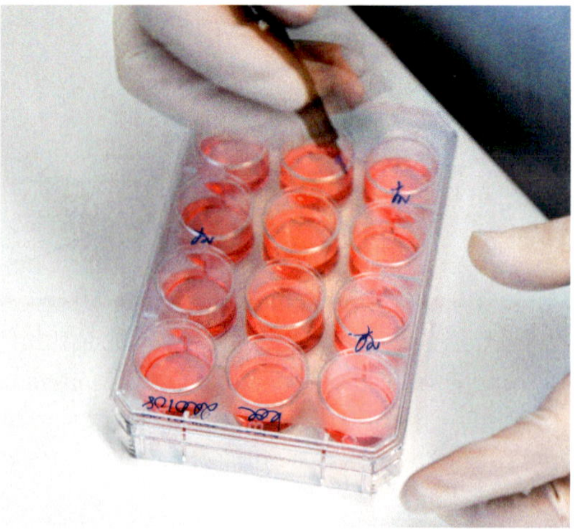

3 Forschung an embryonalen Stammzellen

5. Nenne die wichtigsten Ursachen für die seit 1750 gestiegene Lebenserwartung. → **4**

Jahr	Lebenserwartung
1750	30
1859	37
1900	45
1950	65
1975	72
1997	72 (Männer)
	79 (Frauen)
2006	77 (Männer)
	82 (Frauen)

4 Mittlere Lebenserwartung des Menschen ab Geburt

6. Beschreibe die körperlichen Veränderungen, mit denen viele ältere Menschen zu kämpfen haben. → **5**

5 Im Alter ist die Beweglichkeit oft eingeschränkt.

Ordne deiner Lösung im Heft ein Smiley zu:

☺ Ich habe die Aufgabe richtig lösen können.

😐 Ich habe die Aufgabe nicht komplett lösen können.

☹ Ich habe die Aufgabe nicht lösen können.

Aufgabe	Fähigkeit	Hilfe findest du auf Seite …
1	Ich kenne den Aufbau des Blasenkeims und seine Entwicklung während der Schwangerschaft.	132
2	Ich kann den Vorgang der Mitose beschreiben und weiß, dass er eine wichtige Aufgabe beim Wachstum von Lebewesen hat.	134
3	Ich kenne den Unterschied zwischen adulten und embryonalen Stammzellen und kann die Knochenmarktransplantation beschreiben.	138
4	Ich kenne die rechtliche Lage zum Embryonenschutz in Deutschland und kann ethische Probleme nennen.	140, 142
5	Ich kann erklären, welche Ursachen der gestiegenen Lebenserwartung zugrunde liegen.	144
6	Ich kann die Anzeichen des Alterns benennen.	145

Gesundheit und Krankheit

Erkältungen gehören zum Winter wie Eis und Schnee. Mancher fühlt sich bei einer Erkältung richtig krank und bleibt im Bett, andere fühlen sich bloß ein bisschen unwohl. Aber nach einigen Tagen ist die Krankheit in der Regel vorüber. Was macht uns krank? Wie werden wir wieder gesund?

1 Was sind Infektionskrankheiten und wodurch werden sie hervorgerufen? (Siehe Seite 152–161.)

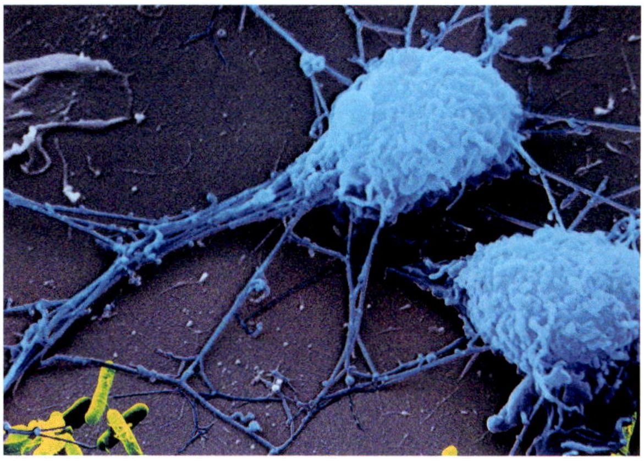

2 Wie setzt sich der Körper gegen Krankheitserreger zur Wehr? (Siehe Seite 162.)

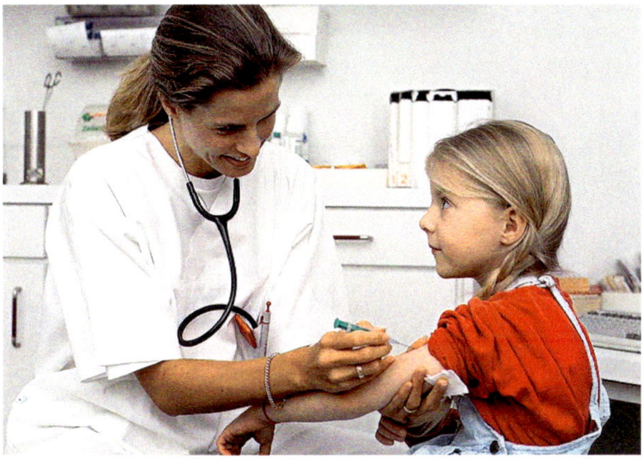

3 Was passiert bei einer Impfung genau und warum sind Impfungen so wichtig? (Siehe Seite 164–167.)

4 Was ist eigentlich Gesundheit und was kann ich dafür tun? (Siehe Seite 172–177.)

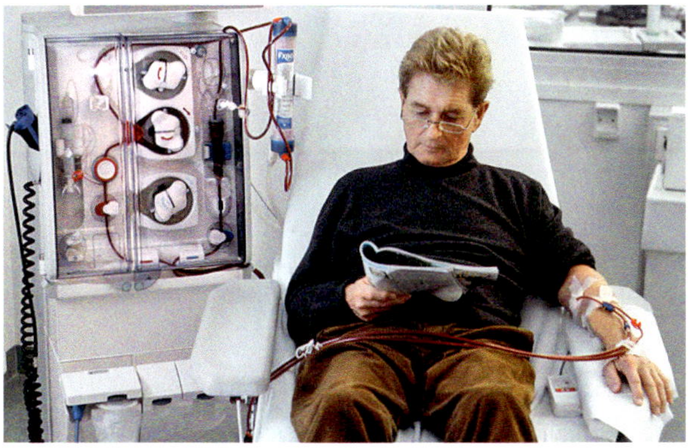

5 Welche Aufgaben hat die Niere? Was passiert wenn sie plötzlich nicht mehr funktioniert? (Siehe Seite 178.)

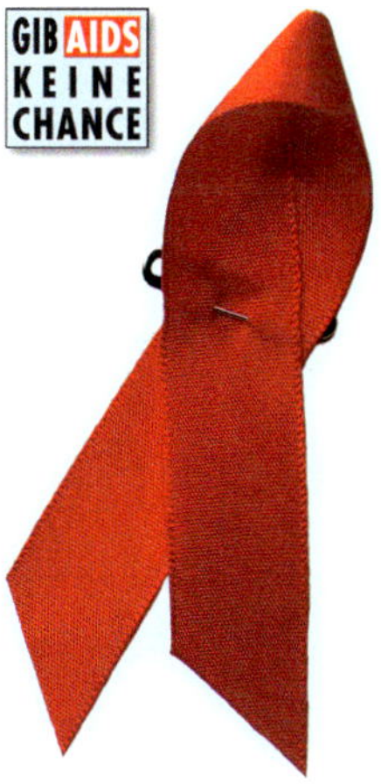

6 Das habe ich schon oft gesehen. Doch was ist Aids eigentlich? (Siehe Seite 184.)

Jakob fühlt sich ganz schwach und hat Fieber. Es ist kaum zu glauben, dass die winzigen Grippeviren ihn innerhalb weniger Tage so schwer krank gemacht haben.
Wie geht es mit seiner Krankheit weiter?

1 Mit Grippe fühlt man sich elend.

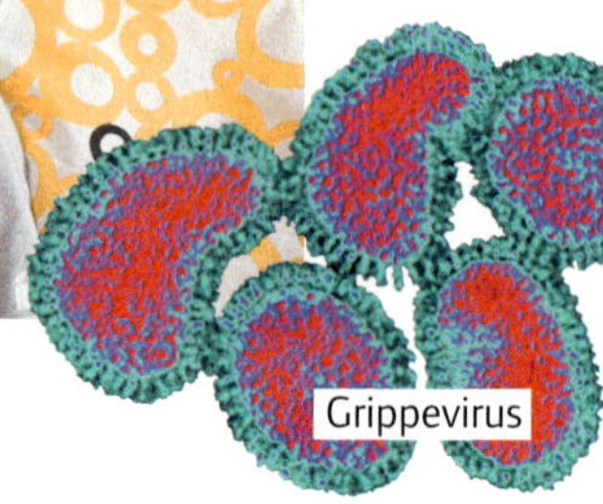

Wenn es einen „erwischt" hat!

Die Vorgeschichte

Am Freitag hat Jakob seinen grippekranken Freund Max besucht, dem es schon wieder besser ging. Aber immer wieder muss Max niesen und sich schnäuzen. Bis Sonntagabend fühlt sich Jakob pudelwohl. In der Nacht aber wacht er mehrfach auf, weil es ihm im Bett kalt ist. Am Morgen fühlt er sich matt. Er bekommt Schüttelfrost. Die Mutter bringt das Fieberthermometer: 39,5 °C. Jakob fühlt sich immer elender, hat Kopf- und Gliederschmerzen und will nur noch schlafen. Jakob hat sich bei Max angesteckt.

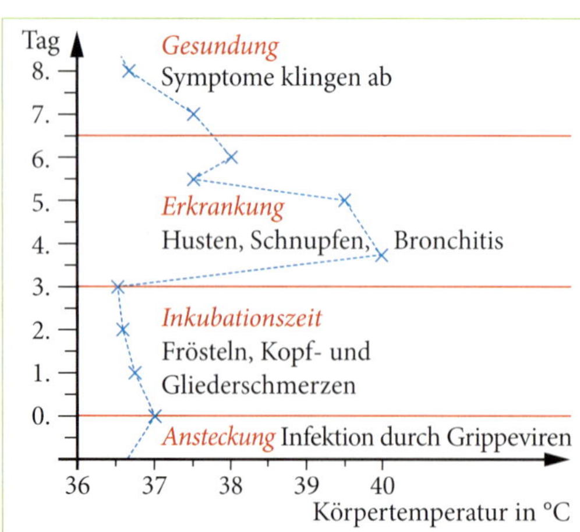

2 Fieberkurve eines Grippekranken

Die Fieberkurve

An den ersten 2 bis 3 Tagen nach der Ansteckung ist die Körpertemperatur gleichbleibend normal bei knapp 37 °C. Dann aber steigt sie sprunghaft an auf fast 40 °C. → 2 Die nächsten 4 bis 7 Tage fühlt man sich richtig krank. Nach einigen Tagen sinkt das Fieber, steigt zwischendurch aber wieder an. Nochmals einige Tage später ist die Körpertemperatur wieder normal, die Krankheitsanzeichen gehen zurück.

Der Verlauf der Grippeerkrankung

Die Erreger der **Grippe** gelangen über Speicheltröpfchen beim Niesen oder Husten von einem Menschen auf den anderen. → 3 Sie dringen in unseren Körper ein und befallen lebende Zellen. Sie veranlassen die Zellen des Menschen, immer mehr Erreger zu bilden. Einige Tage nach der Ansteckung beginnt die Grippe mit Müdigkeit und Erschöpfung, Fieber und Schüttelfrost sowie Halsschmerzen und Husten. Nach mehr als einer Woche schafft es der Körper, die Vermehrung der Krankheitserreger zu stoppen und sie zu vernichten. Jetzt beginnt die Gesundung, die Krankheitsanzeichen klingen langsam ab. Gefährlich ist die Grippe wegen

Grippe
Infektion
Influenza
Inkubationszeit
Symptome
Viren

3 Speicheltröpfchen beim Niesen

4 Menschen mit Mundschutz

der häufigen Folgeerkrankungen: Lungen-, Mittelohr- und Nasennebenhöhlenentzündung. Besonders gefährdet sind Menschen mit Herz- und Kreislaufschäden, Asthma sowie Personen, die über 60 Jahre alt sind.

Eine Infektionskrankheit

Jakobs Mutter hat gleich nach Ausbruch der Krankheit den Arzt gerufen, der den Jungen eingehend untersucht. Der Arzt erklärt, was geschehen ist. Ursache der Grippe sind **Viren**. → 1 Viren sind etwa 1000-mal kleiner als Bakterien und damit die kleinsten Krankheitserreger überhaupt. Die Krankheit nennt der Arzt **Influenza**. An dieser Krankheit sterben jedes Jahr viele Tausend Menschen in Deutschland. Statt von Ansteckung spricht der Arzt von einer **Infektion**. Die Zeit zwischen Ansteckung und Ausbruch der Krankheit heißt **Inkubationszeit**. Die typischen körperlichen Anzeichen einer Infektionskrankheit sind die **Symptome**. Bevor der Arzt wieder geht, wünscht er Jakob baldige Genesung. „Hoffentlich ist es beim nächsten Mal nur ein grippaler Infekt. Das ist meist eine harmlose Erkältung, die wir im Winter immer wieder einmal bekommen.“ Die Viren, die diese harmlose Form der Erkältung hervorrufen, kann unser Körper leichter bekämpfen.

→ Merk dir! Grippe ist eine ansteckende Krankheit. Sie verläuft in folgenden Abschnitten: Ansteckung, Inkubationszeit, Erkrankung mit typischen Kennzeichen und schließlich meist Gesundung.

Arbeitsaufträge

1. Begründe, warum man sich beim Niesen und Husten immer eine Hand vor den Mund halten soll?
  - **a** Erkläre, warum bei großen Menschenansammlungen die Gefahr einer Infektion besonders groß ist?
  - **b** Kannst du dir denken, warum die Menschen auf Abbildung 4 einen Mundschutz tragen?

2. Beurteile, ob ein Mensch, der sich gesund fühlt, dennoch einen anderen Menschen anstecken kann.

3. Erstelle einen Steckbrief über die Grippe. Mache Vorschläge, wie du dich vor einer Grippeinfektion schützen kannst.

4. Warum hilft bei der Grippe kein Antibiotikum? Befrage dazu einen Arzt oder Apotheker.

Was sind Infektionskrankheiten? Wodurch werden sie hervorgerufen? Und wie entwickeln sie sich in unserem Körper?

1 Wie gelangen Krankheitserreger in unseren Körper?

Was Infektionskrankheiten hervorruft

Infektionskrankheiten

Mikroskopisch kleine Erreger können mit der Atemluft, der Nahrung, durch direkte Körperkontakte oder durch Insektenstiche in unseren Körper eindringen. Wenn sie sich im Körper ansiedeln und vermehren, spricht man von einer **Infektionskrankheit**. Da solche Krankheiten von Mensch zu Mensch übertragen werden können, heißen sie auch ansteckende oder übertragbare Krankheiten.

Bakterien

Im Lichtmikroskop kann man Bakterien gerade noch erkennen. Es sind einzellige Lebewesen ohne Zellkern. Man kann runde (Kokken) und längliche Formen (Bazillen) unterscheiden. → 2

Viren

Im Lichtmikroskop sind Viren unsichtbar. Sie dringen in lebende Zellen ein und veranlassen diese, neue Viren zu bilden. Grippe, Masern, Röteln, Windpocken und Kinderlähmung sind Viruserkrankungen.

Parasiten

Schmarotzer oder **Parasiten** sind Lebewesen, die vorübergehend oder auch dauernd vom Menschen leben. Sie entnehmen ihm ihre Nahrung und können gefährliche

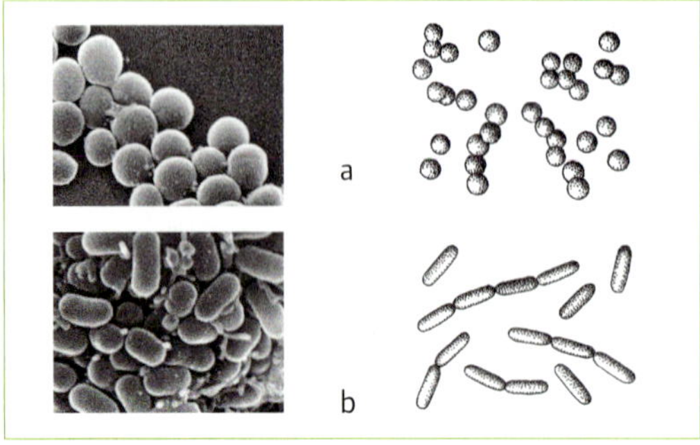

2 Bakterien: a Kokken, b Bazillen

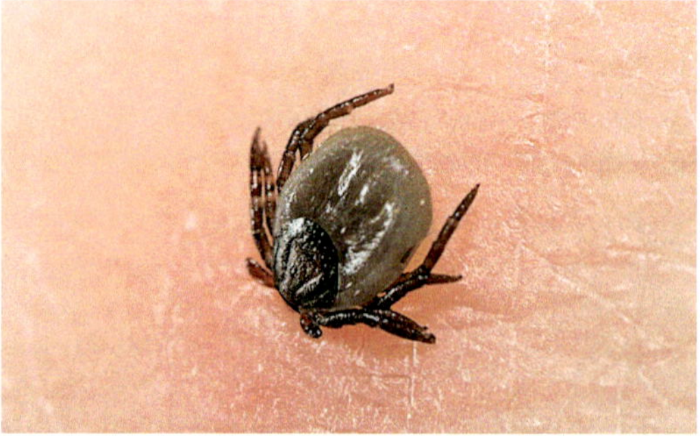

3 Zecke

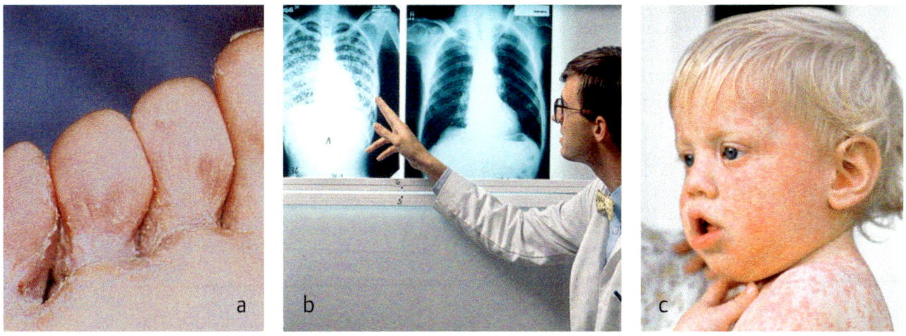

4 Infektionskrankheiten

Krankheiten übertragen. Beispiele dafür sind Flöhe, Läuse, Wanzen, Stechmücken und Zecken. Beim Saugen überträgt die Zecke gefährliche Erreger. → 3 Diese können Lähmungen und Erkrankungen der Gelenke (Borreliose), der Haut und des Herzens sowie Hirnhautentzündung verursachen.

Pilze

Nicht nur im Wald gibt es Pilze. **Pilze** können die Haut des Menschen befallen und dort Erkrankungen hervorrufen. Beim Fußpilz sind Stellen zwischen den Zehen gerötet, jucken und schuppen sich. → 4

Beispiele für Infektionskrankheiten

Tuberkulose: Die Bakterien befallen das Lungengewebe. Infolgedessen treten Fieber, Schwäche und Husten mit blutigem Auswurf auf. Es kann zur Zerstörung des Lungengewebes kommen. → 4 Ohne Behandlung führt die Erkrankung meist zum Tod.

Masern: Masern werden oft als harmlose Kinderkrankheit angesehen. Durch Masern kann es aber auch zu Folgeerkrankungen wie Hirnhaut- oder Mittelohrentzündung kommen. Typisches Krankheitsanzeichen ist der Hautausschlag am ganzen Körper. → 4

Fußpilz: Bläschenbildung zwischen den Zehen, Jucken und Rötung zeigen an, dass ein Hautpilz eingedrungen ist. Er verursacht auch Erkrankungen der Haut, Haare und Nägel.

→ Merk dir! Viele Infektionskrankheiten sind ansteckend. Sie werden durch mikroskopisch kleine Erreger verursacht. Dabei handelt es sich in den meisten Fällen um Bakterien oder Viren.

Arbeitsaufträge

1. Betrachte Abbildung 1 und zeichne ein Bild, auf dem erkennbar ist, über welche Wege Krankheitserreger in den Körper eindringen können.

2. Auf dieser Seite werden drei Infektionskrankheiten vorgestellt.

- **a** Ordne einer Infektionskrankheit jeweils die richtige Abbildung (a, b oder c) zu. → 4
- **b** Benenne jeweils den Erreger.
- **c** Versuche herauszufinden, wie man diese Infektionskrankheiten behandelt.

3. Erkläre, was du machst, wenn du eine Zecke auf deinem Körper findest. Wie wird ein Zeckenbiss behandelt? Wie schützt du dich vor einem Zeckenbiss?

Eine Wunde kann man sich leicht zuziehen, zum Beispiel durch ein Foul beim Fußballspiel. Die in die Wunde eingedrungenen Bakterien werden vom Blut meist schnell unschädlich gemacht. Aber nicht immer ist das ganz sicher.

1 Die abgebildeten Bakterien bringen die Wunde zum Eitern.

Bakterien als Krankheitserreger

Bakterien können schaden

Bakterien kommen in der Luft, im Boden, im Wasser, auf Lebewesen und Gegenständen vor. Einige Bakterien sind Krankheitserreger. Bei Verletzungen der Haut, aber auch mit verunreinigter Nahrung oder über die Atemluft können sie in unseren Körper eindringen. Dann schädigen sie den Körper in zweifacher Weise: Sie zerstören Gewebe und scheiden giftige Stoffe aus.

Blutvergiftung

Wenn sich einige Stunden nach einer Hautverletzung die Umgebung der Wunde rötet und die Wunde zu schmerzen beginnt, dann sind Bakterien eingedrungen. Die Gifte der Bakterien gelangen in das Blut. Eine Wundinfektion kann so für den ganzen Körper gefährlich werden. Höchste Alarmzeichen sind blaurote Streifen auf der Haut und pochende Schmerzen in der Nähe der Verletzung. Das ist ein Zeichen für eine **Blutvergiftung**, die eine sofortige ärztliche Behandlung notwendig macht.

Tetanus

Die Bakterien, die Wundstarrkrampf, auch **Tetanus** genannt, auslösen, können mit Straßenstaub oder Erde in offene Wunden gelangen. Dort geben sie ein Gift ab, das sich über die Nerven ausbreitet. Die Folge sind schmerzhafte Krämpfe in den Muskeln. → 2 Ohne Behandlung kommt es zum qualvollen Tod durch Ersticken. Vor Tetanus schützt eine vorbeugende Impfung.

Salmonellenerkrankung

Jedes Jahr erkranken viele Menschen, weil sie eine mit Bakterien verunreinigte Mahlzeit zu sich genommen haben. Bei diesen Bakterien handelt es sich um **Salmonellen**. Eine Salmonelleninfektion ist die häufigste Form der Lebensmittelvergiftung. Nach dem Verzehr verseuchter Lebensmittel verursachen die Bakterien Erbrechen und schlimme Durchfälle. Weitere für die Krankheit typische Anzeichen sind Schwäche, Mattigkeit und Fieber. Erst nach einigen Tagen lassen die Beschwerden nach.

Antibiotika
Blutvergiftung
Penicillin
Salmonellen
Tetanus

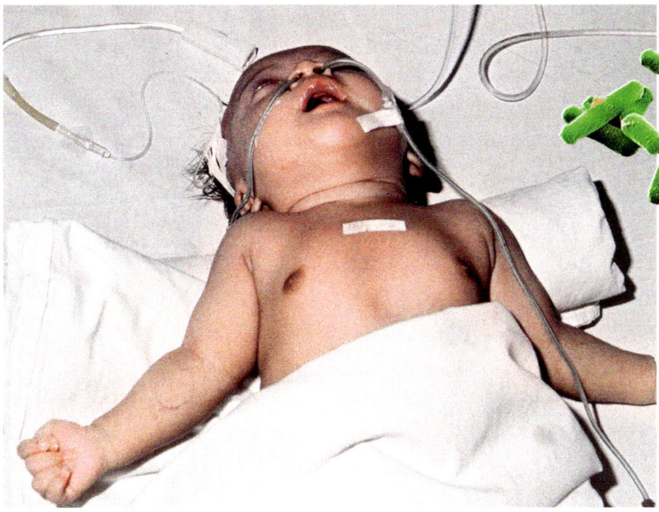

2 Ein Kind ist an Tetanus erkrankt.

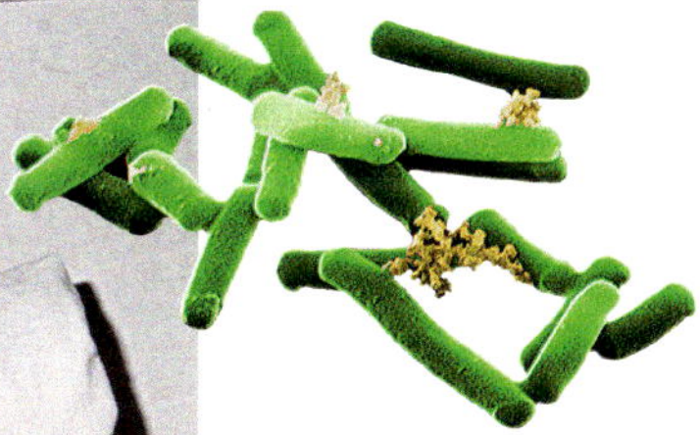

Tetanusbakterien

Mit Antibiotika gegen Bakterien

Meist gelingt es unserem Körper, gegen eingedrungene Bakterien Abwehrstoffe zu entwickeln, mit denen er die Ausbreitung der Bakterien verhindert. Gelingt das nicht, werden Stoffe eingesetzt, die die Bakterien abtöten oder ihre Vermehrung hemmen und die daher als Antibiotika bezeichnet werden (anti: gegen; bios: Leben). Anders als Viren vermehren sich Bakterien durch Zellteilung, zum Beispiel durch Querteilung oder Knospung. Ein bereits 1928 vom schottischen Wissenschaftler Alexander Fleming entdecktes Antibiotikum ist das **Penicillin**. Penicillin behindert bei der Zellteilung der Bakterien die Neubildung der Zellwand. Dadurch strömt Wasser in die Bakterienzelle und lässt diese platzen. Inzwischen hat man weitere, ähnlich wirkende Stoffe gefunden, die schon unzählige Menschenleben gerettet haben.

Merk dir! Krankheiten erregende Bakterien schädigen den Körper durch Zerstörung des Gewebes und durch ihre Gifte. Bei einer durch Bakterien verursachten Krankheit soll man möglichst rasch einen Arzt aufsuchen. Das Wachstum von Bakterien kann mithilfe von Antibiotika gehemmt werden.

Arbeitsaufträge

1. Befrage einen Arzt oder Apotheker, wie du kleine Wunden am besten versorgen kannst. Stellt Erste-Hilfe-Tipps zusammen und hängt sie im Klassenzimmer aus.

2. Erstelle einen Steckbrief zu Tetanus. Beachte dabei die Punkte Krankheitserreger, Symptome, Krankheitsverlauf, Behandlung und Vorbeugung.

3. Recherchiere in der Bibliothek und im Internet zum Thema Antibiotika.
- **a** Stelle genauer dar, was Antibiotika sind und wie sie gewonnen werden.
- **b** Stelle eine Liste von Krankheiten zusammen, die mithilfe von Antibiotika bekämpft werden können.
- **c** Erläutere, was ein Breitbandantibiotikum ist.

Bakterien auf der Spur

Bakterien sind nicht nur Krankheitserreger. Viele von ihnen sind auch nützlich, zum Beispiel bei der Erzeugung von Joghurt und Sauerkraut oder für eine gut funktionierende Verdauung im Darm des Menschen. Besonders wichtig sind sie für den Stoffkreislauf in der Natur, da sie abgestorbenes Material vollständig abbauen.
Im Lichtmikroskop kann man Bakterien gerade noch erkennen. Auf Nährböden kann man Bakterienkolonien züchten und damit sichtbar machen.

*→ **Achtung!** Beim Arbeiten mit Bakterien musst du folgende Hinweise unbedingt beachten:*

Während der Arbeit auf keinen Fall essen oder trinken!

Anschließend die Hände gründlich mit Seife (besser: mit Handdesinfektionsmittel) waschen!

Geräte, die mit Bakterien in Berührung kamen, vor dem Aufräumen durch Erhitzen sterilisieren!

Die Tischplatte nach dem Experimentieren mit einem Desinfektionsmittel reinigen!

1. Sind auf meiner Hand Bakterien?

Ihr braucht: bakterienfreie Einweg-Petrischale mit Fertignährboden (Nährgelatine), Filzstift, Seife.

a Drücke die Fingerspitzen einer ungewaschenen Hand vorsichtig auf die Nährgelatine. → 1 Schließe gleich danach die Petrischale ringsum mit einem Klebeband. → 2 Beschrifte den Deckel.
Die Nährgelatine der zweiten Petrischale berührst du mit gewaschenen Fingern. Beide Petrischalen kommen in einen 30 °C warmen Brutschrank.

b Nimm die Petrischalen nach 24 Stunden wieder heraus. Nicht öffnen! Notiere die Ergebnisse.
Nach der Auswertung werden die Einweg-Petrischalen vom Lehrer fachgerecht vernichtet. Bei Öffnen der Schalen besteht Infektionsgefahr!

c Warum dürfen die Petrischalen auf keinen Fall mehr geöffnet werden?

d Überlege, wie du Münzen oder andere alltägliche Gegenstände auf Bakterien hin untersuchen kannst.

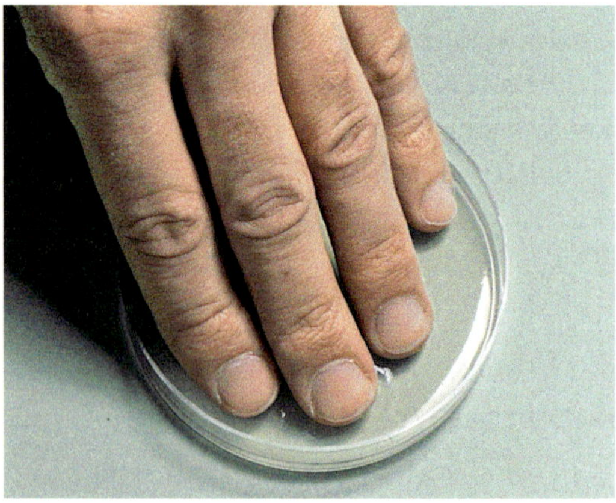

1 Fingerabdruck

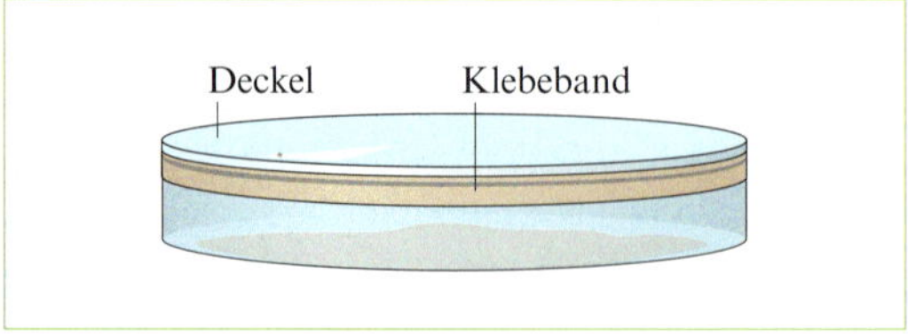

2 Für immer verschlossen!

2. Was bewirkt ein Deostift?

Ihr braucht: Petrischale mit Fertignährboden, Deostift.

a Drücke deine Finger an zwei Stellen vorsichtig auf den Nährboden.
Lege auf eine Stelle ein Stückchen von einem Deostift.
Verschließe und verklebe die Petrischale.
Lege sie in den Brutschrank.

b Was stellst du nach einiger Zeit fest?
Notiere die Ergebnisse.

3 Welche Wirkung hat ein Deostift?

3. Kann man die Vermehrung von Bakterien durch Erhitzen hemmen?

Ihr braucht: 3 Glasgefäße, Fleischbrühe, Watte.

a Rühre mit Fleischbrühe eine Nährlösung an. Verteile die Nährlösung zu gleichen Teilen in 3 Glasgefäße. Verschließe eines der Gefäße mit einem Wattebausch. Die Nährlösungen in den beiden anderen Gefäßen werden kurze Zeit aufgekocht (sterilisiert). Danach bleibt eines der Gefäße geöffnet, das andere wird ebenfalls mit einem Wattebausch verschlossen.

b Werte den Versuch nach einer Woche aus. Rieche dazu vorsichtig an den 3 Glasgefäßen. Nenne Bedingungen, unter denen Lebensmittel von Bakterien befallen werden können.

c Informiere dich über Möglichkeiten, durch die man das Verderben von Lebensmitteln verhindern kann (Konservierungsverfahren).

4. Arbeiten Bakterien auch?

Ihr braucht: Trinkmilch, Buttermilch, Glasgefäße.

a Gib zu einem halben Liter Trinkmilch einen Esslöffel frische Buttermilch. Stelle die Trinkmilch einen Tag an einen warmen Ort.

b Wie schmeckt die Milch jetzt? Warum soll die Milch an einem warmen Ort stehen?

c Informiere dich, wie man Joghurt selbst herstellen kann. Wenn du Frischmilch verwendest, musst du diese zuvor erhitzen. Kannst du herausfinden, warum?

4 Sauermilchprodukte

Auf diesem Bild erscheint das Grippevirus strahlend schön. Wie kann ein so kleines Virus tödlich sein?

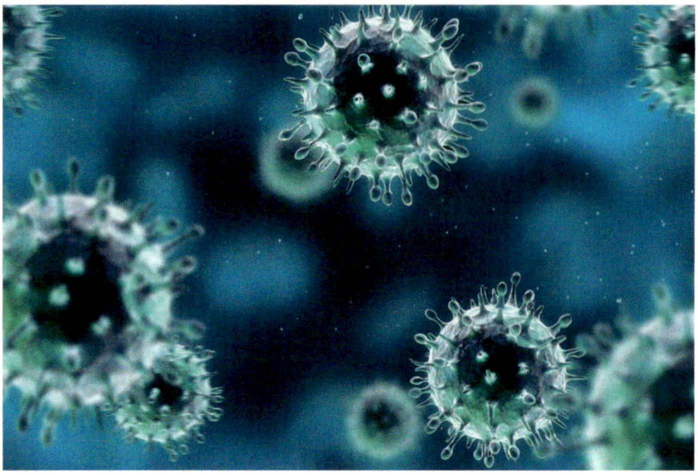

1 Viren der Schweinegrippe

Viren und Parasiten als Krankheitserreger

Viren – geliehenes Leben

Lange Zeit suchten Mediziner vergeblich nach den Erregern bestimmter Krankheiten. Erst das Elektronenmikroskop machte diese kleinen Erreger, die Viren, sichtbar.
Ein Virus lebt nicht selbstständig. Es besteht nur aus einer Hülle und der darin liegenden Erbanlage. → 1 Da Viren kein eigenes Leben besitzen, wirken bei einer Virusinfektion auch keine Antibiotika. Bei einer Infektion dringt das Virus in die lebenden Zellen des Menschen ein, es benötigt zum Leben eine **Wirtszelle**. In der Wirtszelle vervielfacht sich die Erbanlage des Virus. → 2 Die Wirtszelle platzt auf, die neu gebildeten Viren werden freigesetzt und befallen weitere lebende Zellen. Der Mensch wird krank. Virusinfektionen ohne medizinische Hilfe können tödlich verlaufen. Ein Beispiel hierfür ist die sogenannte Schweinegrippe.

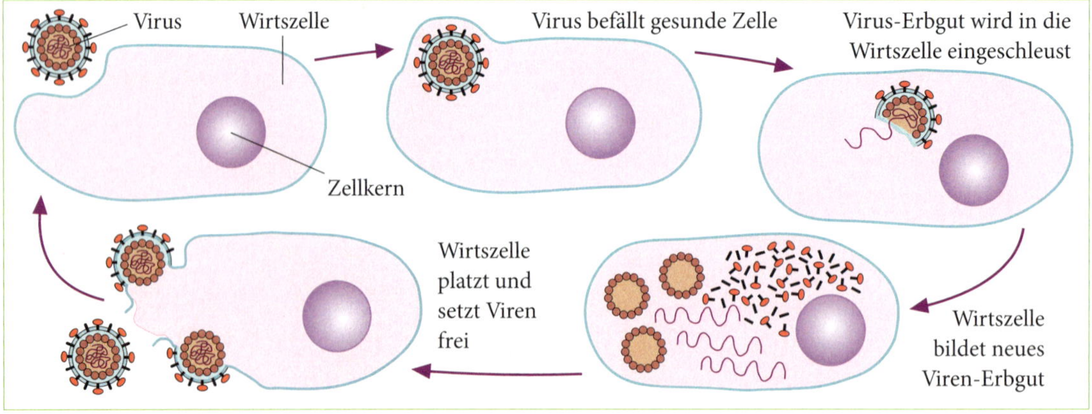

2 Vermehrung von Viren

Generationswechsel
Malaria
Wirtswechsel
Wirtszelle

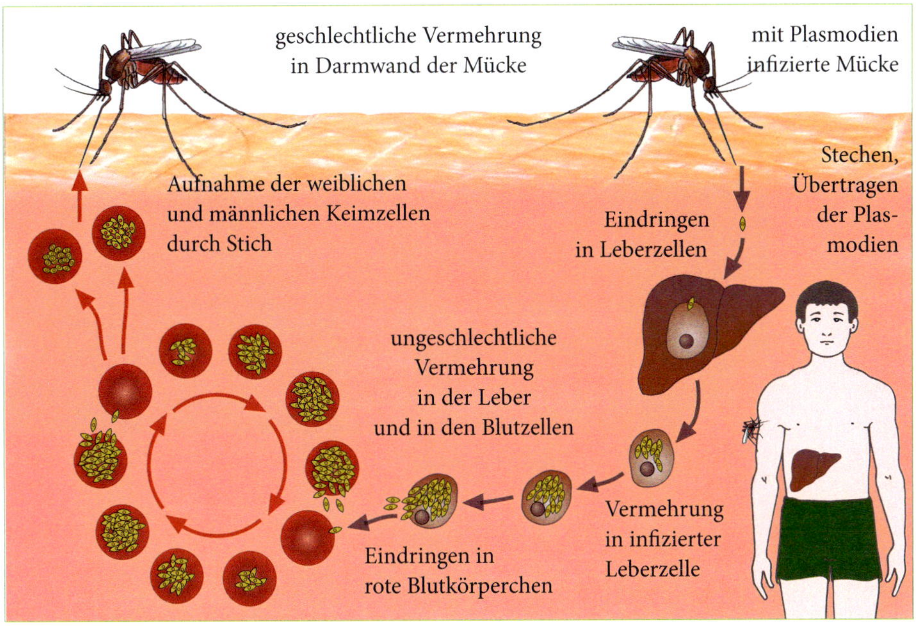

3 Entwicklung des Malariaerregers

Ein einzelliger Parasit

Weltweit erkranken jährlich mehr als 250 Millionen Menschen an **Malaria**. Zwei Millionen Menschen sterben daran. Malaria wird durch einzellige Parasiten, die Plasmodien, verursacht. Der Parasit lebt in der Anopheles-Mücke. Er wird durch einen Stich mit dem Speichel der Mücke auf den Menschen übertragen. Über das Blut gelangt der Parasit in die Leber. Hier vermehrt er sich ungeschlechtlich. → 3 Danach befallen die Erreger die roten Blutkörperchen, die sie zerstören. Dabei werden Stoffwechselgifte freigesetzt, der Mensch reagiert mit Fieber. Immer mehr Erreger befallen weitere rote Blutkörperchen und lösen dadurch wiederkehrende Fieberschübe aus, die unbehandelt zum Tod führen können. Parallel dazu werden in den Blutkörperchen Keimzellen gebildet. Diese werden von der Mücke mit einem erneuten Stich aufgenommen. Im Darm der Mücke kommt es zur geschlechtlichen Vermehrung. → 3 Die vollständige Entwicklung des Parasiten ist durch einen **Wirts-** und einen **Generationswechsel** gekennzeichnet.

Merk dir! Viren und Parasiten sind Krankheitserreger. Viren benötigen für ihre Vermehrung eine lebende Wirtszelle. Viele Parasiten machen einen Wirts- und Generationswechsel durch.

Arbeitsaufträge

1. Vergleiche Bakterien und Viren. Finde Gemeinsamkeiten und Unterschiede. Lege dazu eine Tabelle an.
2. Recherchiere, ob neben dem Menschen auch andere Lebewesen von Viren befallen werden können.
3. Erkläre die Entwicklung des Malariaerregers anhand von Abbildung 3.
4. Begründe, weshalb das Bedecken von Armen und Beinen einen wirksamen Malariaschutz darstellt.

Dieses Kind hat eine sehr seltene Krankheit, nämlich eine angeborene Immunschwäche. Sein Körper kann sich nicht gegen Krankheitserreger wehren. Woran liegt es, dass wir nicht unter einem Schutzanzug leben müssen?

1 Kind mit angeborener Immunschwäche

Unser Körper kann sich wehren

Die unspezifische Abwehr

Haut, Schleimhäute und Körperflüssigkeiten bilden einen äußeren Schutz. Flimmerhärchen transportieren Eindringlinge aus den Atemwegen heraus. Die Magensäure macht Bakterien unschädlich, die mit der Nahrung in den Körper gelangen. Aber auch der Speichel, die Tränenflüssigkeit im Auge sowie der Säure- und Fettmantel der Haut wirken desinfizierend, sie töten Erreger.

Die spezifische Abwehr

Sind doch Erreger in den Körper gelangt, wird die spezifische Abwehr aktiv. Dabei arbeiten verschiedene **weiße Blutkörperchen** zusammen. → 2 Fresszellen können die Blutgefäße verlassen und sich zwischen den Zellen durch die Gewebe bewegen. Dort umschließen sie eingedrungene Erreger und lösen sie auf. → 3 Sind sehr viele Erreger im Körper, bricht die Krankheit aus.

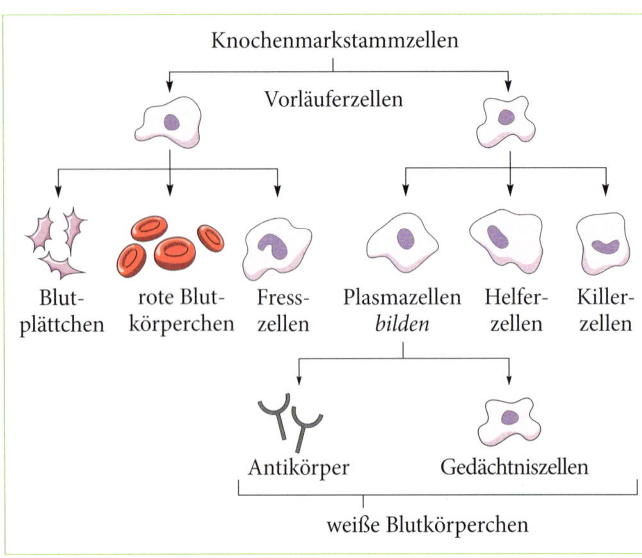

2 Übersicht Blutzellen

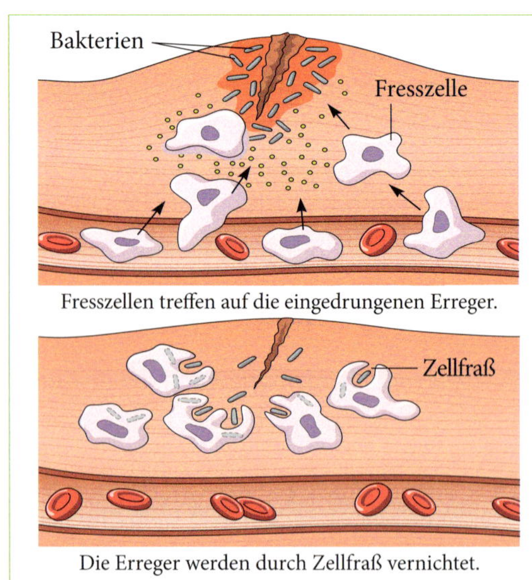

Fresszellen treffen auf die eingedrungenen Erreger.

Die Erreger werden durch Zellfraß vernichtet.

3 Fresszellen

Antigen
Antikörper
Immunsystem
weiße Blutkörperchen

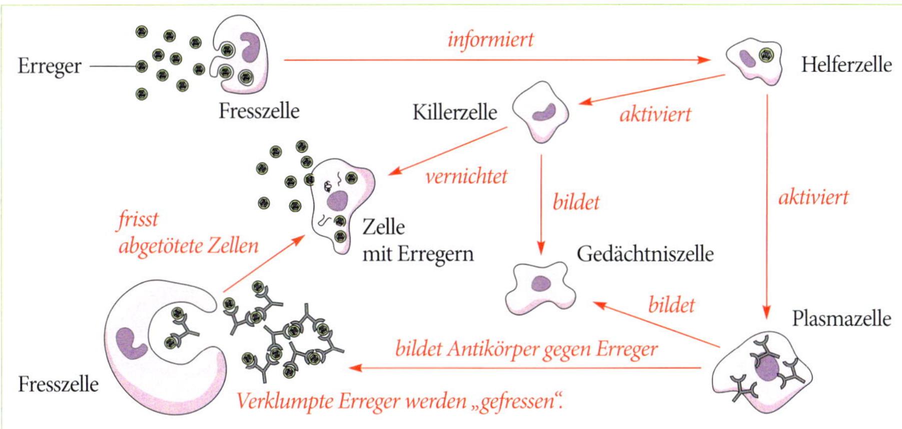

4 Die weißen Blutkörperchen bei der Abwehr

Die Fresszellen holen sich Hilfe

An der Körperabwehr sind viele verschiedene Zellen beteiligt. Die meisten Abwehrzellen werden im Knochenmark gebildet. Im Laufe ihrer Entwicklung spezialisieren sie sich für ihre Aufgabe. → 2
Sind die Erreger in großer Anzahl vorhanden, aktivieren die Fresszellen die Helferzellen. Die Helferzellen lösen zwei Vorgänge aus. Über Plasmazellen werden Antikörper gebildet und Killerzellen werden aktiviert. → 4 Die gebildeten **Antikörper** bekämpfen die Erreger, die **Antigene**, indem sie sich an diese binden. Dadurch werden sie unschädlich gemacht. Die Killerzellen zerstören befallene Körperzellen. Die Fresszellen beseitigen dann die Antikörper samt Erreger und die zerstörten Körperzellen. → 4

Gedächtniszellen verhindern einen erneuten Krankheitsausbruch

Plasmazellen können auch Gedächtniszellen bilden. Dringen die gleichen Erreger noch einmal in den Körper ein, bilden die Gedächtniszellen auch Jahre später sofort Antikörper. Dann bricht die Krankheit erst gar nicht aus. Der Körper ist gegen diese Erreger immun. Die unspezifische und spezifische Abwehr arbeiten somit als **Immunsystem** zusammen.

➔ **Merk dir!** Das Immunsystem des Menschen schützt vor Fremdkörpern und Krankheitserregern. Zum Immunsystem gehören alle an der körpereigenen Abwehr beteiligten Organe und Zellen.

Arbeitsaufträge

1. Abbildung 5 zeigt einige Antikörper- und Antigenmodelle.

- **a** Übernimm die beiden Erregermodelle in dein Heft und ordne ihnen jeweils die passenden Antikörper zu.
- **b** Überlege, wie die Oberfläche des Antigens aussehen müsste, zu der der noch nicht zugeordnete Antikörper passt.

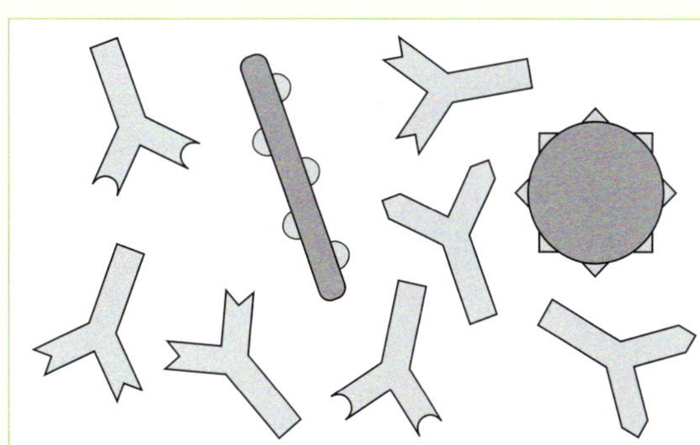

5 Antigen- und Antikörpermodelle

Kevin hat Windpocken. In die Schule darf er nicht, damit er seine Mitschüler nicht ansteckt. Sein Bruder Patrick aber besucht ihn in seinem Zimmer. Er hat keine Angst davor, sich anzustecken. Er hatte die Windpocken im letzten Jahr.
Ist es sicher, dass sich Patrick nicht doch bei seinem Bruder ansteckt?

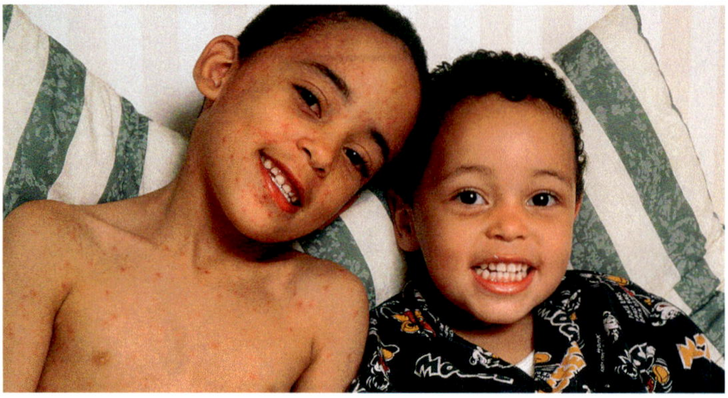

1 Kevin und Patrick

Hilfe für die Körperabwehr

Kinderkrankheiten im Vergleich

An **Windpocken** erkranken drei Viertel aller Kinder unter 15 Jahren. Zwei Wochen nach einer Ansteckung treten die typischen Krankheitsanzeichen auf. Neben Kopfschmerzen und leichtem Fieber sind das vor allem juckende und nässende Pusteln auf der Haut. Schon zehn Tage später klingen die Symptome wieder ab. Wer einmal Windpocken überstanden hat, ist meist lebenslänglich vor ihnen geschützt.
Bei der **Diphtherie** verläuft die Erkrankung nicht so einfach. Die Diphtherie ist eine ansteckende, von Bakterien ausgelöste Infektionskrankheit. Die Bakterien produzieren ein Gift, das die oberen Schleimhautschichten der Nase und des Rachens zerstört und verfestigt. → 2 Das Bakteriengift kann auch andere Organe schädigen. Vor hundert Jahren verbreitete die Krankheit Angst und Schrecken, weil fast die Hälfte der Erkrankten starb, darunter meist Kinder.

Zweierlei Impfungen

Dass Diphtherie fast ganz verschwunden ist, verdanken wir der vorbeugenden **Impfung**. Eine solche Impfung muss erfolgen, bevor man sich angesteckt hat. Bei einer vorbeugenden Impfung werden abgeschwächte oder abgetötete Erreger gespritzt. Das Immunsystem bildet daraufhin selbst Antikörper und legt Gedächtniszellen an. → 3 Deshalb heißt die Schutzimpfung auch **aktive Immunisierung**. Diese Impfung bietet über Jahre hinweg Schutz gegen eindringende Erreger. Im Laufe der Jahre sinkt die Zahl der

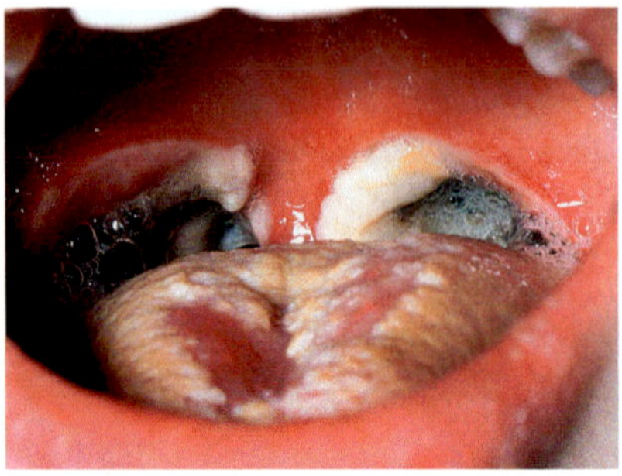

2 Krankheitsbild Diphtherie

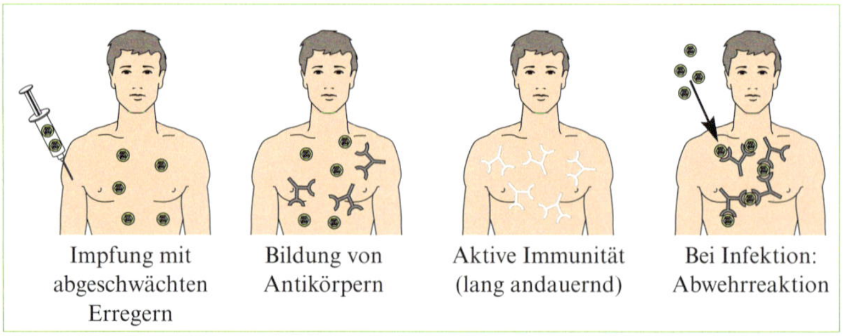

3 Aktive Immunisierung

aktive Immunisierung

Diphtherie Impfung

passive Immunisierung

Windpocken

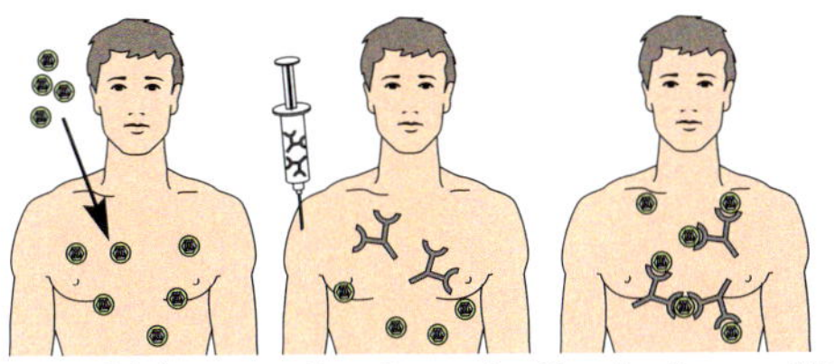

4 Passive Immunisierung

5 Pestarzt in Schutzkleidung

Antikörper im Blut. Eine Auffrischungsimpfung führt zu erneuter Antikörperbildung. Eine vorbeugende Schutzimpfung wird vor allem gegen gefährliche Krankheiten empfohlen.

Ist eine Krankheit, zum Beispiel eine Hirnhautentzündung, schon ausgebrochen, kann eine andere Art von Impfung helfen. Dem Erkrankten werden dabei Antikörper gespritzt. → **4** Die Antikörper hat man zuvor aus dem Blut von Tieren gewonnen. Das eigene Immunsystem ist nicht an der Abwehr beteiligt, es bleibt also „passiv". Diese Impfung heißt daher auch **passive Immunisierung**. Dieser Impfschutz hält nur wenige Wochen bis Monate, dann sind die eingebrachten Antikörper abgebaut.

Die Gefahren kehren zurück

Viele Seuchen früherer Zeiten wie beispielsweise die Pest sind bei uns ausgerottet. → **5** Auch Tetanus, Typhus, Kinderlähmung oder Tollwut kennen die meisten Menschen nicht mehr. Gegen diese Krankheiten wird geimpft. In letzter Zeit besitzen aber immer weniger Jugendliche einen ausreichenden Impfschutz. Deshalb tauchen plötzlich längst verschwundene Krankheiten wieder auf.

➔ **Merk dir!** Die Impfung mit abgetöteten oder abgeschwächten Krankheitserregern wird aktive Immunisierung genannt. Das Impfen mit Antikörpern heißt passive Immunisierung.

Arbeitsaufträge

1. Gegen Windpocken impft man in der Regel nicht.

- **a** Kannst du dafür eine Erklärung finden?
- **b** Begründe, warum Patrick nicht ein zweites Mal an Windpocken erkranken wird.

2. Betrachte die Abbildungen 3 und 4 über die verschiedenen Impfverfahren.

- **a** Erkläre den Unterschied zwischen aktiver und passiver Immunisierung. Notiere dir dazu Stichworte in dein Heft.
- **b** Erkläre, warum die passive Immunisierung keinen dauerhaften Schutz bietet?

3. Schau in deinem Impfausweis nach.

- **a** Gegen welche Krankheiten wurdest du geimpft?
- **b** Besorge dir Informationen über die Krankheiten, gegen die du geimpft worden bist.

Der Impfpass dient dazu, die Impfungen zu vermerken, die du im Laufe des Lebens erhältst. Wogegen bist du geimpft? Wann stehen Auffrischungsimpfungen an? Reicht dein Impfschutz aus?

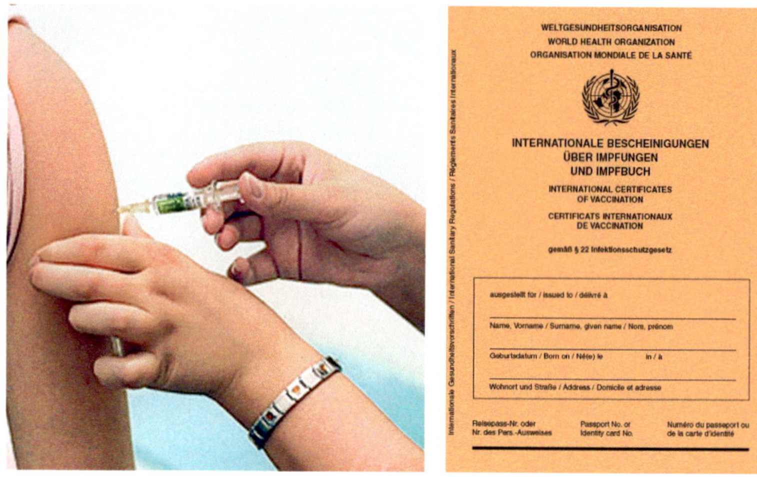

1 Im Impfpass werden alle Impfungen vermerkt.

Der Impfpass

Was steht drin im Impfpass?

Der **Impfpass** ist ein kleines gelbes Buch, das nach den Richtlinien der Weltgesundheitsorganisation (WHO) erstellt wurde. Er ist ein internationales Dokument, das weltweit anerkannt ist. Alle Informationen sind deshalb in Deutsch, Englisch und Französisch aufgeführt. Auf dem Deckblatt des aktuellen Impfpasses findest du das WHO-Zeichen und deine persönlichen Daten: Name, Vorname, Geburtsdatum, Geburtsort, Wohnort und Straße. → 1 Auf den folgenden Seiten werden dann die durchgeführten Impfungen eingetragen. → 2

Impfpass	Was steht drin?
1	Gelbfieberimpfung
2	Routineimpfungen: Diphtherie und Tetanus
3	Spezialimpfungen: Tollwut, Hepatitis
4	Grippeimpfungen
5	Tuberkuloseschutzimpfungen
6	Antikörperuntersuchungen
7	Passive Immunisierungen, Risikofaktoren, Blutgruppe und Rhesusfaktor

2 Was steht im Impfpass?

Wo bekomme ich einen Impfpass?

Meistens wird der Impfpass bei der Geburt ausgestellt. Solltest du keinen Impfpass haben oder deinen verloren haben, kann dir ein Arzt einen neuen Impfpass ausstellen.

Was ist eine Auffrischungsimpfung?

Eine Auffrischungsimpfung ist die erneute Impfung gegen einen Krankheitserreger nach einer schon erfolgten Impfung, die schon länger zurückliegt. Einige Impfungen erzeugen keine lebenslange Immunität und sollten deshalb wieder erneuert werden. Erwachsene sollten zum Beispiel alle 10 Jahre eine Auffrischungsimpfung gegen Diphtherie und Tetanus durchführen lassen.

Gibt es eine Impfpflicht?

In Deutschland gibt es zurzeit keine gesetzlich vorgeschriebene **Impfpflicht**. Es gibt jedoch Impfempfehlungen. Sie werden in Deutschland von der Ständigen Impfkommission am Robert-Koch-Institut (STIKO)

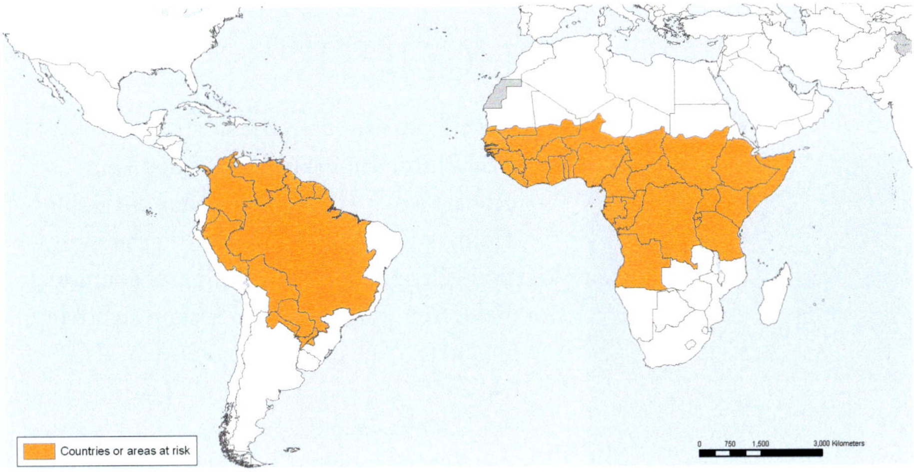

3 Gebiete, die vom Gelbfieber bedroht sind

ausgesprochen und veröffentlicht. Die Kosten für die empfohlenen Impfungen werden von der Krankenkasse übernommen.

Impfschutz auf Reisen

Einige Länder verlangen bei der Einreise die Vorlage des Impfpasses. Es gibt Länder, in denen eine Impfpflicht gegen Gelbfieber besteht. Einige Länder Afrikas, Südamerikas und Asiens sind vom Gelbfieber bedroht. → 3 Um zu vermeiden, dass das Gelbfiebervirus in diese Länder eingeschleppt wird, verlangen sie von ausländischen Besuchern den Nachweis einer Gelbfieberimpfung. Eine Liste über alle Länder, die eine Gelbfieberimpfung verlangen, wird von der WHO veröffentlicht.

> → **Merk dir!** Der Impfpass wird bei der Geburt ausgestellt. Er zeigt, welche Impfungen eine Person erhalten hat und wann weitere Impfungen fällig sind. In Deutschland gibt es Impfempfehlungen.

Arbeitsaufträge

1. Schau dir deinen Impfpass an. Überprüfe mithilfe deines Impfpasses deinen Impfschutz. Vergleiche mit den Impfungen deiner Mitschüler.
2. Bildet Arbeitsgruppen. Recherchiert im Internet, beim Gesundheitsamt, in der Apotheke oder bei einem Arzt, was sich hinter den Impfungen verbirgt, die im Impfpass aufgeführt sind. Informiert euch über die Krankheiten und Krankheitserreger. Haltet eure Ergebnisse fest und präsentiert sie vor der Klasse.
3. Impfkalender sprechen Impfempfehlungen aus. Besorgt euch beim Gesundheitsamt, in der Apotheke und beim Arzt verschiedene aktuelle Impfkalender. Vergleicht diese miteinander. Werden unterschiedliche Impfempfehlungen gegeben? Diskutiert die Unterschiede und versucht eine Erklärung für etwaige Unterschiede zu finden.
4. In einigen Ländern herrscht eine Impfpflicht gegen Gelbfieber. Erkundigt euch über diese Krankheit, ihre Ursachen und ihre Verbreitung. Erstellt eine Liste mit Ländern, in denen eine Impfpflicht für Touristen herrscht. Findet heraus, was passiert, wenn jemand bei der Einreise keinen Impfschutz vorweisen kann.

Der Kampf gegen Seuchen

1 E. Jenner entdeckte die aktive Immunisierung.

1796: Die Entdeckung der Schutzimpfung

Im 18. Jahrhundert waren die oft tödlichen schwarzen Pocken stark verbreitet. Der englische Landarzt Edward Jenner machte folgende Beobachtung: Wer eine Infektion mit den harmlosen Kuhpocken überstanden hatte, dem konnten die gefährlichen schwarzen Pocken nichts mehr anhaben. Einer Magd, die an Kuhpocken erkrankt war, entnahm er Eiter aus den Pusteln und impfte damit einen gesunden Jungen. → 1 Nach Wochen wiederholte er dies mit den gefürchteten schwarzen Pocken. Der Junge blieb gesund. Damit war das Prinzip der aktiven Immunisierung gefunden.

1882: Der Tuberkulose auf der Spur

Robert Koch gilt als Begründer der Bakteriologie. → 2 Durch spezielle Färbemethoden gelang es ihm, bis dahin unbekannte Bakterien unter dem Mikroskop sichtbar zu machen. Weltruhm erlangte Koch, als er 1882 den Erreger der Tuberkulose entdeckte. Zu Kochs Lebzeiten war die Tuberkulose in der Bevölkerung weit verbreitet. Die Ärzte standen der meist tödlich endenden Krankheit machtlos gegenüber. Durch bestimmte Farbstoffe konnte Koch die Bakterien erstmals im Blut nachweisen. Seither lässt sich die Erkrankung relativ leicht feststellen. Robert Koch wurde 1905 mit dem Medizinnobelpreis geehrt.

1885: Impfstoff gegen das Tollwutvirus

Louis Pasteur fand 1885 den ersten Impfstoff gegen das gefährliche Tollwutvirus. → 3 Der Impfstoff besteht aus Viren, die in ihrer krank machenden Wirkung abgeschwächt wurden. Damit legte der französische Chemiker den Grundstein für die gezielte Herstellung von Impfstoffen, die aktiv immunisieren. Im Jahr 1885 wagte es Pasteur, den Impfstoff am Menschen zu erproben.

2 R. Koch entdeckte den Tuberkuloseerreger.

3 L. Pasteur impfte zunächst Schafe gegen Tollwut.

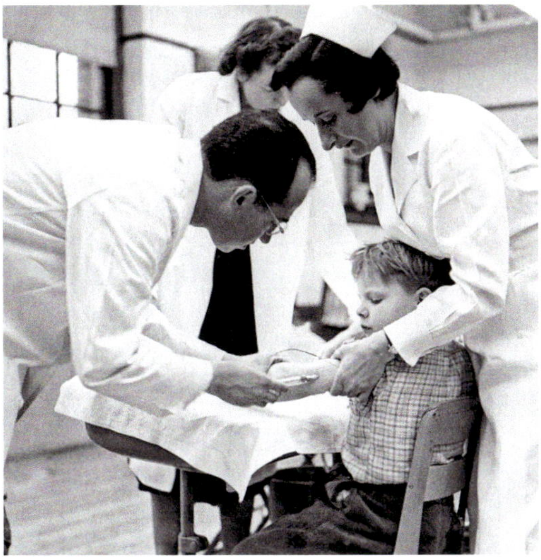

4 Salk verabreicht den Impfstoff gegen Kinderlähmung.

1954: Hilfe gegen Kinderlähmung

Jonas Edward Salk entwickelte 1954 den ersten Impfstoff gegen die Kinderlähmung (Poliomyelitis). Er stellte ihn aus abgetöteten Polioviren her. Ihm ist es zu verdanken, dass die Erkrankung heute nur noch selten auftritt. Salk fand eine Methode, die gefährlichen Viren abzuschalten. Er tötete sie mit der Chemikalie Formol ab. Den gewonnenen Impfstoff testete er an sich selbst und dann an seiner Familie. Erst danach begannen in den USA umfangreiche Impfversuche, an denen über 600 000 Kinder teilnahmen. → 4 1955 wurde der Impfstoff offiziell zugelassen. Obwohl die Impfung einen guten und relativ langen Schutz gegen Polioviren bot, konnte die Krankheit erst durch besser wirksame Impfstoffe mit abgeschwächten Viren nahezu besiegt werden.

1982: Prionen und BSE

Stanley B. Prusiner machte 1982 bis dahin unbekannte Krankheitserreger für die neue Variante der Creutzfeldt-Jakob-Krankheit und für die Rinderseuche BSE verantwortlich. → 5 Für ihn stand fest, dass es krankhaft veränderte Prionen sind, die bei Menschen und Tieren das Gehirn zerstören. Prionen sind natürliche Eiweißstoffe, die in jedem Gehirn vorkommen. Doch offensichtlich gibt es krankheitsauslösende Varianten. Gelangen infektiöse Prionen in Kontakt mit der harmlosen Variante, werden diese in die gefährliche Form überführt. So erklärt man sich zurzeit die Ausbreitung und Vermehrung der gefährlichen Prionen.

5 S. B. Prusiner bekam 1997 den Nobelpreis.

Resistenzen und neue Erreger

Seit es Impfstoffe und Antibiotika gibt, können krankheitsauslösende Bakterien und Viren zum Teil wirkungsvoll „bekämpft“ werden. Es ist jedoch ein Trugschluss, dass der Mensch alle schweren Krankheiten „besiegt“ hat. Neue Infektionskrankheiten wie Aids, Lassa und Ebola sowie Krankheitserreger, die resistent gegenüber Antibiotika werden, fordern Ärzte und Forscher weltweit immer wieder heraus. → 6

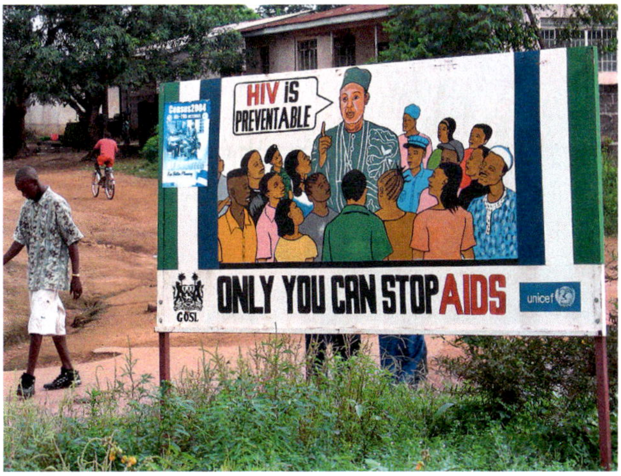

6 Aids fordert Ärzte und Forscher weiterhin heraus.

Es begann bei Aylin im Alter von 7 Jahren. Beim Spielen auf dem Bauernhof bekam sie regelmäßig Schnupfen, juckende Augen oder starke Hustenanfälle und musste eine Pause machen. Der Arzt stellte bei Aylin eine Allergie gegen Blütenpollen fest.
Was passiert in Aylins Körper, wenn er mit Blütenpollen in Berührung kommt?

1 Wenn die Luft knapp wird …

Allergien – Stress für das Immunsystem

Überlebenswichtig

15-mal pro Minute einatmen und ausatmen – und das ein Leben lang. Ohne feste Nahrung überleben wir fast 40 Tage, ohne Trinken knapp 5 Tage, ohne Sauerstoff jedoch nur wenige Minuten. Unser Körper braucht den Sauerstoffanteil der Luft für viele Prozesse des Körpers.

Offene Türen mit eingebauten Alarmsystemen

Atmen wir ein, so gelangen mit der Umgebungsluft oft auch Fremdstoffe wie Krankheitserreger (Bakterien und Viren), staubfeine, feste Teilchen (Rauch) und giftige Substanzen in unsere Atemwege. Die erste Stufe des Alarms wird durch feine Flimmerhärchen in der Nase und in der Lunge ausgelöst. → 2 Sie spüren feste Bestandteile und giftige Gase auf und lösen Niesreiz und Hustenreiz aus. In der zweiten Alarmstufe schwillt die Schleimhaut der Atemwege an und produziert vermehrt Flüssigkeit, die verdünnend wirkt und so die Wirkung der Fremdstoffe abschwächt.

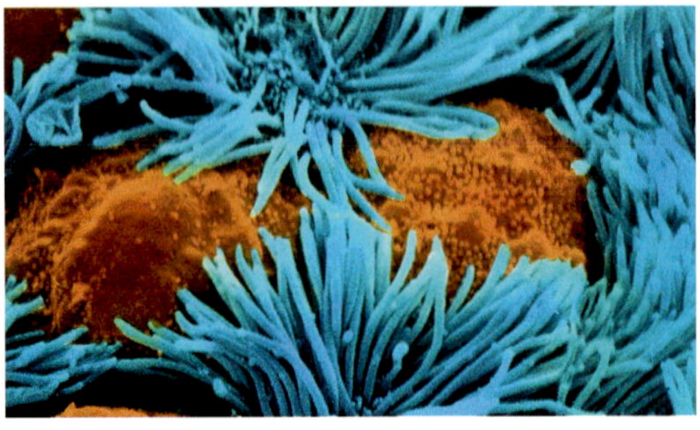

2 Flimmerhärchen in den Bronchien

Abwehr rund um die Uhr

Stelle dir vor, dein Abwehrsystem soll Tag und Nacht kämpfen. Wie lange könnte es das durchhalten? Durch ständiges Einatmen von Giften in hoher Konzentration, z. B. aus Zigarettenrauch, Industrie- und Autoabgasen oder Lösemitteln, können die Flimmerhärchen zerstört werden. Die Schleimhäute der Bronchien verkleben und setzen sich mit Fremdstoffen zu, die immer weniger abgehustet werden können. Durch die ständige Reizung des Gewebes entsteht eine dauerhafte Entzündung, aus der sich Lungenkrebs entwickeln kann.

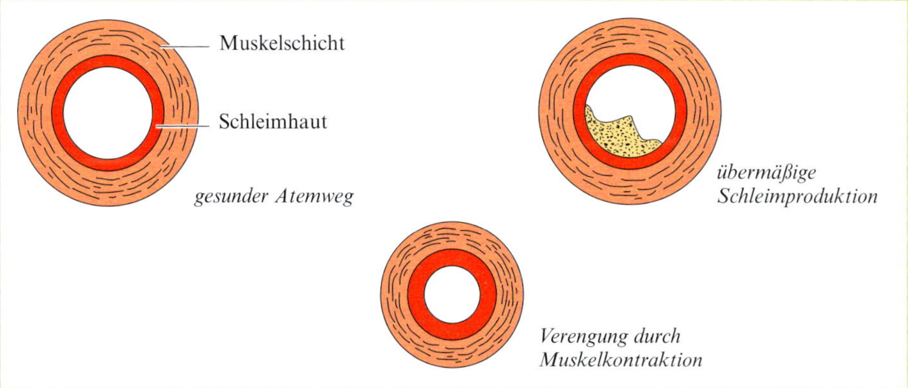

3 Gesunde und erkrankte Bronchien (Querschnitt)

Wenn der Körper sich nur noch wehrt!

Allergien und deren Folgeerkrankungen wie **Asthma** nehmen immer stärker zu. Bei einer **Allergie** reagiert das Abwehrsystem des Körpers unangemessen stark auf eher natürliche Substanzen wie Staub, Pollen, Tierhaare oder Nahrungsbestandteile. Beim Heuschnupfen werden durch Einatmen von allergieauslösenden Pollen Symptome wie eine geschwollene Nasenschleimhaut, laufende Nase, Niesen und tränende Augen ausgelöst. → 1 Lebensbedrohlich wird es, wenn die unteren Atemwege mit Entzündungssymptomen auf Allergieauslöser reagieren. Beim Asthmatiker kann die Schleimhaut der Bronchien so stark anschwellen, dass die Versorgung mit Atemluft stark eingeschränkt ist und Erstickung droht. → 3 Eine ärztliche Prüfung ist dringend notwendig.

Merk dir! Das Atmungssystem steht in ständigem Austausch mit der Umgebung. Die über die Atemluft aufgenommenen Substanzen können Allergien auslösen. Beim Asthma handelt es sich um eine Folgeerkrankung der Allergie.

Arbeitsaufträge

1. Du hast bei einem Lagerfeuer eine Zeit lang im Rauch gesessen. Beschreibe drei mögliche Reaktionen deines Körpers und erkläre, wie es dazu kommt.
2. Nennt die Ursachen und beschreibt die Folgen von Luftverschmutzung auf das Atmungssystem des Menschen.
3. Allergien sind auch abhängig vom Geschlecht und Alter der Kinder. Beschreibe die Inhalte der Grafik. → 4
4. Nenne Arbeitsfelder, in denen ein Arbeiten mit Atemschutzgerät notwendig ist.
5. Wie kannst du für die Gesundheit deiner Atemwege sorgen? Erstelle ein Plakat mit Tipps.

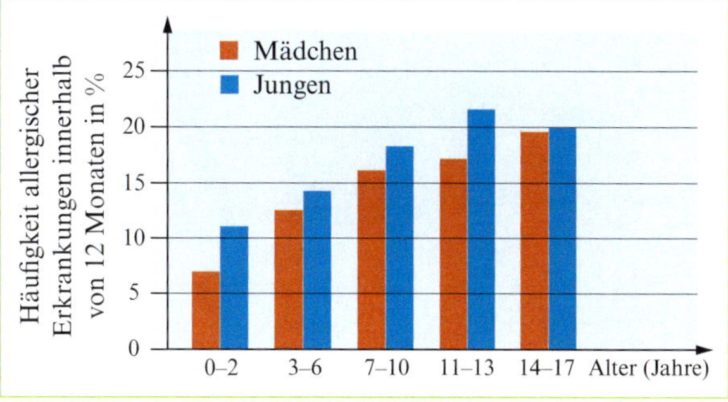

4 Grafik zu Allergien

Marc und Andrea sind miteinander befreundet. Andrea ist auf den Rollstuhl angewiesen, weil sie wegen eines Unfalls querschnittgelähmt ist. Jetzt fühlt sie sich wohl und genießt die vielen Dinge, die sie kann. Marc geht es nicht immer so gut wie jetzt. Er hat Probleme mit dem Schlafen.
Wer von den beiden ist gesund und wer krank?

1 Marc und Andrea

Was ist eigentlich Gesundheit?

Gesundheit und Krankheit

Was ist Gesundheit? Die Weltgesundheitsorganisation (WHO) definiert Gesundheit als einen „Zustand des vollständigen körperlichen, geistigen und sozialen Wohlergehens und nicht nur das Fehlen von Krankheit oder Gebrechen". Wenn wir uns gesund fühlen, funktioniert unser Körper, ohne dass wir viel davon spüren. Sind unsere körperlichen Abläufe gestört, fühlen wir uns körperlich und vom Kopf her nicht voll leistungsfähig. Wir fühlen uns unwohl oder sogar krank. Welche Einschränkungen mit dem Verlust von Gesundheit verbunden sind, wird oft erst bei Krankheit oder mit zunehmendem Alter erkannt. Es ist wichtig, sich auch schon als junger Mensch um seine Gesundheit zu kümmern.

2 Wann bist du gesund, wann bist du krank?

3 Training im Fitnessstudio stärkt die Gesundheit.

4 Auch Unternehmungen mit Freunden sind für die Jugendlichen wichtig.

Was unsere Gesundheit beeinflussen kann

Früher erkrankten die Menschen vor allem an Krankheiten, die durch Krankheitserreger hervorgerufen wurden. Heute leiden die Menschen eher an Krankheiten, die mit ihrer Lebensweise zusammenhängen. Stress, Bewegungsmangel, Hektik, falsche Ernährung, Alkohol und Zigaretten – all das kann krank machen und die sogenannten **Zivilisationskrankheiten** hervorrufen. Zu ihnen gehören körperliche Erkrankungen wie zum Beispiel der Herzinfarkt oder Krebs, aber auch Schlaf- und Essstörungen sowie seelische Erkrankungen wie Depressionen.

Was unsere Gesundheit schützt

Eine Garantie auf Gesundheit gibt es nicht, selbst wenn du alles dafür tust. **Gesundheit** ist nicht nur von gesunder Ernährung, Sport und dem Verzicht von Alkohol und Zigaretten abhängig. → 3 Forschungsergebnisse haben gezeigt, dass unsere Gesundheit auch entscheidend beeinflusst wird von positiven Erfahrungen. Dazu gehört zum Beispiel die Möglichkeit, sein Leben aktiv gestalten und Aufgaben erfolgreich bewältigen zu können. Eine positive Grundhaltung entscheidet darüber, wie gut wir mit Belastungen im Alltag umgehen können. → 4

→ Merk dir! Gesundheit ist die Fähigkeit, trotz Mängeln, Störungen und Schäden leben, arbeiten, genießen und zufrieden sein zu können.

Arbeitsaufträge

1. Lies die Aussagen von Abbildung 2.
   a Überlege, was dir zu „Gesundsein“ und „Kranksein“ einfällt.
   b Vergleicht eure Meinungen in der Gruppe.
2. Wann fühlst du dich wohl? Beschreibe die Situationen und welches Gefühl du dabei hast.
3. Leite aus der Gesundheitsdefinition der WHO ab, was du zur Erhaltung deiner eigenen Gesundheit tun kannst.
4. Auch in der Werbung spielt die Gesundheit eine Rolle. Sammle Werbung zum Thema Gesundheit. Was will der Werbende damit erreichen?

Das macht mich krank! – Ich will gesund bleiben!

Wir alle möchten gesund und munter sein, um das Leben voll genießen zu können. Doch immer öfter haben es auch Jugendliche mit Krankheiten zu tun. Vor allem die Anzahl der seelischen Erkrankungen wie Schlaf- und Konzentrationsstörungen nehmen zu.
Was macht euch krank und wie könnt ihr euch davor schützen? Innerhalb eines Projekts könnt ihr euch mit den einzelnen Gesundheitsrisiken auseinandersetzen und Ideen zur Gesunderhaltung entwerfen.

1 Auch der Schulalltag ist oft mit Stress verbunden. Was könnt ihr tun, damit sich der Stress nicht nachteilig auf eure Gesundheit auswirkt?

2 Entspannung, Sport, gesunde Ernährung und Spaß sind für die Gesundheit wichtig.

Schritte und Tipps für euer Projekt

Vorbereitung

Besprecht, was ihr unternehmen wollt. Die Mindmap hilft euch dabei.

Planung

Überlegt, welche Informationen ihr braucht und woher ihr sie bekommt:

- Bücher
- Umfragen aus dem Internet und unter Mitschülern
- Informationen der Bundeszentrale für gesundheitliche Aufklärung (BZgA, www.bzga.de)
- Ärzte befragen

Durchführung

Bildet Arbeitsgruppen und verteilt die Aufgaben:

- Wie viele Schüler sind in jeder Gruppe?
- Welche Gruppe übernimmt welche Aufgabe?

Erledigt die verteilten Aufgaben in den Gruppen.

Abschluss und Präsentation

Überprüft eure Ergebnisse. Wertet sie mit den anderen Gruppen der Klasse aus.

Überlegt, wie ihr die Ergebnisse den anderen Klassen, euren Eltern und Bekannten präsentieren könnt:

- Poster oder Wandzeitung
- Ausstellung mit dem Motto „Das macht mich krank! – Ich will gesund bleiben!"
- Stand mit Infomaterialien, Flyer mit Gesundheitstipps, Ansprechen der Besucher
- Wissensquiz zum Thema

3 Mindmap zur Gesunderhaltung

4 Schülerkochkurs für eine gesunde Ernährung

5 Sport an frischer Luft

Matthias (17) lebt gesund. Er raucht nicht, trinkt nicht viel und geht viermal in der Woche in sein Fitnessstudio. Stark und gesund will er sein, einen durchtrainierten Körper haben. Ein Freund gab ihm den Tipp, zusätzlich zum Muskeltraining Eiweißpräparate zu essen. Der Muskelaufbau ging gut voran. Seit Kurzem versucht er es mit einer Anabolika-„Kur". Ist das gesund?

1 Training im Fitnessstudio – wo liegen die Grenzen?

Verantwortung für die eigene Gesundheit

Muskeln durch Hormone

Die Muskelentwicklung bei Menschen wird hauptsächlich auf das Sexualhormon Testosteron zurückgeführt. Wird dem Körper von außen zusätzlich Testosteron zugeführt, so wird die Muskelbildung verstärkt. → 2

Anabolika sind hormonähnlich wirkende Medikamente, die starke Nebenwirkungen haben. Was mit Haarausfall und Herzrhythmusstörungen beginnt, kann schnell zu Herzinfarkten, Schlaganfällen und Leberschäden führen.

2 Muskelbildung kann durch Anabolika gefördert werden.

Immer schneller – immer weiter?

Der Weltrekord im Sprint über 100 m lag im Jahr 2009 bei 9,58 Sekunden – diese Zeit wäre vor Jahren nicht denkbar gewesen. Immer häufiger werden Ursachen der Leistungssteigerung durch Kontrollen aufgedeckt. Die Einnahme verbotener chemischer Substanzen bewirkt eine Steigerung der Leistung (**Doping**). So regt das verbotene Dopingmittel EPO die Bildung der roten Blutkörperchen an. Mehr rote Blutkörperchen transportieren mehr Sauerstoff im Körper. Die Leistung wird gesteigert. Doping ist mit hohen Risiken für die Gesundheit verbunden und kann durch die Ausschaltung der körperlichen Warnhinweise bis zum Tod führen. Dopingkontrollen weisen in Blut oder Urin vorhandene verbotene Chemikalien nach.

3 Wenn alles zu viel wird …

4 Freude und Spaß miteinander

Gesund ist …?

Eine Störung vermindert das Wohlgefühl und die gewohnte körperliche und geistige Leistungsfähigkeit, Schmerzen oder Fieber treten auf. Beachtest du die Anzeichen nicht und suchst nicht nach den Ursachen, so kann sich eine schwere Krankheit entwickeln. Viele Risiken für die Gesundheit sind von deinen Lebensbedingungen abhängig. An den meisten Bedingungen kannst du selbst etwas verbessern. Rauchen, Trinken von Alkohol, Schlafmangel, Stress und Überforderung durch zu hohe Ansprüche kannst und solltest du unbedingt vermeiden. → 3

Den Körper stärken

Langeweile und Unterforderung wirken sich nicht nur auf deine Seele, sondern auch auf dein körperliches Wohlgefühl negativ aus. Eine gesunde Ernährung, ausreichend Bewegung, Spaß und eine positive Einstellung zum Leben machen dich stark. → 4 Gestalte dein Leben – tue dir etwas Gutes.

→ Merk dir! Die Leistung des menschlichen Körpers mit Anabolika oder Doping zu steigern ist mit hohen Risiken für die Gesundheit verbunden. Indem du deine Lebensbedingungen verbesserst, tust du etwas für deine Gesundheit.

Arbeitsaufträge

1. Der Bodybuilder in Abbildung 2 hält seinen starken Muskelaufbau für ein Zeichen eines gesunden Körpers. Was meinst du? Erarbeitet in Partnerarbeit die sozialen und finanziellen Vor- und Nachteile. Ermittelt dazu die Preise und Einsatzgebiete für Dopingmittel.
2. Warum ist Doping im Leistungssport verboten? Welche Personen haben ein Interesse am Einsatz von Dopingmitteln?
3. Recherchiert in Gruppen über Sportarten, in denen häufig Doping stattfindet. Wie wird dort jeweils gedopt? Wie kann man das jeweilige Doping nachweisen?
4. Finde positive Beispiele für den Einsatz von Hormongaben beim Menschen. Erkläre die Notwendigkeit und die Wirkung.
5. Nenne deine Kriterien für eine gesunde Lebensführung und erkläre sie.
6. Heißt eine gesunde Lebensführung, auf alles Spannende und Interessante zu verzichten? Beratet in Gruppen und findet Beispiele einer gesunden Lebensführung.

Ein Mensch kann längere Zeit ohne Nahrung überleben, ohne Wasser nur wenige Tage. Er verdurstet. Mehr als die Hälfte unseres Körpergewichts besteht aus Wasser. Doch wo ist dieses Wasser versteckt und warum ist es für das Überleben so wichtig?

1 Trinken ist lebenswichtig.

Die Aufgabe der Niere

Verstecktes Wasser

Wie viel Wasser enthält dein Körper? Bei einem Gewicht von 50 kg enthält der Körper etwa 30 kg Wasser! Zwei Drittel dieses Wassers, also 20 kg, befindet sich in den Zellen. Die restlichen 10 kg Wasser sind im Blut und als Gewebeflüssigkeit zwischen den Zellen enthalten.

Altersabhängig müssen pro Tag bis zu 2 Liter Wasser über Getränke und Lebensmittel aufgenommen werden. → 2 Die gleiche Menge wird täglich über die Nieren als Urin, über die Lunge durch die Atemluft und über die Haut als Schweiß ausgeschieden. Wenn du viel schwitzt, weil es sehr warm ist oder du erkrankt bist, kann sich die Ausscheidung von Wasser vervielfachen.

Alter (Jahre)	Flüssigkeitsmenge (ml), die pro Tag aufgenommen werden soll
1–4	820
4–7	940
7–10	970
10–13	1170
13–15	1350
15–19	1530

2 Empfohlene Flüssigkeitsmenge pro Tag

Wasserhaushalt

Die **Nieren** sorgen dafür, dass der Gesamtgehalt des Wassers im Körper immer gleich bleibt. → 3 Die Wasserabgabe des Körpers wird immer der Wasseraufnahme angepasst. Bekommt der Körper zu wenig Wasser, löst ein Durstzentrum im Gehirn das Durstgefühl aus. Spätestens dann solltest du ausreichend Flüssigkeit zu dir nehmen. Besser ist es aber, immer so viel zu trinken, dass gar kein Durstgefühl entsteht. Das hält fit und verbessert die Konzentrationsfähigkeit.

Entgiftung

Nachdem die Körperzellen alle für sie notwendigen Stoffe aus dem Blut geholt haben, werden die Abfallstoffe wieder ins Blut ent-

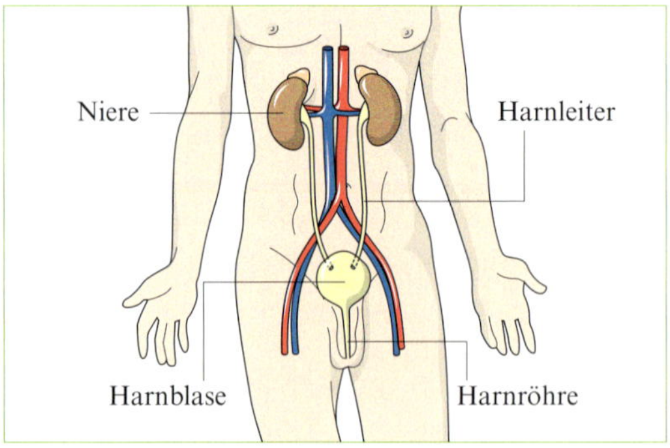

3 Lage der Nieren im Körper

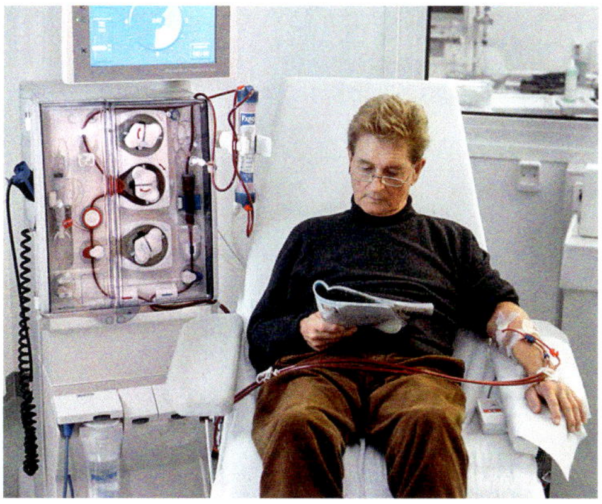

4 Dialyse

Schon gewusst?

- Die beiden Nieren eines gesunden Erwachsenen werden pro Minute von 1,2 Litern Blut durchströmt.
- An einem Tag durchlaufen 1728 Liter Blut die Nieren.
- Pro Stunde filtern und reinigen die Nieren das gesamte Blut.

5 Zahlen zur Niere

sorgt. Besonders beim Baustoffwechsel entsteht der für den Körper giftige Harnstoff. Die Nieren filtern das Blut, d. h., sie holen giftige Abfallstoffe wie Harnstoff, Medikamente und Drogen aus dem Blut, sammeln sie und vermischen sie mit überflüssigem Wasser und Salzen. Es entsteht **Urin**.

Entsorgung der Giftstoffe

Der Urin fließt durch die beiden Harnleiter zur Harnblase. → 3 Hier wird der Urin gesammelt. Dabei dehnt sich die Blase aus. Wenn die Blase gefüllt ist, wird der Urin über die Harnröhre ausgeschieden. Die mit dem Urin ausgeschiedenen Substanzen können in einer Urinprobe nachgewiesen werden. Dieses Verfahren wird zum Beispiel im Sport bei Dopingproben angewandt.

Erkrankung der Nieren

Wenn die Nieren nicht richtig arbeiten oder bei Verlust der Nieren besteht Lebensgefahr, da Harnstoff im Blut zurückbleibt und der Körper dadurch vergiftet wird. In solchen Fällen muss das Blut künstlich gereinigt werden.

Die künstliche Niere

Patienten, deren Nieren nicht mehr arbeiten, müssen bis zu dreimal pro Woche zur **Dialyse**. Sie werden an einen Apparat angeschlossen, der das Blut außerhalb des Körpers reinigt. → 4 Diese Blutwäsche kann die Funktion der Nieren nicht vollständig ersetzen, aber das Leben verlängern. Dialysepatienten warten häufig viele Jahre auf eine Nierentransplantation.

Merk dir! Wasser macht über die Hälfte unseres Körpergewichts aus. Bei der Regulierung des Wasserhaushalts und bei der Entgiftung des Körpers spielen die Nieren eine entscheidende Rolle. Ohne die Arbeit der Nieren würde unser Körper von innen vergiftet werden.

Arbeitsaufträge

1. Beschreibe die Lage der Nieren und erläutere ihre Aufgaben.
2. Erkläre, wie Urin entsteht.
3. Erstelle ein Getränkeprotokoll für 2 Tage. Beurteile kritisch deine Getränkeauswahl. Welche Getränke sind gute Durstlöscher, welche weniger, welche gar keine? Begründe deine Entscheidung.

Organspender werden?

Knapp 70 % der Menschen, die in Deutschland leben, wären mit einer Organspende nach ihrem Tod einverstanden.
Es ist oft nicht leicht, sich vorzustellen, dass dem Körper nach dem Tod ein Organ entnommen wird. Andererseits ist es für viele Menschen ein gutes Gefühl, wenn sie wissen, dass sie auch nach ihrem Tod noch etwas für andere tun können.
Die Frage, ob man Organspender wird, muss jeder ganz für sich selbst beantworten. Wichtig ist vor allem, dass man sich genau informiert und weiß, worüber man spricht.

1 Jugendliche ab 16 Jahren können Organspender werden.

Zwei Fallbeispiele als Einstieg

1 Organempfänger
Wenn ein Klingeln die lang ersehnte Erlösung bedeutet

Nach über einem Jahr Warten erhielt Melanie T. eine neue Niere und eine Leber. „Ich weiß gar nicht, wem ich am meisten danken soll", freut sich die junge Frau zwei Wochen nach der Operation. Sie strahlt übers ganze Gesicht. Mitte Mai wurden ihr die neuen Organe eingepflanzt. „... fünf vor acht kam der Anruf. Ich werde es nie vergessen", erzählt Melanie.

2 Organspender
Ein Unfall riss Pascale Baers Sohn Dennis aus dem Leben

Dennis war 18 und voller Tatendrang. Nach dem Motorradunfall gab es keine Rettung mehr für ihn. Sein Gehirn war tot. Pascale Baer wies die Ärzte darauf hin, dass Dennis schon seit Jahren einen Spenderausweis habe ...

Schritte und Tipps für euer Projekt

Vorbereitung

Besprecht gemeinsam, wie ihr euch über das Thema Organspende informieren und wie ihr andere Schüler am besten auf euer Projekt aufmerksam machen könnt. Ergänzt hierzu die Mindmap.

Planung

Bildet Interessengruppen und haltet eure Planung schriftlich fest.

- Notiert das Ziel eures Projekts.
- Welche Aufgaben sind zu bearbeiten?
- Wo erhaltet ihr Informationen zu eurem Thema? Tipp: Internetsuche: „junge Helden"
- Wer übernimmt welche Aufgaben?
- Wie viel Zeit ist für die einzelnen Arbeitsschritte notwendig?

Durchführung und Präsentation

- Stellt eure Ergebnisse auf Plakaten dar.
- Zeigt Filme über dieses Thema.
- Befragt eure Mitschüler, wie sie zur Organspende stehen.
- Führt Interviews durch. → 2
- Macht Werbung für den Organspenderausweis. → 1

2 Schüler führen ein Interview.

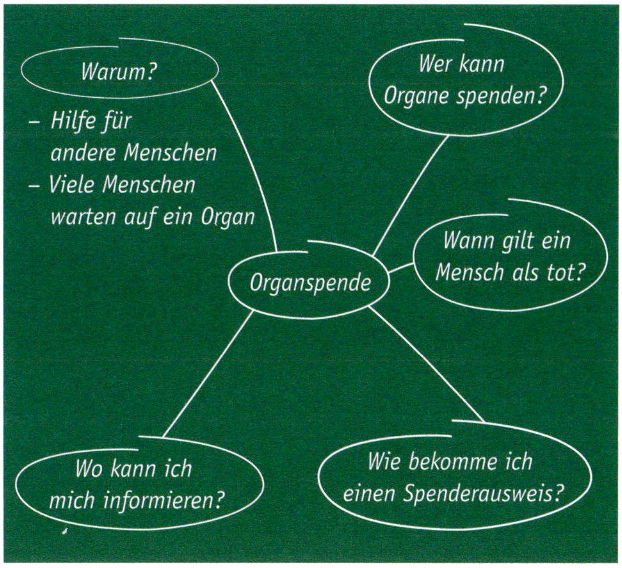

3 Mindmap zur Organspende

biologischer Tod
- das Erlöschen sämtlicher Organfunktionen eines Bioorganismus

klinischer Tod
- das Aussetzen von Atmung und Herzschlag
- innerhalb der ersten Minuten besteht die Möglichkeit einer Wiederbelebung (Reanimation)

Hirntod
- das Aussetzen aller Funktionen des Gehirns (Gesamthirntod)
- es ist keine Reanimation mehr möglich
- das Transplantationsrecht verlangt den Gesamthirntod als notwendige Bedingung für eine Organentnahme

historisches Verständnis vom Tod (abendländische Kultur)
- der Moment, zu dem die (unsterbliche) Seele den Körper verlässt
- die Seele zeigt sich nicht in körperlicher Form, sodass man ihren Weggang nicht objektiv feststellen kann, als Todeszeichen galt daher das Aussetzen der Atmung

4 Definitionen zum Tod

Von der Recherche zur Präsentation

Informationen suchen, bearbeiten, auswerten und als Ergebnis präsentieren – das alles sind wichtige Fertigkeiten, die du nicht nur für die Schule benötigst, sondern die später auch im Berufsleben gefordert werden.
Recherche bedeutet Suche nach Informationen. Heutzutage stehen dir viele Informationsquellen zur Verfügung. Eine beliebte und oft genutzte Möglichkeit ist das Internet. Ergebnisse können auf verschiedene Art und Weise vorgestellt werden.

1 Im Berufsleben ist es wichtig, seine Arbeitsergebnisse präsentieren zu können.

4 Schritte für die Internetrecherche

Schritt 1 Fragestellung
Am Anfang jeder Suche muss eine Frage oder Aufgabe stehen. Überlege dir einen sinnvollen Suchbegriff.

Schritt 2 Suche
Gib den Suchbegriff in eine Suchmaschine (z. B. Google) ein. → 2

Schritt 3 Bewertung
Hast du Informationen gefunden, denk daran: Nicht alles, was im Internet steht, ist richtig. Manche Webseiten dienen nur zur Werbung. Wichtig ist, dass du mehrere Trefferergebnisse anschaust und abschließend bewertest, welchen Seiten du trauen kannst.

Schritt 4 Auswertung
Entscheide, wie du den Inhalt der Seite festhalten willst. Du kannst sie speichern oder ausdrucken. Mithilfe der gefundenen Ergebnisse kannst du nun die Frage oder Aufgabe lösen.

2 Suchmaschine

In 6 Schritten zum Gruppenreferat

Schritt 1 Sammle Informationen (Texte und Materialien) zum Thema, z. B. mit der Internetrecherche.
Lies die Texte. Stelle dir Fragen zum Text. Bilder und Zeichnungen helfen dir, den Text zu verstehen. Markiere wichtige Begriffe und Informationen. Notiere dir Stichworte auf Karteikarten.
→ 3

Schritt 2 Stelle die Ergebnisse deiner Recherche den anderen Gruppenmitgliedern vor. Heftet eure Stichworte an die Tafel. Vergleicht eure Ergebnisse miteinander und sucht gemeinsame Oberbegriffe.

Schritt 3 Beratet und entscheidet, wie eine interessante Einleitung aussehen könnte und wer welchen Bereich vorträgt. → 4

Schritt 4 Stellt anschauliches Material zusammen (Bilder, Folien oder Plakate).

Schritt 5 Überlegt eine kurze interessante Schlussfrage und/oder zeigt ein Bild zum Nachdenken.

Schritt 6 Übt, das Referat vorzutragen. Versucht möglichst frei zu sprechen. Verwendet die Anschauungsmittel. → 5
Falls ihr einen PC mit Beamer zur Verfügung habt und das PowerPoint-Programm beherrscht, könnt ihr das Referat zu einer PowerPoint-Präsentation ausbauen. Probiert alle technischen Geräte vorher aus.

Alcopops
· Mixgetränk, enthält:
Saft/Limo
Rum/Wodka
· 5–6 Vol.-%

3 Beispiel Karteikarte

4 Diskussion und Beratung in der Gruppe

5 Beispiel für eine Präsentation

Arbeitsaufträge

1. Recherchiert zum Thema „Alcopops – bunte Spaßmacher oder süße Verführer?“ und präsentiert eure Ergebnisse.
- **a** Sucht nach Informationen im Internet. Beachtet dabei die Schritte 1 bis 4.
- **b** Erarbeitet ein Gruppenreferat zum Thema. Beachtet dabei die Schritte 1 bis 6.

2. Überlegt euch, wie ihr euer Gruppenreferat für eure Mitschüler noch interessanter gestalten könntet.

Aids nicht ernst zu nehmen ist gefährlich, denn es geht uns alle an. Jedes Jahr steigt die Zahl der Ansteckungen. Ende 2010 lebten in Deutschland etwa 70 000 HIV-positive Menschen. Davon sind rund 12 500 Menschen an Aids erkrankt. Wieso steigt die Zahl der Erkrankungen trotz Aufklärung?

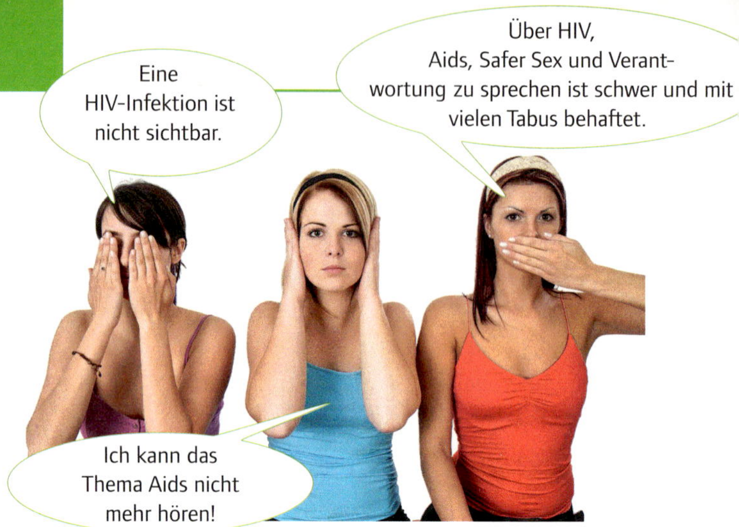

1 Wegsehen, Weghören und Verschweigen können dein Leben kosten.

Aids – das geht dich an!

Was ist Aids?

Aids ist eine Infektionskrankheit, die das Immunsystem schwächt. Der Name **Aids** kommt aus dem Englischen von *acquired immune deficiency syndrome*, was übersetzt erworbenes Immunschwächesyndrom heißt. Der Erreger ist das **HI-Virus**, engl. *human immunodeficiency virus*. → 2

HIV-positiv und Aids

Menschen, bei denen das Virus nachgewiesen werden kann, sind **HIV-positiv**. Unmittelbar oder wenige Wochen nach der Infektion können grippeähnliche Beschwerden auftreten. Nach ihrem Abklingen fühlen sich die Betroffenen gesund. Die beschwerdefreie Zeit kann sich über Jahre hinziehen. Menschen, die HIV-positiv sind, können andere Menschen anstecken. Von Aids spricht man erst, wenn die Krankheit mit ihren Beschwerden voll ausbricht. Im Laufe der Zeit bricht dabei das Immunsystem zusammen. Der Körper kann sich gegen Erreger nicht mehr zur Wehr setzen.

Was passiert nach einer HIV-Infektion?

Wer sich mit dem Virus angesteckt hat, hat es nach einiger Zeit in vielen Körperflüssigkeiten. Das Gefährliche an dem HI-Virus ist, dass es die Helferzellen befällt. → 3 Damit wird eine wichtige Stelle in der Abwehrreaktion ausgeschaltet. Das HI-Virus kann sich ungestört vermehren.

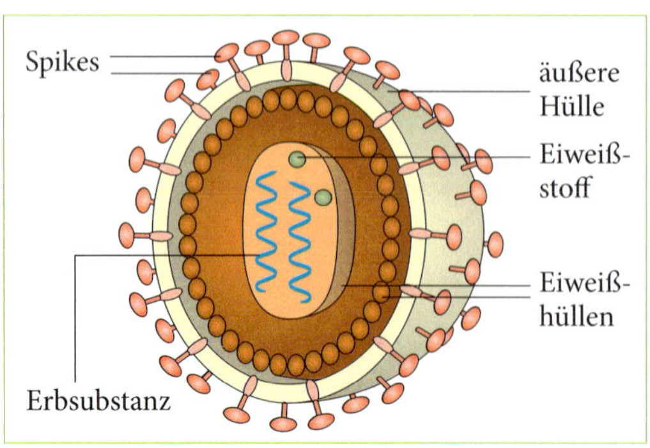

2 HI-Virus

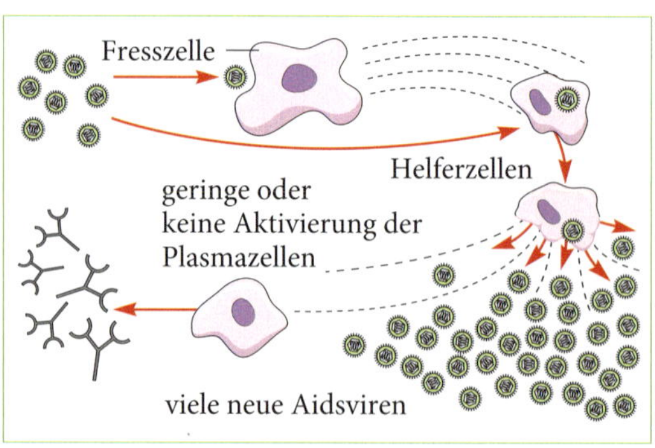

3 Das HI-Virus befällt Helferzellen.

Aids
HI-Virus
HIV-positiv

4 Plakat zur Aufklärung über Aids

5 Keine Ansteckungsgefahr

Ist Aids heilbar?

Die heutigen Medikamente können verhindern, dass sich das HI-Virus vermehrt und im menschlichen Körper weiter ausbreitet. Sie können damit die Erkrankung in einem gewissen Maß zum Stillstand bringen. Bis heute ist es jedoch nicht möglich, das Virus vollständig zu zerstören und endgültig aus dem Körper zu entfernen. Aids ist nicht heilbar!

Wo stecken die Viren im Körper?

Bei Männern findet man die Viren im Blut und im Sperma, bei Frauen im Blut, in der Scheidenflüssigkeit und in der Muttermilch.

Wie kommt es zu einer Ansteckung?

Zu einer Ansteckung kommt es, wenn diese Körperflüssigkeiten mit den Schleimhäuten oder der Blutbahn einer anderen Person in Kontakt kommen. Dies ist immer der Fall, wenn ein Geschlechtsverkehr ohne Kondom ausgeübt wird. → 4 Der Analverkehr ist besonders gefährlich, weil die Darmschleimhaut leicht verletzt werden kann. Auch beim Oralverkehr kann eine Ansteckung erfolgen. Drogensüchtige, die gemeinsam eine Spritze benutzen, können sich anstecken. Auch bei einem Kontakt mit dem Blut eines Infizierten könnte das Virus übertragen werden. Durch das gemeinsame Benutzen von Geschirr ist keine Ansteckung möglich. Auch in Schwimmbädern und auf Toiletten besteht keine Gefahr. Umarmungen, Händeschütteln und Küsse bleiben ebenfalls ohne gesundheitliche Folgen. → 5

→ **Merk dir!** Aids ist eine Infektionskrankheit, die das Immunsystem schwächt. Der Erreger ist das HI-Virus.

Arbeitsaufträge

1. Erkläre, wie du dich mit dem HI-Virus anstecken kannst. Schreibe alle Möglichkeiten auf, die es gibt.
2. Menschen, die sich angesteckt haben, ahnen manchmal gar nichts davon. Welche Gefahr geht dann von ihnen aus?
3. Stelle Regeln auf, die du vor einem Geschlechtsverkehr beachten solltest. Informiere dich im Internet unter www.machsmit.de
4. Am 1. Dezember ist Welt-Aids-Tag. Welche Bedeutung hat er und wann wurde er zum ersten Mal ausgerufen?

Gesundheit und Krankheit

Grippe ist eine ansteckende Krankheit. Eine solche Infektionskrankheit verläuft immer in ähnlichen Schritten: Ansteckung, Inkubationszeit, Ausbruch der Krankheit und Gesundung. (Siehe Seite 152.)

Viele Infektionskrankheiten sind ansteckend. Dabei werden Krankheitserreger wie Viren, Bakterien oder Pilze von Mensch zu Mensch übertragen. (Siehe Seite 154, 156, 160.)

Einige Bakterien verursachen Krankheiten. Dabei schädigen sie unseren Körper doppelt: Sie zerstören das gesunde Gewebe und bilden zudem giftige Stoffe. (Siehe Seite 156.)

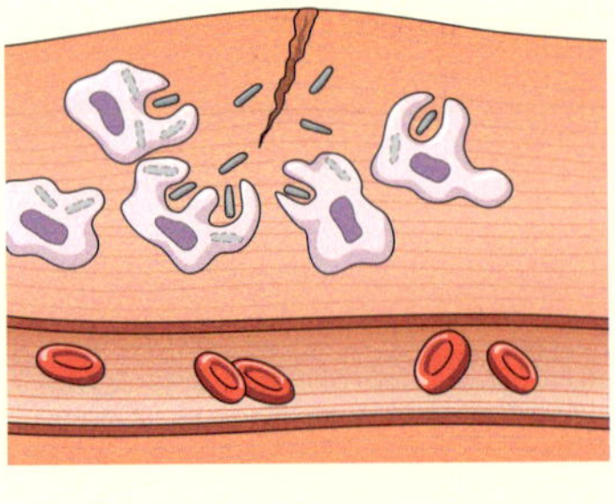

Das Immunsystem schützt den Körper vor Krankheitserregern. (Siehe Seite 162.)

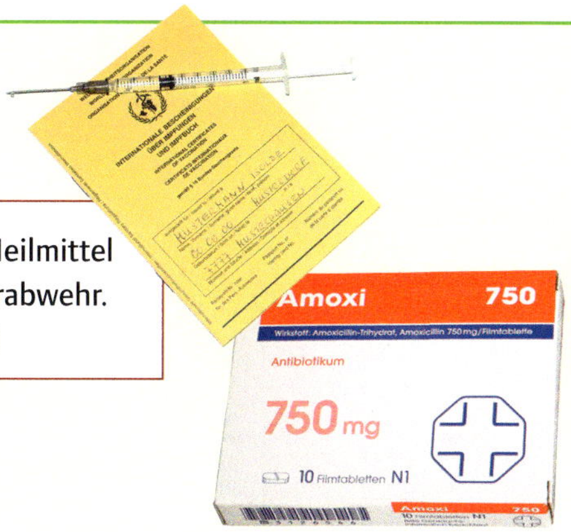

→ Impfstoffe und Heilmittel unterstützen die Körperabwehr. (Siehe Seite 164–167.)

→ Gesundheit ist die Fähigkeit, trotz Mängeln, Störungen und Schäden leben, arbeiten, genießen und zufrieden sein zu können. (Siehe Seite 172.)

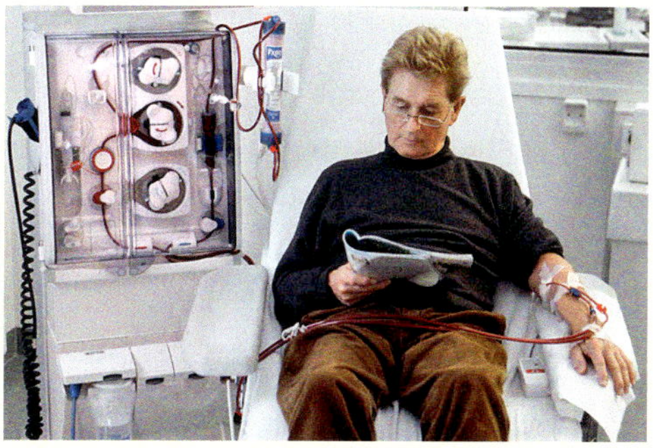

→ Die Dialyse verlängert das Leben von Patienten, wenn die Nieren nicht mehr arbeiten, ersetzt diese aber nicht. Dialysepatienten warten auf eine Organspende. (Siehe Seite 179.)

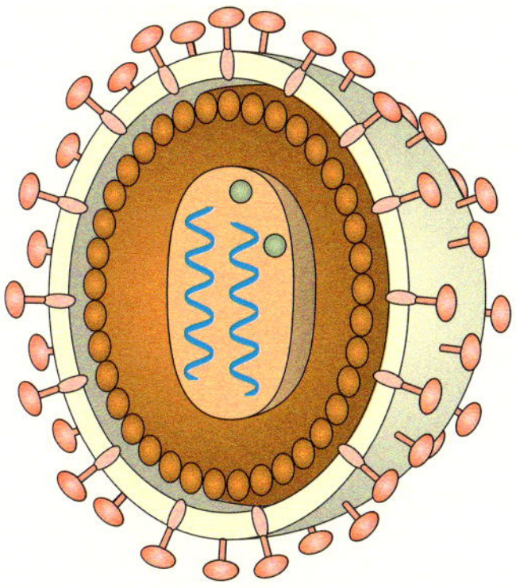

→ Aids ist eine Immunschwächekrankheit. Der Erreger ist das HI-Virus. Mit Kondomen kann man sich vor Ansteckung schützen. (Siehe Seite 184.)

1. Erkläre die Infektionskrankheit Grippe.

a Nenne die typischen Symptome einer Grippe.

b Beschreibe mithilfe von Abbildung 1 den Verlauf der Fieberkurve einer Grippe.
Verwende dabei die Begriffe Ansteckung, Inkubationszeit, Erkrankung und Gesundung.

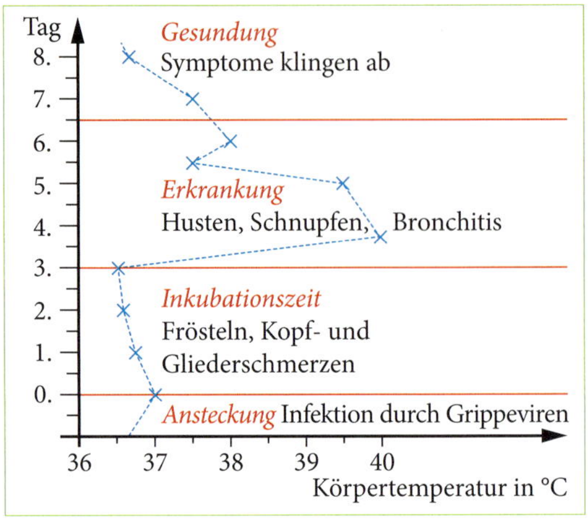

1 Fieberkurve

2. Unterschiedliche Krankheitserreger können Infektionskrankheiten hervorrufen.

a Beschreibe die Gemeinsamkeiten von Infektionskrankheiten.

b Nenne einige Erreger von Infektionskrankheiten.

c Ordne einigen Krankheitserregern entsprechende Infektionskrankheiten zu.

d Welche möglichen Übertragungswege von Krankheitserregern gibt es?

3. Auf welche Weise schädigen die Krankheitserreger unter den Bakterien Menschen? → 2

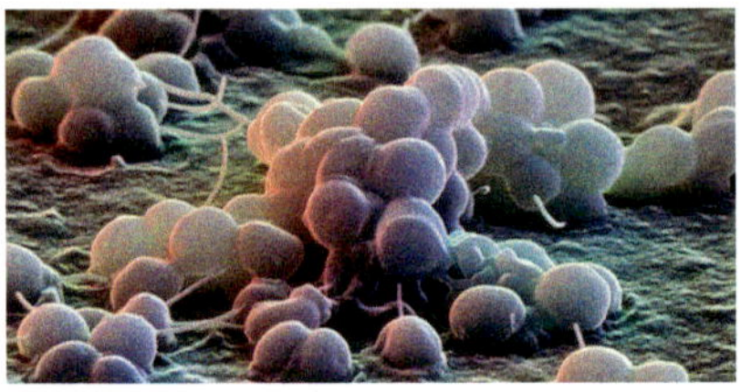

2 Bakterien

4. Unser Körper kann sich gegen Krankheitserreger wehren.

a Benenne die Teile, die zum Immunsystem des Körpers gehören.

b Weiße Blutkörperchen haben bei der Abwehr von Krankheitserregern unterschiedliche Aufgaben. Nenne die verschiedenen Aufgaben.

c Masern und Windpocken sind typische Kinderkrankheiten. Woran liegt es, dass Erwachsene später diese Krankheit meist nicht mehr bekommen?

5. Das Impfen ist eine wichtige Maßnahme zur Gesunderhaltung.

a Erkläre, gegen welche Krankheitserreger man sich am besten vorbeugend impfen lässt.

b Bei der passiven Immunisierung werden dem Erkrankten Antikörper gegen die Krankheitserreger gespritzt. Was sollen die Antikörper bewirken?

c Bei einer aktiven Immunisierung geht man anders vor. Was enthält der Impfstoff in diesem Fall?

d Erkläre, warum bei einer schon bestehenden Erkrankung keine abgeschwächten oder abgetöteten Erreger gespritzt werden dürfen.

6. Vorbeugen ist besser als heilen. Wie kann man Krankheiten vorbeugen?

7. Aids ist eine Immunschwächekrankheit.

a Erkläre anhand von Abbildung 3, welche Zellen des Immunsystems bei Aids ausfallen.

b Welche Folgen hat das für den Betroffenen?

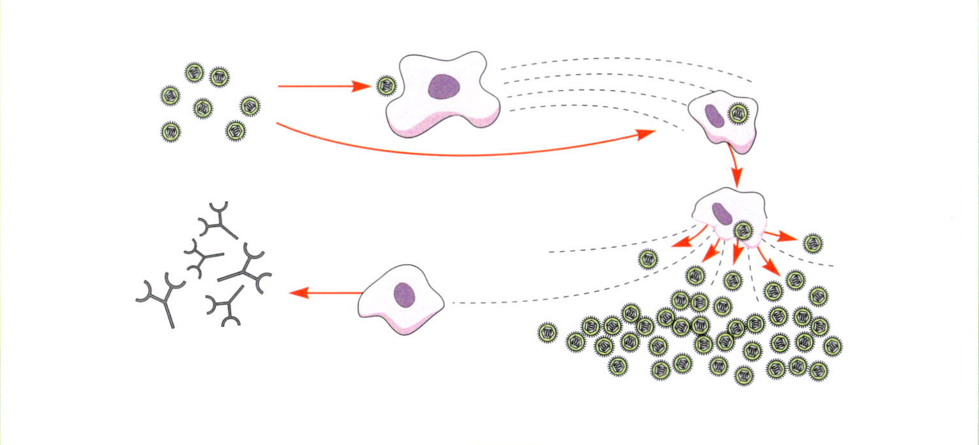

3 Die Wirkung des HI-Virus

Ordne deiner Lösung im Heft ein Smiley zu:

☺ Ich habe die Aufgabe richtig lösen können.

😐 Ich habe die Aufgabe nicht komplett lösen können.

☹ Ich habe die Aufgabe nicht lösen können.

Aufgabe	Fähigkeit	Hilfe findest du auf Seite …
1	Ich kann die Infektionskrankheit Grippe mithilfe von Fachbegriffen erklären.	152
2	Ich kann verschiedene Krankheitserreger als Ursache von Infektionskrankheiten benennen und weiß, wie sie in den Körper eindringen.	154
3	Ich kann erklären, auf welche Weise krankheitserregende Bakterien den Körper schädigen.	156
4	Ich weiß, wie sich unser Körper gegen Krankheitserreger schützen und wehren kann. Ich kann die verschiedenen Teile des Immunsystems nennen und ihre Aufgaben erklären.	162
5	Ich weiß, was bei der aktiven und passiven Immunisierung passiert, und kann die Unterschiede erklären.	164
6	Ich kann Maßnahmen zur Gesunderhaltung nennen.	172–177
7	Ich kann anhand einer Abbildung der Immunreaktion verständlich machen, warum es bei einer Aidserkrankung zur Immunschwäche kommt.	184

Information und Regulation

Beim Tanzen vollbringt der Körper Höchstleistungen: Er muss das Gleichgewicht halten, Schwung holen, sich in die Kurve legen, den Partner erkennen und koordiniert Beine und Arme bewegen. Außerdem müssen die Atmung und der Blutfluss den erhöhten Anstrengungen angepasst werden. Und: Tanzen macht Spaß! Wie steuert unser Körper all diese Leistungen?

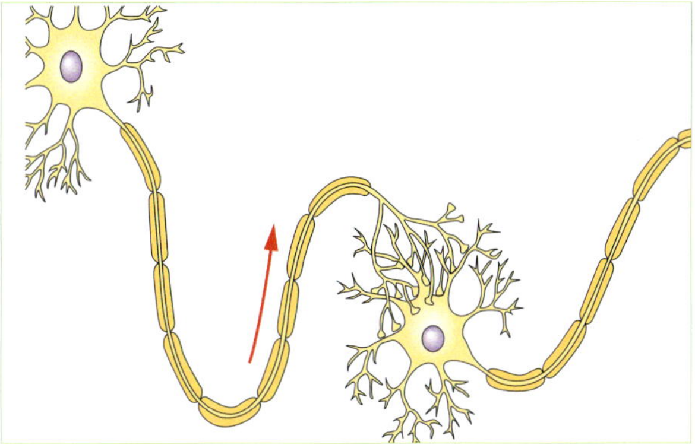

1 Das Nervensystem besteht aus Nervenzellen. Wie sind sie gebaut? (Siehe Seite 192–195.)

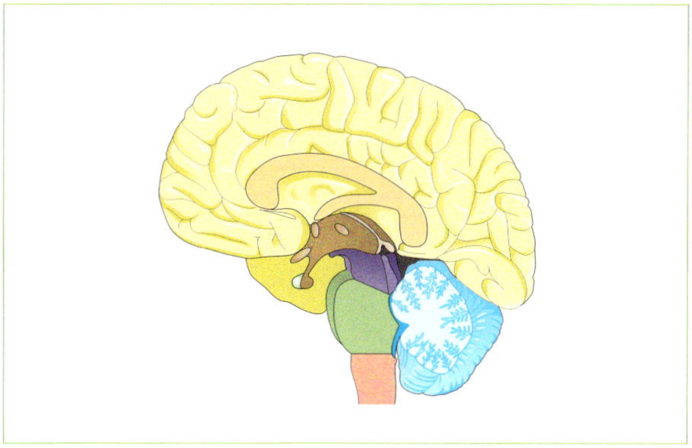

2 Das Gehirn kann in unterschiedliche Bereiche eingeteilt werden. Welche Aufgaben haben sie? (Siehe Seite 196.)

3 Wie lernen wir? (Siehe Seite 198.)

4 Warum sind Drogen gefährlich? (Siehe Seite 204.)

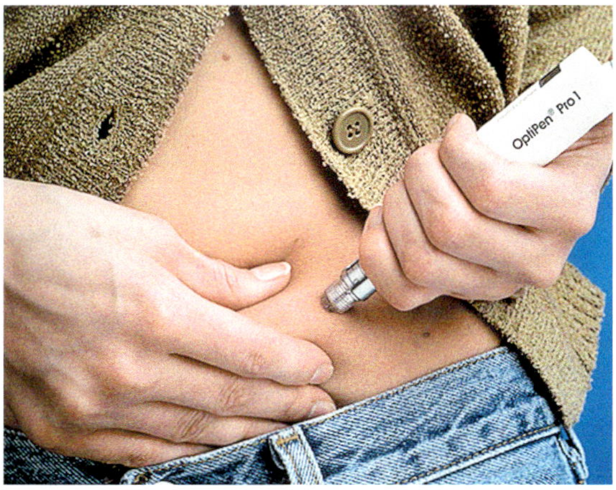

5 Was ist Diabetes? (Siehe Seite 206.)

6 Weshalb hat der Hummel-Schwärmer so große Duftantennen? (Siehe Seite 208.)

Anna ist glücklich. Endlich hat sie ihren Freund zu einem Tanzkurs überreden können. Beide mögen die Musik, die Tanzbewegungen und die fröhliche Stimmung.
Wie bringt unser Körper Stimmungen und Bewegungen eigentlich mit der Musik in Einklang?

1 Im Takt der Musik beim Abschlussball

Unser Nervensystem

Zusammenspiel

Wenn man erst einmal ein bisschen Übung hat, dann macht Tanzen sehr viel Spaß. Die Musik erzeugt Stimmungen und Gefühle, die man über das Tanzen ausdrückt. Außerdem gelangen neben den Schallreizen auch Licht-, Bewegungs- und Druckreize zu unseren Sinnesorganen. Man muss schnell reagieren können, um mit dem Tanzpartner immer im Gleichklang zu bleiben. Alle diese Informationen werden in unserem Körper vom Nervensystem in Form von elektrischen Signalen transportiert.

Netzwerk Nervensystem

Das **Nervensystem** durchzieht als reich verzweigtes Netz unseren ganzen Körper. Es besteht aus vielen Milliarden **Nervenzellen**, die hintereinandergeschaltet sind und lange **Nervenbahnen** bilden können. Auf diese Weise werden Verbindungen vom Gehirn über das **Rückenmark** bis in alle Körperbereiche geschaffen. → 2 Außerdem bilden andere Nervenzellen Verbindungen von den Sinnesorganen zum Gehirn.

Nervenbahnen bestehen aus Nervenzellen

Nervenzellen gehören zu den längsten Zellen des Körpers. Manche können bis zu einem Meter lang werden. Die meisten weisen einen ähnlichen Bau auf. → 3 Sie gliedern sich in vier Abschnitte.
Mithilfe der **Dendriten** nimmt die Nervenzelle elektrische Signale von den vorgeschalteten Nervenzellen auf.

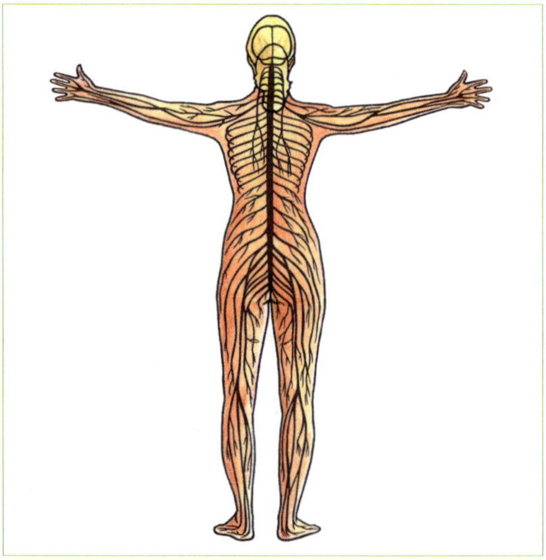

2 Das Nervensystem – ein weitverzweigtes Netz

Dendriten
Nervenbahnen
Nervenfaser
Nervensystem
Nervenzellen
Rückenmark
Synapsen
Zellkörper

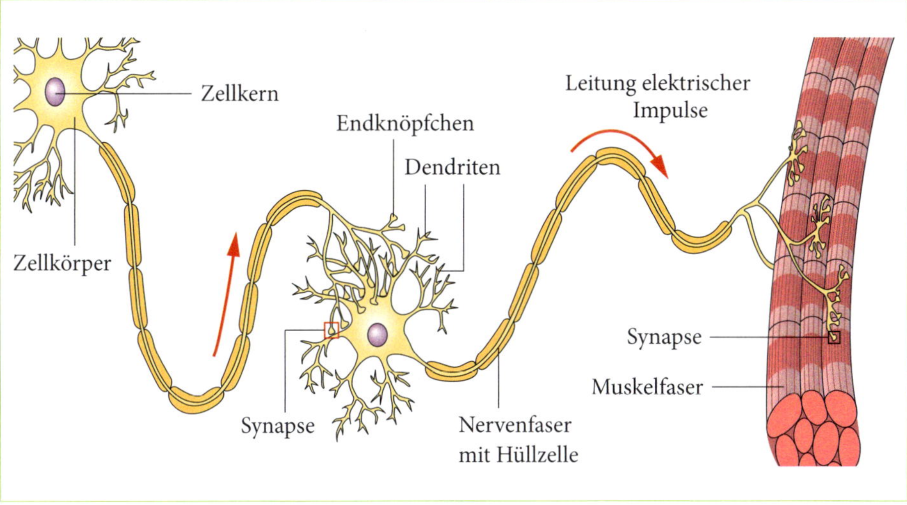

3 Hintereinandergeschaltete Nervenzellen bilden Nervenbahnen.

Im **Zellkörper** befinden sich der Zellkern und das Zellplasma. Die elektrischen Signale werden dann über einen einzelnen langen Fortsatz, die **Nervenfaser**, weitergeleitet. Die Nervenfaser wird durch Hüllzellen geschützt. Die Signale gelangen schließlich in die Endknöpfchen.
Die Verbindungen, die eine Nervenzelle mit anderen Zellen eingeht, bezeichnet man als **Synapsen**. Hier werden die Signale auf die nachfolgende Nervenzelle übertragen. Synapsen werden auch zwischen Nervenzellen und anderen Organen, zum Beispiel Muskeln, ausgebildet. Elektrische Signale, die von den Nervenzellen bis zu den Muskeln geleitet werden, lösen das Zusammenziehen der Muskeln aus. So können wir uns bewegen, zum Beispiel beim Tanzen.

→ Merk dir! **Viele hintereinandergeschaltete Nervenzellen bilden lange Nervenbahnen, die zum Nervensystem vernetzt sind. Das Nervensystem dient der Weiterleitung von Informationen in Form elektrischer Signale.**

Arbeitsaufträge

1. Bringe die Sätze in die richtige Reihenfolge.
- **a** Das Gehirn schickt über Nervenbahnen einen Befehl in Form elektrischer Signale an die Muskeln im Augenlid.
- **b** Die Sehsinneszellen wandeln den Reiz in elektrische Signale um.
- **c** Ein Lichtreiz trifft auf die Sehsinneszellen.
- **d** Über Nervenfasern wird das elektrische Signal von Nervenfaser zu Nervenfaser weitergeleitet.
- **e** Das elektrische Signal gelangt ins Gehirn, wo es verarbeitet wird.

2. Zeichne das Modell einer Nervenzelle groß auf und beschrifte die einzelnen Bauteile. Erklärt euch gegenseitig anhand eurer Zeichnung den Weg des elektrischen Signals durch die Nervenzelle.

Eigentlich wollte Stefanie mit dem Hammer einen Nagel in die Wand schlagen. Sie hat jedoch ihren Daumen getroffen. Blitzschnell zieht sie die Hand zurück. Ein heftiger Schmerz durchzuckt ihren Daumen.
Wie gelangt die Schmerzempfindung ins Gehirn? Und wie konnte Stefanie so schnell reagieren?

1 Aua!

Wie funktionieren Nervenzellen?

Elektrische Übertragung

Wenn der Hammer den Daumen trifft, werden besondere Schmerz-Sinneszellen in der Haut gereizt. Schmerz-Sinneszellen können unterschiedliche Gestalt haben. Sie sind über die gesamte Haut verteilt. Sie können die plötzliche Druckbelastung in der Haut in elektrische Spannungen umwandeln. Die Spannung ist nicht groß, sie beträgt etwa ein Millivolt. Diese elektrische Erregung wird an den Fortsätzen der Nervenzellen entlang bis zum Rückenmark geleitet. → 2 Im Rückenmark wird die Erregung an einer Synapse auf eine andere Nervenzelle übertragen. Eine Synapse besteht aus dem **Endknöpfchen** der ankommenden Nervenzelle, dem synaptischen Spalt und der Zellmembran der nächsten Nervenzelle. Der synaptische Spalt kann durch die **elektrischen Impulse** nicht überwunden werden.

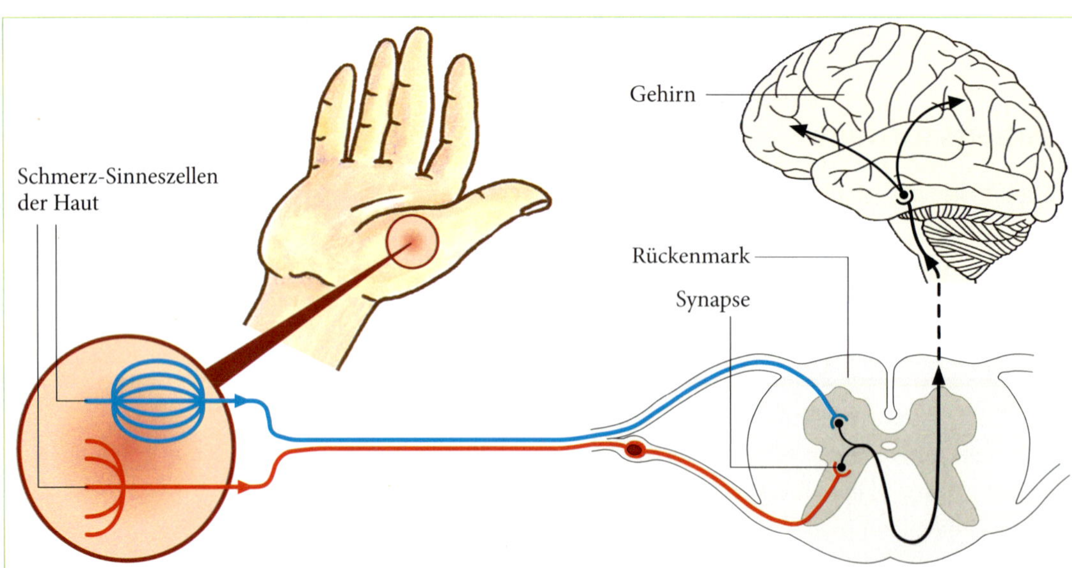

2 Übertragung von der Sinneszelle zum Gehirn

elektrische Impulse
Endknöpfchen
Gehirn
synaptischer Spalt
Transmitter

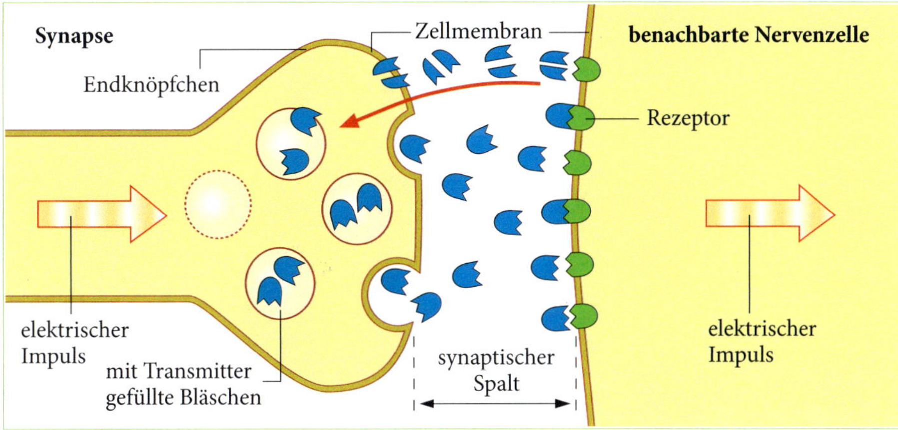

3 Vorgänge an einer Synapse

Informationsübertragung an Synapsen

Die Informationsübertragung erfolgt durch chemische Stoffe, die **Transmitter**. Gelangen elektrische Impulse bis zum Endknöpfchen, so wandern mit Transmitter gefüllte Bläschen zum **synaptischen Spalt**. Dort geben sie ihre Transmitter in den Spalt ab. → 3 Die Transmitter gelangen zur Zielzelle und binden hier an einen Rezeptor. Dadurch lösen sie dort erneut elektrische Impulse aus, die weitergeleitet werden. Anschließend werden die Transmitterstoffe aus dem synaptischen Spalt entfernt. Über das Rückenmark gelangen die elektrischen Impulse ins **Gehirn** und werden verarbeitet. So entsteht die Schmerzempfindung. Das Gehirn sendet elektrische Impulse über das Rückenmark zu den Muskeln der Hände, sodass sie zurückzucken. Die Erregungsleitung an den Nervenzellen des Menschen kann eine Geschwindigkeit von bis zu 120 Metern pro Sekunde erreichen.

→ Merk dir! Sinneszellen nehmen Reize aus der Umgebung auf. Sie erzeugen elektrische Spannungen, die bis zum Gehirn geleitet werden. An den Synapsen sorgen Transmitterstoffe für die Informationsübertragung.

Arbeitsaufträge

1. Stelle den Verlauf der Informationsübertragung vom Hammerschlag auf den Daumen bis zum Loslassen des Hammers in einem Fließdiagramm dar.

2. Berechne, wie lang die Informationsübertragung dauert, wenn die Strecke vom Daumen bis zum Gehirn 60 Zentimeter lang ist.

3. Viele Narkosestoffe verhindern, dass an der postsynaptischen Membran elektrische Impulse entstehen. Erläutere die Auswirkungen auf das Nervensystem.

4. Der Inlandtaipan ist die giftigste Schlange der Welt. Nach dem Biss stirbt das Opfer innerhalb von etwa 30 Sekunden, weil sich alle Muskeln im Körper krampfhaft zusammenziehen. Das Gift wirkt an den Synapsen zwischen Nerven- und Muskelzellen.

- **a** Erläutere, wie das Schlangengift an den Synapsen der Muskelzellen wirkt.
- **b** Stelle eine Vermutung auf, wie ein Gegengift wirken könnte.

Die Klasse 8b übt für das nächste Schulfest ein Theaterstück ein. Lena und Jakob haben die beiden Hauptrollen und müssen viel Text auswendig lernen. Und natürlich wollen alle auf der Bühne auch mit schauspielerischem Talent überzeugen. Was leistet das Gehirn beim Schauspielern?

1 Bei der Theaterprobe

Schaltzentrale Gehirn

Bereiche des Gehirns

Das Gehirn ist die Schaltzentrale unseres Körpers. Hier laufen alle Informationen von den Sinnesorganen zusammen. Diese werden ausgewertet und entsprechende Befehle in alle Körperteile geschickt. Im Gehirn entstehen auch Gefühle und Empfindungen. Das Gehirn besteht aus vier großen Bereichen: Großhirn, Kleinhirn, Zwischenhirn und Hirnstamm. → 2

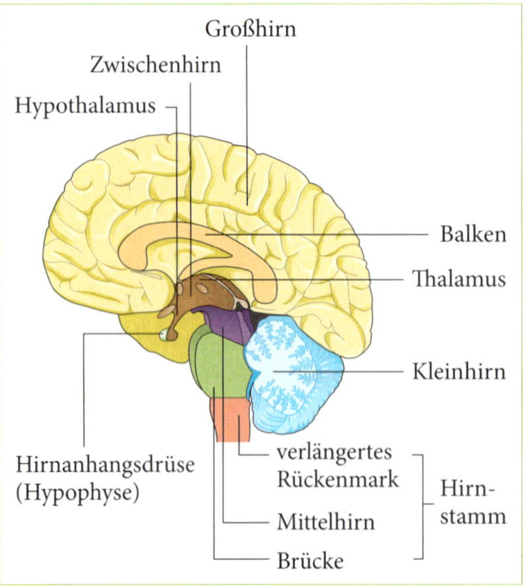

2 Menschliches Gehirn

Das Großhirn

Den größten Teil des Gehirns nimmt das **Großhirn** ein. Seine Form erinnert an eine Walnuss. Es ist das Zentrum unserer Wahrnehmung. Alle Bewegungen, die Jakob und Lena auf der Bühne machen, werden hier geplant. Beim Theaterspielen muss sehr viel Text gelernt werden. Dafür ist ebenfalls das Großhirn zuständig. Zudem ist es Sitz unserer Sprache und Intelligenz. Die Oberfläche des Großhirns kann man in verschiedene Felder gliedern. Diese Felder sind für bestimmte Aufgaben zuständig. → 3

Vom Aufnehmen zum Handeln

Sinneseindrücke aus den Sinnesorganen gelangen über die Nervenbahnen zu den Großhirnfeldern und werden dort verarbeitet. Wenn Lena den Text des Theaterstücks liest, so werden als Erstes die Nervenzellen im Sehzentrum aktiviert. Das Sehzentrum befindet sich im hinteren Großhirn. → 3
Das Sprachzentrum sorgt dann dafür, dass aus den einzelnen Buchstaben Worte werden, deren Bedeutung Lena verstehen kann. Das Sprachzentrum befindet sich im seitlichen Bereich des Großhirns. → 2, 3

Großhirn
Hirnstamm
Kleinhirn
Zwischenhirn

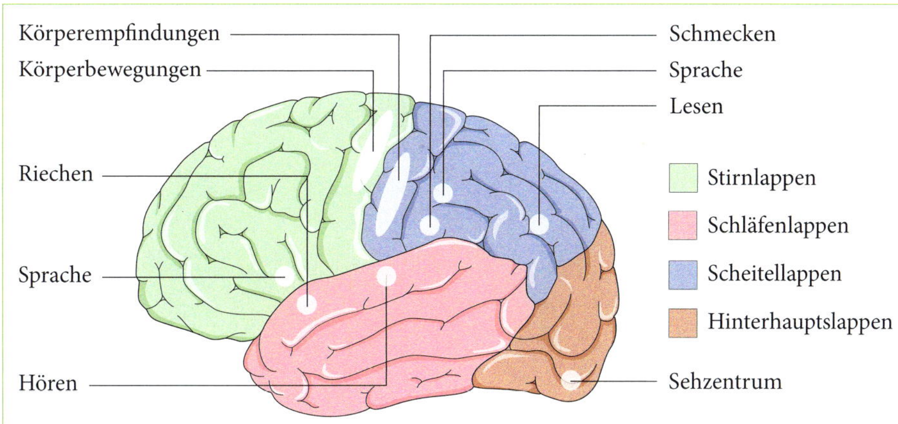

3 Aufgaben der Großhirnfelder

Zusammenarbeit der Gehirnbereiche

Das Großhirn ist auf die Zusammenarbeit mit den anderen Bereichen des Gehirns angewiesen. Den zweitgrößten Teil des Gehirns bildet das **Kleinhirn.** → 2 Es ist neben dem Großhirn ein zweites Zentrum für die Bewegungen. Es ist für automatische Bewegungen und das Gleichgewicht verantwortlich. Wichtig ist aber auch, dass sich Jakob und Lena gut in ihre Rolle „hineinfühlen" können. Dazu muss man Gefühle empfinden und auch zum Ausdruck bringen. Für Gefühle, Hunger, Durst und Körpertemperatur ist das **Zwischenhirn** zuständig. → 2 Der **Hirnstamm** steuert wichtige Körperfunktionen: Atmung, Herzschlag, Blutdruck, Augenbewegung, Husten und Schlucken. → 2

- Gesamtlänge aller Nervenbahnen unseres Gehirns: 5,8 Millionen Kilometer. Das sind 145 Erdumrundungen.
- Durchschnittsgewicht des menschlichen Gehirns: 1245 bis 1375 Gramm
- Nur 2 % unseres Körpergewichts entfallen auf das Gehirn. Es benötigt jedoch mehr als 20 % des eingeatmeten Sauerstoffs.

4 Zahlen zum Gehirn

Merk dir! Die verschiedenen Bereiche des Gehirns haben unterschiedliche Funktionen. An einer Aufgabe arbeiten immer mehrere Bereiche zusammen.

Arbeitsaufträge

1. Nenne die wichtigsten Teile des Gehirns. Informiere dich im Internet oder in Büchern über die genauen Funktionen der einzelnen Bereiche.

2. Welche Bereiche des Großhirns werden bei folgenden Tätigkeiten aktiviert: Singen, Bodenturnen, Autofahren, Kochen, sich streiten, Klavierspielen?

3. Vergleiche das Gehirn mit einem Computer. Nenne Gemeinsamkeiten und Unterschiede.

4. Das Gehirn wird über das Blut mit Sauerstoff versorgt.
- **a** Ziehe eine Schlussfolgerung aus dem großen Sauerstoffbedarf des Gehirns. → 4
- **b** Informiere dich, was bei einer Unterversorgung des Gehirns mit Sauerstoff passiert.

Für die Mathearbeit muss eine Menge gelernt werden. Leider fällt es einem oft schwer, sich die vielen Formeln zu merken. Gibt es nicht die Möglichkeit, dem Gedächtnis ein wenig „auf die Sprünge zu helfen"?

1 Lernen ist eine Herausforderung für das Gedächtnis.

Wie wir lernen

Informationen abrufen

Den Begriff **Lernen** verbinden wir schnell einfach nur mit „Schule". Für Englisch beispielsweise muss man Vokabeln lernen, für Mathematik Formeln. Dabei lernen wir eigentlich ständig, ohne dass es uns unbedingt bewusst wird. So merken wir uns die neuen Abfahrtszeiten des Schulbusses oder erkunden Abkürzungen des Schulwegs. Auch das ist Lernen. Lernen bedeutet nichts anderes, als dass Informationen, die im Gedächtnis gespeichert wurden, wieder abgerufen werden können. Das heißt also, dass wir uns erinnern können: Wie lautete die Formel aus dem Mathematikunterricht? Wann fährt der Schulbus ab? → 2

Schritt 1 – Das Kurzzeitgedächtnis

Unsere Sinnesorgane nehmen in jeder Sekunde sehr viele Informationen auf. Diese gelangen zunächst ins **Kurzzeitgedächtnis**. Da eine solche Fülle von Informationen unser Gedächtnis schnell überlasten würde, sortiert das Gehirn gleich all das aus, was es für unwichtig hält. Das Gehirn entlastet sich also selbst durch Vergessen. → 3

Schritt 2 – Das Langzeitgedächtnis

Nur das, was dem Gehirn wichtig erscheint, wird im **Langzeitgedächtnis** abgespeichert. Das Gelernte bleibt hier über mehrere Wochen haften. Dann wird es einer erneuten Prüfung unterzogen. → 3

Schulbus – Abfahrt

Amlingsberg Kirche	7:10
Amlingsberg Bahnhof	7:18
Schlosshausen Vorstadt	7:26
Schlosshausen Zentrum	7:32
Osterdorf	7:38
Willersberg	7:45
Hasenwinkel Schule	7:52

2 Schulbus – Abfahrtsplan

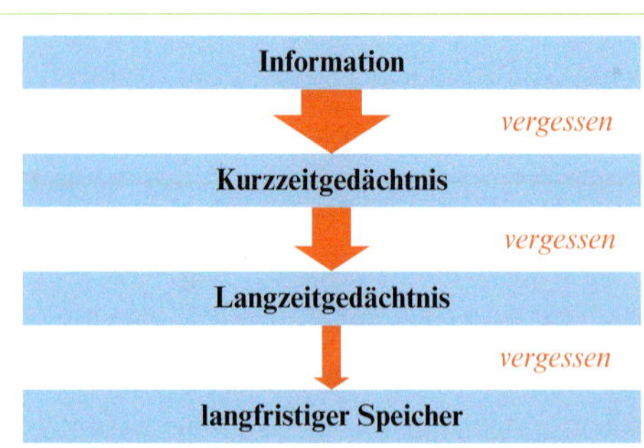

3 Das Gedächtnis arbeitet in Schritten.

Kurzzeitgedächtnis
langfristiger Speicher
Langzeitgedächtnis
Lernen

10 %	von dem, was du liest
20 %	von dem, was du siehst
30 %	von dem, was du hörst
50 %	von dem, was du hörst und liest
70 %	von dem, was du selbst sagst
80 %	von dem, was du selbst tust

4 Du behältst …

Biologie Sinnesorgane
Schutz der Augen

Lösung
· Augenbrauen
· Wimpern
· Augenlider

Biologie Sinnesorgane
Aufbau des Ohrs

Lösung
· Außenohr
· Mittelohr
· Innenohr

5 Karten aus Alex' Lernkartei

Schritt 3 – Behalten

Besteht die Information diese „Wichtigkeitsprüfung“, so wird sie schließlich fest im **langfristigen Speicher** verankert. Ein Schüler, der immer mit dem Schulbus fährt, wird sich sicherlich die Abfahrtszeiten des Busses merken, da sie für ihn täglich von Bedeutung sind. → 3

Dem Gedächtnis „auf die Sprünge helfen“

Was kann man tun, um all das, was man lernen möchte, auch tatsächlich im Langzeitgedächtnis zu speichern und wieder abzurufen? Zunächst ist wichtig, auf welche Weise man den Lernstoff aufnimmt. → 4 Allerdings kommt es darauf an, welcher Lerntyp du bist. Jeder lernt auf unterschiedliche Weise. Anna kann sich Erzähltes besonders gut merken, während Lena am liebsten alles selbst ausprobieren muss. Alex lernt am besten, wenn er sich eine Kartei anlegt. → 5
Wenn du weißt, welcher Lerntyp du bist, dann kannst du Informationen entsprechend gut aufnehmen und verankern.

Merk dir! Lernen bedeutet, dass Informationen aus dem Gedächtnis wieder abgerufen werden können. Nicht alle Informationen, die wir über die Sinnesorgane aufnehmen, merken wir uns dauerhaft. Nur für uns bedeutsame Informationen werden im langfristigen Speicher verankert. Das Vergessen dient dazu, das Gedächtnis zu entlasten.

Arbeitsaufträge

1. Lies dir noch einmal in Abbildung 4 durch, auf welche Weise du dir Wissen am besten aneignen kannst.
Formuliert in Partnerarbeit mindestens 5 „Lerntipps“, wie man sich beispielsweise auf eine Mathematikarbeit vorbereiten kann. Bringt dabei auch eigene Lernerfahrungen ein.

2. Mithilfe einer Mindmap könnt ihr euch das Lernen erleichtern.

a Erstellt in Gruppenarbeit zum Thema „Sinnesorgane“ eine Mindmap. Stellt dafür alle euch wichtig erscheinenden Informationen auf einem DIN-A3-Blatt übersichtlich dar.

b Jede Gruppe stellt nun die Informationen zu einem Sinnesorgan in der Klasse vor.

3. Suche im Internet nach Mindmap-Programmen. Versuche damit eine Mindmap als Datei zu einem Thema zu erstellen, das dich sehr interessiert.

Hast du gut gelernt?

1. Teste dein Gedächtnis

Ihr braucht: Karteikarte (DIN A5), Merkliste für Bilder und Wörter.

Ball
Tasse
Knopf
Messer
Fliege
Puppe
Geschenk

1 Beispiel Merkliste

Bildet Vierergruppen. Am Gruppentisch wird der Versuch paarweise durchgeführt. Ein Schüler ist die Versuchsperson, der andere der Versuchsleiter. Mit der Karteikarte deckt der Versuchsleiter jeweils einen Teil der Merkliste ab – entweder die Liste mit Bildern oder die Wortliste. Die Paare am Vierertisch decken unterschiedliche Teile der Merkliste ab. Die Versuchsperson prägt sich 30 Sekunden lang die dargestellten Begriffe ein. Anschließend nennt die Versuchsperson in 10 Sekunden alle Begriffe, die sie behalten hat. Der Versuchsleiter notiert die Anzahl.

a Sammle die Ergebnisse der Klasse und bilde einen Mittelwert.

b Stelle die Mittelwerte für die Wort-Merkliste und die bebilderte Merkliste gegenüber und erläutere das Ergebnis.

2. Alles mitgekriegt?

Ihr braucht: dieses Biologiebuch.

Bildet Vierergruppen. Ein Schüler am Tisch ist die Versuchsperson. Die anderen drei Schüler am Tisch suchen sich jeweils verschiedene Seiten aus diesem Biologiebuch zum Vorlesen aus. Auf ein Zeichen beginnen alle drei Schüler gleichzeitig mit dem Vorlesen. Die Lautstärke beim Vorlesen muss etwa gleich hoch sein. Die Aufgabe der Versuchsperson am Tisch besteht darin, möglichst viel der vorgelesenen Texte zu behalten und am Ende des Versuchs wiederzugeben.

a Sammle die Ergebnisse aller Versuchspersonen.

b Ziehe eine Schlussfolgerung aus diesen Ergebnissen.

c Formuliere eine Lernregel für dein eigenes Lernen.

2 Versuchsanordnung

3. Wie erstellt man eine Mindmap als Lernhilfe?

Ihr braucht: ein Blatt Papier (DIN A4 oder DIN A3), Buntstifte.

Um eine Mindmap, zum Beispiel zum Thema Sinnesorgane, zu erstellen, legt man das Blatt quer. Schreibe den Schlüsselbegriff, in diesem Fall „Sinnesorgan", in die Mitte des Blattes und umkreise ihn mit einem Buntstift. Male, wenn genug Platz ist, ein Bild dazu.

Zeichne, ausgehend vom Schlüsselbegriff, Hauptäste ein, auf die du die Namen von Oberbegriffen schreibst.

An die Hauptäste werden dann so viele Nebenäste gezeichnet, wie es weitere Oberbegriffe gibt. Benutze für die Ausgestaltung der Mindmap Farben. Zeichne Bilder zu den verschiedenen Begriffen.

a Erstelle eine Mindmap zum Thema Nervensystem.

b Begründe, weshalb eine Mindmap eine Lernhilfe darstellt.

c Erläutere, weshalb Mindmaps bunt und mit Bildern gestaltet werden sollten.

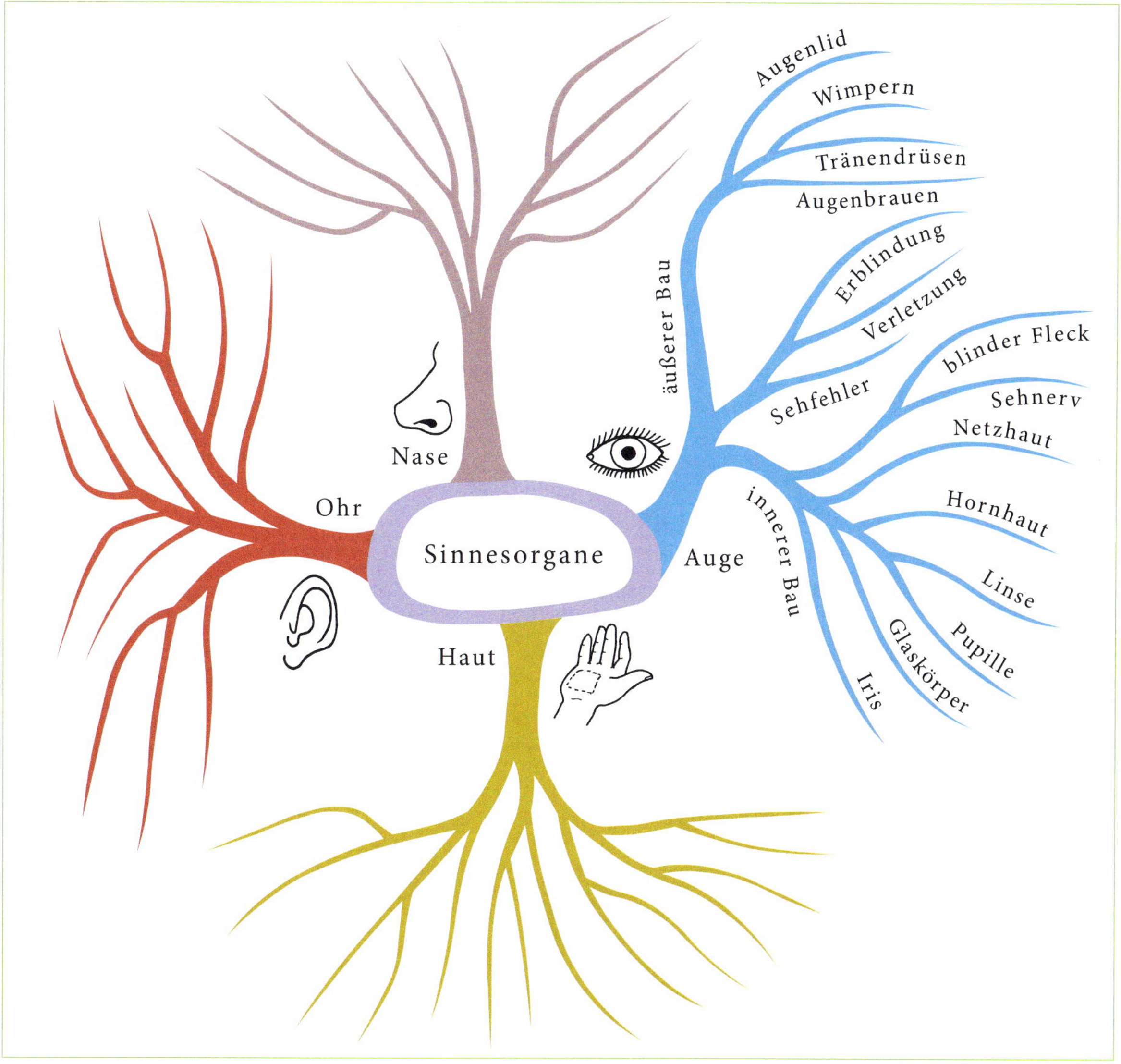

3 Erstellung einer Mindmap

Was das Gehirn leistet

Wichtiger Schlaf

Etwa ein Drittel unseres Lebens verschlafen wir. Im Schlaf bemerken wir von unserer Umwelt nur sehr wenig. Die Körpertemperatur, der Herzschlag und der Blutdruck sind vermindert. Mithilfe von Elektroden können die elektrischen Ströme im Gehirn gemessen werden. → 1 Sie unterscheiden sich im Schlaf- und im Wachzustand. → 2 Schlaf ist lebensnotwendig. Schlafentzug über längere Zeit führt zu gesundheitlichen und seelischen Schäden, in Extremfällen sogar zum Tod. Nicht nur der Mensch, auch alle Tiere mit komplexem Nervensystem schlafen. Deshalb nimmt man an, dass der Schlaf für die korrekte Funktion des Gehirns unentbehrlich ist. Für die meisten Menschen liegt die notwendige Schlafdauer zwischen sieben und neun Stunden täglich. Der Schlafbedarf ist vom Lebensalter abhängig: Ältere Menschen benötigen weniger Schlaf als junge. Anhand der Gehirnströme lassen sich verschiedene Schlafphasen unterscheiden. Am erholsamsten ist der Tiefschlaf. Er tritt während des Schlafs mehrfach auf.

Wunderwerk Gehirn

Das Gehirn besteht aus etwa 100 Milliarden Gehirnzellen und vollbringt manchmal Unvorstellbares. Aus einer Zeitungsmeldung: *„In seinen zwanzig Jahren als Gerichtsmediziner hatte Professor J. B. Dalgaard so etwas noch nicht gesehen: ein walnussgroßes Loch im Sprachzentrum des Gehirns eines Mannes, der bis zu seinem Tod Vorlesungen an der Universität gehalten hatte. Professor Dalgaard zeigte dem Fersehpublikum das Gehirn eines 1979 verstorbenen Mannes, auf den 1968 ein Attentat verübt worden war. Das Geschoss hatte den Schädel oberhalb der linken Schläfe durchschlagen und zentrale Stellen des Sprachzentrums zerstört. 90 Prozent der so verletzten Menschen sterben. Dieser Mann aber hatte überlebt. Und nicht nur das: In jahrelanger Übung war es dem Mann gelungen, die zunächst verlorene Sprechfähigkeit wiederzuerlangen. Offensichtlich, so führte Professor Dalgaard aus, hatten die übrig gebliebenen Zellen des Sprachzentrums die Aufgaben der zerstörten Zellen mitübernommen.“*

1 EEG-Messung

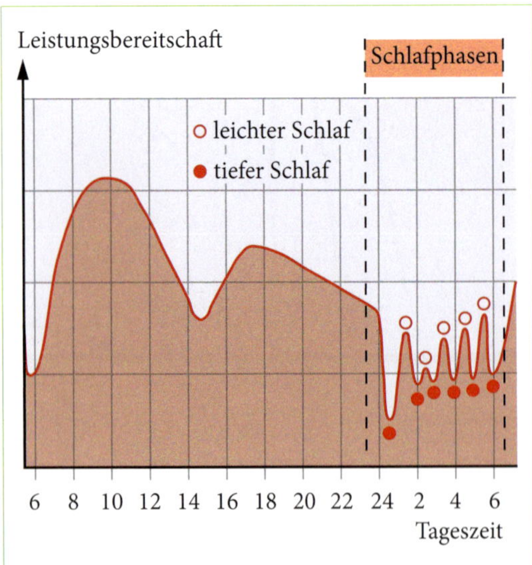

2 Wach- und Schlafphasen

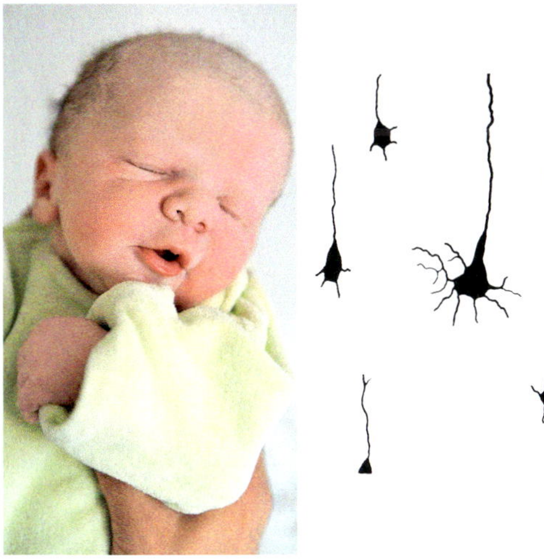

3 Verknüpfungen von Nervenzellen beim Neugeborenen 4 Verknüpfung von Nervenzellen beim Kleinkind

Entwicklung von Nervenzellen

Wenn ein Kind geboren wird, sind im Gehirn die allermeisten Nervenzellen bereits vorhanden. Im Laufe des Lebens kommen kaum weitere Nervenzellen mehr hinzu, weil ausgewachsene Nervenzellen sich nicht teilen können. Während der frühen Lebensjahre werden jedoch viele neue Verknüpfungen zwischen den Nervenzellen gebildet. → 3 Während dieser Entwicklung bilden die Nervenzellen neue Dendriten und viele Endknöpfchen aus, die die Kontakte zu anderen Nervenzellen herstellen. → 4 Diese Entwicklung der Nervenzellen findet das ganze Leben über statt, wird in den späteren Lebensjahren jedoch verlangsamt.

Freude beim Lernen

Was man gut kann, tut man gern und behält so Gelerntes besser. Wozu man weniger Lust hat, tut man nicht so gern und kann Inhalte schlechter behalten. → 5 Auch außerhalb der Schule wird gelernt. Dieses Lernen beim Musikunterricht oder Sport macht Spaß und ist freiwillig. → 6

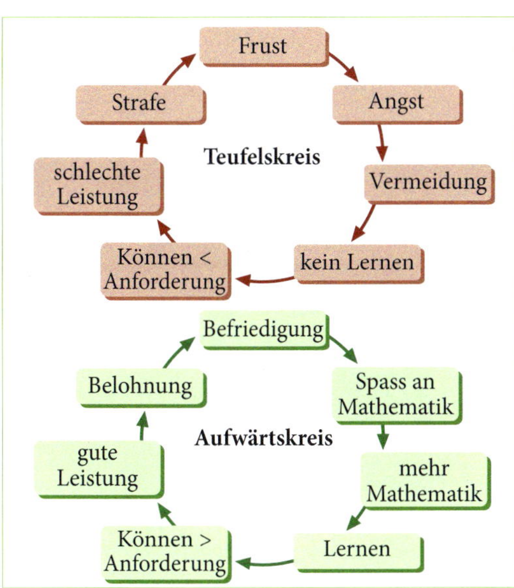

5 Freude und Frust beim Lernen

6 Beim Musikunterricht

Bei Festen wird oft viel Alkohol getrunken und geraucht. Dies soll zu einer gelockerten Stimmung beitragen. Doch spätestens am Tag danach fühlt man sich dann zumeist sehr schlecht. Welche Wirkung haben Drogen wie Alkohol und Nikotin auf den Körper?

1 Hochstimmung … und später … Katerstimmung!

Wirkung von Drogen

Was sind Drogen?

Drogen werden auch als Suchtmittel oder Rauschmittel bezeichnet. Sie können aus pflanzlichen oder chemischen Grundstoffen gewonnen werden. Sie greifen in den natürlichen Ablauf des Körpers ein und beeinflussen Stimmungen, Gefühle und Wahrnehmungen. Sie werden unterteilt in **legale** und **illegale Drogen**. → 2, 3

Warum nimmt jemand überhaupt Drogen?

Jeder Mensch muss Stress und Ärger aushalten: zu Hause, in der Schule oder am Arbeitsplatz. Die meisten Menschen können mit dieser Belastung gut umgehen. Wenn sie es nicht alleine schaffen, so holen sie sich Rat und Hilfe bei anderen Menschen.
Es gibt aber auch Menschen, die es nicht gelernt haben, mit ihren Problemen umzugehen. Gerade solche Menschen greifen leichter zu Drogen, da diese kurzfristig die Stimmung verbessern. Aber: Drogen lösen keine Probleme. Sie verschlimmern sie sogar noch. Denn Drogen kosten Geld, das beschafft werden muss. Außerdem verursachen viele Drogen körperliche Schäden.

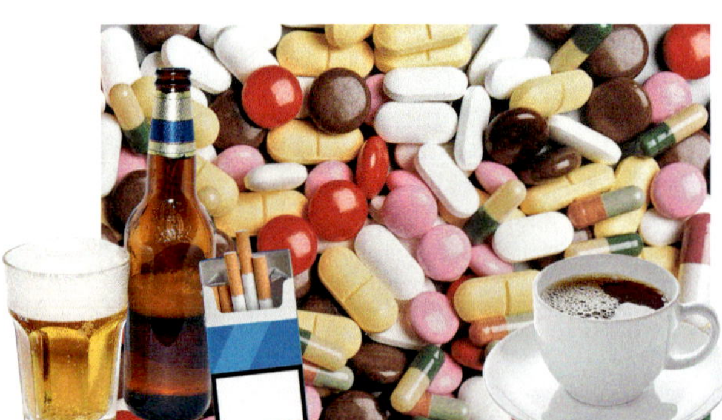

2 Legale Drogen, deren Besitz, Konsum oder Handel nicht verboten sind. Dazu gehören zum Beispiel Alkohol, Coffein, Nikotin und auch Medikamente.

3 Illegale Drogen, deren Besitz, Konsum oder Handel im Gesetz geregelt sind. Dazu gehören Cannabis (Haschisch, Marihuana), Heroin, Opium, LSD, Kokain, Crack, Ecstasy (XTC) und Speed.

legale Drogen
illegale Drogen

Droge	Wirkung	Risiken
Alkohol	entspannend, Reaktions- und Konzentrationsvermögen eingeschränkt	Gehirn und Leber werden angegriffen. Es besteht große Unfallgefahr und Kontrollverlust.
Nikotin	Nervosität sinkt, anregend	Da Nikotin Blutgefäße verengt, kann es zu unterschiedlichen Durchblutungsstörungen kommen. Durch das Kondensat können Lunge und Atemwege geschädigt werden (Krebsgefahr).
Cannabis	individuell sehr unterschiedliche Wirkung; entspannend, enthemmend, Verstärkung von Hochs und Tiefs	Die Leistungsfähigkeit von Gedächtnis und Reaktionsvermögen werden herabgesetzt. Depressionen und Desinteresse können auftreten.

4 Wirkung von Drogen

Wie wirken Drogen?

Rauschdrogen bewirken eine Änderung der Aktivität der Nervenzellen in bestimmten Hirnregionen. → 4 Dadurch kommt es zu veränderter Wahrnehmung des eigenen Selbst und der Umwelt, die als angenehm empfunden werden kann. Werden Drogen jedoch regelmäßig eingenommen, gewöhnt sich das Gehirn daran. Es kommt ohne Drogen nicht mehr aus.

Ab wann ist man süchtig?

Ein Mensch ist süchtig, wenn er nicht mehr in der Lage ist, auf den regelmäßigen Konsum von beispielsweise Zigaretten oder Alkohol zu verzichten, auch wenn er es gerne möchte. Beim Verzicht auf die Droge treten Entzugserscheinungen auf. Bei Suchtkrankheit kann man Hilfe bei seinem Arzt finden oder aber auch städtischen Beratungsstellen und kirchlichen Einrichtungen.

→ Merk dir! Drogen wirken auf das Nervensystem. Man kann legale und illegale Drogen unterscheiden. Drogen lösen bei dauerhaftem Missbrauch Sucht aus und führen zu körperlichen und psychischen Problemen.

Arbeitsaufträge

1. Anna macht sich Sorgen. Sie bemerkt, dass Jakob regelmäßig um die Wette trinkt. Am nächsten Tag kann er sich an nichts mehr erinnern.
   - **a** Wie könnte Anna Jakob helfen?
   - **b** Sucht mithilfe des Internets Kontaktadressen, wo ihr Beratung und Hilfestellung bei Suchtproblemen sowie weitere Informationen zu Drogen erhalten könnt.

2. Informiert euch im Internet über die Kampagne „Keine Macht den Drogen". → 5 Stellt das Projekt vor.

3. Überlegt gemeinsam, was ihr tun könnt, um Stress, Ärger oder Probleme auch ohne Drogen zu bewältigen. Sammelt eure Vorschläge und stellt diese auf einem Plakat zusammen.

5 Keine Macht den Drogen (www.kmdd.de)

Jugendliche und Diabetes

Verena, 16 Jahre: „*Begonnen hat meine Krankheit schon in der Grundschule. Ich war immer schlapp und konnte mich nicht konzentrieren. Ich konnte nichts lernen und obwohl ich normal aß, wurde ich immer dünner. Nur Durst hatte ich ständig. Bei einer ärztlichen Untersuchung wurde festgestellt, dass ich zuckerkrank bin.*
Ich bin Diabetikerin. Meine Bauchspeicheldrüse produziert kein Insulin. Deshalb muss ich mir mehrmals am Tag Insulin spritzen und meinen Blutzucker testen." → **1, 2**

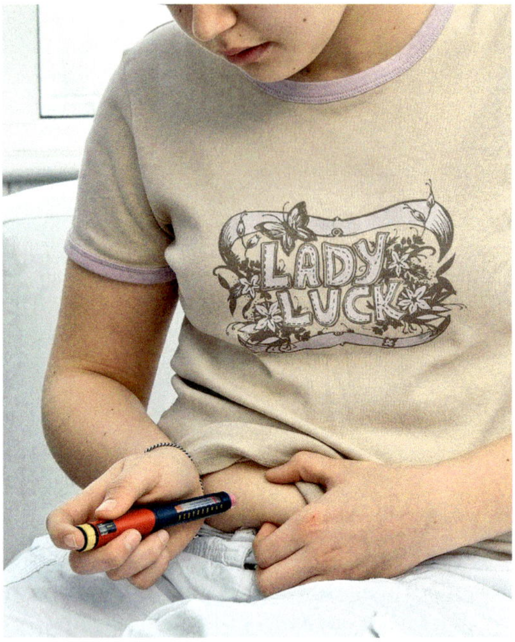

1 Verena spritzt sich mit einem Pen Insulin.

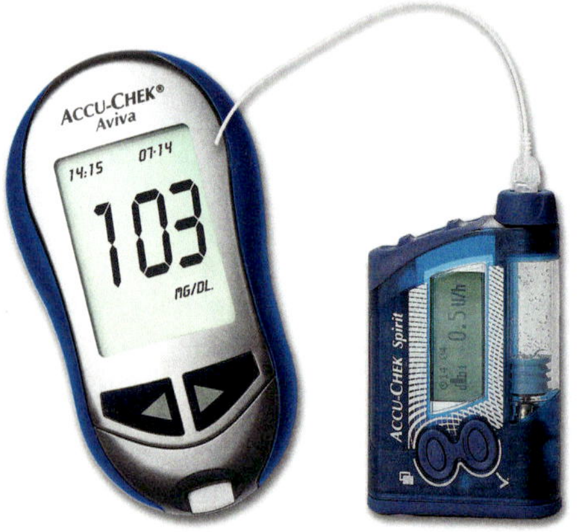

2 Blutzuckermessgeräte

Diabetes – was ist das?

Bei Kindern tritt in der Regel der sogenannte Diabetes Typ I auf. Dies ist eine Stoffwechselstörung, bei der das lebensnotwendige körpereigene Hormon Insulin in der Bauchspeicheldrüse zu wenig oder gar nicht gebildet wird.

Blutzucker

Die Kohlenhydrate aus der Nahrung werden im Darm zu Traubenzucker (Glucose) abgebaut und bei der Verdauung in das Blut aufgenommen. Dieser Zucker im Blut wird Blutzucker genannt. Je nachdem, was man isst und wie viel Zeit nach der letzten Mahlzeit vergangen ist, schwankt der Blutzuckerspiegel. Normalerweise enthalten 100 ml Blut zwischen 80 und 110 Milligramm Glucose. Das Hormon Insulin, das in der Bauchspeicheldrüse produziert wird, sorgt dafür, dass der Traubenzucker aus dem Blut in die Zellen gelangt und nicht zu stark ansteigt. Zellen verbrauchen den Zucker für ihre Arbeit. Die Zellen von Zuckerkranken können den Blutzucker nicht verwerten. Der Blutzuckerspiegel steigt auf hohe Werte an und wird mit dem Urin ausgeschieden. Dort kann er mit einem Zuckerteststäbchen nachgewiesen werden. → **3** Wenn Zucker im Urin nachgewiesen wird, muss dringend eine ärztliche Behandlung einsetzen.

3 Teststäbchen

- Insulin senkt den Blutzucker.
- Körperliche Anstrengung senkt den Blutzucker.
- Kohlenhydrate (Brot, Kuchen, Zucker, Süßigkeiten) erhöhen den Blutzucker.

4 Einflüsse auf den Blutzuckerwert

5 Jugendliche mit Unterzuckerungsanzeichen

Diabetes – eine Wohlstandskrankheit?

Die Ursache für eine Zuckererkrankung bei Kindern und Jugendlichen liegt in der Regel nicht in einer falschen Ernährung. Sie kommt auch nicht von dem Genuss zu vieler Süßigkeiten. Die Veranlagung für diese Krankheit wird von den Eltern auf die Kinder vererbt.
Anders ist es beim Diabetes Typ II. Davon sind oft ältere Menschen mit Übergewicht und Bewegungsmangel betroffen. Aber auch immer mehr fettleibige Kinder und Jugendliche erkranken an Diabetes Typ II. Sie produzieren das Insulin nicht mehr in ausreichender Menge. Oft muss aber kein Insulin gespritzt werden. Manchmal helfen schon eine kohlenhydratarme Ernährung und mehr Bewegung.

Was ist Unterzuckerung?

Wenn ein Diabetiker zu wenig oder zu spät isst oder seine Mahlzeiten vergisst, kann der Blutzucker zu tief absinken. Wenn er sich körperlich außergewöhnlich anstrengt, sinkt der Blutzucker ebenfalls. Er wird müde, ist ungewohnt unaufmerksam und zerstreut. → **5** Blässe im Gesicht, Schweißausbruch und Zittern können Zeichen einer Unterzuckerung sein. Im schlimmsten Fall kann es zur Ohnmacht kommen.
Schnelle Hilfe bei einer Unterzuckerung ist das sofortige Essen von Traubenzucker oder das Trinken eines Glases Fruchtsaft oder Cola (nicht Cola light!).

Zuckerkrank und trotzdem gesund?

Jeder Diabetiker, der den richtigen Umgang mit seiner „Gesundheitsstörung" gelernt hat, steht einem gesunden Menschen in seiner Leistungsfähigkeit nicht nach.
Voraussetzung ist aber, dass er sich richtig ernährt und gewisse Regeln und Verhaltensweisen einhält. → **6**

6 Ernährungspyramide für Diabetiker

Im Frühling ertönen in den frühen Morgenstunden lautstark Vogelstimmen, zum Beispiel die des Rotkehlchens. Wir erfreuen uns an dem Vogelgesang Aber welche Bedeutung hat er eigentlich?

1 Singendes Rotkehlchen

Lebewesen kommunizieren

Vogelgesang

Im Frühjahr bauen die meisten Vögel Nester. Die Weibchen legen Eier und der Nachwuchs wird aufgezogen. Ein Vogelpaar benutzt dafür ein bestimmtes Gebiet, ein Revier. Der laute Vogelgesang dient der Abgrenzung des Reviers. Das singende Rotkehlchen signalisiert seinen Rivalen, nicht in sein Revier einzudringen, sich mit seinem Weibchen zu paaren oder Beutetiere zu fangen. Der Gesang beinhaltet eine absichtlich erzeugte und zielgerichtete **Information**, die bei den Rivalen des Rotkehlchens eine bestimmte Reaktion auslöst. Dies bezeichnet man als **Kommunikation**. Allgemein spricht man von einem **Sender**, der eine Information sendet. Die Information gelangt zu einem **Empfänger**, der darauf in bestimmter Weise reagiert. → 2 Der Empfänger kann selbst zu einem Sender werden, wenn er eine Information sendet.

Bei den tagaktiven Vögeln werden meist akustische Kommunikationssignale, wie der Gesang, angewendet. Auch optische **Signale** dienen der Kommunikation. So wirkt die rote Brust der Rotkehlchen-Männchen als Erkennungssignal für die Weibchen bei der Paarfindung.

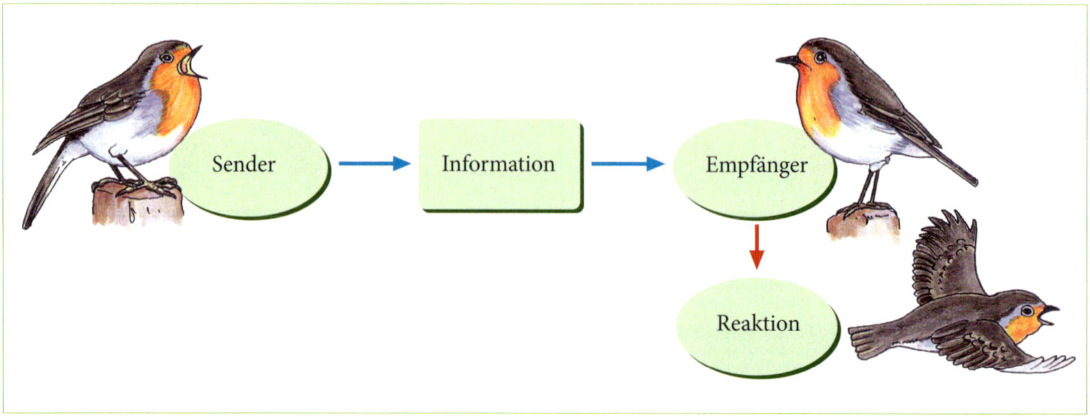

2 Kommunikation

Empfänger
Information
Kommunikation
Pheromone
Sender
Signal
Tarntracht
Warntracht

3 Hummel-Schwärmer

4 Korallenschlange

Pheromone

Nachtaktive Tiere, wie Nachtschmetterlinge, verströmen Duftstoffe, um Sexualpartner zu finden. Diese Stoffe werden **Pheromone** genannt. Um die Pheromone der Weibchen wahrnehmen zu können, besitzen die Männchen der Nachtfalter, zum Beispiel des Hummel-Schwärmers, große Fühler mit Riechhaaren. → 3 Untersuchungen haben ergeben, dass männliche Nachtschmetterlinge aus bis zu 25 Kilometern Entfernung heranfliegen, wenn sie die Pheromone eines Weibchens wahrnehmen. Den Zusammenhang zwischen Information und Kommunikation findet man bei allen Lebewesen, nicht nur bei Insekten und Vögeln. Selbst Pflanzen kommunizieren, wenn sie Blüten mit gefärbten Blütenblättern oder mit besonderen Duftstoffen ausbilden.

Tarntracht und Warntracht

Die Färbung von Tieren dient meist der Tarnung. Rotkehlchen brüten in einem Nest nahe dem Erdboden. Die geschlüpften Jungvögel besitzen unauffällig braune Federn. Die roten Federn entwickeln erst die erwachsenen Vögel. Die Jungtiere sind während ihrer Entwicklungszeit durch die **Tarntracht** gut getarnt.

Korallenschlangen werden bis zu einem Meter lang. Sie leben in Südamerika und gehören zu den Giftschlangen. Ihre Haut zeigt auffällige Farbringe. → 4 Wenn sich ein Feind, zum Beispiel ein Greifvogel oder eine Raubkatze, mit der Korallenschlange einlässt, so kann es sein, dass sie ihn beißt. Auch wenn das Gift dann nicht tödlich wirkt, so ist der Biss doch äußerst schmerzhaft. Bei einem weiteren Zusammentreffen werden die Feinde die Korallenschlange sofort erkennen und ihr ausweichen. Die Färbung der Korallenschlange ist eine **Warntracht**. Warntrachten findet man auch bei anderen Tieren, zum Beispiel bei Bienen und Wespen.

Merk dir! Lebewesen kommunizieren durch optische, akustische und Duftsignale. Zur Kommunikation gehören Sender, Information und Empfänger.

Arbeitsaufträge

1. Erläutere „Kommunikation".
2. Nenne je zwei weitere Beispiel für optische, akustische und Duftsignale.

Bei einem Waldspaziergang sieht man manchmal Stapel von gefällten Fichtenbaumstämmen. Bricht man die Rinde von den Baumstämmen ab, findet man oft auffällige Gangsysteme. Wer baut solche Gänge in die Rinde?

1 Fichtenbaumstämme und Fraßgänge unter der Rinde

Die Falle für den Borkenkäfer

Die Entwicklung des Borkenkäfers

Borkenkäfer kommen ausschließlich an Fichten vor. Ihre Entwicklung lässt sich an seinen Spuren in der Rinde von Fichten leicht nachvollziehen. → 1 Im Frühjahr bohren sich die Weibchen in die Rinde der Bäume und dringen durch die Borke bis in den Bast vor. Die Borke an einem Baumstamm besteht aus abgestorbenen und harten Zellen, die den Stamm schützen. Im darunterliegenden Bastteil werden Nährstoffe aus der Wurzel nach oben transportiert, die der Baum im Frühjahr zum Wachstum benötigt. → 2 Unter dem Bast liegt das Kambium, eine Wachstumsschicht. Das Innere des Baumstamms wird vom Holz gebildet. Wenn die Borkenkäferweibchen in der Bastschicht angekommen sind, geben sie einen Duftstoff ab, mit dem sie Männchen anlocken.

Die Eiablage

Nachdem die Begattung stattgefunden hat, frisst das Weibchen einen Fraßgang in Längsrichtung des Baumstamms. In seitli-

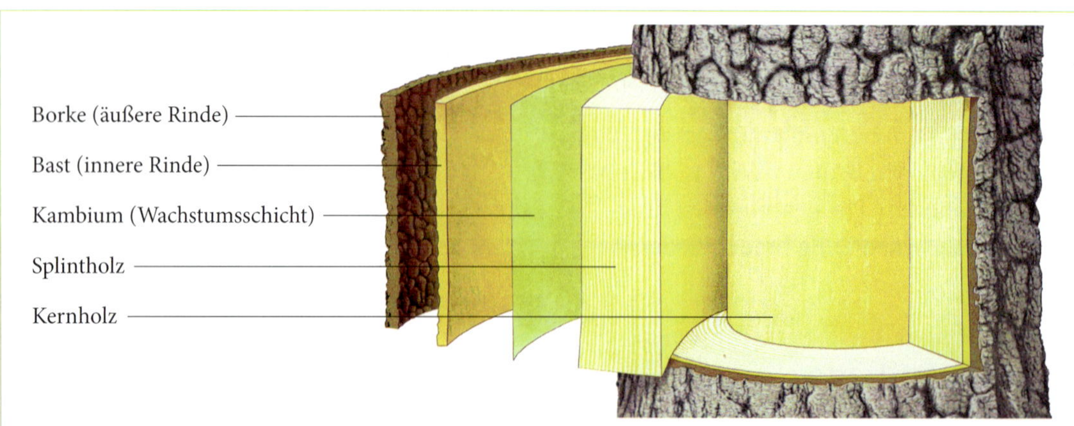

2 Schichtenaufbau eines Baumstamms

Borkenkäfer
Fichtenmonokultur
Pheromonfalle

3 Borkenkäfer

4 Pheromonfalle

chen kleinen Nischen werden 10 bis 30 Eier abgelegt. Die aus den Eiern schlüpfenden Larven fressen quer zum Muttergang weitere Fraßgänge. → 1 Jeder Fraßgang endet mit der Puppenwiege. Hier verpuppen sich die Larven. Nach dem Schlüpfen bohrt sich das erwachsene Tier nach außen und kann wieder neue Bäume anfliegen. Die Fraßgänge ergeben ein charakteristisches Bild, weshalb der Borkenkäfer manchmal auch als Buchdrucker bezeichnet wird.

Borkenkäfer als Schädlinge

Die Gesamtdauer der Entwicklung vom Ei bis zum erwachsenen Tier kann in 30 Tagen abgeschlossen sein. In Jahren mit besonders günstigen Bedingungen kann es daher zum Massenauftreten der Käfer kommen. Dann befallen sie auch gesunde Bäume, während sie sonst meist geschwächte Bäume anfliegen. Wird eine Fichte von vielen Borkenkäfern befallen, so kann die Bastschicht vollständig zerstört werden und die Fichte stirbt ab. Dies kann besonders in Wäldern, in denen viele Fichten vorkommen, zur großflächigen Vernichtung des Waldes führen. In solchen **Fichtenmonokulturen** fehlen auch die natürlichen Feinde des Borkenkäfers. Um den Borkenkäfer zu bekämpfen, werden dann oft Fallen aufgestellt, die den weiblichen Sexuallockstoff enthalten. → 4 Die Männchen folgen diesem Pheromon und fliegen die **Pheromonfalle** an. Sie können die Falle nicht wieder verlassen und sterben darin.

→ Merk dir! In Monokulturen können Massenvermehrungen von Schädlingen auftreten. Eine Möglichkeit der Bekämpfung stellt das Aufstellen von Pheromonfallen dar.

Arbeitsaufträge

1. Beschreibe den Entwicklungsgang des Borkenkäfers.
2. Erläutere, was an dem Ausdruck „Borken"-Käfer falsch ist.
3. Begründe, weshalb der Borkenkäfer für Fichtenforste eine besondere Gefahr darstellt.
4. Finde andere Möglichkeiten, um eine Massenvermehrung des Borkenkäfers zu verhindern.

Information und Regulation

→ Das Nervensystem steuert alle Aktivitäten unseres Körpers. Es ist in das Rückenmark sowie das Gehirn gegliedert und besteht aus Nervenzellen. (Siehe Seite 192.)

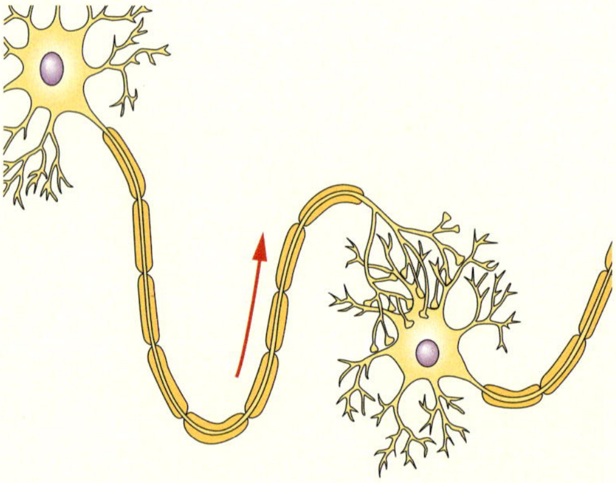

→ Nervenzellen sind untereinander durch Synapsen verbunden. Sie bilden lange Fortsätze aus, die sich zu Nervenfasern verbinden. (Siehe Seite 194.)

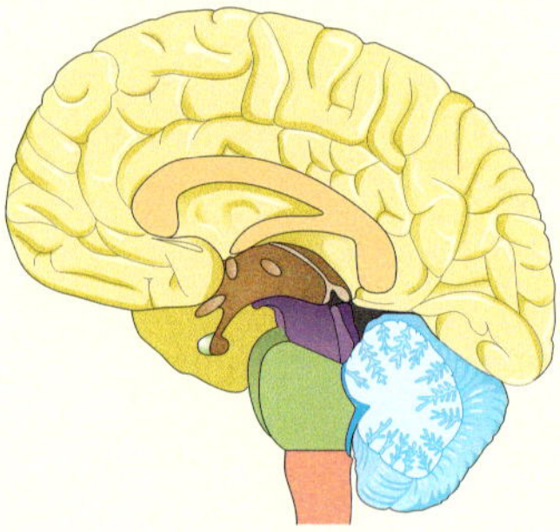

→ Das Gehirn kann in verschiedene Bereiche eingeteilt werden. Jeder Bereich hat eine besondere Aufgabe. Die Bereiche des Gehirns arbeiten zusammen. (Siehe Seite 196.)

→ Beim Lernen gelangen Informationen von den Sinnesorganen über das Kurzzeitgedächtnis in das Langzeitgedächtnis. Durch das Beachten von Lernregeln kann man das Behalten verbessern. (Siehe Seite 198.)

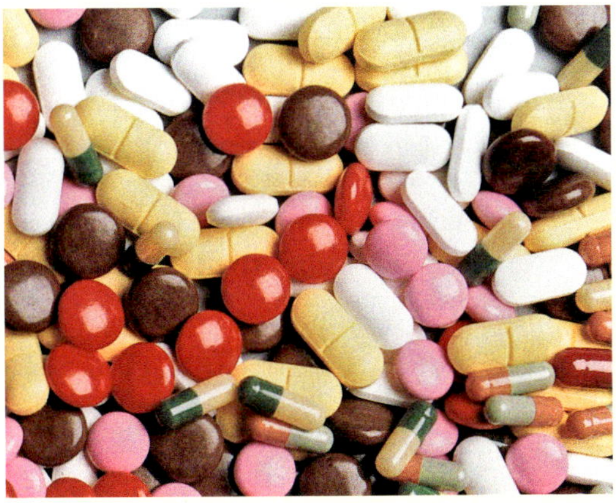

Nikotin und viele andere Drogen machen süchtig. Häufig entstehen durch den Drogenmissbrauch dauerhafte gesundheitliche Schäden. Man unterscheidet legale und illegale Drogen.
(Siehe Seite 204.)

Diabetiker leiden an einem zu hohen Blutzuckerspiegel. Sie müssen Insulin spritzen und sich besonders ernähren, damit der Blutzuckerspiegel sinkt. (Siehe Seite 206.)

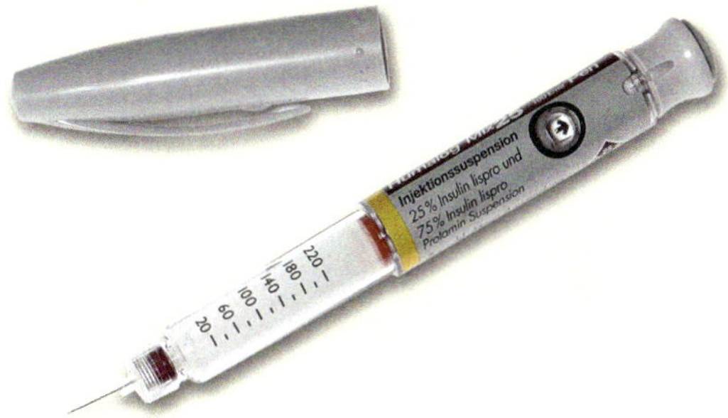

Bei der Kommunikation von Tieren können optische, akustische und Geruchssignale ausgesendet werden und beim Empfänger eine Reaktion auslösen.
(Siehe Seite 208.)

Der Borkenkäfer kann in Fichtenforsten massenhaft auftreten und große Schäden verursachen. Er kann bekämpft werden, indem Pheromone in einer Falle ausgebracht werden.
(Siehe Seite 210.)

1. Schreibe die Zahlen 1 bis 9 in dein Heft und ergänze die richtigen Fachbegriffe der Abbildung 1.

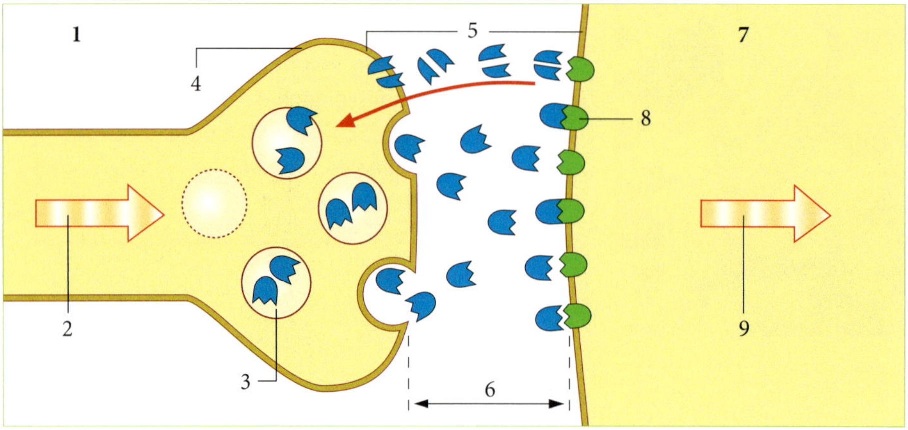

1 Synapse

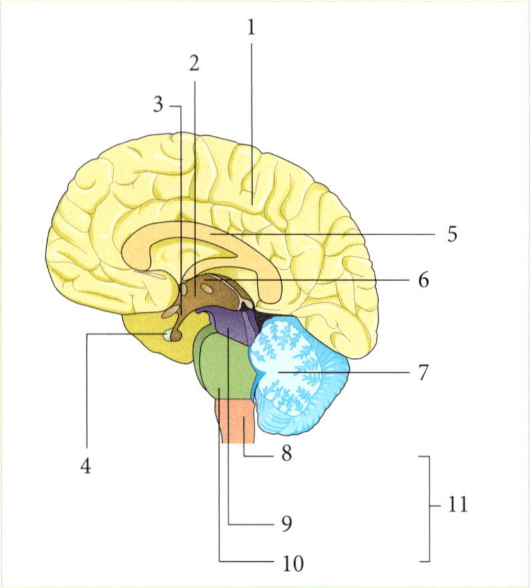

2 Gehirn

2. Schreibe die Zahlen 1 bis 11 in dein Heft und ergänze die richtigen Fachbegriffe der Abbildung 2. Erläutere die Aufgaben eines Bereichs des Gehirns.

3. Erkläre die Bedeutung des Vergessens.

4. Beschreibe, wie eine Mindmap erstellt wird, und erkläre ihre Bedeutung.

5. Beschreibe, wie Freude am Lernen entsteht.

6. Beschreibe die Veränderungen, die zwischen Abbildung 3 und 4 zu erkennen sind. Erläutere die Ursachen für die Veränderungen.

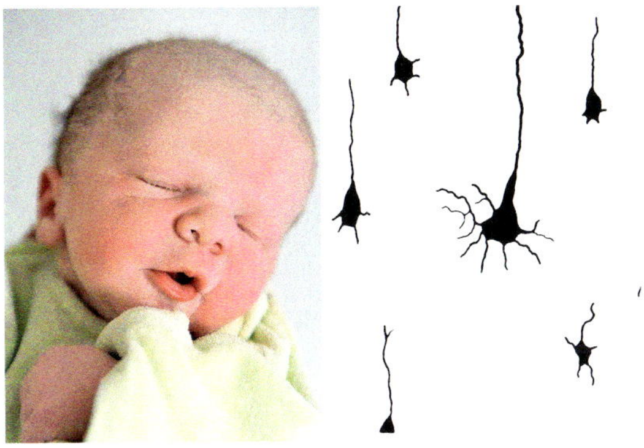

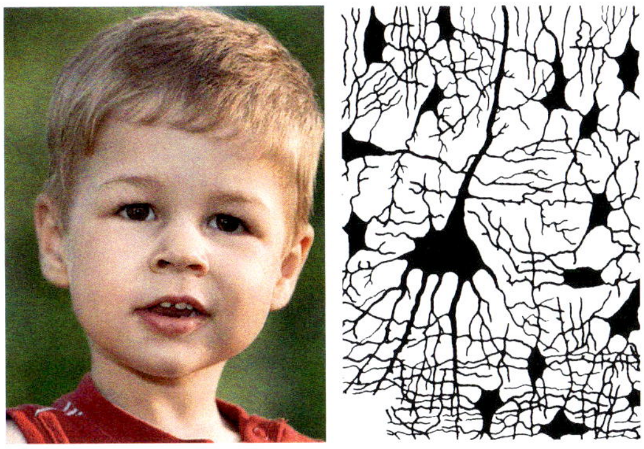

3 Verknüpfungen von Nervenzellen beim Neugeborenen 4 Verknüpfung von Nervenzellen beim Kleinkind

7. Nenne mindestens zwei legale und zwei illegale Drogen.

8. Nenne drei Möglichkeiten, wie Tiere miteinander kommunizieren können. Erkläre eine dieser Möglichkeiten genauer.

9. Erkläre, weshalb der Borkenkäfer in Fichtenmonokulturen große Schäden anrichten kann.

Ordne deiner Lösung im Heft ein Smiley zu:
☺ Ich habe die Aufgabe richtig lösen können.
😐 Ich habe die Aufgabe nicht komplett lösen können.
☹ Ich habe die Aufgabe nicht lösen können.

Aufgabe	Fähigkeit	Hilfe findest du auf Seite …
1	Ich kenne die Funktionsweise von Synapsen.	194
2	Ich kenne den Aufbau des Gehirns.	196
3	Ich kann einen Lernvorgang beschreiben.	198
4	Ich kenne den Nutzen einer Mindmap und weiß, wie sie erstellt wird.	200
5	Ich weiß, dass Freude am Lernen durch Erfolg entsteht.	203
6	Ich weiß, dass im Laufe des Lebens neue Verknüpfungen zwischen Nervenzellen entstehen.	203
7	Ich kenne legale und illegale Drogen.	204
8	Ich kenne optische, akustische und Geruchskommunikation und ihre Funktion.	208
9	Ich kenne die Bedeutung des Borkenkäfers als Schädling.	210

Gene und Vererbung

Warum entstehen aus Menschen immer wieder Menschen, aus Zebras immer wieder Zebras und aus Sonnenblumen immer wieder Sonnenblumen? Warum kommt es nie vor, dass Pferde plötzlich Hundebabys zur Welt bringen? Wie entstehen die Gemeinsamkeiten zwischen Eltern und ihren Kindern? Warum sehen sich alle Menschen ähnlich und sind doch verschieden?
Mit diesen Fragen befasst sich die Genetik. Sie erforscht, wie Ähnlichkeiten und Unterschiede zwischen Menschen, Tieren und Pflanzen entstehen. Sie beschäftigt sich außerdem damit, Krankheiten zu erkennen und zu erklären. Innerhalb der grünen Gentechnik, einem modernen Gebiet der Genetik, werden Methoden entwickelt, um neue Nutzpflanzen zu züchten. Welche Rolle die Genetik im Leben der Menschen, Tiere und Pflanzen spielt und ob neue Technologien nur nützlich oder auch mit Risiken verbunden sind, erfährst du in diesem Kapitel.

1 Ganz die Mutter?! – Wie entstehen Ähnlichkeiten und Unterschiede zwischen Eltern und Kindern? (Siehe Seite 218.)

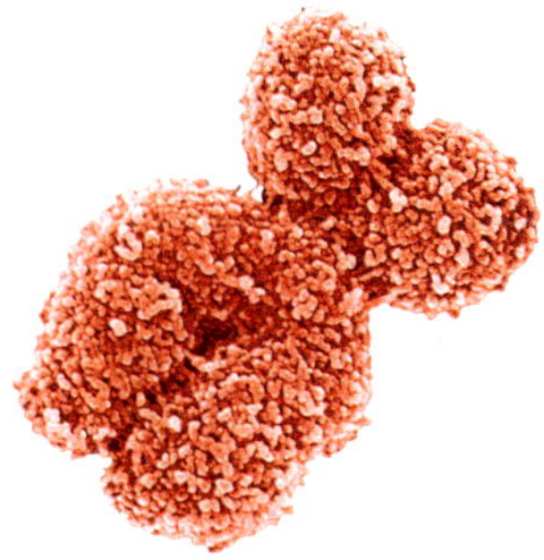

2 Wo befinden sich unsere genetischen Informationen? (Siehe Seite 220.)

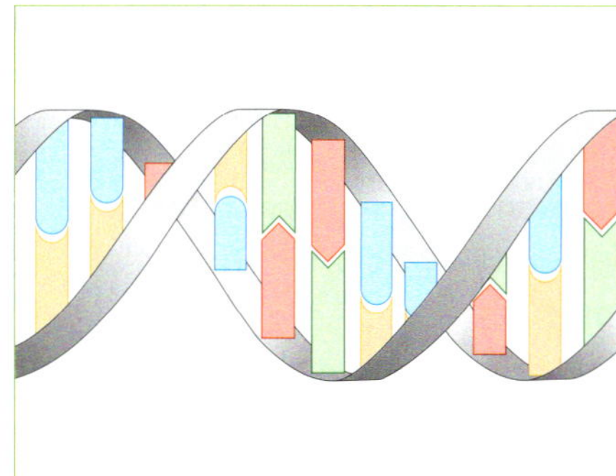

3 Wie können wir uns die Welt der Genetik vorstellen? (Siehe Seite 224, 226.)

4 Wo liegen die Wurzeln der Genetik? (Siehe Seite 230–235.)

5 Wie züchtet man Kühe? (Siehe Seite 236.)

6 Was haben Mutanten mit Genetik zu tun? (Siehe Seite 238.)

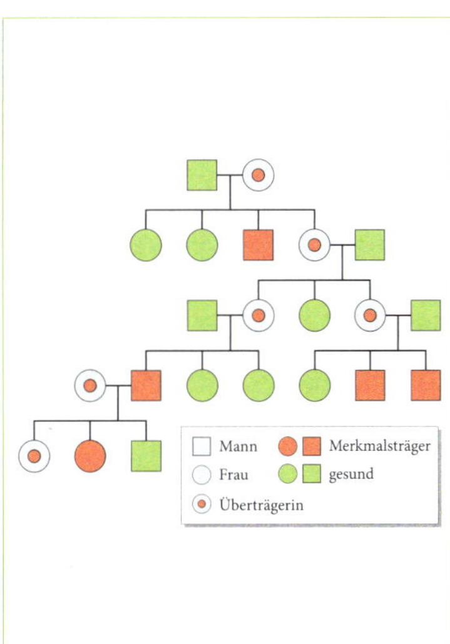

7 Wie kann man die Vererbung beim Menschen untersuchen? (Siehe Seite 240.)

8 Welche Ursache hat das Down-Syndrom? (Siehe Seite 242.)

9 Geklonte Lebewesen und mit Gentechnik veränderte Pflanzen – Fluch oder Segen? (Siehe Seite 248, 250.)

„Die blauen Augen hast du aber von deiner Mutter!" oder „Die Nase hast du von deinem Vater!" – das sind typische Sätze, wenn wir im Alltag über Vererbung sprechen. Aber was bedeutet es eigentlich, wenn man sagt, dass man bestimmte Merkmale von seinen Eltern geerbt hat? Warum sehen Kinder ihren Eltern überhaupt ähnlich?

1 Familienmitglieder – ähnlich und doch verschieden

Was ist eigentlich Vererbung?

Vererbung im Alltag und in der Biologie

Wenn wir im Alltag über **Vererbung** sprechen, beziehen wir uns häufig auf das Erben und Vererben im rechtlichen Sinne. Vererbung bedeutet dann das Weitergeben oder Verschenken von Erbstücken.
Wenn wir über Vererbung im biologischen Sinne sprechen, dann müssen wir zwischen bestimmten **Merkmalen** (z. B. Augenfarbe, Haarfarbe, Form der Nase oder Körpergröße) und den Anlagen unterscheiden, die unter ganz bestimmten Umständen diese Merkmale bedingen. → 2
Wenn der Großvater seinen alten Schrank vererbt, hat er ihn hinterher nicht mehr. Er hat ihn an seine Kinder oder Enkel weitergegeben. Wenn wir sagen, dass wir die große Nase vom Großvater geerbt haben, ist das etwas anderes. Seine große Nase hat der Großvater ja noch. Er hat nur seine **Anlagen** dieses Merkmals an die Nachkommen vererbt. Diese Anlagen bewirken dann, dass die Kinder oder Enkel eine ähnlich große Nase haben wie der Großvater. Vererbung im biologischen Sinne bedeutet also, dass Anlagen für bestimmte Merkmale von den Eltern an die Nachkommen vererbt werden.

2 Die Anlage für eine bestimmte Haarfarbe oder einen Haartyp wird vererbt.

Was wird vererbt?

Bei Menschen werden Anlagen vererbt, die bei den Nachkommen bestimmte Merkmale bedingen. Einige dieser Merkmale, wie die Augenfarbe oder die Fähigkeit, die Zunge zu rollen, bleiben das ganze Leben gleich. → 3
Andere Merkmale, wie die Haarfarbe, können sich durch Umwelteinflüsse verändern. Im Sommer kann deine Haarfarbe zum Beispiel durch die Sonne heller werden. Viele Merkmale werden durch ein Zusammenspiel von vererbten Anlagen und Umweltfaktoren bedingt.

Anlagen
Merkmale
Neukombination
umweltbedingt
Vererbung

3 Zungenrollen

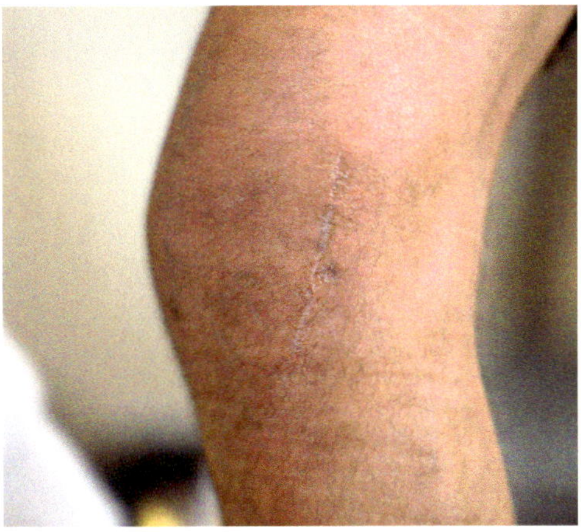

4 Merkmale, wie eine Narbe, sind umweltbedingt.

Wie werden Anlagen vererbt?

Die Vererbung von Anlagen findet durch die Fortpflanzung statt. Die geschlechtliche Fortpflanzung ist die Entstehung von Nachkommen aus einer befruchteten Eizelle. Diese entsteht durch Verschmelzung der Zellkerne einer weiblichen Geschlechtszelle (Eizelle) und einer männlichen Geschlechtszelle (Spermienzelle). Dabei kommt es zu einer **Neukombination** der Anlagen, die sich in den Zellkernen befinden. Bei der Ausprägung der Anlagen können bei den Kindern Merkmale entstehen, die den Merkmalen der Eltern entsprechen. Kinder und Eltern sind sich daher ähnlich. Aufgrund der Neukombination der Anlagen können jedoch auch neue Merkmalskombinationen ausgeprägt werden. So entstehen Unterschiede zwischen Eltern und Kindern.

Bestimmte Merkmale werden erworben

Du hast auch Merkmale, die du im Laufe deines Lebens erworben hast. Man spricht davon, dass das Merkmal **umweltbedingt** ist. → 4 Eine Narbe auf dem Schienbein hast du vielleicht durch einen Sportunfall bekommen. Die Narbe ist also nicht vererbt, sondern umweltbedingt. Dass du Fahrrad oder Snowboard fahren kannst, ist ebenfalls nicht vererbt, sondern du hast es gelernt.

→ Merk dir! Alle Lebewesen vererben Anlagen an ihre Nachkommen. Diese Anlagen bedingen ganz bestimmte Merkmale wie die Augenfarbe oder die Haarfarbe. So lässt sich erklären, dass Kinder ihren Eltern ähneln.

Arbeitsaufträge

1. Eine Bank wirbt mit dem Slogan „Damit Sie Ihren Nachkommen mehr vererben als Ihre Nase!". Erkläre anhand dieses Werbespruchs die Unterschiede zwischen rechtlicher und biologischer Vererbung.
2. Nenne die Unterschiede zwischen Merkmalen und Anlagen. Formuliere dazu einen Merksatz.
3. Die Anlage zum Zungenrollen wird vererbt. Versuche deine Zunge zusammenzurollen. Sollte es dir nicht gelingen, gehörst du zu den Menschen, denen dafür die notwendigen quer laufenden Muskeln in der Zunge fehlen. Untersuche in der Klasse, wie viele von euch „Zungenroller" und wie viele „Nichtroller" sind. → 3

**Anlagen werden von den Eltern an die Nachkommen vererbt.
Wo befinden sich diese Anlagen im menschlichen Körper und aus welchem Stoff bestehen sie?**

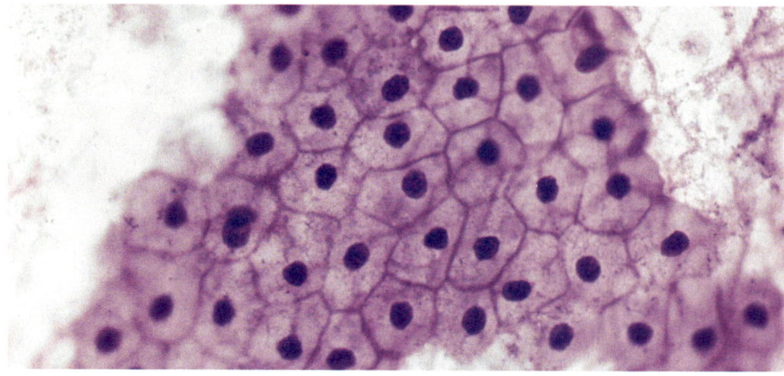
1 Zellen mit Zellkernen

Im Zellkern liegt das Geheimnis

Chromosomen liegen im Zellkern

Auf der Suche nach den Anlagen, die Ähnlichkeiten zwischen Eltern und Nachkommen bewirken, müssen wir die Zellen eines Lebewesens untersuchen. Diese sind von einer Zellmembran umschlossen. In ihrem Innern befindet sich neben vielen anderen Bestandteilen (den Organellen) ein Kern, der Zellkern genannt wird. Schaut man sich einen Zellkern unter dem Mikroskop an, sieht man meist nicht viel mehr als einen Fleck. → 1 Dieser Fleck lässt sich anfärben und wird **Chromatin** genannt. Das Chromatin besteht aus dünnen Fäden und enthält die Anlagen eines Lebewesens. Die Anlagen werden in der Biologie auch Gene genannt. Die chemische Substanz, aus der die Gene bestehen, heißt Desoxyribonukleinsäure (engl. deoxyribonucleic acid oder kurz DNA). Ist eine Zelle dabei, sich zu teilen, verdichten sich die Chromatinfäden. Man erkennt zu einem bestimmten Zeitpunkt X-förmige Strukturen, die **Chromosomen.** → 2 Jedes Chromosom besteht aus zwei identischen Hälften, den **Chromatiden.** → 3

Ein Mensch hat 46 Chromosomen

Du hast im Kern jeder deiner Körperzellen 46 Chromosomen. Schaut man sich diese 46 Chromosomen genauer an, so fällt auf, dass immer zwei gleich aussehen. Darum spricht man anstatt von 46 Chromosomen auch von 23 homologen Chromosomenpaaren. Die **homologen Chromosomen** lassen sich nummerieren von Nr. 1 bis Nr. 22. Das 23. Paar bestimmt das Geschlecht eines Menschen. Darum nennt man diese zwei Chromsomen Geschlechtschromosomen.

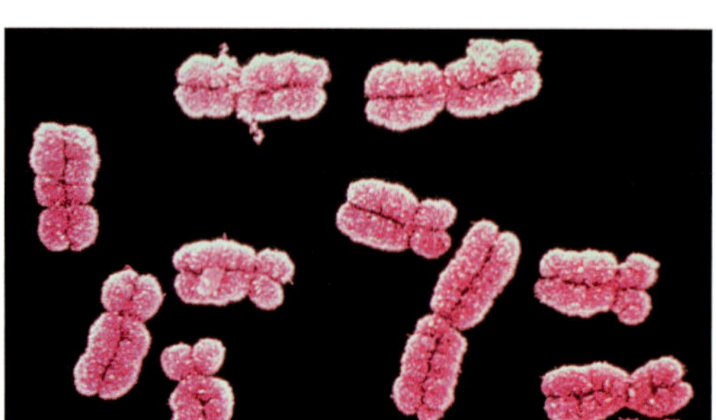
2 Mikroskopische Aufnahme von Chromosomen

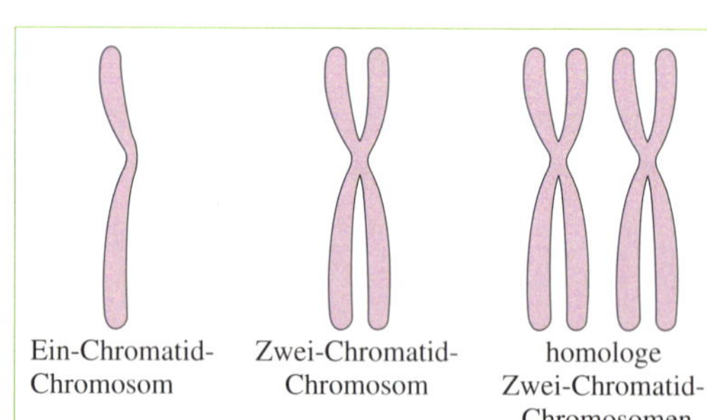

3 Chromosomenübersicht

Chromatide
Chromatin
Chromosomen
DNA
homologe Chromosomen
Karyogramm

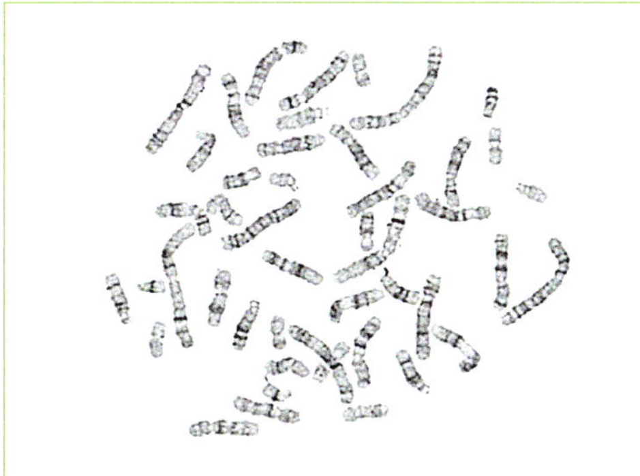

4 Unsortierter Chromosomensatz eines Menschen

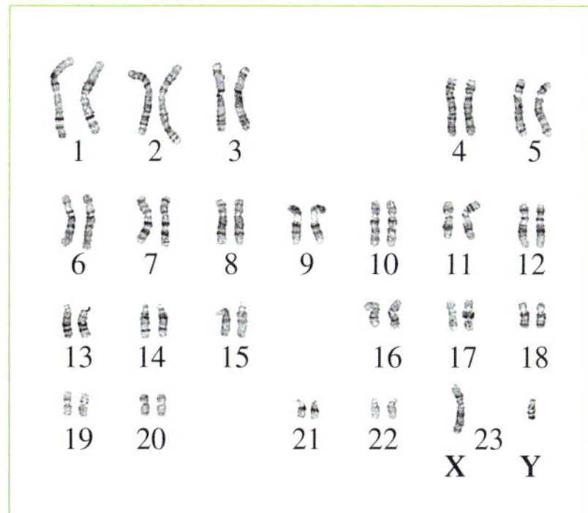

5 Karyogramm eines Mannes

Chromosomen ordnen

Die Chromosomen kann man nach Größe und Form unterscheiden. → 4 Dazu werden sie mit einem Farbstoff angefärbt und unter dem Mikroskop fotografiert. Werden die Chromosomen dann in Paare zusammengefasst, erhält man einen geordneten Chromosomensatz. Dieser geordnete Chromosomensatz wird als **Karyogramm** bezeichnet. → 5

Geschlechtszellen sind anders

Neben Körperzellen (z. B. Muskelzellen oder Hautzellen), die jeweils 46 Chromosomen (23 Chromosomenpaare) enthalten, hat der Mensch noch Geschlechtszellen. Dies sind bei der Frau die Eizellen und beim Mann die Spermienzellen. In den Geschlechtszellen enthält der Zellkern jeweils nur die Hälfte der Chromosomen, also 23 Chromosomen.

Kennzeichen XY … gelöst

Das Geschlecht des Menschen ist genetisch bedingt. Entscheidend sind die Geschlechtschromosomen. Bei Frauen liegen zwei X-Chromosomen vor, bei Männern enthalten die Zellen ein X- und ein Y-Chromosom. Die Begriffe X- und Y-Chromosom leiten sich von der Form der beiden Chromosomen ab. Enthalten die Zellkerne eines Embryos zwei X-Chromosomen, entwickelt sich ein Mädchen, bei einem X-Chromosom und einem Y-Chromosom dagegen ein Junge.

→ Merk dir! Die Erbanlagen befinden sich im Zellkern. Kurz vor der Zellteilung werden sie als Chromosomen sichtbar. In den Körperzellen sind jeweils 46 Chromosomen aus Paaren von homologen Chromosomen enthalten, in den Geschlechtszellen hingegen nur 23 Chromosomen.

Arbeitsaufträge

1. Erkläre, was man unter einem Chromosom versteht.

2. Erstelle ein Karyogramm.
- **a** Fotokopiere die Abbildung 4 vergrößert.
- **b** Zerschneide die Abbildung in die einzelnen Chromosomen.
- **c** Sortiere die Chromosomen paarweise und klebe sie dann geordnet in dein Heft. Vergiss die Beschriftung nicht.

3. Erkläre, wodurch das Geschlecht eines Menschen festgelegt wird.

Wir haben einen doppelten Chromosomensatz, weil wir von jedem Elternteil die Hälfte unserer Chromosomen geerbt haben. Gäben wir unseren doppelten Chromosomensatz weiter, dann hätten unsere Kinder einen vierfachen Satz.
Wie wird eine ständige Verdopplung der Anzahl der Chromosomen verhindert?

1 Wie wird erreicht, dass der neue Korb nicht überfüllt wird?

Hälfte Mutter & Hälfte Vater

Geschlechtliche Vermehrung

Menschen pflanzen sich fort. Bei der Befruchtung werden die Anlagen von Spermienzellen und Eizelle zusammengebracht, sodass eine befruchtete Eizelle entsteht. Aus dieser befruchteten Eizelle entsteht durch Mitose ein neues Lebewesen.

Gleichbleibende Chromosomenzahl über Generationen

Untersucht man eine befruchtete Eizelle, kann man 46 Chromosomen zählen. Wie kann das sein? Wenn jede Zelle 46 Chromosomen enthält und zwei Zellen miteinander verschmelzen, müssten in der befruchteten Eizelle eigentlich 92 Chromosomen (46 + 46) sein. Die Zahl der Chromosomen bleibt jedoch bei einem Menschen stets bei 46 und vergrößert sich nicht.

Reduktion der Chromosomenzahl

Da jede Körperzelle des Menschen 46 Chromosomen enthält, muss die Anzahl der Chromosomen in den Geschlechtszellen von 46 auf 23 Chromosomen verringert werden. Dieser Vorgang wird **Meiose** genannt und besteht aus einer **1. Teilung** und einer **2. Teilung**. Bei der Frau findet der Vorgang in den Eierstöcken, beim Mann in den Hoden statt.

1. Teilung – aus eins werden zwei

Schauen wir uns eine einzelne Zelle an. Zu Beginn der Meiose wird die DNA verdoppelt. Aus jedem Ein-Chromatid-Chromosom entsteht ein Zwei-Chromatid-Chromosom. → 2 In der Anfangszelle befinden sich also 23 Chromosomenpaare, die sich zusammenlagern. Man spricht von Chromosomenpaarung. → 3

Zufällige Anordnung

Die Kernhülle löst sich auf und die 23 homologen Chromosomen ordnen sich in der Zellmitte an. Ihre Anordnung geschieht dabei rein zufällig. → 4

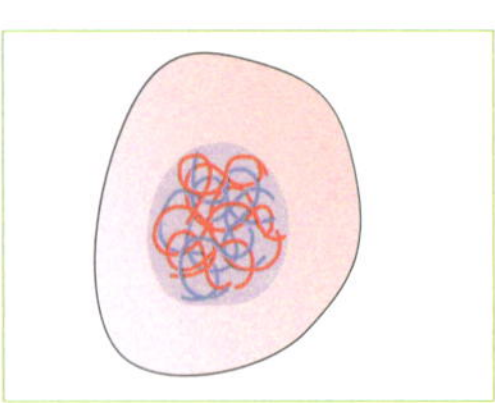

2

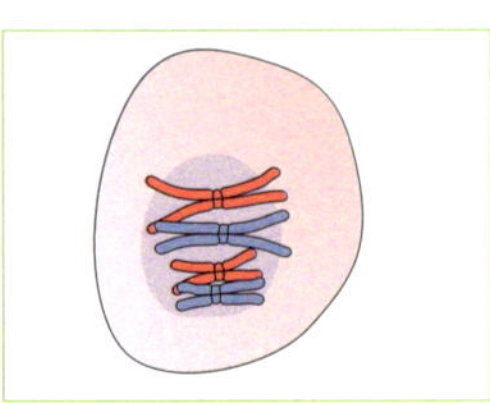

3

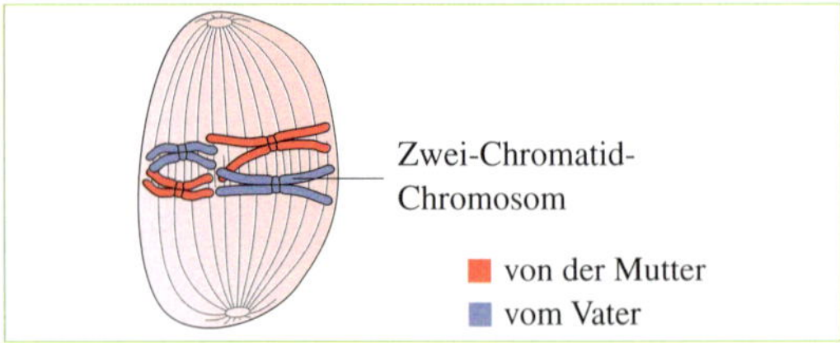

4

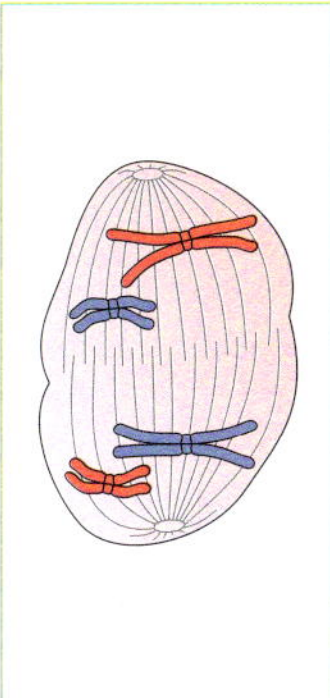
5

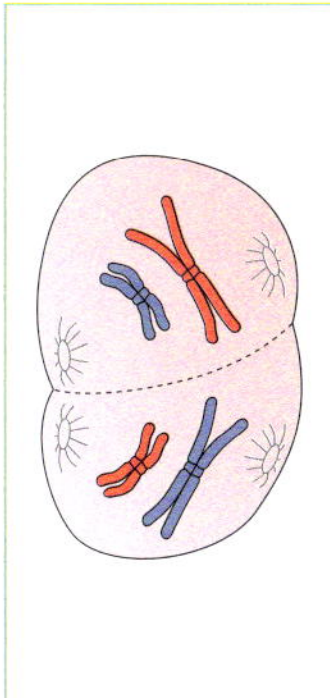
6

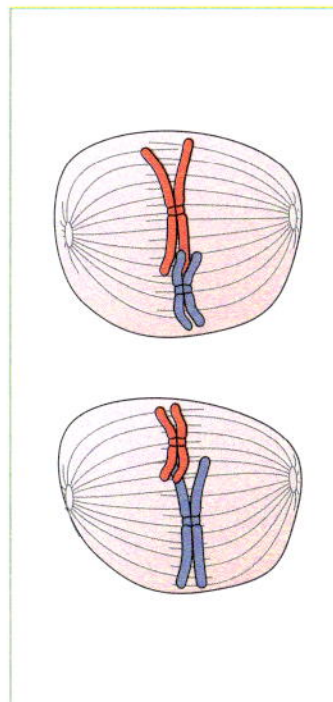
7

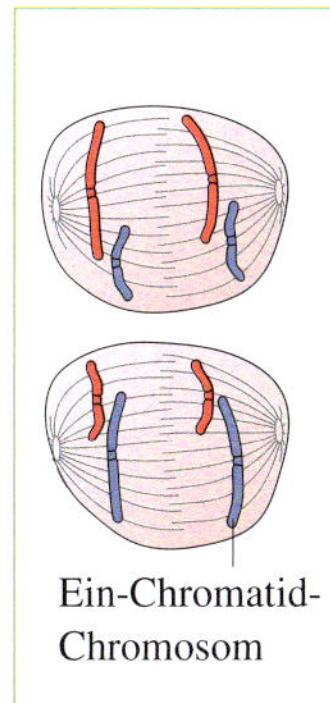

8

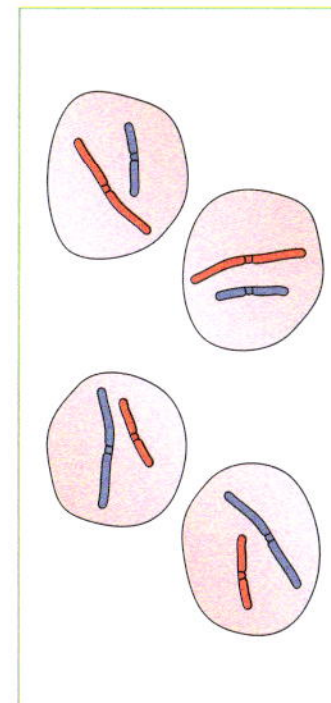
9

Zufällige Trennung

Die Zwei-Chromatid-Chromosomen werden getrennt und gleichmäßig zu den Zellenden auseinandergezogen. → **5** An jedem Zellende befindet sich anschließend von jedem homologen Chromosom ein Exemplar. Die Aufteilung der Chromosomen auf die beiden Zellenden erfolgt dabei völlig zufällig.

Zwei neue Zellen

An jedem Zellende bildet sich um die Chromosomen jeweils eine neue Kernhülle. → **6** Durch Bildung einer Zellmembran entstehen schließlich zwei Zellen mit jeweils 23 Chromosomen.

2. Teilung – aus zwei wird vier

An die erste Teilung schließt sich eine zweite Teilung an, die ähnlich verläuft wie die Mitose. Zuerst ordnen sich die Zwei-Chromatid-Chromosomen der beiden neu entstandenen Zellen in der Mitte der Zelle an. → **7** Anschließend werden die Zwei-Chromatid-Chromosomen zu zwei Ein-Chromatid-Chromosomen getrennt. Die Ein-Chromatid-Chromosomen werden zu den Zellenden gezogen. → **8** Danach teilen sich die Zellen in vier einzelne Zellen. Die vier entstandenen Zellen sind **Geschlechtszellen**. → **9**

Neukombination

Da die Anordnung und Trennung der Chromosomen zufällig geschieht, sind die vier entstandenen Zellen genetisch nicht gleich. Die Meiose ist deshalb ein Vorgang, der Veränderungen erzeugt. Das Kind erhält 23 Chromosomen von der Mutter und 23 Chromosomen vom Vater. Genetisch gesehen sind Kinder also eine Kombination ihrer beiden Eltern.

> **Merk dir!** Die Meiose führt zur Bildung der Geschlechtszellen. Dabei werden die 46 Chromosomen so verteilt, dass die Zellkerne der Tochterzellen nur noch die Hälfte der Chromosomen enthalten (23 Chromosomen). Die Geschechtszellen sind untereinander genetisch verschieden.

Arbeitsaufträge

1. Erläutere, weshalb Kinder und Eltern Ähnlichkeiten, jedoch auch Unterschiede aufweisen.

2. Erkläre, warum während der Meiose eine Reduzierung der Chromosomen stattfinden muss. Was würde passieren, wenn keine Reduzierung stattfände?

Die DNA wird häufig als Molekül des Lebens bezeichnet. Doch woraus besteht sie eigentlich und was ist ihre Funktion?

1 Forscher auf der Spur der DNA

Die Botschaft der DNA

Die DNA – ein chemisches Molekül

Jede DNA besteht aus zwei Strängen, die zu einem **Doppelstrang** umeinandergewunden sind. → 2 Man kann die Struktur der DNA mit einer gedrehten Strickleiter vergleichen. Den Seiten der Strickleiter entsprechen chemische Ketten aus Zuckermolekülen und Phosphatmolekülen. Die einzelnen Sprossen der Leiter werden in der DNA von **Basen** gebildet. → 2 Man unterscheidet die vier Basen Adenin (A), Thymin (T), Cytosin (C) und Guanin (G). Dabei können immer nur Adenin mit Thymin und Cytosin mit Guanin Paare bilden. Die Basenpaare A und T sowie C und G, die sich gegenüberliegen, passen zusammen wie Schlüssel und Schloss. Doch welche Funktion haben die Bestandteile der DNA?

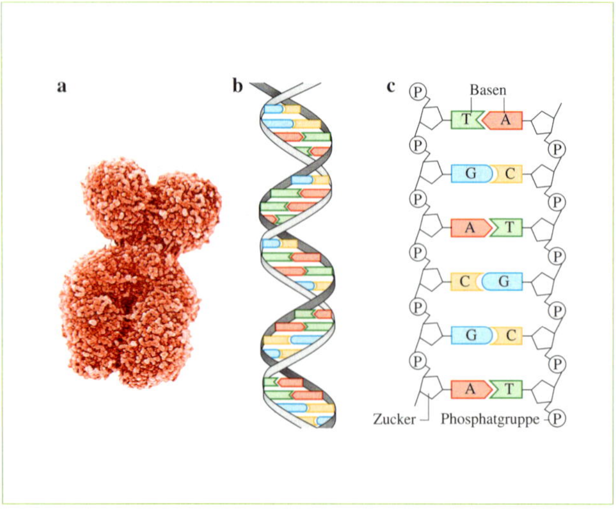

2 a Chromosomen; b DNA-Modell; c Strukturformel der DNA

Die DNA als Träger der genetischen Information

Gene sind bestimmte Abschnitte der DNA. Die DNA ist damit der Träger der genetischen Information. Doch wie ist diese Information gespeichert? Forscher fanden heraus, dass jeweils drei Basen der DNA ein Codewort bilden. Das Wort Code steht für Verschlüsselung. Wenn man diese Codewörter entschlüsselt, erkennt man, dass jedes Codewort für eine **Aminosäure** steht.
Die Aminosäuren werden zu langen Ketten verknüpft. Durch diese Verknüpfung der Aminosäuren bekommt man ein **Protein**. Proteine werden für lebenswichtige Aufga-

Aminosäure
Base
Doppelstrang
genetischer Code
Protein

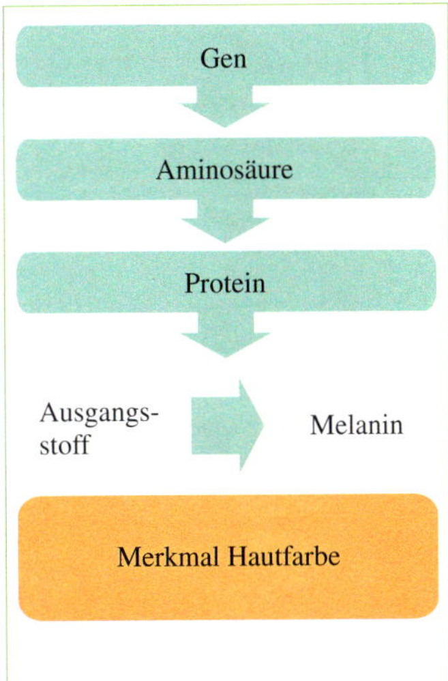

3 Der Weg vom Gen zum Merkmal

4 Die Hautfarbe wird durch mehrere Gene bestimmt.

ben im Körper benötigt. Sie wirken als Enzyme und sind wichtige Bestandteile der Haare, Muskeln und Knochen.

Wie Gene wirken

Als Wissenschaftler entdeckt hatten, dass die Reihenfolge der Basen den **genetischen Code** bildet, kam man der Wirkung von Genen auf die Spur. Die Gene enthalten die Bauanleitung für den Aufbau der Proteine aus Aminosäuren. Durch die Gene (den Abschnitt der DNA) wird festgelegt, was für ein Protein entsteht. Doch wie kommen wir nun vom Gen zu einem bestimmten Merkmal wie der Haarfarbe oder der Hautfarbe? → 3

Vom Code zum Merkmal

Die Hautfarbe wird durch einen dunklen Farbstoff, das Melanin, hervorgerufen. Für die unterschiedliche Stärke der Hautfarbe sind mehrere Gene verantwortlich. Die Gene bestehen jeweils aus einer bestimmten Abfolge von Basenpaaren der DNA. Jeweils drei Basen codieren eine Aminosäure. Die verschiedenen Aminosäuren werden zu Ketten verknüpft und bilden Proteine. Diese Proteine bilden dann aus einem Ausgangsstoff den Farbstoff Melanin, der in die Haut eingelagert wird. Die Hautfarbe wird durch mehrere Gene bestimmt. → 4 Deshalb können unterschiedliche Hautfarben auftreten. Zusätzlich kann die Produktion von Melanin durch UV-Strahlung angeregt werden. Dies kann man im Sommer beobachten.

→ Merk dir! **Gene bestehen aus DNA-Abschnitten. Wichtige Bausteine der DNA sind die Basen. Durch ihre Reihenfolge wird die Bildung von Proteinen festgelegt, die an der Ausbildung von Merkmalen (z. B. Hautfarbe) beteiligt sind.**

Arbeitsaufträge

1. In der Zeitung liest man immer wieder von der „Entschlüsselung des genetischen Codes“. Erkläre, was man darunter versteht.

2. Menschen mit Albinismus fehlt der Hautfarbstoff Melanin. Stelle Vermutungen darüber auf, wie es zu diesem Phänomen kommen kann. Die Abbildung 3 kann dir helfen.

Arbeit mit Modellen – Modelle der DNA

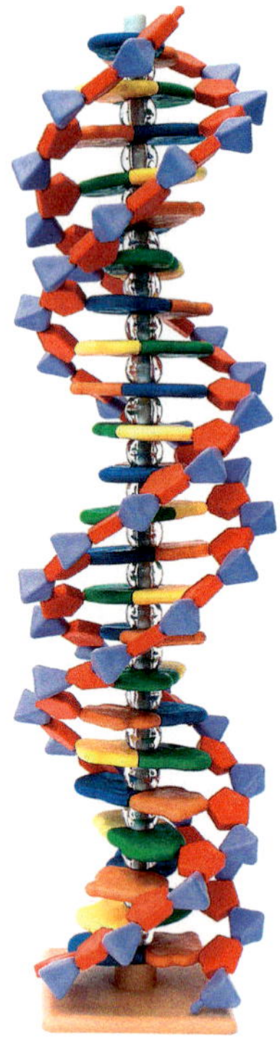

1 Strukturmodell der DNA

Unterschiedliche Modelltypen

Ein Strukturmodell zeigt, wie eine Sache aufgebaut ist und aus welchen Teilen sie besteht. Ein Funktionsmodell zeigt, wie bestimmte Vorgänge funktionieren. Es gibt auch Modelle, die nur in unserem Kopf entstehen. Diese Denkmodelle helfen uns dabei, sich eine Sache oder einen Vorgang besser vorstellen zu können.

Modelle unterscheiden sich vom Original

Ein Modell der DNA hilft dir, die Struktur der DNA zu verstehen, die du ohne Zusatzgeräte sonst nicht sehen könntest. → 1 Den Vergleich zwischen einem Modell und dem Original nennt man Modellkritik.

Anleitung zum Umgang mit einem Modell

Schritt 1 Baue ein Modell anhand einer Anleitung oder nimm ein in der Schule vorhandenes Modell. Ordne den einzelnen Modellteilen die entsprechenden Teile des Originals zu. Hilfe dazu findest du in Abbildungen oder Texten über das Original.

Schritt 2 Erkläre anhand des Modells die biologischen Strukturen und Prozesse im Original.

Schritt 3 Liste die Gemeinsamkeiten und Unterschiede zwischen dem Modell und den Strukturen des Originals auf. Gehe dabei vor allem auf folgende Punkte ein: Größe, Farben, Material.

Schritt 4 Erläutere, welche Strukturen des Originals im Modell nicht berücksichtigt werden. Stelle Vermutungen dazu auf, warum in dem Modell bestimmte Strukturen nicht berücksichtigt werden.

Anleitung zum Bau eines DNA-Puzzles

Ihr braucht: Zeichenkarton, Farbstifte, Schere.

Schritt 1 Zeichne das Zuckermolekül, die Phosphatgruppe sowie die vier Basen (Guanin, Cytosin, Adenin, Thymin) jeweils auf den Zeichenkarton. Schneide die einzelnen Teile aus und male sie wie in der Abbildung farblich aus. → 2

Schritt 2 Ordne die Moleküle zu einem DNA-Doppelstrang zusammen. Probiere unterschiedliche Variationen aus.

Schritt 3 Erkläre die Teile deines Modells und vergleiche sie mit den Bestandteilen des Originals. Welche Unterschiede stellst du fest? Achte auf die Größe, die Farben und die Formen.

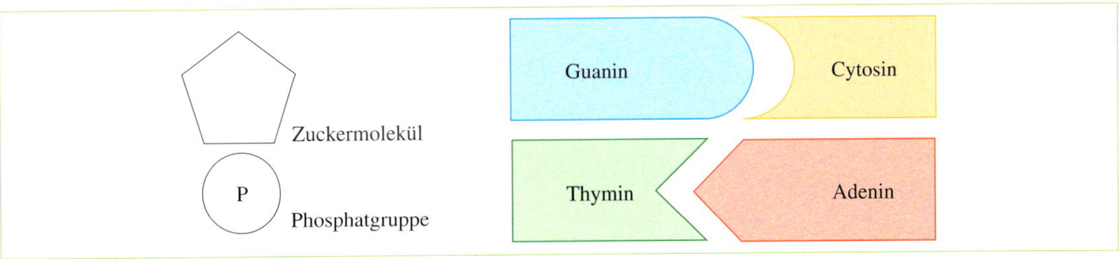

2 Chemische Bausteine der DNA

Anleitung zum Bau eines dreidimensionalen DNA-Modells

Ihr braucht: Papprolle, Draht, Stift, Knete in zwei Farben, Zahnstocher, Klebeband, Schere.

Schritt 1 Wickle den Draht spiralförmig um die Papprolle. Am besten folgst du der „Naht" auf der Rolle, um die Windungen im gleichen Abstand zu halten. Diesen Vorgang wiederholst du mit einem zweiten Stück Draht, da zwei gleich geformte spiralförmige Drähte benötigt werden.

Schritt 2 Forme aus der Knete jeweils zwölf Kugeln einer Farbe. Diese Kugeln stellen die Zuckermoleküle und Phosphatgruppen dar. Die Kugeln werden farblich abwechselnd auf den Draht gezogen. Beide Drähte sollten mit der gleichen Farbe beginnen. Damit die Kugeln nicht verrutschen, können sie mit Klebestreifen jeweils über und unter den Kugeln fixiert werden.

Schritt 3 Färbe jeden Zahnstocher bis zur Hälfte mit einem (roten) Stift. → 3 Stelle die beiden Drähte so auf, dass sie ineinandergreifen. Die Kugelpaare einer Farbe müssen mit den Stäbchen verbunden werden, wobei diese waagerecht durch das Modell verlaufen.

Schritt 4 Erkläre die Teile deines Modells und vergleiche sie mit den Bestandteilen des Originals. Gibt es Unterschiede? Nenne die Bestandteile der DNA, die in deinem Modell vereinfacht dargestellt sind.

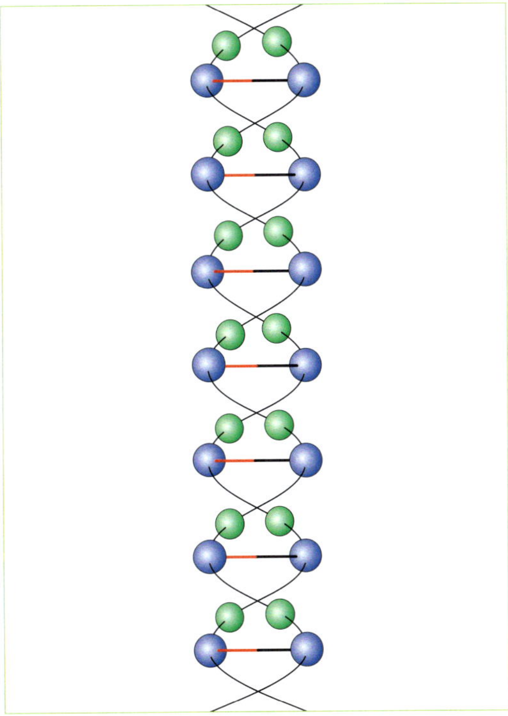

3 Dreidimensionales Modell der DNA

Arbeitsaufträge

1. Baue beide Modelle der DNA.
2. Vergleiche die Bestandteile der Modell-DNA mit dem Original. Nenne Übereinstimmungen und Unterschiede.
3. Erkläre, warum von einem Original unterschiedliche Modelle hergestellt werden. Betrachte die beiden Modelle der DNA. → 2, 3 Diskutiere, welche Aussagen über die DNA man mit dem jeweiligen Modell treffen kann.

Umgang mit Erbmaterial

1. Wie kann man Chromosomen basteln?

Ihr braucht: Draht (zwei verschiedene Farben), vier Druckknöpfe (Durchmesser 1 Zentimeter), dünner Glasstab, Schere, Lineal.

Schneide von dem Draht vier Stücke ab, die 40 Zentimeter lang sind. Ziehe die beiden gleichfarbigen Drahtstücke durch die Löcher eines Druckknopfstücks, sodass möglichst ungleich lange Hälften entstehen. Verbinde nun die beiden Druckknopfstücke. Wickle die freien Enden der Drähte um den Glasstab. Verfahre auf die gleiche Weise mit den beiden andersfarbigen Drähten.

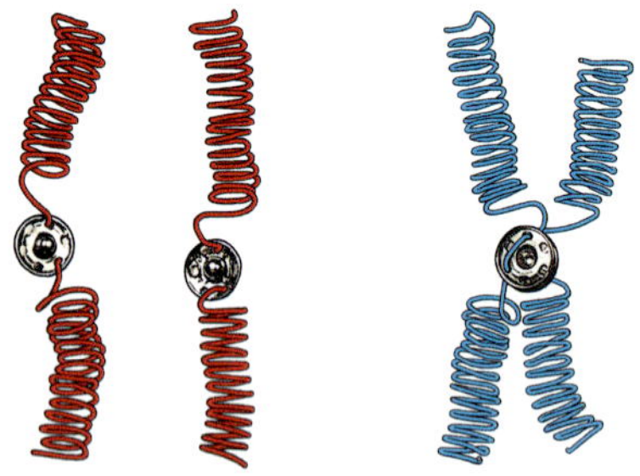

1 Chromosomenmodell

- **a** Beschreibe, welche Teile des Modells den Teilen eines Chromosoms entsprechen.
- **b** Veranschauliche mithilfe der Modelle die Ergebnisse der Meiose. Erkläre welche Bedeutung die Meiose bei der Chromosomenverteilung hat.

2. Wie isoliert man DNA aus einer Zelle?

Ihr braucht: Tomate, 2 Bechergläser (250 ml), Mörser mit Pistill, Spülmittel, Kochsalz, Natriumcitrat, Wasser, Ethanol (gekühlt), Toluidinblau (Farbstoff), dünner Glasstab, Glastrichter, Filterpapier, Löffelspatel, Reagenzglas, Pipette.

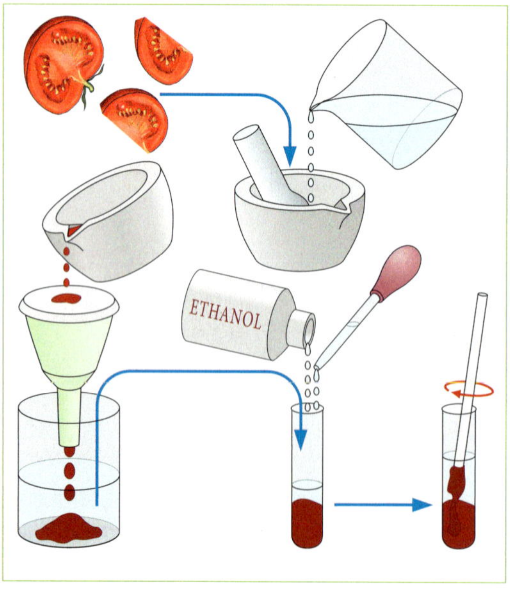

2 Versuchsdurchführung

Vermische 20 ml Spülmittel sowie je einen Löffelspatel Kochsalz und Natriumcitrat in einem Becherglas. Fülle die Mischung mit Wasser auf 100 ml auf. Schneide die Tomate klein und gib sie in den Mörser. Schütte etwas von der Mischung hinzu. Zerreibe nun das Gemisch im Mörser mit dem Pistill zu einer körnigen Masse. Filtriere den Brei in das zweite Becherglas. 2 ml der aufgefangenen Flüssigkeit werden mit der Pipette in ein Reagenzglas pipettiert. Gib 2 ml Wasser hinzu und überschütte vorsichtig mit kaltem Ethanol. Die sich bildenden Schlieren bestehen aus DNA. Sie kann mit dem Glasstab aufgewickelt und mit dem Farbstoff Toluidinblau gefärbt werden.

- **a** Erläutere, weshalb man die DNA aufwickeln kann.
- **b** Beschreibe den Aufbau der DNA.

3. Wie kann man Chromosomen sichtbar machen?

Ihr braucht: 5 Erlenmeyerkolben (250 ml), Küchenzwiebeln, Schere, Reagenzglasklammer, Mikroskop mit Objektträger und Deckgläschen, Pipette, Karminessigsäure, Schutzbrille, Gasbrenner.

➔ ***Achtung:*** *Karminessigsäure ist ätzend. Arbeite mit Schutzbrille!*

Fülle die Erlenmeyerkolben bis knapp unter den Rand mit Wasser. Setze nun die Zwiebeln auf, sodass die Wurzelscheibe die Wasseroberfläche gerade nicht berührt. Nach 2 bis 4 Tagen haben sich kleine Wurzeln gebildet. → 3

Schneide die Spitze der Wurzeln etwa 1 cm vom unteren Ende mithilfe der Schere ab. Hier befindet sich das Teilungsgewebe der Wurzel. Tropfe mit der Pipette zwei Tropfen Karminessigsäure auf einen Objektträger und lege einige Wurzelspitzen hinein. → 5

Klemme den Objektträger nun in eine Reagenzglasklammer und erhitze die Karminessigsäure mit den Wurzelspitzen etwa 1 Minute lang über der Brennerflamme.

Lass den Objektträger abkühlen und bedecke die Wurzelspitzen mit einem Deckgläschen. Falls nötig, pipettiere Wasser hinzu. Presse nun leicht mit einem Bleistift auf das Deckgläschen, sodass die Wurzelspitzen gequetscht werden. → 5

a Mikroskopiere das Quetschpräparat.
b Ordne die Zellen deines mikroskopischen Präparats den Stadien der Mitose zu. Nimm dazu die Abbildung 6 zu Hilfe. → 6
c Fertige von den verschiedenen sichtbaren Stadien Zeichnungen an.

3 Wurzeln der Zwiebel

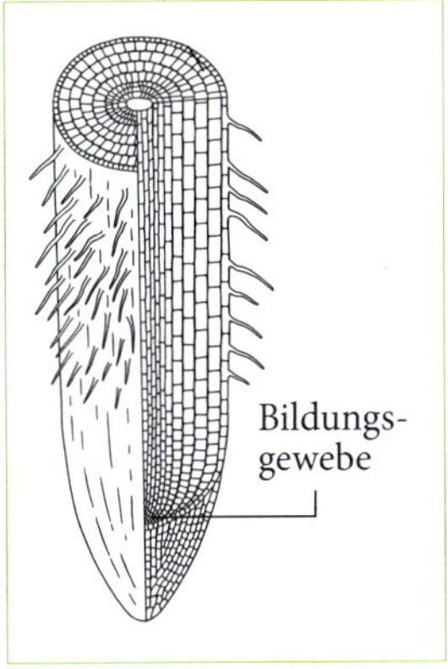

4 Wurzelbau

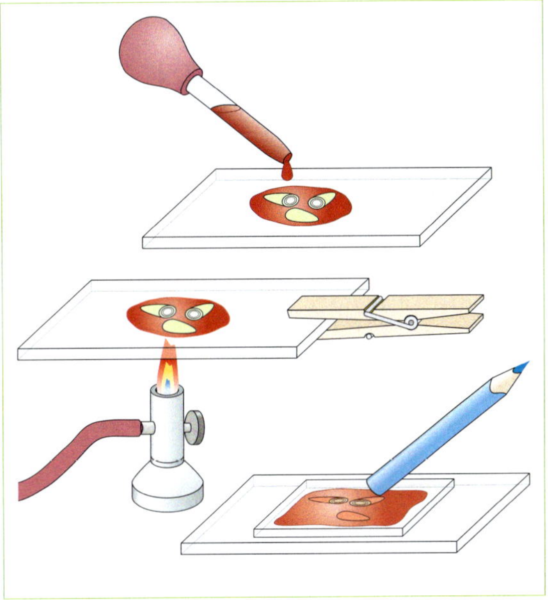

5 Versuchsdurchführung

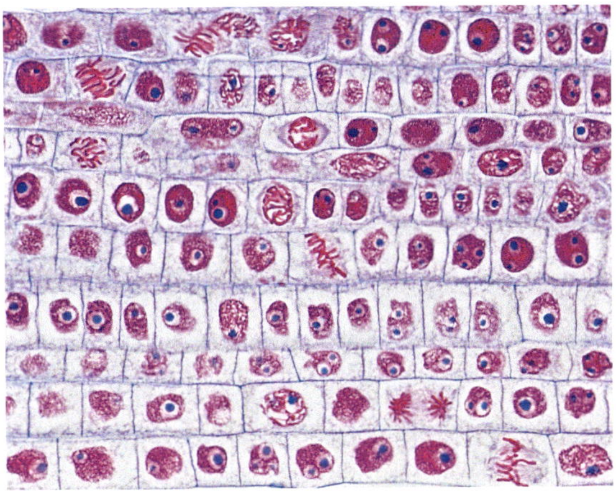

6 Mikroskopisches Bild der Wurzelspitze

Vom Klostergarten ins Genlabor

1 Gregor Mendel (1822–1884)

1860 – die Anfänge: Mendels Erbsenzählerei

Einer der Ersten, der die Vererbung von Merkmalen mit naturwissenschaftlichen Methoden untersuchte, war um 1860 der Mönch Gregor Mendel. → 1 Er säte 34 verschiedene Erbsensamen aus und ließ sie zu Pflanzen heranwachsen. Anschließend wählte er verschieden aussehende Pflanzen aus und kreuzte sie miteinander.

Mendels Vorgehen

Er konzentrierte sich zunächst auf ein Merkmal, das in mehreren Generationen hintereinander genau gleich auftrat, zum Beispiel die Blütenfarbe. Mendel bezeichnete diese Pflanzen als reinerbig. Er wählte zwei Pflanzen aus, die sich in einem Merkmal, zum Beispiel rote und weiße Blütenfarbe, reinerbig unterschieden und kreuzte sie miteinander. → 2 Dabei übertrug er die Pollen der weißen Blüte mit einem Pinsel auf den Stempel der roten Blüte. Mithilfe einer Pinzette entfernte er alle Staubblätter der roten Blüte, um eine Selbstbefruchtung zu verhindern. Diese Elterngeneration bildete nun Samen. Mendel säte sie aus und protokollierte bei der entstandenen Tochtergeneration von Erbsenpflanzen die Blütenfarbe. Die Pflanzen der 1. Tochtergeneration kreuzte er untereinander und beobachtete die Merkmale der 2. Tochtergeneration. Mendel führte Tausende solcher Kreuzungen durch und wertete die Ergebnisse statistisch aus.

1900 bis 1925 – fiktive Gene

1909 wurde der Begriff „Gen“ vom dänischen Biologen Wilhelm Johannsen eingeführt. Ein Merkmal wurde auf die Existenz bestimmter Anlagen zurückgeführt, die nicht sichtbar sind, die jedoch von Generation zu Generation weitergegeben werden. Diese nicht sichtbaren Anlagen wurden als „Gene“ bezeichnet.

2 Kreuzungsversuche von Mendel

3 Watson und Crick waren die ersten Wissenschaftler, die ein Modell der DNA anfertigten.

4 Das Merkmal Körpergröße wird von mehreren Genen bestimmt.

Ab 1925 – Gene als reale Stoffe

1926 bezeichnete der Genetiker Hermann Müller die Gene als reale Einheiten, die sich in der Zelle befinden. 1944 entdeckte der Wissenschaftler Oswald Avery, dass die Desoxyribonukleinsäure (DNA) Träger der genetischen Information ist. Damit kam es zu einer Revolution in der Genetik: Es wurde experimentell nachgewiesen, dass Gene reale Stoffe sind. Ein Meilenstein war die Beschreibung der Struktur der DNA durch James Watson und Francis Crick im Jahr 1953. → 3 Mit dem Nachweis der Gene als realen Stoffen wuchs auch die Vorstellung, dass sich in den Genen die gesamte Information befindet, die zur Ausbildung eines Lebewesens nötig ist.

Ab 1940 – Gene sind komplex

Ab 1940 zeigten Untersuchungen, dass die Zusammenhänge zwischen Genen und den Merkmalen eines Lebewesens komplizierter sind, als bisher angenommen. Die Annahme, dass ein Merkmal immer durch ein bestimmtes Gen ausgebildet wird, musste korrigiert werden. Bei zahlreichen Merkmalen sind mehrere Gene beteiligt. → 4

Ab 1980 – Gene sind Teile eines Systems

Die molekulargenetische Forschung zeigt, dass Gene keine unabhängigen Einheiten sind. Gene sind vernetzt. Sie können ihre Funktion nur dann ausüben, wenn sie mit anderen Teilen der Zelle zusammenarbeiten. Von der Vorstellung, dass Gene für sich alleine die Merkmale eines Lebewesens bestimmen, wird deshalb Abschied genommen.

Gene haben viele Funktionen

2003 wurde das menschliche Genom entschlüsselt. Die Forscher stellten fest, dass das Wissen über die Struktur der Gene allein nicht dabei hilft, zu verstehen, wie sich ein Lebewesen entwickelt. Untersuchungen zeigten, dass es so etwas wie „das Gen“ gar nicht gibt. Es existieren vielmehr viele verschiedene Gene, die jeweils ganz unterschiedliche Funktionen haben. Heutzutage versuchen Forscher deshalb herauszufinden, wie einzelne Gene genau funktionieren und zusammenwirken. → 5

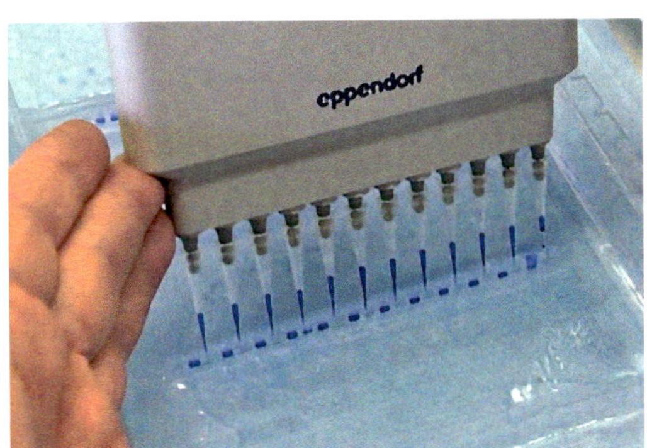

5 Die genetische Forschung ist heute komplex geworden.

Mendel kreuzte reinerbige Erbsenpflanzen miteinander, die rote und weiße Blüten hatten.
Welche Schlussfolgerungen zog er aus seinen Untersuchungen?

1 Erbsenpflanzen mit roten und weißen Blüten

Mendels Kreuzungsversuche

Entdeckung der Erbanlagen

Mendel kreuzte reinerbige Erbsenpflanzen, die rote und weiße Blüten hatten. Diese Elternpflanzen bildeten Samen aus und Mendel säte sie aus. Als die Pflanzen dieser Tochtergeneration Blüten ausbildeten, wertete Mendel die Blütenfarbe aus. Alle Blüten hatten eine rote Farbe. Anschließend kreuzte er die Pflanzen dieser 1. Tochtergeneration untereinander und wertete die Blütenfarben der 2. Tochtergeneration aus. Er zählte Pflanzen mit roten und weißen Blüten im Verhältnis von 3:1. Wie ist dieses Ergebnis zu erklären? Mendel schloss aus seinen Ergebnissen, dass es Erbanlagen geben müsse, die für die Ausprägung der roten und der weißen Blütenfarbe verantwortlich sind. Jede Zelle der Erbsenpflanze enthält zwei dieser Anlagen. Bei der Bildung von Geschlechtszellen werden diese Anlagen voneinander getrennt und auf die Geschlechtszellen verteilt. Wir wissen heute, dass dies im Verlauf der Meiose geschieht. Wenn ein Pollen auf eine Samenanlage gelangt, erfolgt eine Befruchtung. Dabei werden die Anlagen neu kombiniert. Die Kombinationsmöglichkeiten lassen sich in einem Kreuzungsschema darstellen. Trifft eine Anlage für die Ausbildung der weißen Blütenfarbe auf eine Anlage für eine Ausbildung

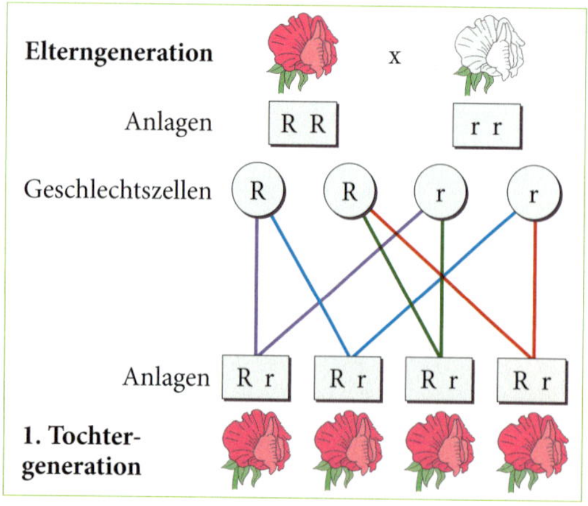

2 Kreuzungsschema zur 1. mendelschen Regel

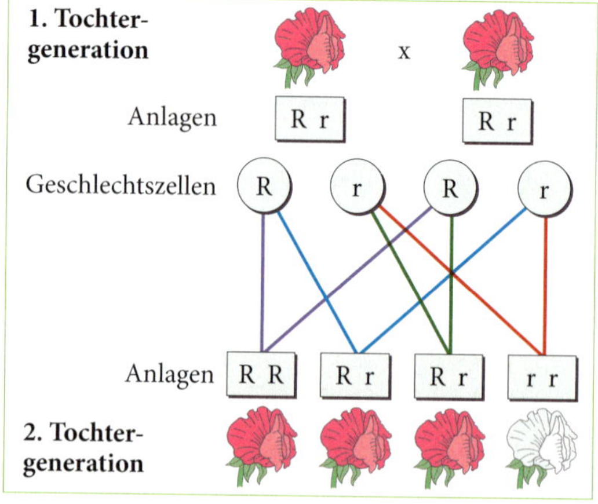

3 Kreuzungsschema zur 2. mendelschen Regel

1. mendelsche Regel: Uniformitätsregel
Kreuzt man zwei reinerbige Lebewesen, die sich in einem Merkmal unterscheiden, so sind die Nachkommen der 1. Tochtergeneration untereinander alle gleich – uniform.

2. mendelsche Regel: Spaltungsregel
Kreuzt man die Lebewesen der 1. Tochtergeneration untereinander, so treten beim dominant-rezessiven Erbgang die Nachkommen in der 2. Tochtergeneration im Zahlenverhältnis 3:1 auf.

4 Mendelsche Regeln

Allele
dominant
mischerbig
reinerbig
rezessiv
Spaltungsregel
Uniformitätsregel

der roten Blütenfarbe, so wird sie nicht ausgeprägt. Sie ist **rezessiv** gegenüber der Anlage für die rote Blütenfarbe. Deshalb sind in der 1. Tochtergeneration keine Pflanzen mit weißen Blüten zu beobachten. → 2 Alle Pflanzen enthalten eine **dominante** Anlage für die rote Blütenfarbe, die sich gegenüber der rezessiven Anlage für die weiße Blütenfarbe durchsetzt. Man spricht von einem dominant-rezessiven Erbgang. Im Kreuzungsschema werden dominante Anlagen mit Großbuchstaben und rezessive durch Kleinbuchstaben dargestellt.

Mendelsche Regeln

In der zweiten Tochtergeneration entstehen nach den Kombinationsmöglichkeiten der Geschlechtszellen Pflanzen mit roten und weißen Blüten im Verhältnis 3:1. → 3 Obwohl sich die Anlage für die weiße Blütenfarbe in der 1. Tochtergeneration nicht durchsetzen konnte, kann sie an die nächste Generation weitergegeben und bei Pflanzen, die für das Merkmal weiße Blütenfarbe reinerbig sind, ausgeprägt werden. **Reinerbig** bedeutet also, dass ein Lebewesen für ein Merkmal zwei gleiche Anlagen besitzt, **mischerbig** steht für zwei verschiedene Anlagen. Diese Anlagen werden heute auch als **Allele** bezeichnet. Mendels Untersuchungen wurden später mit den gleichen Ergebnissen auch bei anderen Lebewesen wiederholt. Diese Ergebnisse führten zur Formulierung der mendelschen Regeln, der **Uniformitätsregel** und der **Spaltungsregel**. → 4

→ Merk dir! **Bei Kreuzungsversuchen fand Mendel Gesetzmäßigkeiten der Vererbung, die heute als mendelsche Regeln bezeichnet werden.**

Arbeitsaufträge

1. Erkläre die Begriffe reinerbig, mischerbig, dominant und rezessiv.

2. Auch bei der Kreuzung von Tieren lassen sich die mendelschen Regeln beobachten. Bei der Zucht von Kaninchen werden reinerbig langhaarige Kaninchen (L) mit kurzhaarigen Kaninchen (l) gepaart.

a Erstelle ein Kreuzungsschema für die Vererbung dieses Merkmals von der Elterngeneration bis zur 2. Tochtergeneration.

b Erkläre an diesem Beispiel die mendelschen Regeln.

Als Mendels Forschungen an anderen Lebewesen wiederholt wurden, fand man bei der Wunderblume rosa Blüten. Sie entstanden in der 1. Tochtergeneration, als reinerbige Pflanzen mit roten und mit weißen Blüten gekreuzt wurden. Wie ist dieses Ergebnis zu erklären?

1 Wunderblume mit weißen, rosa und roten Blüten

Anlagen werden kombiniert

Intermediärer Erbgang

Bei der Wunderblume treten in der 1. Tochtergeneration rosa Blüten auf, wenn reinerbige Pflanzen mit roten und mit weißen Blüten gekreuzt werden. Dieses Ergebnis ist dadurch zu erklären, dass beide Anlagen ausgeprägt werden. Keine von beiden ist dominant oder rezessiv. Das Erscheinungsbild der Pflanzen der 1. Tochtergeneration liegt zwischen den Erscheinungsbildern der Elterngeneration. Man spricht vom **intermediären Erbgang**.

Diese Erklärung wird bestätigt, wenn man die Blütenfarben der 2. Tochtergeneration betrachtet: Hier treten neben den Pflanzen mit rosa Blüten auch solche mit roten und mit weißen Blüten auf. Pflanzen mit rosa Blüten sind mischerbig, die anderen sind reinerbig. → 2

Neukombinationsregel

Mendel untersuchte in weiteren Experimenten Pflanzen, die sich in zwei Merkmalen unterschieden. Dabei kreuzte er reinerbige

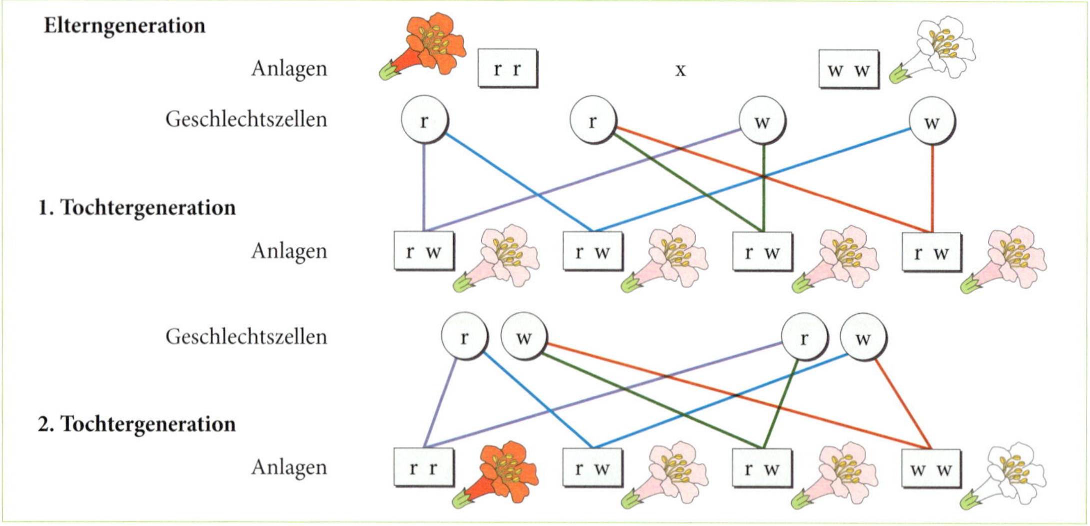

2 Kreuzungsschemata zum intermediären Erbgang bei der Wunderblume

intermediärer Erbgang

Neukombinationsregel

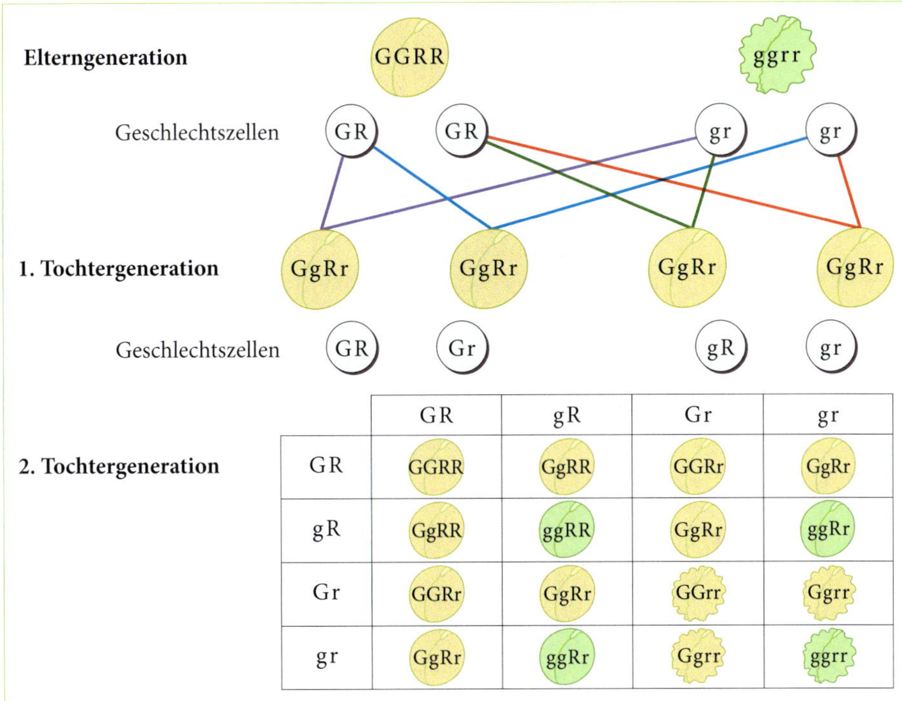

3 Erbgang mit zwei Merkmalen

Pflanzen, die gelbe und runde Samen aufwiesen, mit reinerbigen Pflanzen, die grüne und runzlige Samen besaßen. → 3 Die Samen der 1. Tochtergeneration sahen alle gleich aus: Sie waren gelb und rund. In der 2. Tochtergeneration trat nun jedoch eine Überraschung auf: Neben dem Erscheinungsbild der Elterngeneration gab es auch Pflanzen mit gelben und runzligen sowie grünen und runden Samen. Dieses Ergebnis lässt sich erklären, wenn man annimmt, dass die Anlagen für die Farbe und die Form der Samen neu kombiniert wurden. Dieses Ergebnis konnte später vielfach wiederholt werden, sodass sich die 3. mendelsche Regel, die **Neukombinationsregel**, ergibt:

Kreuzt man zwei reinerbige Lebewesen, die sich in mehr als einem Merkmal unterscheiden, so können die Merkmale in neuen Kombinationen auftreten.

→ **Merk dir!** Anlagen können kombiniert werden. Beim intermediären Erbgang treten Merkmale auf, die zwischen denen der Eltern liegen. Verfolgt man bei einem Erbgang zwei Merkmale, so können diese neu kombiniert werden.

Arbeitsaufträge

1. Betrachte den Erbgang in der Abbildung 3.

a Bestimme wie viele unterschiedliche Erscheinungsbilder bei den Erbsen der 2. Tochtergeneration auftreten.

b Berechne das Zahlenverhältnis dieser Erscheinungsbilder zueinander.

2. Erkläre folgende Begriffe: intermediärer Erbgang, Neukombinationsregel.

Vor 50 Jahren hat eine Kuh durchschnittlich 3000 Liter Milch pro Jahr gegeben, heute hat sich diese Zahl fast verdoppelt: Eine gute Milchkuh liefert heute pro Jahr etwa 6000 Liter Milch.
Wie lässt sich diese Steigerung erklären?

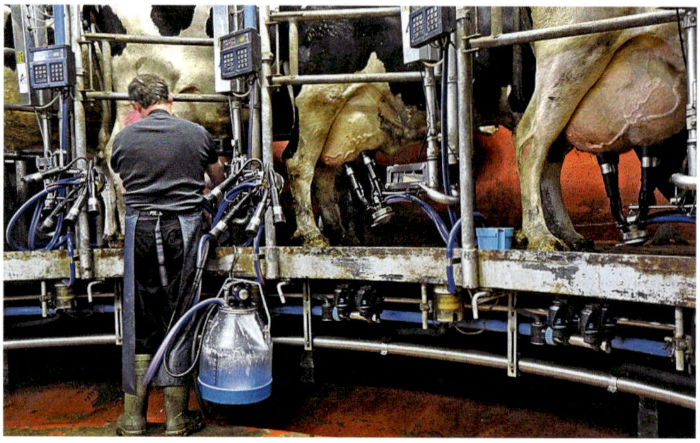

1 Kühe werden heutzutage fast nur noch maschinell gemolken.

Von der Wildform zum großen Ertrag

Ziele der Zucht

Seit Jahrtausenden nutzt der Mensch die Vielfalt von wild lebenden Pflanzen und Tieren zur **Züchtung** von Kulturpflanzen und Nutztieren. Diese Kulturpflanzen und Nutztiere haben verbesserte Eigenschaften.
Ein Beispiel für eine wichtige Kulturpflanze ist der Mais. → 2 Das wichtigste Zuchtziel beim Mais ist die Ertragsteigerung. Dies bedeutet, dass neu gezüchtete Maispflanzen eine größere Anzahl an Maiskolben hervorbringen oder Kolben mit einer höheren Anzahl an Maiskörnern ausbilden.

In der Tierzucht ist das wichtigste Ziel die Verbesserung und Erhaltung vorteilhafter Eigenschaften von Nutztieren. Bei Rindern ist das vor allem die Steigerung der Milchleistung. → 3 Daneben will man aber auch die Fleischleistung verbessern. Das bedeutet, dass Rinder gezüchtet werden, die möglichst schnell ein großes Körpergewicht erreichen. Sowohl in der Tierzucht als auch in der Pflanzenzucht wurden und werden grundsätzlich die gleichen Züchtungsmethoden angewandt. Doch wie funktioniert die Züchtung genau?

2 Mais stammt von einem Wildgras ab.

3 Milchleistung 1950 und heute

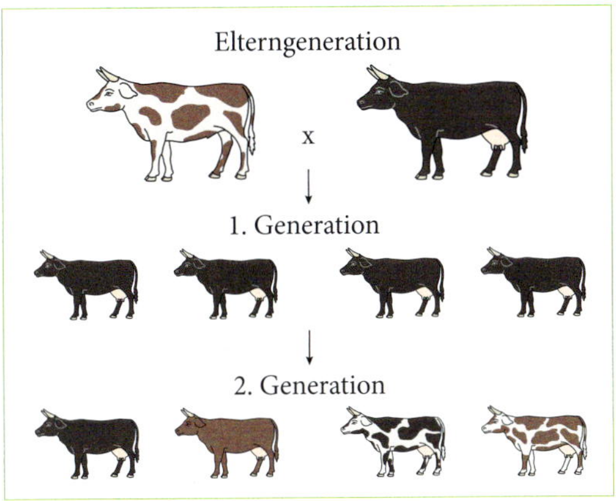

4 Neue Merkmale bei den Nachkommen

5 Wie entstehen bunte Maiskolben?

Auslese

Die älteste Züchtungsmethode ist die **Auslese** von Tieren und Pflanzen mit günstigen Eigenschaften. Bei einer Pflanze wie dem Mais werden aus einem Feld mit vielen Pflanzen nur diejenigen ausgelesen, d. h. ausgesucht, und weiter fortgepflanzt, die für den Menschen wertvolle Eigenschaften haben. Beim Mais sind das zum Beispiel die Pflanzen, die besonders große Maiskolben mit vielen Körnern besitzen.

Kreuzen von Rindern

Eine weitere Züchtungsmethode ist das **Kreuzen**. Zuerst werden mehrere Rinder aufgezogen und unterschiedliche Männchen und Weibchen miteinander verpaart. Wenn sich die Merkmale des weiblichen Rindes (z. B. schwarzes Fell) von den Merkmalen des männlichen Rindes (z. B. rotbraun gescheckte Fell) unterscheiden, entstehen bei den Nachkommen der 2. Generation, also den Enkeln, völlig neue Merkmalskombinationen. → 4, 5

Zucht von Pflanzen und Haustieren

Die Methoden der Züchtung werden aber auch bei Haustieren und Gartenpflanzen angewendet. Durch Züchtung sind zum Beispiel unterschiedlich duftende Rosensorten oder verschiedene Hunderassen entstanden.

→ Merk dir! **Der Mensch züchtet durch Auslese und Kreuzen Tier- und Pflanzenarten mit Eigenschaften, die ihm nützlich sind.**

Arbeitsaufträge

1. Erläutere anhand der Abbildung 4, wie durch Züchtung Rinder mit unterschiedlichem Fellmuster entstehen.

2. Alex und Anton finden auf einem Maisfeld eine Maispflanze mit bunt gemusterten Maiskolben. Die Maiskolben bestehen aus gelben und roten Maiskörnern. Die beiden stehen vor einem Rätsel. Kannst du ihnen erklären, wie eine Pflanze mit solchen bunten Maiskolben entsteht? → 5

3. Im kommenden Jahr findet ein Wettbewerb mit dem Titel „Wer hat die beste Kuh?" statt. Bauer Klaus möchte gern teilnehmen, weiß jedoch nicht, wie er die Milchleistung seiner Kühe steigern kann. Entwickle einen Plan, mit dem du die Milchleistung von Bauer Klaus Kühen verbesserst.

In Science-Fiction-Filmen sind Mutanten meist Menschen mit verändertem Aussehen und ungewöhnlichen Eigenschaften. Sie sehen oft unheimlich oder merkwürdig aus oder haben besondere Fähigkeiten. Sind diese Veränderungen bei Menschen erfunden oder gibt es sie wirklich?

1 Mutant im Film mit verändertem Aussehen und veränderten Eigenschaften

Veränderung von Genen

Mutation heißt Veränderung

Die Veränderungen bei Mutanten in Filmen sind fast immer erfunden. Im Kino sehen die Mutanten meist besonders unheimlich aus. In der Biologie wird ein Lebewesen als Mutante bezeichnet, wenn es genetisch verändert ist. Der Prozess, bei dem eine solche genetische Veränderung entsteht, heißt **Mutation**. Mutationen entstehen zufällig und ungerichtet. Die Faktoren, die eine Mutation auslösen können, sind vielfältig.

Veränderungen von Körperzellen

Eine Mutation kann dazu führen, dass Gene in dieser Zelle nicht mehr funktionstüchtig sind. Manche Mutationen stören den Stoffwechsel der Zelle so stark, dass die Zelle abstirbt. Sie kann aber auch zu einer Krebszelle entarten. → 2 Viele Mutationen haben jedoch keine Auswirkungen auf die Lebensfähigkeit der Zelle, da die Zelle über Mechanismen verfügt, mit denen die Veränderungen repariert werden können. Mutationen in Körperzellen werden nicht an die nächste Generation vererbt. Sie betreffen immer nur das Lebewesen, bei dem sie auftreten.

Veränderungen von Geschlechtszellen

Findet eine Mutation in einer Geschlechtszelle statt, wirkt sich das jedoch nicht auf das betroffene Lebewesen aus. Erst in der nächsten Generation können solche Geschlechtszellenmutationen in Erscheinung treten. Sie werden also vererbt.

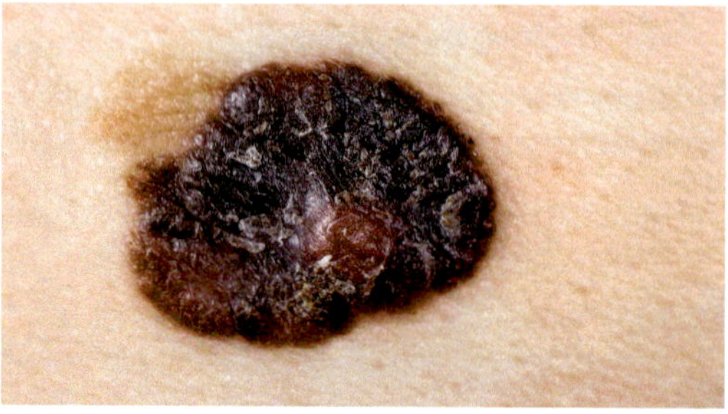

2 Hautkrebs

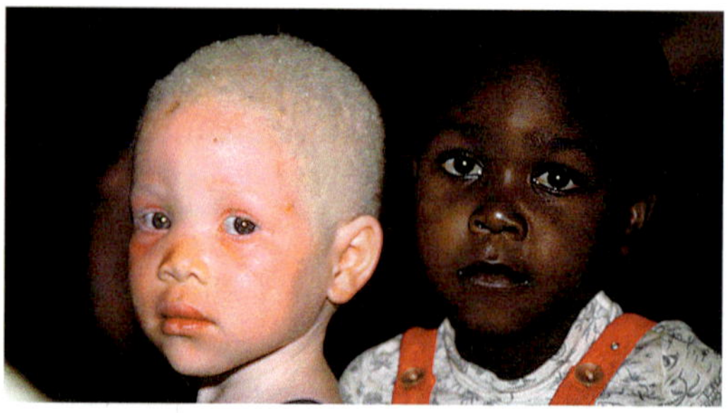

3 Albinomädchen

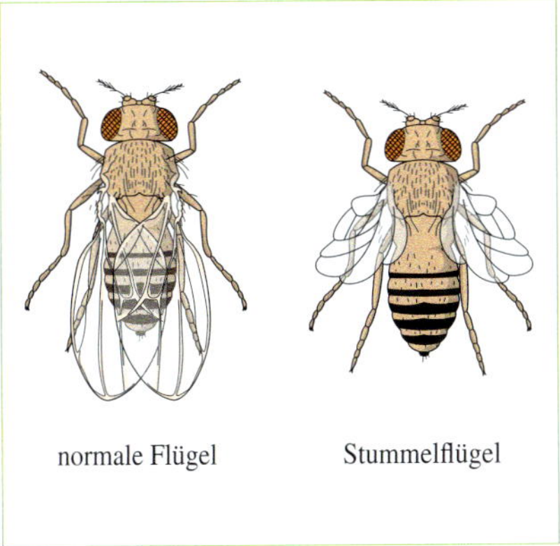

4 Stummelflügel bei der Fruchtfliege

5 Chinesische Primeln

Mutation ist nicht gleich Mutation

Beim Albinismus tritt die Mutation nur an einem einzigen Gen auf. Dabei ist das Gen, das für die Produktion des Hautfarbstoffes Melanin zuständig ist, verändert. Fehlt der Hautfarbstoff Melanin, sehen Haut, Fell oder Federn von Menschen und Tieren weiß aus. → 3 Neben Genen können auch Chromosomen mutieren. Ein berühmtes Beispiel ist die Fruchtfliege mit Stummelflügeln. → 4 Bei der Zellteilung kann es außerdem vorkommen, dass sich die Chromosomen nicht gleichmäßig auf die Zellkerne der neu entstehenden Zellen verteilen. Dies führt dazu, dass im Zellkern einer Zelle weniger oder mehr Chromosomen vorhanden sind. Ein Beispiel dafür ist das Down-Syndrom.

Mutationen schaffen Vielfalt

Mutationen können nachteilig, vorteilhaft oder ohne erkennbare Auswirkungen sein. Mutationen sind in der Geschichte der Lebewesen, der Evolution, eine Ursache für Neues. Sie tragen wesentlich zur genetischen Verschiedenheit einer Art bei.

Umweltfaktoren schaffen Veränderungen

Nicht alle Veränderungen von Lebewesen sind genetisch bedingt. Bei der Chinesischen Primel hängt zum Beispiel die Blütenfarbe von der Umgebungstemperatur ab. Wächst sie bei Temperaturen unter 30 °C, blüht sie rot, oberhalb von 30 °C dagegen weiß. → 5 Veränderungen von Merkmalen, die nicht genetisch bedingt sind, sondern durch unterschiedliche Umweltfaktoren wie Temperatur, Licht oder Nahrung, hervorgerufen werden, nennt man **Modifikationen**.

→ Merk dir! Mutationen sind Veränderungen im Erbgut. Sie treten zufällig auf. Modifikationen sind hingegen durch die Umwelt bedingte Merkmalsveränderungen.

Arbeitsaufträge

1. In vielen Science-Fiction-Filmen werden Mutanten, das heißt genetisch veränderte Lebewesen, gezeigt. Erkläre den Unterschied zwischen der Darstellung von Mutationen in Filmen und der biologischen Beschreibung von Mutationen.

2. Suche nach weiteren Beispielen für Modifikationen. Erkläre jeweils, woran man erkennt, dass es sich um eine Modifikation handelt.

Nicht alle Menschen können die rote und die grüne Farbe der Ampel erkennen. Sie sehen stattdessen grau. Dabei handelt es sich um eine genetisch bedingte Krankheit, die meist bei Männern auftritt. Wie ist die Häufung der Krankheit bei Männern zu erklären? Und wie lässt sich das Auftreten der Krankheit beim Menschen untersuchen?

1 Ampel: bei Normalsichtigen und bei Rot-Grün-Blinden

Vererbung beim Menschen

Rot-Grün-Blindheit

Bei Menschen, die die Farben Rot und Grün nicht sehen können, fehlen in der Netzhaut die Sehsinneszellen, die für die Wahrnehmung dieser beiden Farben verantwortlich sind. Die Erbanlagen für diese **Rot-Grün-Blindheit** sind rezessiv und liegen auf dem X-Chromosom. Auf dem zweiten Geschlechtschromosom, dem Y-Chromosom, befinden sich keine entsprechenden Erbanlagen. Wenn bei einer Befruchtung ein defektes X-Chromosom auf ein Y-Chromosom trifft, so entstehen männliche Nachkommen, die diese Krankheit ausbilden. Frauen erkranken nur dann, wenn zwei defekte X-Chromosomen bei einer Befruchtung aufeinandertreffen, was selten der Fall ist. → 2 Daher erkranken Männer häufiger an dieser Krankheit als Frauen. Frauen, die nur ein rezessives Gen tragen, treten jedoch als Überträgerinnen auf, weil sie die Information an die nächste Generation weitergeben. Bei diesem Erbgang treten bei den Nachkommen andere Zahlenverhältnisse auf, als dies nach den mendelschen Regeln zu erwarten ist. Deshalb spricht man heute von mendelschen Regeln, nicht mehr von mendelschen Gesetzen.

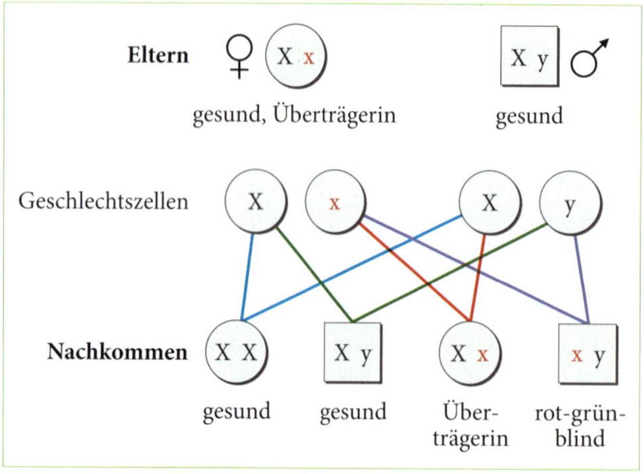

2 Vererbung der Rot-Grün-Blindheit

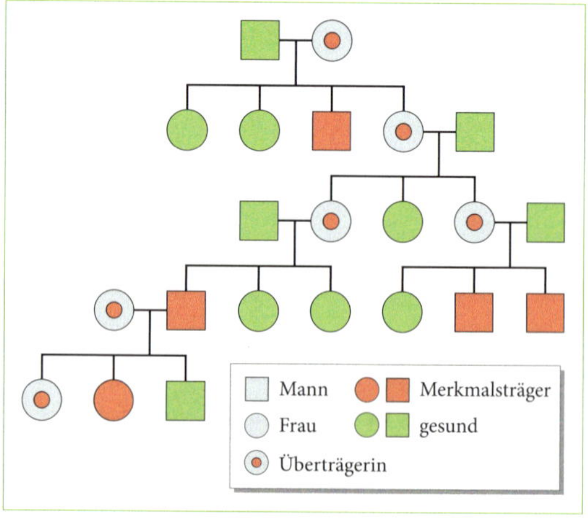

3 Familienstammbaum Rot-Grün-Blindheit

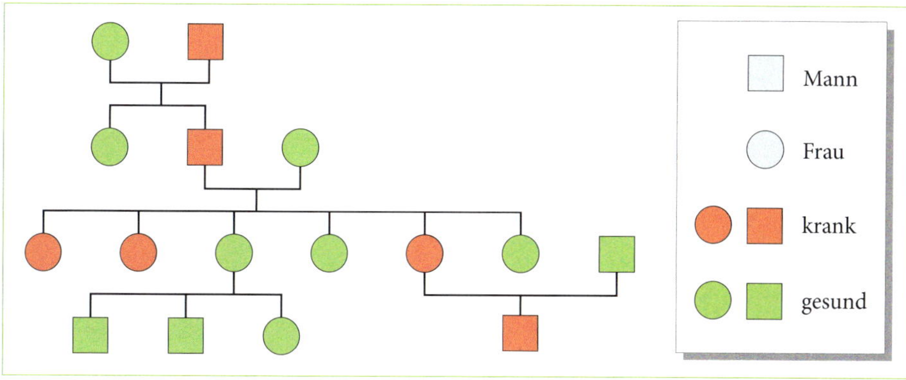

4 Familienstammbaum Kurzfingrigkeit

Familienstammbaum

Wenn man untersuchen will, wie eine Erbanlage wie die Information für die Rot-Grün-Blindheit oder die Kurzfingrigkeit vererbt wird, kann man Familienforschung betreiben. Dabei wird das Auftreten eines Merkmals über viele Generationen hinweg untersucht. Aus diesen Informationen lässt sich ein **Familienstammbaum** aufstellen, in dem die Merkmalsträger, die gesunden Personen, die Überträgerinnen sowie das Geschlecht der untersuchten Personen eingetragen werden. → 3, 4 Aus diesem Stammbaum lassen sich wichtige Informationen über die Vererbung einer Erbanlage ablesen. Im Stammbaum für die Rot-Grün-Blindheit treten viele Männer als Träger des Merkmals auf. Dies ist ein Hinweis darauf, dass sich die betreffende Erbanlage auf dem X-Chromosom befindet. Man spricht von **X-Chromosom-gebundenem Erbgang.** Es ist ebenfalls zu beobachten, dass sich im Stammbaum relativ wenige Merkmalsträger finden. Dies ist ein Hinweis darauf, dass die betreffende Erbanlage rezessiv ist.

→ **Merk dir!** Wenn Erbanlagen auf dem X-Chromosom liegen, so spricht man vom X-Chromosom-gebundenen Erbgang. Die Vererbung beim Menschen kann man in Familienstammbäumen darstellen.

Arbeitsaufträge

1. Beschreibe den Erbgang für die Rot-Grün-Blindheit.

2. Analysiere den Stammbaum in Abbildung 4 und beantworte folgende Fragen:
- **a** Ist die Anlage für das Merkmal dominant oder rezessiv?
- **b** Liegt die Anlage auf einem X-Chromosom?
- **c** Begründe deine Entscheidungen.
- **d** Erstelle für alle im Stammbaum dargestellten Personen den Genotyp.

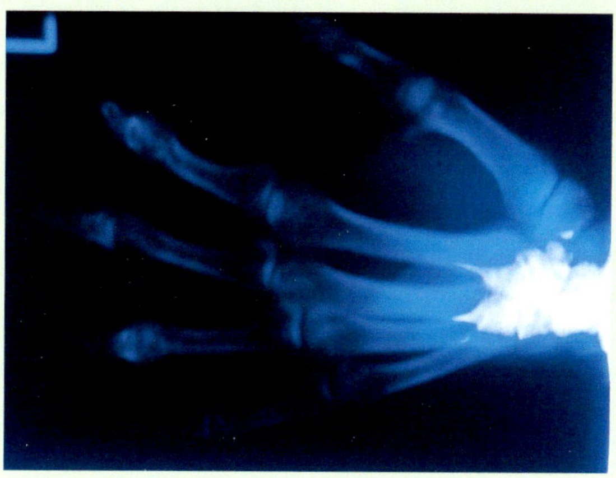

5 Kurzfingrigkeit

Anders normal leben

„Mein Name ist Max. Ich gehe in die 9. Klasse der Integrierten Gesamtschule und bin 16 Jahre alt. Als ich klein war, war ich häufig krank und musste wegen eines Herzfehlers operiert werden. Heute geht es mir gut. In der Grundschulzeit war ich nachmittags beim Sprachtraining, da ich nicht so gut sprechen konnte wie die anderen Kinder. Heute bringt mir die Schule viel Spaß. Besonders mag ich den Sportunterricht. Schreiben und Lesen fällt mir immer noch viel schwerer als den anderen in meiner Klasse. Zum Glück hilft mir mein Freund Alex im Unterricht sehr gut. Dafür muntere ich ihn auf, wenn er mal traurig ist. In der Schule habe ich Elena kennengelernt. Sie hat wie ich das Down-Syndrom. Sie ist seit ein paar Wochen meine Freundin."

1 Max

2 Menschen mit Down-Syndrom

Eine häufige Behinderung

Das Down-Syndrom ist eines der verbreitetsten angeborenen Syndrome. Weltweit leben zirka fünf Millionen Menschen mit dem Down-Syndrom. Der englische Arzt John Langdon Down war der Erste, der im Jahr 1866 Menschen mit den Merkmalen dieses Syndroms beschrieb. Als Syndrom wird eine Reihe von Merkmalen bezeichnet, die auf eine ganz bestimmte Ursache zurückzuführen sind. Die Kombination mehrerer dieser Merkmale ist typisch für das Syndrom.

Ein Chromosom zu viel

Menschen mit Down-Syndrom haben in jeder Zelle 47 Chromosomen statt der üblichen 46. Das Chromosom Nr. 21 ist dreifach in jeder Zelle vorhanden statt üblicherweise zweimal. → 3 Diese Entdeckung führte zur Bezeichnung Trisomie 21.
Trisomie 21 bezeichnet die genetische Ursache. Sie entsteht durch eine fehlerhafte Verteilung der Chromosomen bei der Meiose, der Eizellenbildung.

Vielfältige Anzeichen

Man kennt viele verschiedene Eigenschaften, die für Menschen mit dem Down-Syndrom typisch sind. Niemand zeigt jedoch alle diese

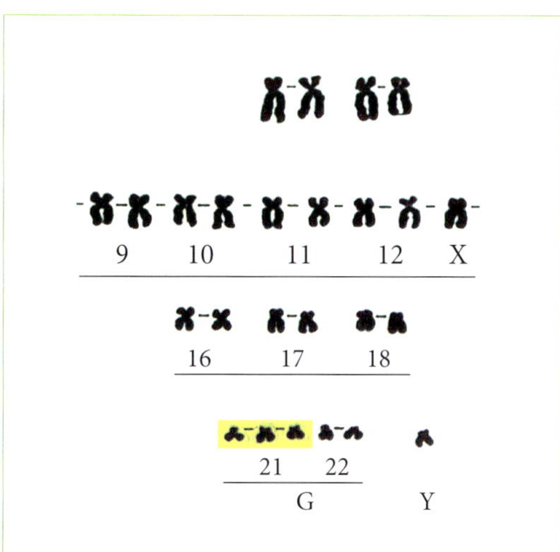

3 Karyogramm eines Menschen mit Down-Syndrom

4 Auch Behinderte können einen Beruf erlernen.

Eigenschaften. Häufig sind: ein rundes Gesicht, eine leicht schräg aufwärtsgerichtete Augenstellung, eine breite Hand mit kurzen Fingern, eine Muskelschwäche, oft anatomische Herzfehler (die meist früh operiert werden müssen), eine geringere Körpergröße als in der restlichen Familie und in der Regel eine verminderte Intelligenz.

Einzigartige Persönlichkeit

Menschen mit Down-Syndrom haben viele persönliche Merkmale, die sie unverwechselbar machen. Unterschiede gibt es auch bei ihren Fähigkeiten. Einige lieben es zu tanzen, andere zeigen daran kein Interesse. Manche sind beim Theaterspielen oder Malen sehr kreativ, andere sind dazu nicht in der Lage. Ihr Charakter wird häufig als offen, liebevoll und fröhlich beschrieben.

Erfolgreiche Förderung

Bei einigen Menschen ist die geistige Behinderung stark, bei anderen nur schwach ausgeprägt. Wenn die Kinder früh gefördert werden, können sie in vielen Fällen eine Schule besuchen, einen Abschluss machen und am Berufsleben teilnehmen.

Was passiert beim Menschen, wenn die Gene verändert sind? Sieht oder merkt man die genetische Veränderung? Machen genetische Veränderungen krank? Sind Menschen genetischen Veränderungen schicksalhaft ausgeliefert?

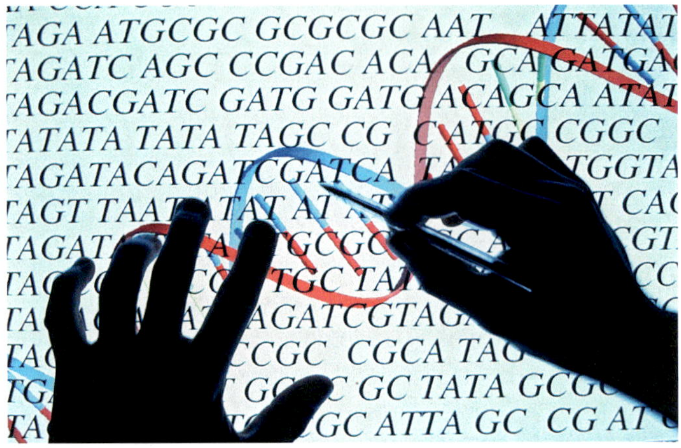

1 Sind veränderte Gene unser Schicksal?

Gene und Gesundheit

Krankheitsgene gibt es nicht

Häufig wird gesagt, Krankheiten beim Menschen würden durch kranke Gene ausgelöst. Dies ist jedoch nicht richtig. Gene selbst können nicht krank sein. Krank sein kann nur der Mensch. Gene können aber durch eine Mutation so verändert sein, dass bestimmte Proteine, die für den Körper wichtig sind, nicht mehr oder nicht mehr ausreichend produziert werden. Dann kann es zu einer **genetisch bedingten Krankheit** kommen.

Gene und Merkmale

Wenn wir über Gene sprechen, dann beziehen wir uns auf den Genotyp. Der Begriff **Genotyp** bezeichnet alle Erbanlagen eines Lebewesens. Das Erscheinungsbild eines Menschen wird hingegen als **Phänotyp** bezeichnet. Der Phänotyp umfasst die Merkmale und Eigenschaften eines Lebewesens, die wir sehen und beobachten können. Krankheiten gehören immer zum Phänotyp. Die Gene (= Genotyp) bewirken über eine komplexe Kette mit chemischen Reaktionen bestimmte Merkmale im Phänotyp. → 2

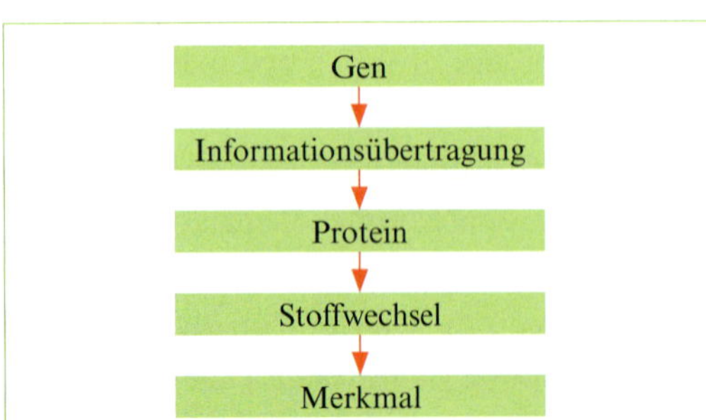

2 Vereinfachte Genwirkkette

Glücklich mit Milch

Bei ganz wenigen und meist auch seltenen Krankheiten reicht eine einzige Veränderung in nur einem einzigen Gen aus, um eine Krankheit auszulösen. Eine Genveränderung ist auch dafür verantwortlich, dass jemand laktosetolerant oder -intolerant ist. Laktoseintoleranz bezeichnet die Unverträglichkeit von Milch und Milchprodukten. Das Gegenteil ist die Laktosetoleranz. Laktosetoleranz äußert sich darin, dass Erwachsene Milch und Milchprodukte zu sich nehmen können, ohne Verdauungsbeschwerden zu bekommen. Dafür ist ein mutiertes Gen verantwortlich. Es sorgt dafür, dass genügend Laktase (Enzym) gebildet wird, um den in der Milch enthaltenen Milchzucker abzu-

genetisch bedingte Krankheit

Genotyp

Phänotyp

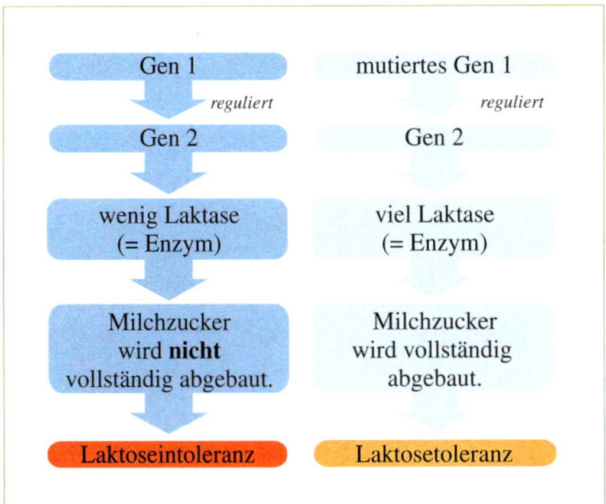

3 Ein mutiertes Gen und seine Folgen – Laktosetoleranz

4 Glücklich mit Milch?

bauen. → 3 Menschen mit Laktoseintoleranz fehlt das mutierte Gen, das die Laktasebildung reguliert. Es wird wenig Laktase gebildet, was dazu führt, dass nur wenig Milchzucker abgebaut werden kann. → 4 Nehmen diese Menschen viel Milchzucker zu sich, bekommen sie schweren Durchfall. Dieses Beispiel zeigt, dass ein mutiertes Gen auch einen Vorteil bedeuten kann.

Vielfältige Genwirkungen

Meist sind mehrere mutierte Gene an einer Veränderung des Phänotyps beteiligt. Diese führen dann zum Beispiel zu einer Anfälligkeit für eine Krankheit. Ob und in welchem Ausmaß eine Krankheit ausbricht, hängt auch von Umweltfaktoren wie der Ernährung oder von Stress ab. Dies ist z. B. bei Herz-Kreislauf-Erkrankungen oder Adipositas der Fall.

→ **Merk dir!** Der Genotyp bezeichnet die genetischen Eigenschaften eines Lebewesens. Der Phänotyp umfasst die Merkmale, die wir sehen können. Bei der Entstehung von genetisch bedingten Krankheiten sind in den meisten Fällen mehrere Gene und zusätzlich Umweltfaktoren beteiligt.

Arbeitsaufträge

1. In einer Zeitung erscheint ein Artikel mit dem Titel „Laktoseintoleranz – eine weitverbreitete Krankheit". Nimm Stellung zum Titel des Zeitungsartikels.
Begründe, was bei der Laktoseintoleranz für die Bezeichnung „Krankheit" spricht und was dagegen. Erörtere, welche Faktoren bei der Beantwortung der Frage eine Rolle spielen (z. B. Symptome, Vorliegen einer Mutation).

2. Alex muss eine Diät einhalten, da er das in der Nahrung enthaltene Phenylalanin (eine Aminosäure) nicht im Körper abbauen kann. Medizinisch wird dies als Phenylketonurie (PKU) bezeichnet.

- **a** Recherchiere zum Thema PKU im Internet. Suche Informationen zu den Ursachen und Symptomen.
- **b** Erkläre die genetischen Zusammenhänge, die dazu führen, dass Menschen kein Phenylalanin abbauen können. Nenne die Folgen, die entstehen, wenn PKU nicht behandelt wird.

Klaus weiß, dass in seiner Familie Fälle von Chorea Huntington, dem erblichen Veitstanz, aufgetreten sind. Deshalb besucht er mit seiner Frau eine Beratungsstelle zur genetischen Familienberatung. Sie möchten wissen, welches Risiko für Klaus und seine Kinder besteht, dass sie ebenfalls an dieser Erbkrankheit leiden. Wie verläuft eine genetische Familienberatung?

1 Bei der genetischen Familienberatung

Genetische Familienberatung

Chorea Huntington

Die Krankheit **Chorea Huntington** ist nach dem amerikanischen Arzt George Huntington benannt, der sie 1872 erstmals vollständig beschrieb. Die Krankheit äußert sich durch unwillkürliche Zuckungen und unkontrollierte Bewegungen der Arme, Beine und der Gesichtsmuskeln. Sie bricht etwa ab dem 40. Lebensjahr aus und führt mit ihrem Fortschreiten auch zum Verlust geistiger Fähigkeiten. Huntington verfolgte die Krankheit über mehr als 12 Generationen zurück und stellte eine familiäre Häufung fest. Damit lag der Verdacht nahe, dass es sich um eine Erbkrankheit handelt. Die Beschreibung der Krankheitssymptome lässt sich bis ins Mittelalter zurückverfolgen. Damals sprach man von **Veitstanz.** → 2 Auch der Begriff Chorea lässt sich auf diesen Begriff zurückführen (griech. choreia = Tanz).

Ein Gendefekt als Ursache

Heute weiß man, dass die Krankheit durch ein dominantes Gen ausgelöst wird, das sich auf dem Chromosom Nr. 4 befindet. Das defekte Gen ist dafür verantwortlich, dass bestimmte Nervenzellen im Gehirn nicht mehr richtig funktionieren und schließlich absterben. Diese Vorgänge verlaufen sehr langsam, sodass etwa bis zum 40. Lebensjahr keine Krankheitszeichen auftreten. Die Krankheit ist nicht heilbar.

Genetische Familienberatung

Wenn in einer Familie eine Erbkrankheit wie Chorea Huntington auftritt, so werden durch eine **genetische Familienberatung** zunächst die genauen Verwandtschaftsverhältnisse der Betroffenen erforscht und in einem Familienstammbaum dargestellt. → 3 Klaus und Marion können aus dem Familienstammbaum ablesen, ob eine Wahrscheinlichkeit besteht, dass Klaus das krank machende Gen in sich trägt. Um ganz sicher zu sein, muss bei den möglicherweise Betroffenen eine **Genanalyse** durchgeführt werden. Dazu wird eine Blutprobe entnommen und die DNA aus den Zellen isoliert. Die DNA wird mit geeigneten Methoden aufgetrennt und sichtbar gemacht. Da man das Gen, das Chorea Huntington verursacht, genau kennt, lässt sich exakt feststellen, ob Klaus dieses Gen in seinen Zellen hat oder nicht.

Chorea Huntington
Genanalyse
genetische Familienberatung
Veitstanz

2 Veitstanz im Mittelalter

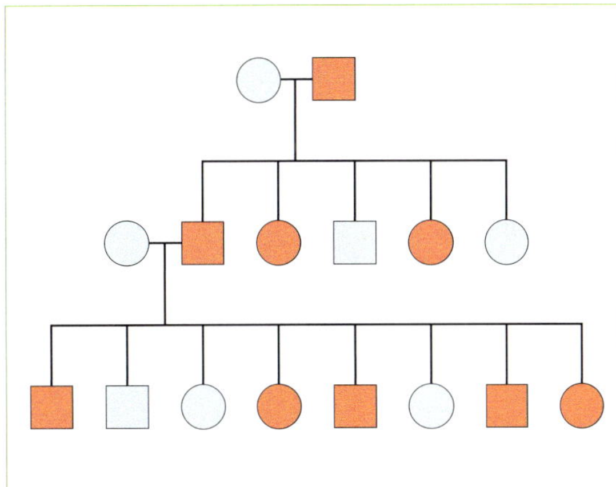

3 Familienstammbaum Chorea Huntington

Konsequenzen der Beratung

Nur etwa fünf bis zehn Prozent der in einer Beratungsstelle Ratsuchenden entscheiden sich dafür, eine Genanalyse durchführen zu lassen. Die meisten möchten diese Sicherheit nicht haben. Das verdeutlicht, dass die genetische Beratung für Menschen mit möglichen genetisch bedingten Krankheiten eine große psychische Belastung darstellt.

→ Merk dir! Chorea Huntington ist eine der häufigsten genetisch bedingten Krankheiten des Nervensystems. Wenn jemand befürchtet, die Erbanlagen für diese oder andere genetisch bedingte Krankheiten in sich zu tragen, kann er eine genetische Beratungsstelle aufsuchen. Die Beratung geht mit großen psychischen Belastungen einher.

Arbeitsaufträge

1. Beschreibe den Stammbaum in Abbildung 3.
- **a** Begründe, dass das Gen, das Chorea Huntington verursacht, dominant ist.
- **b** Begründe, dass das Gen, das Chorea Huntington verursacht, nicht auf einem X-Chromosom liegt.
- **c** Erläutere, weshalb man bei der Analyse von Stammbäumen nur von Wahrscheinlichkeiten sprechen kann.

2. Chorea Huntington gehört zu den am häufigsten auftretenden genetisch bedingten Krankheiten des Nervensystems. → 4
- **a** Berechne den Anteil der Erkrankten in der Gesamtbevölkerung und in der Verwandtschaft des Betroffenen in Prozent.
- **b** Erläutere an diesem Beispiel den Begriff „familiäre Häufung“.

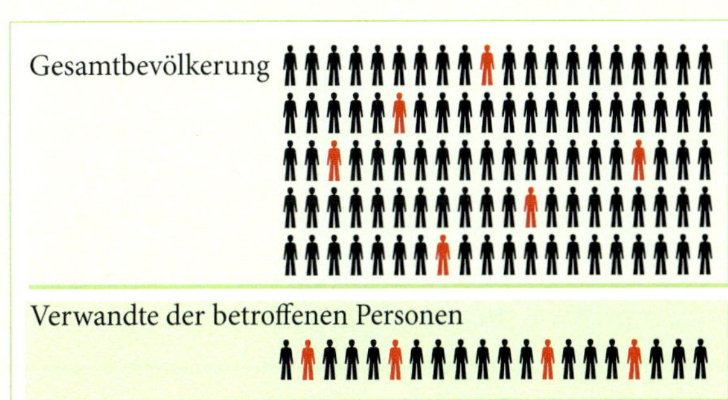

4 Häufigkeit von Chorea Huntington

3. Gib Klaus einen Rat: Soll er eine Genanalyse durchführen lassen? Soll er bei positivem Befund Vater werden? Setzt euch in Gruppen zu vier Schülern zusammen und beantwortet die beiden Fragen nach der Placemat-Methode.

Im Jahr 1996 wurde der Öffentlichkeit ein Schaf vorgestellt. Es hieß Dolly. Dolly unterschied sich nicht besonders von anderen Schafen, aber sie war die identische Kopie eines anderen Schafes. Wie ist das möglich?

1 Dolly

Geklonte Lebewesen

Identische Nachkommen

Viele Pflanzen bilden Ableger oder Ausläufer, aus denen sich neue Pflanzen bilden. Beispiele hierfür sind Grünlilien, Kartoffeln oder Erdbeeren. Da die neuen Pflanzen auf ungeschlechtlichem Wege entstanden sind, ist ihr Erbgut mit dem der Mutterpflanze identisch, es handelt sich um **Klone**.

Klonen von Pflanzen

Die Fähigkeit von Pflanzen, Klone zu bilden, nutzt man häufig bei der Zucht von Nutzpflanzen. Von besonders leistungsfähigen Sorten werden gezielt Ableger oder Ausläuferpflanzen erzeugt. Aufgrund ihres identischen Erbgutes sind sie genauso leistungsfähig wie die Ausgangspflanzen.

Vervielfachung von Nachkommen

Rinder bekommen normalerweise ein Kalb pro Jahr. Landwirte möchten jedoch von Rindern, die besonders viel Milch geben oder die viel Fleisch erzeugen, möglichst schnell möglichst viele Nachkommen erhalten. Mit den herkömmlichen Zuchtmethoden ist dieses Ziel nicht zu erreichen.

Eine Vervielfachung der Anzahl der Nachkommen wird durch das **Klonen mit embryonalen Stammzellen** erreicht. Dabei wird eine befruchtete Eizelle aus der Gebärmutter des weiblichen Rindes herausgespült. Die Eizelle teilt sich, wobei ein Keim mit embryonalen Stammzellen entsteht. Jede Stammzelle besitzt die Fähigkeit, einen eigenständigen Embryo aus sich hervorgehen zu lassen.

2 Klonen mit embryonalen Stammzellen

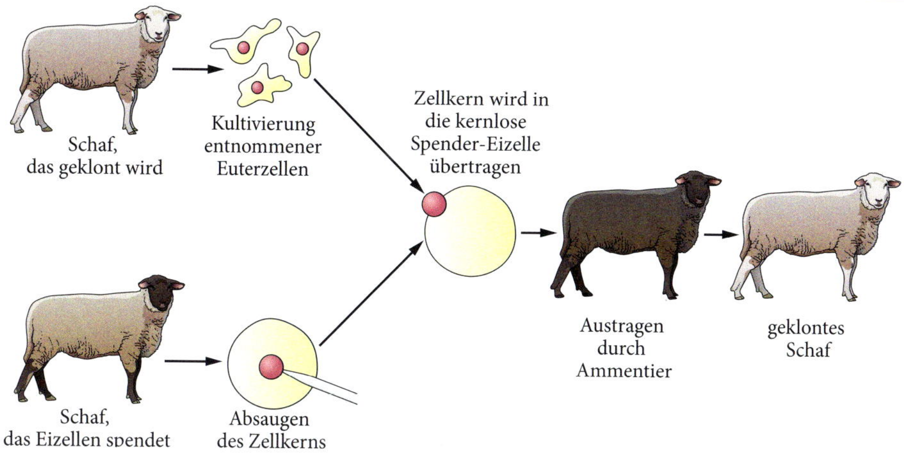

3 Klone aus Körperzellen

Klone

Klonen mit embryonalen Stammzellen

Klonen mit Körperzellen

therapeutisches Klonen

Sie werden Ammenkühen eingesetzt und entwickeln sich dort zu vollständigen, erbgleichen Tieren. → 2

Klonen von Körperzellen

Die Nachkommen, die durch das Klonen aus Stammzellen entstehen, sind zwar untereinander genetisch gleich, ihr Erbgut unterscheidet sich jedoch von dem ihrer Mutter. Bei der Befruchtung der Eizelle wird die Hälfte des Erbgutes von den beteiligten Spermien beigesteuert. Es lassen sich auch Nachkommen erzeugen, deren Erbgut mit dem Erbgut des Spendertieres identisch ist. Dazu werden zunächst unbefruchtete Eizellen aus dem Eierstock eines Rindes gewonnen. Der Zellkern dieser Eizellen wird entfernt. Zellkerne aus Körperzellen eines Spendertieres, zum Beispiel aus dem Euter, werden in diese Eizellen übertragen. Anschließend wird deren Teilung angeregt. Das von einem Ammentier ausgetragene Kalb ist mit dem Spendertier des Zellkerns erbgleich. Das Klonschaf Dolly war das erste Säugetier, das so entstanden ist. → 1, 3 Seit 1996 wurden viele weitere Tiere durch **Klonen mit Körperzellen** erzeugt.

Klonen beim Menschen

Menschen wurden bisher noch nirgendwo auf der Welt geklont. Ob dieses Klonen technisch möglich ist, ist ungeklärt. Aus embryonalen Stammzellen lassen sich theoretisch Gewebe und Organe erzeugen, die für medizinische Zwecke eingesetzt werden können. Dies wird als **therapeutisches Klonen** bezeichnet. Sowohl das Klonen von Menschen als auch das therapeutische Klonen sind in Deutschland verboten.

→ **Merk dir!** Zellen oder Lebewesen, die genetisch identisch sind, bezeichnet man als Klone. Durch das Klonen mit embryonalen Stammzellen, beispielsweise bei der Tierzucht, kann eine Vervielfachung von Nachkommen erreicht werden.

Arbeitsaufträge

1. Beschreibe das Klonen mit Körperzellen.
2. Erläutere, weshalb die Nachkommen beim Klonen mit Körperzellen mit den Spendertieren des Zellkerns genetisch identisch sind.
3. Erläutere, weshalb die Nachkommen beim Klonen mit embryonalen Stammzellen nur untereinander, nicht aber mit dem Spendertier der befruchteten Eizelle genetisch identisch sind.

Grüne Gentechnik

Die sogenannte grüne Gentechnik ist seit Jahren in aller Munde. Zuerst war sie nur in der Diskussion, inzwischen sind einige Produkte auf dem europäischen Markt, die Teile gentechnisch veränderter Pflanzen enthalten.
Gentechnisch veränderte Pflanzen sollen den Hunger in der Welt besiegen. Sie sind immun gegen Schädlinge und bringen mehr Ertrag – sagen ihre Befürworter. Gegner fürchten dagegen unkontrollierbare Gefahren für Natur und Gesundheit. Ist die grüne Gentechnik ein Fluch oder ein Segen? Die Frage ist nicht leicht zu beantworten. Wichtig ist vor allem, dass man sich genau informiert und weiß, worüber man spricht.

1 Ist dieser Mais gentechnisch verändert oder nicht?

2 Der Begriff „Genfood" ist in aller Munde – doch was genau ist Genfood eigentlich?

3 Anhänger einer Umweltorganisation protestieren gegen den Anbau von Genmais.

Schritte und Tipps für das Projekt „Grüne Gentechnik"

Vorbereitung

Besprecht gemeinsam, wie ihr euch über das Thema grüne Gentechnik informieren und wie ihr am Ende ein eigenes Urteil über die Thematik fällen könnt. Klärt, was ihr bereits über das Thema wisst und bei welchen Fragen ihr euch noch nicht sicher seid. Sammelt eure offenen Fragen.

Planung

Bildet Interessengruppen, die sich verschiedenen Themenbereichen zuordnen. Haltet eure Planung schriftlich fest.

- Notiert das Ziel eures Projekts.
- Teilt den einzelnen Gruppen verschiedene Aufgaben zu.
- Überlegt euch, wo ihr Informationen zu eurem Thema erhaltet. Tipp für die Internetrecherche: Naturschutzverbände, Organisationen, Landwirtschafts- und Umweltministerium
- Erstellt einen Zeitplan.
- Wie soll eure Präsentation aussehen?

Durchführung

Beginnt mit der Beantwortung eurer Fragen. Neben der Recherche im Internet und in Büchern könnt ihr euch Broschüren bei Organisationen (z. B. Ministerium, Greenpeace) besorgen. Um herauszufinden, was die Bewohner eures Heimatortes zum Thema denken, führt Interviews. Befragt auch Experten wie Ökolandwirte, Biologen oder Vorsitzende von Umweltschutzorganisationen. Achtet darauf, dass ihr Informationen zu den Chancen und Risiken der grünen Gentechnik zusammenstellt.

Abschluss und Präsentation

- Stellt eure Ergebnisse auf Plakaten, einer Wandzeitung, in einer PowerPoint-Präsentation, einem Rollenspiel oder einem kurzen Film dar.
- Gestaltet eine Ausstellung zum Thema grüne Gentechnik, in der ihr Mitschüler, Eltern und andere Interessierte informiert.
- Führt eine Podiumsdiskussion zum Thema durch. Sammelt Argumente für und gegen den Einsatz der grünen Gentechnik und fällt am Ende der Diskussion ein eigenes Urteil.

4 Mindmap zur grünen Gentechnik

Gene und Vererbung

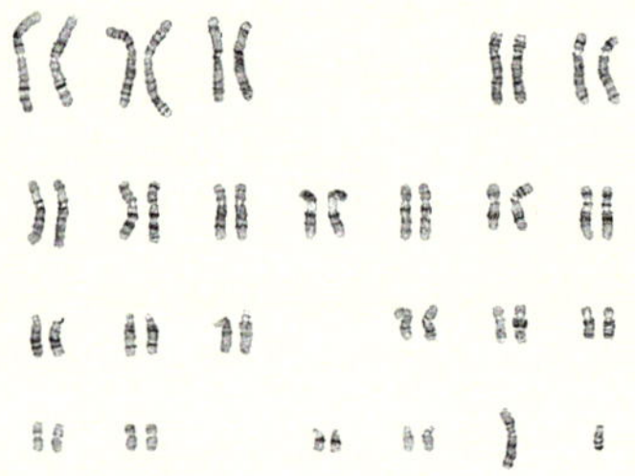

Die Chromosomen eines Lebewesens befinden sich im Zellkern jeder Zelle. Die Körperzellen des Menschen enthalten 46 Chromosomen, die Geschlechtszellen nur 23 Chromosomen. (Siehe Seite 220.)

Die Gene befinden sich auf den Chromosomen. Sie bestehen aus einem fadenförmigen chemischen Molekül, der DNA. (Siehe Seite 220, 224.)

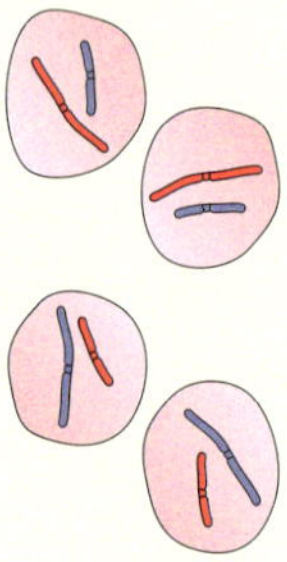

Die Meiose führt zur Bildung der Geschlechtszellen. Dabei werden die 46 Chromosomen so verteilt, dass die Zellkerne der Tochterzellen nur noch die Hälfte der Chromosomen enthalten (23 Chromosomen). (Siehe Seite 222.)

Als Erster beschäftige sich Johann Gregor Mendel ab 1860 wissenschaftlich mit der Vererbung. Seine Forschungsergebnisse sind als mendelsche Regeln heute noch gültig. (Siehe Seite 230–235.)

Bei der Züchtung werden Methoden angewandt, um die Eigenschaften von Pflanzen und Tieren zu verbessern. (Siehe Seite 236.)

Gene und Chromosomen können sich verändern. Diese Mutationen können nachteilig, vorteilhaft oder ohne Auswirkungen sein. (Siehe Seite 238.)

Bei Menschen mit Down-Syndrom ist das Chromosom 21 dreifach vorhanden. (Siehe Seite 242.)

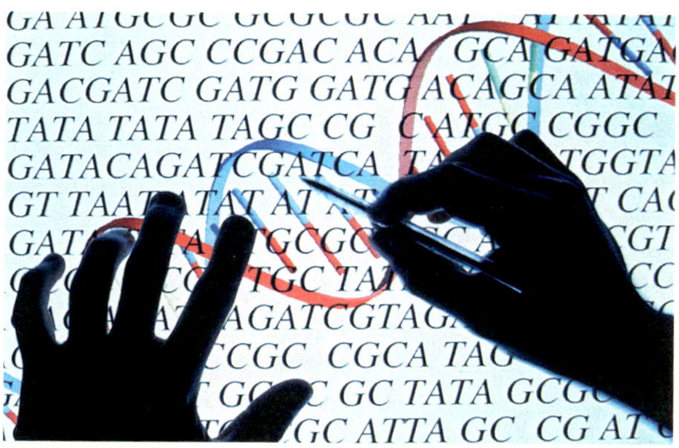

Die Entstehung von genetisch bedingten Krankheiten ist sehr komplex. In den meisten Fällen sind mehrere Gene und zusätzlich Umweltfaktoren an der Krankheitsentstehung beteiligt. (Siehe Seite 244.)

Die grüne Gentechnik beschäftigt sich mit modernen Methoden der Pflanzenzucht. Die Methoden sind mit Chancen und Risiken verbunden. (Siehe Seite 250.)

1. Erkläre mit eigenen Worten, was man in der Biologie unter dem Begriff Vererbung versteht.

2. 1966 hat der Biologe John Gurdon Versuche an Krallenfröschen durchgeführt.

a Beschreibe die Versuche von John Gurdon.

b Werte die Ergebnisse der Versuche aus und erläutere die Bedeutung des Zellkerns.

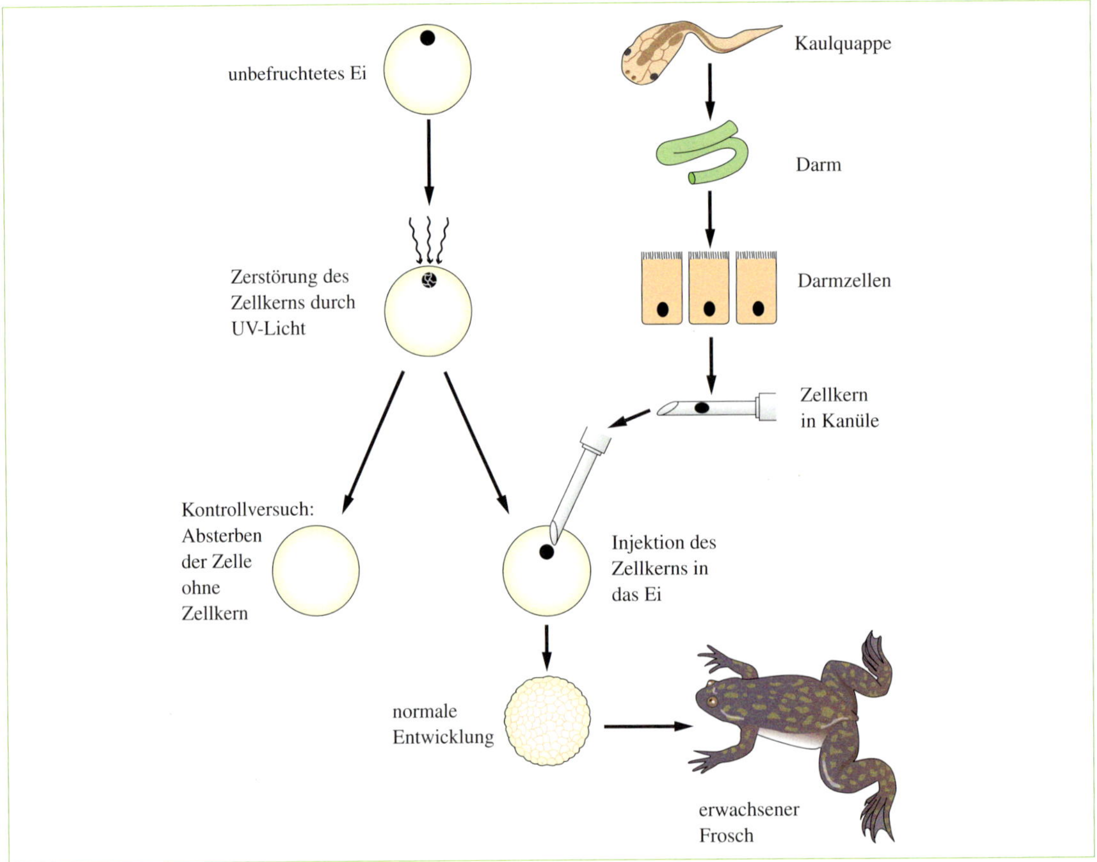

1 Ergebnisse der Versuche mit Krallenfröschen

3. Die Abbildung 2 zeigt verschiedene Formen von Chromosomen.

a Nenne die Fachbegriffe für die verschiedenen Chromosomen in den Abbildungen a bis c.

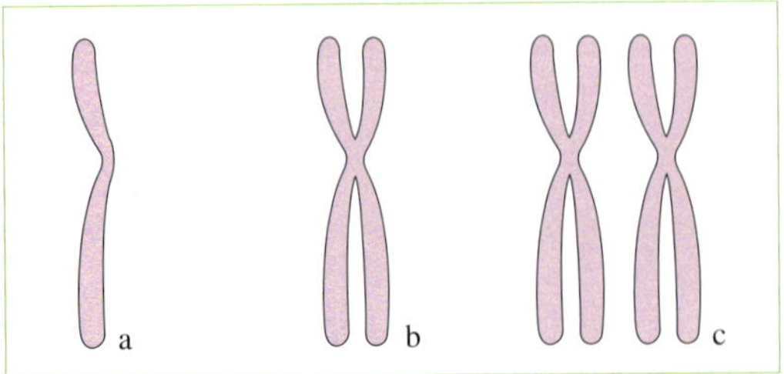

2 Chromosomen

b Erläutere, in welchen Zellen man die verschiedenen Chromosomenformen finden kann.

4. Braune und schwarze Mäuse werden miteinander gekreuzt. Beide Mäuse sind für das Merkmal Fellfarbe reinerbig. Die Anlage für die schwarze Fellfarbe ist dominant.

a Erstelle ein Kreuzungsschema zur 2. Tochtergeneration.

b Erläutere an diesem Beispiel die ersten beiden mendelschen Regeln.

5. Im Urlaub geht Anton mit seinen Eltern im Gebirge wandern. Er findet dort Löwenzahnpflanzen, die wesentlich kleiner sind als die Pflanzen zu Hause. → 3 Anton wundert sich über die großen Unterschiede zwischen den Löwenzahnpflanzen im Gebirge und denen zu Hause im Tiefland. Er fragt sich, ob es an den Wachstumsbedingungen liegt oder ob es bleibende genetisch bedingte Merkmale sind.

a Plane einen Versuch, mit dem man Antons Frage beantworten kann, und beschreibe den Versuchsaufbau und die Durchführung.

6. Die Wahrscheinlichkeit, dass ein Kind mit Trisomie 21 geboren wird, hängt vom Alter der Mutter bei der Geburt des Kindes ab.

a Beschreibe die Grafik in Abbildung 4.

b Erläutere, wie Trisomie 21 zustande kommen kann und welche Auswirkungen sie auf die Betroffenen hat.

c Das Alter von Frauen, die ein Kind bekommen, hat in der Vergangenheit kontinuierlich zugenommen. Erläutere mögliche Folgen dieser Zunahme.

3 Löwenzahn

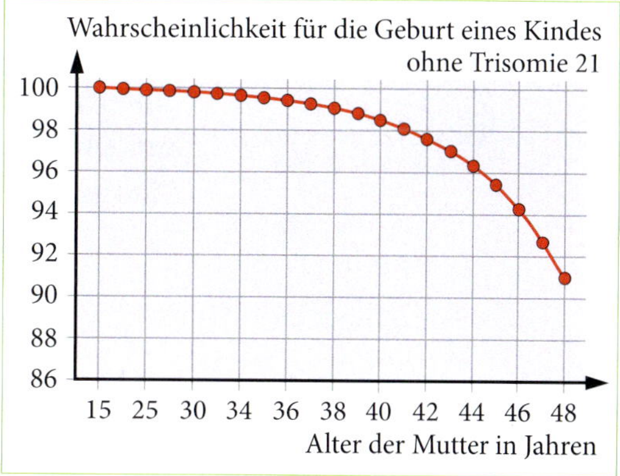

4 Häufigkeit von Trisomie 21

Ordne deiner Lösung im Heft ein Smiley zu:

☺ Ich habe die Aufgabe richtig lösen können.

😐 Ich habe die Aufgabe nicht komplett lösen können.

☹ Ich habe die Aufgabe nicht lösen können.

Aufgabe	Fähigkeit	Hilfe findest du auf Seite …
1	Ich kann den Begriff der biologischen Vererbung erklären.	218
2	Ich kann Versuchsergebnisse erklären und kenne die Bedeutung des Zellkerns.	220
3	Ich kenne verschiedene Formen von Chromosomen und weiß, in welchen Zellen sie vorkommen.	220, 222
4	Ich kenne die ersten beiden mendelschen Vererbungsregeln und kann ein Kreuzungsschema bis zur 2. Tochtergeneration aufstellen.	232
5	Ich kenne den Unterschied zwischen genetisch bedingten und umweltbedingten Veränderungen.	238
6	Ich weiß, wie Trisomie 21 zustande kommt, welche Auswirkungen sie auf die Betroffenen hat und welche Risikofaktoren es gibt.	242

Evolutionäre Entwicklung

Die Anfänge unserer Erde liegen lange vor unserer Zeitrechnung. Die Erde entstand vor etwa 4,5 Milliarden Jahren. Ihre Geschichte, die Entstehung und Entwicklung, wird von den Paläontologen untersucht und erforscht.
Die Forschung liefert uns Beweise für die unterschiedlichsten Lebensformen, die die Erde über Milliarden von Jahren bis in die heutige Gegenwart besiedelt haben. Dabei geht die Entwicklung von den kleinsten Lebewesen, den Bakterien, den einzelligen Pflanzen und Tieren über Mammutbäume und Dinosaurier zu den heutigen Pflanzen, Tieren und Menschen.

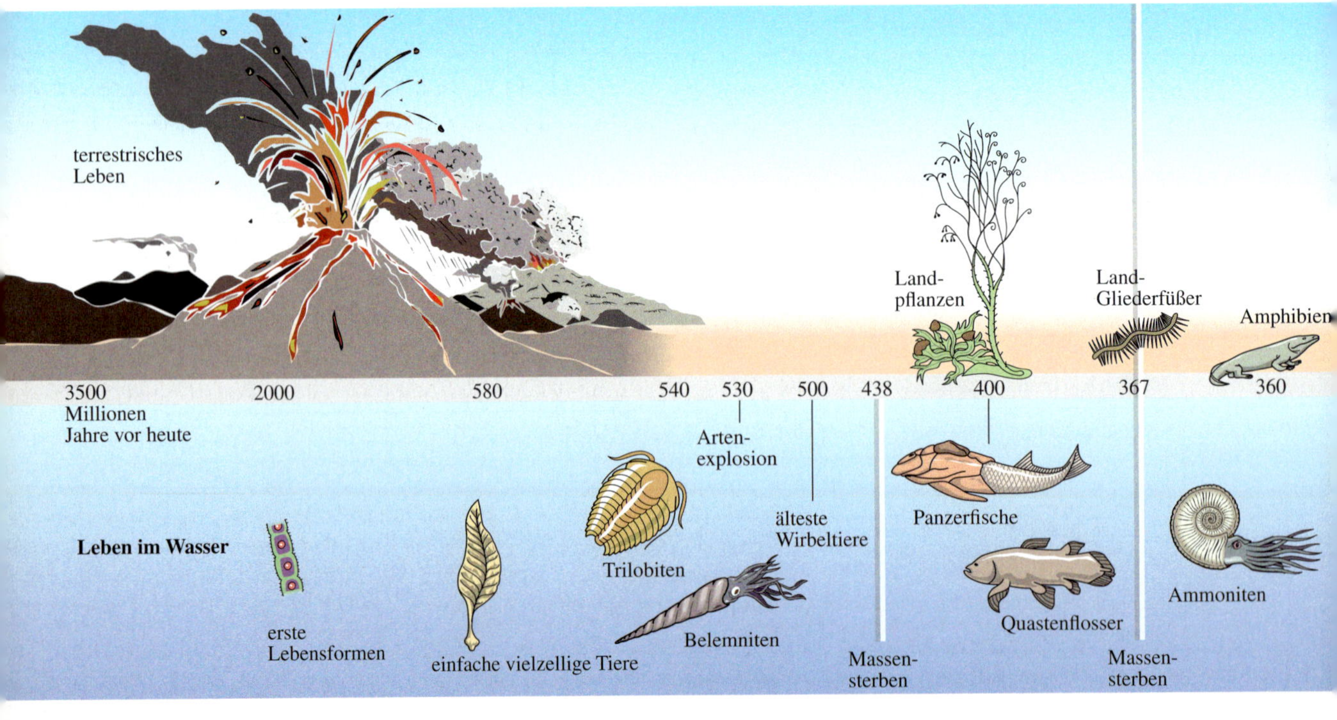

1 Welche Beweise längst vergangenen Lebens gibt es? (Siehe Seite 258.)

2 Wie entstand unser Planet? (Siehe Seite 268.)

3 Welche Lebewesen haben die besten Überlebenschancen? (Siehe Seite 278.)

4 Stammt der Mensch tatsächlich vom Affen ab? (Siehe Seite 288.)

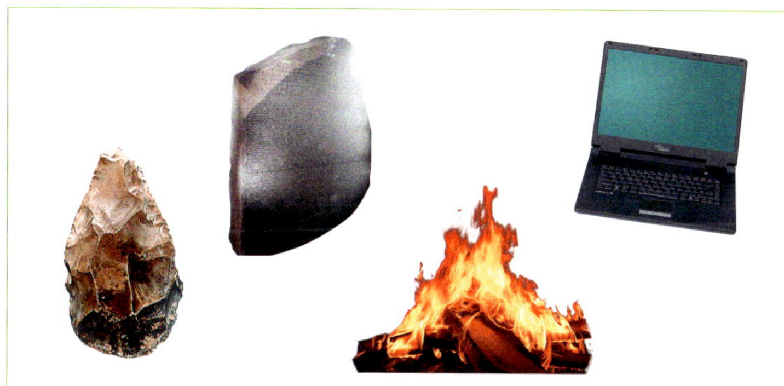

5 Veränderten sich bei der Entwicklung zum Homo sapiens auch die Werkzeuge und die Moral? (Siehe Seite 292.)

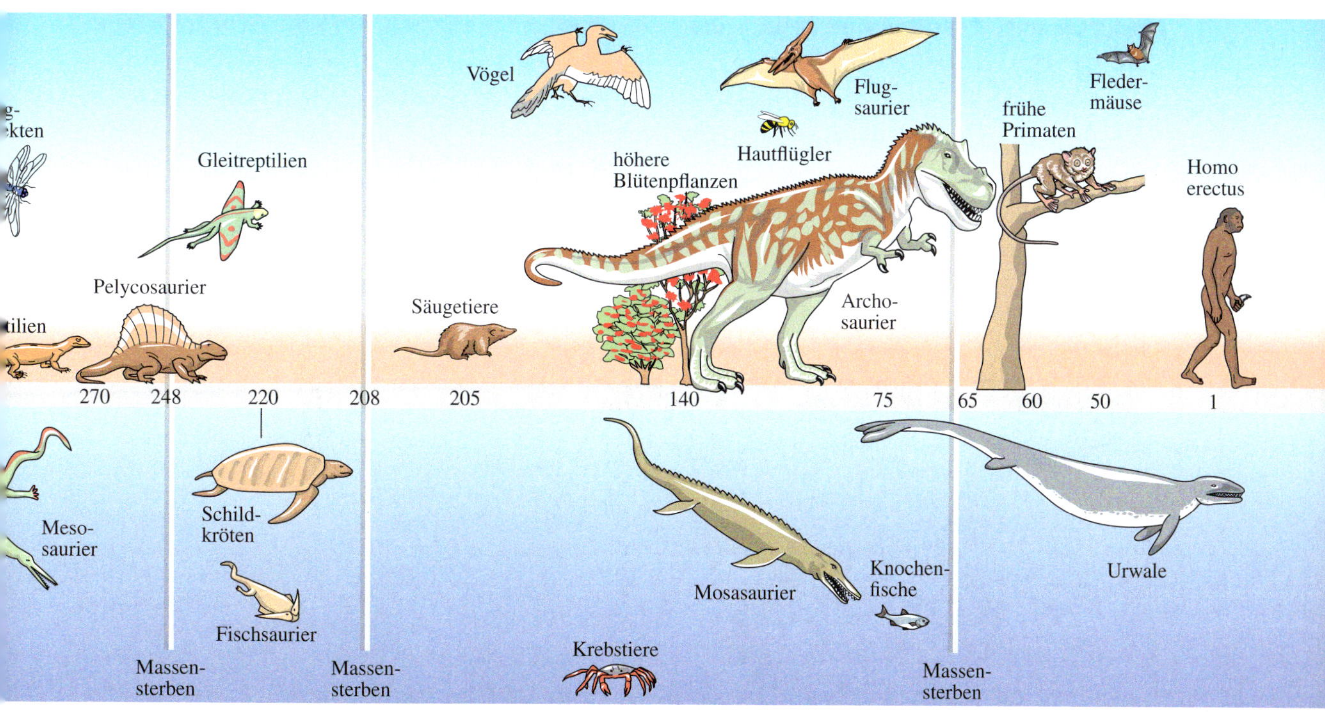

6 Welche Voraussetzungen ermöglichten die Besiedlung der Erde? (Siehe Seite 270.)

Wenn Forscher Fossilien finden, stellen sich ihnen immer wieder die gleichen Fragen: Zu welcher Tierart gehören die gefundenen Knochen oder Skelettteile? Wie alt sind sie und wie wurden sie über viele Jahre erhalten?

1 An einer Ausgrabungsstelle

Fossilien – auf den Spuren der Urzeit

Spurensuche

Normalerweise werden organische Stoffe, beispielsweise Lebewesen, nach ihrem Tod rasch zersetzt. **Fossilien** sind Spuren, die einstige Lebewesen für lange Zeit auf der Erde hinterlassen. Sie stellen wichtige Belege für die Entwicklungsgeschichte des Lebens in der Evolution dar. Zeitzeugen früheren Lebens findet man überall in Deutschland. Die Entstehung von Fossilien nennt man **Fossilisation**.

Versteinerungen und Abdrücke

Es gibt verschiedene Arten der Fossilisation. So entstehen **Versteinerungen**, wenn organische Stoffe rasch von Sand oder Schlamm bedeckt werden. Bei der Zersetzung organischen Materials entstehen Hohlräume, die mit mineralischen Stoffen aufgefüllt werden. Durch den Druck der darüberliegenden Erdschichten versteinern diese allmählich. Beispiele für Versteinerungen sind Urfarne, das Urpferdchen oder der Urvogel. → 2, 3

2 Urpferdchen

3 Archaeopteryx

Abdrücke
Einschluss
Fossilien
Fossilisation
Mumifikation
Versteinerungen

4 Bernstein mit Einschlüssen

5 Ötzi, die Gletschermumie

Abdrücke, beispielsweise Fußspuren, die Lebewesen im Schlamm der Urzeit zurückgelassen haben, entstehen auf ähnliche Weise. In Tansania wurden Fußspuren in der Asche eines erloschenen Vulkans gefunden, die etwa 3,6 Millionen Jahre alt sind.

Bernstein – nicht nur hübscher Schmuck

Bei Streifzügen am Flutsaum der Ostseeküste findet man manchmal Naturbernstein. Bernstein ist versteinertes Baumharz. Mit etwas Glück enthält der Bernstein **Einschlüsse** von Pflanzenteilen oder Kleintieren, die im Harz der Nadelhölzer aus der Urzeit gefangen wurden. → 4 Die eingeschlossenen Pflanzen und Tiere stammen aus einer Zeit vor 30–40 Millionen Jahren.

Mumifizierung

Bei dieser Art der Fossilisation bleibt ein Körper fast vollständig erhalten und zeigt keine wesentlichen Verwesungserscheinungen. Eine natürliche **Mumifikation** erfolgt unter Luftabschluss, zum Beispiel im heißen Wüstensand, im Moor oder im Eis. So fand man in der russischen Tundra ein mumifiziertes Mammutbaby und in den Alpen eine Gletschermumie aus der Jungsteinzeit. → 5

→ **Merk dir!** Abdrücke, Versteinerungen, Bernsteineinschlüsse und Mumien sind Zeugen des Lebens in vorgeschichtlicher Zeit.

Arbeitsaufträge

1. Erläutere, weshalb Fossilien Belege für die Entwicklungsgeschichte des Lebens auf der Erde sind.
2. Begründe, dass es sich bei dem abgebildeten Fossil um einen Abdruck handelt. Erläutere seine Entstehung. → 6
3. Beschreibe die Entstehung von Bernsteineinschlüssen und Mumien.

6 Versteinerter Urfarn

Arbeiten wie ein Paläontologe

1. Wie entstehen Abdrücke?

In diesem Modellversuch vollziehst du die Einbettung toten organischen Materials und die Sedimentation.

Ihr braucht: einen leeren Getränkekarton (Tetrapak, 1 l oder größer), Becherglas (500 ml), organisches Material (Muschelschalen, kleine Äste, Blätter …), je 100 ml Sand, Kies, Gips und Wasser, zusätzlich etwas Öl zum Einfetten des Materials. → 1

Schneide die Oberseite des Kartons ab. Mische im Becherglas den Sand, den Kies, den Gips und das Wasser. Fülle dieses Gemisch als Untergrund in den Tetrapak. Wenn die Masse angetrocknet, aber noch feucht ist, legst du deine eingeölten organischen Stückchen (maximal 3 Teile) darauf. Dann gießt du die nächste Sedimentschicht darüber. Je nach Größe des Tetrapaks kannst du das Einbetten einige Male wiederholen.

Der Kies-Sand-Gipsblock muss nun gut durchtrocknen. Danach kannst du den Karton entfernen und erkennst die unterschiedlichen Sedimentschichten im Block.

Klopfe vorsichtig mit einem Hammer auf den Block. Er teilt sich an den Stellen, an denen deine „Fossilien" liegen. → 2 Du erhältst Abdrücke im Sediment, da sich die eingeölten Materialien lösen.

a Beschreibe deine „Fossilien".
b Vergleiche dein Vorgehen mit der Entstehung von Fossilien in der Erdgeschichte.
c Nenne ein mögliches Ergebnis, wenn eine tote Qualle eingebettet worden wäre. Begründe deine Auffassung.
Erläutere, welche Bedeutung dieses Ergebnis für unser Verständnis von der Entwicklungsgeschichte des Lebens auf der Erde hat.

1 Material für die Herstellung von Abdrücken

2 Sedimentblock und aufgeschlagener Block mit Abdruck

2. Wie entstehen Versteinerungen?

Ihr braucht: Öl, Gips und Wasser, Schneckengehäuse, passende Muschelschalen …

Streiche Gehäuse und Schalen mit Öl ein und gieße ein Gips-Wasser-Gemisch in die Schalen.

Löse das Gehäuse oder die Schalen vorsichtig von dem ausgehärteten Gips. Du erhältst eine „Versteinerung“. → **3**

a Beschreibe deine „Fossilien“.

b Vergleiche dein Vorgehen mit der Entstehung von Fossilien in der Erdgeschichte.

3 Beim Auslösen einer „Versteinerung“

3. Wie sammelt und ordnet man Fossilien?

Wenn Fossilien gefunden werden, so möchte man sie in die Entwicklungsgeschichte der Lebewesen einordnen und ihr Alter bestimmen. Dazu liefert die Schichtfolge des Gesteins einen ersten Hinweis. Manche Fossilien kommen nur in ganz bestimmten Gesteinsschichten vor. Sie werden als Leitfossilien bezeichnet. → **4** Weitere Fossilfunde der gleichen Arten lassen sich anhand der Leitfossilien ohne genauere Untersuchung zeitlich einordnen.

Ihr braucht: Arbeitshandschuhe, Hammer, Sammelbehälter, Lupe, Schreibmaterial, Bestimmungsbücher, Schutzbrille, Helm.

Setze die Schutzbrille auf und suche im Schutt des Steinbruchs. Schlage größere Steine mit dem Hammer auf. Bewahre jedes Fundstück in dem Sammelbehälter auf. Bestimme in der Schule die Fundstücke mithilfe der Leitfossilientafel und anhand von Bestimmungsbüchern.

a Erstelle zu jedem Fundstück eine Beschriftungskarte. Nenne Namen, Ort und Datum, zeitliche Einordnung und den Namen des Finders.

b Bereite mit allen Fundstücken in der Klasse eine Ausstellung vor. Ergänze die Ausstellung durch Bildmaterial aus Büchern.

c Begründe, weshalb die zeitliche Einordnung der Fundstücke mithilfe von Leitfossilien ungenau ist.

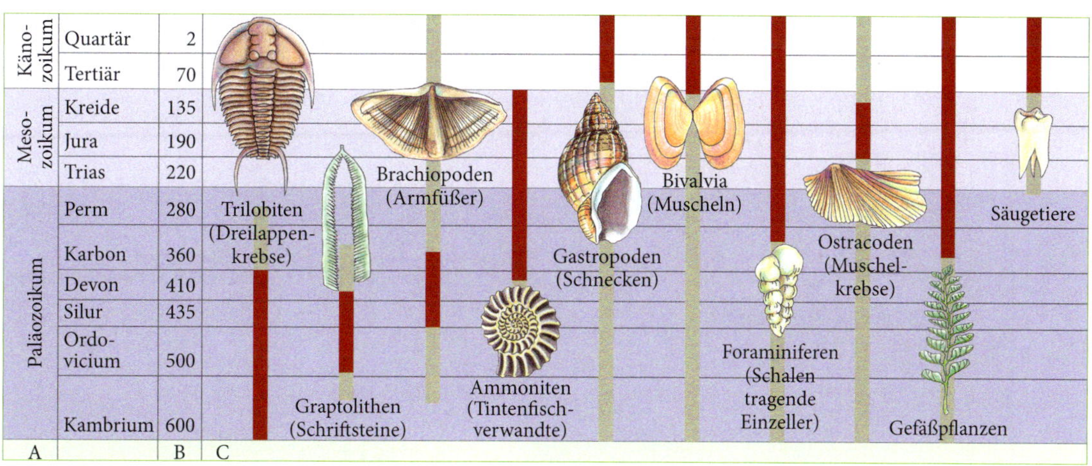

4 Leitfossilientafel. A Namen der Erdzeitalter; B Zeit in Millionen Jahren; C wichtige Leitfossilien

**Jeder kennt heute Bilder oder Filme von Dinosauriern. Sie gehören zu den bekanntesten Tieren, die je auf der Erde gelebt haben. Und doch hat niemand Dinosaurier je lebend gesehen. Sie sind ausgestorben. Man findet nur noch versteinerte Reste von ihnen.
Wie entsteht aus versteinerten Skelettresten das Bild eines Dinosauriers?**

1 Ausgrabung eines Saurierskeletts

Dinosaurier werden lebendig

Das Knochenpuzzle

Immer wieder finden Forscher in den verschiedenen Erdschichten Knochen und Versteinerungen von Dinosauriern. Vollständige oder nahezu vollständige Funde sind äußerst selten. Deshalb müssen die Einzelfunde in mühseliger Kleinarbeit zu einem vollständigen Skelett rekonstruiert werden. Moderne Kenntnisse und Computertechnik helfen, das Puzzle zusammenzusetzen. → 2

2 Tyrannosaurus Rex – eine vollständige Rekonstruktion

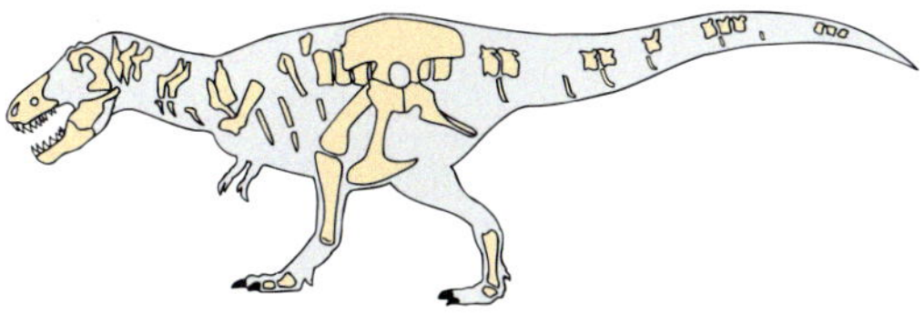

3 Die gefundenen Skelettteile werden zugeordnet.

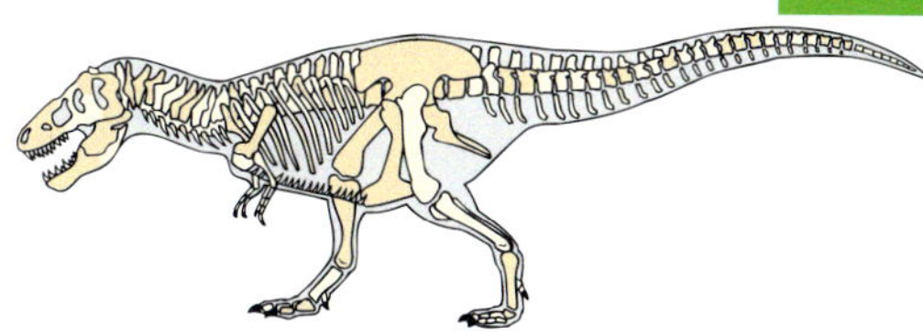

4 Das gesamte Skelett wird rekonstruiert.

5 Muskeln, Sehnen und Bänder werden hinzugefügt.

6 Die Körperoberfläche wird ergänzt.

Ein Dinosaurier entsteht

Die **Rekonstruktion** eines Dinosauriers erfolgt in mehreren Schritten. Bei ihrer Arbeit greifen die Forscher auf ihre Kenntnisse über heute lebende Tierarten und deren typische Knochenformen zurück. So kann beispielsweise die Form der Wirbelkörper und Rippen heute lebender Wirbeltiere auf Fossilfunde übertragen werden. Skelettteile können auf diese Weise richtig zugeordnet werden. → 3 Aus einzelnen Skelettteilen kann so schließlich das ganze Skelett rekonstruiert werden. → 4 Das Skelett wird durch Muskeln, Bänder und Sehnen zusammengehalten und bewegt. Auch hier wird das anatomische Wissen heute lebender Tierarten auf die Fossilfunde übertragen. → 5 Der Dinosaurier bekommt schließlich noch eine Reptilienhaut. → 6 Über die tatsächliche Färbung der Dinosaurier lassen sich allerdings keine sicheren Aussagen machen. Mithilfe der Computeranimation werden schließlich alle zusammengetragenen Informationen verarbeitet. So können neben dem Aussehen auch mögliche Bewegungsabläufe der Dinosaurier errechnet und bildlich dargestellt werden. Die ausgestorbenen Giganten werden auf diese Weise wieder zum Leben erweckt. Nach der Rekonstruktion lassen sich Rückschlüsse auf die Lebensweise ziehen. So zeigt zum Beispiel die Zahnform, ob es sich um einen Pflanzen- und Fleischfresser handelt.

→ Merk dir! **Ein Lebendbild von ausgestorbenen Tierarten kommt durch die Rekonstruktion zustande. Dabei werden anatomische Kenntnisse über Skelett, Muskeln und Bewegungsabläufe verwendet.**

Arbeitsaufträge

1. Paläontologen können beim Fund eines Saurierkopfes sehr gut Aussagen zum Nahrungserwerb ihres Fossils machen. Begründe diese Aussage.

2. Forscher können mithilfe von Knochenfunden und Computeranimation Skelett und Körperbau von Sauriern rekonstruieren. Nenne Daten und Fakten, die Auskunft über Fortpflanzung und mögliches Verhalten geben.

Sicherlich ist dir bei einem Besuch im Tierpark schon die Ähnlichkeit zwischen einem Menschen und einem Schimpansen aufgefallen. Weniger deutlich werden dir vermutlich die Gemeinsamkeiten zwischen dem Menschen und der Fledermaus geworden sein.
Sind denn Fledermäuse und Menschen überhaupt verwandt und wie lässt sich das belegen?

1 Die Fledermaus – eine Verwandte des Menschen?

Verwandt oder nicht?

Umbau statt Neubau

Fledermäuse begeben sich bei Einbruch der Dämmerung fliegend auf Nahrungssuche. Ihre verlängerten Fingerknochen sind von einer dünnen Haut überzogen, die Flughaut spannt sich von den verlängerten Fingerknochen zum Hals und zu den Hinterbeinen. Abbildung 2 zeigt die Vordergliedmaßen weiterer Wirbeltiere. Ihre Aufgaben sind jeweils völlig verschieden: Der Wal hat Flossen zum Schwimmen, der Vogel nutzt die Armschwingen zum Fliegen, der Mensch hat seine Hand zum Greifen, das Pferd Vorderbeine zum schellen Laufen und der Maulwurf zum Graben. Wo sind also die Gemeinsamkeiten? Sieht man genau hin, entdeckt man, dass der Grundbauplan der Vorderextremitäten und die Lage der einzelnen Knochen im Skelett bei allen Wirbeltieren gleich ist. In der Abbildung haben Knochen mit gleichem Grundbauplan jeweils die gleiche Farbe. → 2

Lebewesen mit einem identischen Grundbauplan stammen von einem gemeinsamen Vorfahren ab. Sie sind miteinander verwandt. Die Gleichwertigkeit im Grundbauplan aller nahe verwandten Arten nennt man **Homologie**, die Organe werden als

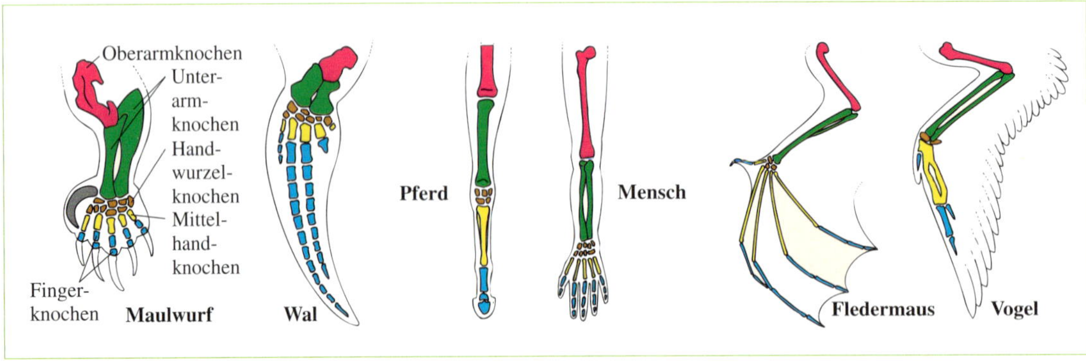

2 Homologie der Vordergliedmaßen der Wirbeltiere

3 Analoge Organe bei Vogel und Insekt

4 Stromlinienformen

homologe, das heißt ursprungsgleiche Organe bezeichnet.
Bei Wirbeltieren lässt sich die Homologie nicht nur am Skelett, sondern zum Beispiel auch an der Lage der inneren Organe nachweisen.

Unterschiedlicher Start – gleiches Ergebnis

Sowohl Insekten als auch Vögel besitzen Flügel und bewegen sich fliegend fort. Der Aufbau der Flügel aber ist grundlegend verschieden. Vögel haben ein knöchernes Innenskelett, der Insektenflügel besteht aus einer Hautausstülpung aus Chitin. → 3
Haben sich bestimmte Organe als Anpassung an einen bestimmten Lebensraum mit gleichen Umweltbedingungen ähnlich entwickelt, sind aber nicht miteinander verwandt, handelt es sich um analoge Organe. Man spricht von **Analogie**.

Gleicher Lebensraum – ähnlicher Körperbau

Die Stromlinienform ist eine Anpassung an den Lebensraum Wasser und kennzeichnet alle schnellen Schwimmer. → 4 Entwickeln nicht verwandte Arten aufgrund ihrer Anpassung an ähnliche Lebensräume ähnliche Strukturen, so spricht man auch von konvergenten Entwicklungen oder von **Konvergenz**. Auch die sehr ähnlich gebauten Augen bei Wirbeltieren sind konvergente Entwicklungen.

→ Merk dir! Verwandte Lebewesen besitzen homologe Organe mit einem identischen Grundbauplan. Ähnliche Lebensräume und Umweltbedingungen bringen funktional gleiche (analoge) Organe hervor, die im Bauplan verschieden sind.

Arbeitsaufträge

1. Vergleiche die Vorderextremitäten von Pferd, Mensch und Fledermaus und erkläre mit eigenen Worten, wieso Wissenschaftler bei so unterschiedlichem Bau dennoch von gleichem Bauplan sprechen.

2. Bastle aus Folie, Pfeifenreinigern und Federn je einen Schmetterlings-, einen Libellen- und einen Vogelflügel. Vergleiche die Flügel. Welche Flügel sind homolog?

Pferde gehörten in der Vergangenheit zu den wichtigsten Nutztieren des Menschen. Für die verschiedenen Verwendungszwecke wurde viele unterschiedliche Rassen gezüchtet. Heute dienen Pferde meist als Reittiere in der Freizeit. Welche Vorfahren haben Pferde und woher stammen sie?

1 Wildpferd

Stammbäume – Spiegel der Verwandtschaft

Abstammung der Pferde

Die heutigen Hauspferde stammen von Wildpferden ab. → 1 Ihre Vorfahren sind ausgestorben. Pferde sind Zehenspitzengänger. Das bedeutet, sie gehen auf den ersten Finger- beziehungsweise Zehenknochen. Diese stecken in einem Huf. Die andere Zehen- und Fingerknochen sind zurückgebildet, sie finden sich jedoch noch als Reste an den Beinen. Pferde müssen also von mehrzehigen Vorfahren abstammen.

Was Fossilfunde sagen

Fossilfunde aus Nordamerika zeigen, dass der Urahn der heutigen Pferde ein etwa katzengroßes Tier war, das vor 50 Millionen Jahren in Wäldern lebte und sich von Laub ernährte. Dieses Tier wird Hyracotherium, das Urpferdchen, genannt. → 2 Es hatte vier Zehen an den Vorderfüßen und drei an den Hinterfüßen. In der folgenden Zeit breiteten sich in Nordamerika Grassteppen aus.
Vor 36 Millionen Jahren lebte Mesohippus und vor 25 Millionen Jahren Merychippus in der Grassteppe. → 2 Sie besaßen längere Gliedmaßen und ihr mittlerer Zeh war größer als die anderen. Diese Entwicklung setzte sich über Pliohippus, das vor etwa 10 Millionen Jahren lebte, fort, bis vor etwa 2 Millionen Jahren die ersten Pferde, Equus, entstanden. → 2 Gleichzeitig mit der Verlängerung der Beine und der Vergrößerung des mittleren Zehs veränderte sich auch das Gebiss. Besonders die Backenzähne wurden größer und entwickelten einen harten Zahnschmelz. Damit konnten die Tiere die im Vergleich zum Laub des Waldes harten Gräser der Steppe zerkleinern. Das Pferd war zu einem Steppenbewohner geworden.

Stammbaum der Pferde

Die Ahnenreihe der Pferde und ihre verwandtschaftlichen Beziehungen können in einem **Stammbaum** angeordnet werden. → 2 Stammbäume geben auch für andere Lebewesen die stammesgeschichtliche Entwicklung wieder.

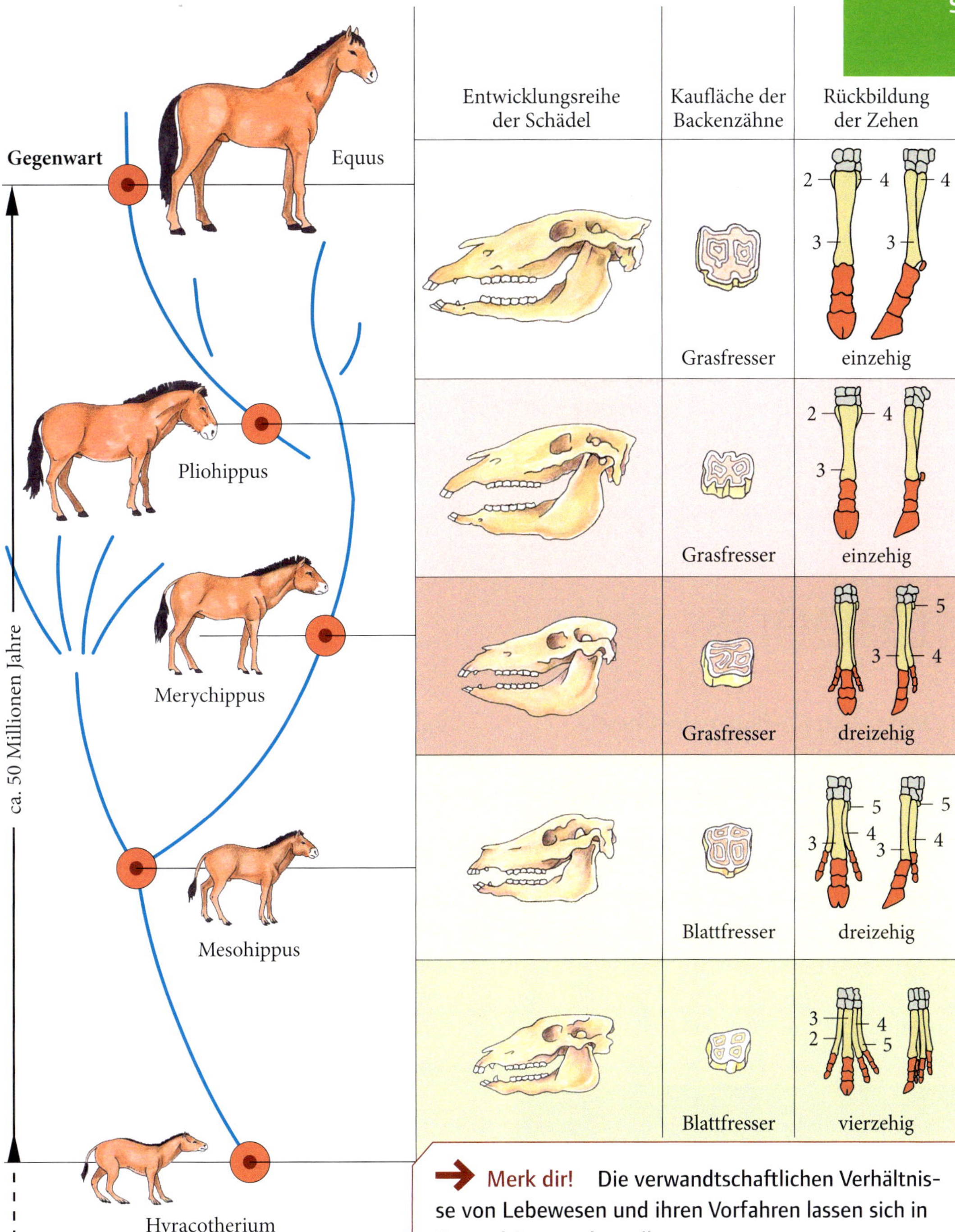

2 Stammbaum des Pferdes

→ Merk dir! Die verwandtschaftlichen Verhältnisse von Lebewesen und ihren Vorfahren lassen sich in Stammbäumen darstellen.

Arbeitsaufträge

1. Beschreibe die Veränderungen in der Ahnenreihe der Pferde, die in Abbildung 2 dargestellt sind.

2. Erläutere, weshalb lange Beine in der Steppe von Vorteil sind.

**Kaum zu glauben, aber unsere Erde ist aus einer Reihe von Explosionen, Zusammenstößen und aus chemischen Verbindungen hervorgegangen.
Wie ist das Leben auf unserer Erde genau entstanden? Woher kommen Pflanzen, Tiere und der Mensch?**

1 Big Bang – der Urknall

Vom Urknall zu den Anfängen des Lebens

Big Bang – ein Ausflug in die Chemie

Vor etwa 14 Milliarden Jahren entstand mit dem Big Bang, dem **Urknall**, das Weltall. → 1 Die Erde selbst kreiste noch lange als großer glühender Gesteinsball in unserem Sonnensystem, bis sie sich allmählich abkühlte.
Die **Uratmosphäre** bestand aus Stickstoff, Kohlenstoffdioxid, Methan, Wasserstoff und Wasserdampf. Sauerstoff gab es noch nicht. Vulkane waren aktiv und die Atmosphäre wurde durch häufige schwere Gewitter erschüttert. Vor etwa 3,7 Milliarden Jahren sank die Temperatur unter 100 °C. Wasserdampf kondensierte und Regen fiel auf die abgekühlte Erdoberfläche. → 2 Ozeane, Seen und Flüsse entstanden. In den Gewässern bildeten sich erste organische Verbindungen wie Aminosäuren und andere organische Moleküle. Man spricht von der **Ursuppe**.

2 Sintflutartige Regenfälle ließen das Urmeer entstehen.

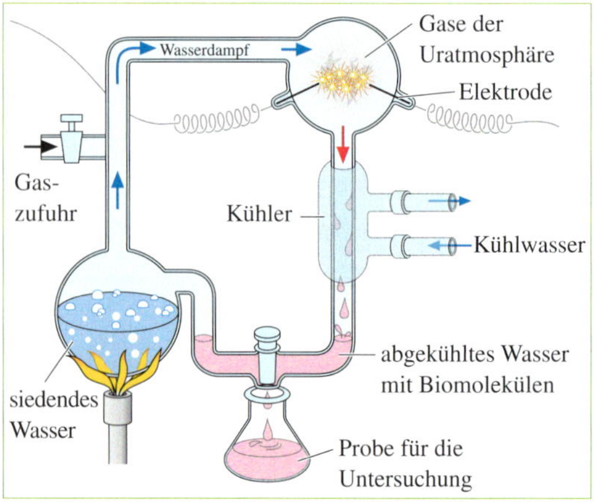

3 Miller-Apparatur

Uratmosphäre
Urknall
Ursuppe

4 Die Kugelalge Volvox

Die Entstehung der Ursuppe

Das berühmte Experiment des Chemiestudenten Stanley Miller von 1953 stellt das Atmosphäre-Ozean-System der frühen Erde dar. → 3

Der mit Wasser gefüllte Kolben symbolisiert den Ozean. Beim Erhitzen entsteht Wasserdampf, der in den großen Kolben aufsteigt. Dieser enthält Gase, die die Uratmosphäre darstellen. Die elektrischen Entladungen imitieren die Blitze von Gewittern. Unter dem Einfluss dieser Energie reagieren die Gase miteinander. Das Wasser verfärbt sich von Rosa über Rot bis zu Braun und wird trübe. Analysen zeigen, dass unter diesen Bedingungen tatsächlich Aminosäuren, die Bausteine pflanzlichen und tierischen Lebens, entstehen.

Aus dem Chaos entsteht ein Kosmos

Die organischen Verbindungen, die sich in der Ursuppe gebildet hatten, reagierten unter dem Einfluss von ultravioletter Strahlung, elektrischer Entladung, Wärme und Gasen aus der Atmosphäre zu größeren Biomolekülen. Es bildeten sich Nukleinsäuren und Proteine. Aus diesen Bausteinen und organischen Verbindungen entstanden einfache einzellige Lebewesen.

Die Entstehung der Vielzelligkeit

Einzellige Lebewesen schlossen sich zu losen Verbänden zusammen. Aus den zunächst noch selbstständigen Einzellern entstanden Kolonien von Vielzellern mit einer gewissen Arbeitsteilung, ähnlich der Kugelalge Volvox, einer pflanzlichen Zellkugel unserer Süßgewässer. → 4 Damit war der Weg zu höheren Lebensformen, die aus einer Vielzahl von Zellen mit unterschiedlichen Aufgaben bestehen, bereitet.

→ **Merk dir!** Die Erde ist als glühender Planet entstanden. Die Erdkruste erstarrte und kühlte sich ab. Chemische Stoffe reagierten miteinander zu den Grundbausteinen von Lebewesen. Die Basis für die Entwicklung des Lebens war geschaffen.

Arbeitsaufträge

1. Erläutere die Begriffe Urknall, Uratmosphäre und Ursuppe.
2. Stelle eine Vermutung an, weshalb es in der Uratmosphäre keinen Sauerstoff gab.

Eine lebensfeindliche Umwelt – und doch erobern zunächst die Pflanzen, später die Tiere langsam die Erdoberfläche. Wie konnten sie sich vor der feindlichen Umwelt schützen?

1 Die Welt vor etwa 400 Millionen Jahren

Das Leben erobert die Erde

Die Erfindung der Fotosynthese

Vor etwa 3,7 Milliarden Jahren gelang es einer Gruppe von Bakterien, den **Cyanobakterien**, mithilfe von chlorophyllähnlichen Molekülen und dem Sonnenlicht Wassermoleküle zu zerlegen. → 2 Aus den entstandenen Wassermolekülen und dem Kohlenstoffdioxid konnten sie große Mengen an Biomolekülen herstellen. Als Abfallprodukt entstand Sauerstoff, der sich allmählich im Wasser und in der Luft anreicherte. Langsam stieg der Sauerstoff dabei auch in höhere Luftschichten auf. Dort bildet sich Ozon, eine besondere Form des Sauerstoffs. Ozon nimmt UV-Licht auf und schützt die Erde so vor den schädlichen UV-Strahlen. Mit der Ausbildung der Ozonschicht waren die Voraussetzungen für Leben auf der gesamten Erdoberfläche geschaffen.

Vom Wasser zum Land

Der Landgang der Pflanzen erfolgte vermutlich vor ca. 480–460 Millionen Jahren. Algen und Meerespflanzen der Urmeere hatten noch keinen ausreichenden Verdunstungsschutz und waren somit nicht an das Leben außerhalb des Wassers angepasst. Moose konnten als erste Pflanzen an Land leben. Sie besitzen einen Verdunstungsschutz. Mit ihren feinen Wurzelfäden, den Rhizoiden, halten sie sich im Erdreich fest und nehmen Wasser auf. Nach den Moosen eroberte eine kleine Pflanze, Cooksonia, das Festland. → 3 Sie besaß einen nackten Stiel, an dem sich Spaltöffnungen befanden. Anstelle von Blättern besaß sie Kapseln mit Sporen. Die Wasser- und Nährstoffaufnahme erfolgte über Rhizoide aus dem Boden. Aus diesen ersten Landpflanzen entwickelten sich Farne,

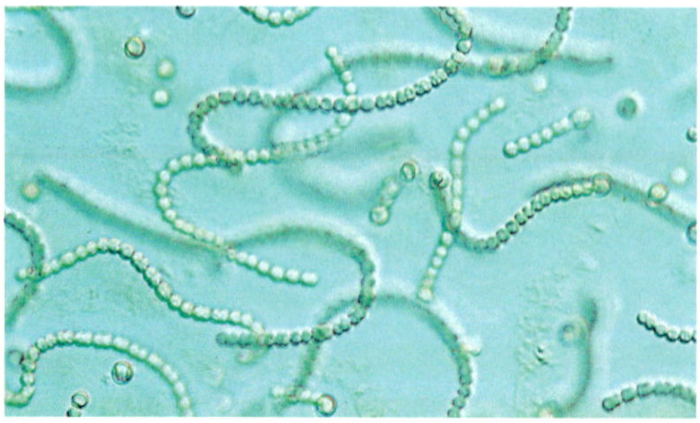

2 Cyanobakterien

3 Cooksonia, Versteinerung

Archaeopteryx
Cyanobakterien
Mosaiktier

4 Ichthyostega

5 Archaeopteryx

Schachtelhalme, Nadelgehölze, Laubbäume und die Blütenpflanzen.

Der Landgang der Tiere

Etwa 10 Millionen Jahre nach dem Landgang der Pflanzen verließen die ersten Wirbellosen das Urmeer. Sie ähnelten unseren heutigen Tausendfüßern und Skorpionen. Würmer und Spinnentiere folgten. Der Luftraum gehörte fliegenden Insekten mit libellen- und schmetterlingsartigem Aussehen. Die ursprünglichste Wirbeltiergruppe wird heute durch die Fische gebildet. Erste amphibienartige Wirbeltiere wie Ichthyostega, der Fischschädellurch, verließen vor mehr als 355 Millionen Jahren das Wasser. → **4** Reptilien, die sich Jahrtausende später entwickelten, besaßen eine feste Haut mit Verdunstungsschutz und legten Eier mit fester Eischale. Es begann die Zeit der Dinosaurier.

Mosaiktiere

Aus den frühen Reptiliengruppen entwickelten sich unabhängig voneinander die Säugetiere und die Vögel. Einen Beweis dieser stammesgeschichtlichen Entwicklung liefern die sogenannten **Mosaiktiere** oder Missing Links. So stellt der Urvogel **Archaeopteryx** ein Bindeglied zwischen Reptilien und Vögeln dar. Er vereinigt Reptilien- und Vogelmerkmale in einem Lebewesen. → **5** Die Säugetiere entwickelten sich ebenfalls aus Reptilienvorläufern.

→ **Merk dir!** Nachdem sich die Uratmosphäre mit Sauerstoff angereichert hatte und eine dichte Ozonschicht die schädlichen UV-Strahlen abhielt, entstand eine große Vielfalt an pflanzlichem und tierischem Leben auf der Erdoberfläche.

Arbeitsaufträge

1. Moose gelten als Wasserspeicher. Überprüfe mit folgendem Langzeitversuch (etwa 14 Tage), ob diese Aussage stimmt.

- **a** Suche ein kleines Moospolster (5 cm · 5 cm) im Wald und wiege es. Lass es unter Sonneneinstrahlung oder an der Heizung 14 Tage stehen. Wiege alle 2 Tage. Notiere das Gewicht deines Moospolsters und übertrage die Daten in eine Grafik. Erläutere den Verlauf der Kurve. Gieße das Moospolster nach 14 Tagen. Notiere deine Beobachtungen und interpretiere sie.
- **b** Erkläre, wieso Moose die ersten Landbewohner der Urerde gewesen sein könnten.

2. Erläutere, weshalb ohne schützende Ozonschicht auf dem Land kein Leben möglich wäre.

Das Schnabeltier lebt in Flussläufen in Australien. Es besitzt einen Hornschnabel wie Vögel, es legt Eier wie Reptilien und es besitzt ein Fell wie Säugetiere. Wenn die Jungtiere aus dem Ei geschlüpft sind, werden sie wie die Säugetiere mit Milch ernährt. Zu welcher Wirbeltiergruppe gehört das Schnabeltier?

1 Schnabeltier

Stammesentwicklung der Wirbeltiere

Gemeinsame Merkmale

Zum Stamm der **Wirbeltiere** werden die Klassen der Fische, Amphibien, Reptilien und Säugetiere gezählt. Diese Zugehörigkeit lässt sich durch gemeinsame Merkmale begründen. Alle Wirbeltiere besitzen eine Wirbelsäule, ihr Körper gliedert sich in Kopf, Rumpf sowie vier Gliedmaßen. Die gemeinsamen Merkmale lassen sich durch gemeinsame Vorfahren erklären. Neben den Gemeinsamkeiten weisen sie jedoch auch viele Unterschiede auf.

Fische

Die Wirbeltiergruppe der Fische entstand vor mehr als 400 Millionen Jahren. Für sie typisch ist der Besitz von Kiemen und einer schuppigen Haut. Bei einigen Knochenfischen entwickelte sich eine einfache Lunge, die es ihnen erlaubte, Sauerstoff aus der Luft zu atmen. Einige entwickelten ein knöchernes Flossenskelett. Diese **Quastenflosser** sind die Vorfahren der Landwirbeltiere.

Amphibien

Vor etwa 350 Millionenen Jahren tritt mit **Ichthyostega** das erste amphibische Landwirbeltier auf. Die Kaulquappen der Amphibien leben im Wasser, die erwachsenen Tiere weitgehend an Land.

Reptilien

Vor 325 Millionen Jahren tauchten dann die ersten Reptilien auf. Sie besaßen eine trockene und Wasser abweisende Haut, sodass ihr Körper auf dem Land nicht austrocknete. Außerdem legten sie Eier, die durch besondere Schalen vor dem Austrocknen geschützt waren.

Vögel

Bestimmte Reptiliengruppen waren die Vorfahren der Vögel und der Säugetiere. Die Vögel sind aus den ausgestorbenen Dinosauriern hervorgegangen. Daher werden Vögel und Reptilien heute häufig zu einer gemeinsamen Wirbeltierklasse, den **Sauropsiden**,

Ichthyostega
Kloakentiere
Quastenflosser
Sauropsiden
Schnabeltier
Wirbeltiere

2 Stammbaum der Wirbeltiere

zusammengefasst. Zur gleichen Zeit, vor etwa 300 Millionen Jahren, bildete sich auch die Entwicklungslinie der Säugetiere aus.

Säugetiere

Das **Schnabeltier** zeigt einen Entwicklungszustand vom Beginn des Säugetierstammbaums. So ist erklärbar, dass es gleichzeitig Vogel-, Reptilien- und Säugetiermerkmale trägt. → 1 Diese Interpretation wird auch durch die Analyse des Erbmaterials bestätigt. Zusammen mit dem Ameisenigel wird das Schnabeltier zur Säugetiergruppe der **Kloakentiere** gezählt. Die Stammesentwicklung der Wirbeltiere lässt sich in einem Stammbaum darstellen. → 2

> **Merk dir!** Wirbeltiere besitzen als gemeinsame Merkmale eine Wirbelsäule und eine Körpergliederung in Kopf, Rumpf und Gliedmaßen. Die Stammesgeschichte der Wirbeltiere lässt sich in einem Stammbaum darstellen.

Arbeitsaufträge

1. Beschreibe die in Abbildung 3 dargestellten Entwicklungsformen.

2. Ordne die Entwicklungsformen einer Wirbeltiergruppe zu. Begründe deine Entscheidung.

3. Erläutere Vorteile der jeweiligen Entwicklungsform für die Lebensweise der zugehörigen Wirbeltiergruppe.

3 Entwicklungsformen bei Wirbeltieren

Dinosaurier bevölkerten etwa 170 Millionen Jahre lang die Erde. Sie lebten im Wasser, auf dem Land und in der Luft, bis sie vor 65 Millionen Jahren plötzlich verschwanden. Waren alle Saurier „schrecklich"? Wieso verschwanden sie so plötzlich?

1 Die Welt der Saurier

Giganten der Urzeit

Warum verschwanden die Dinosaurier?

Es gibt verschiedene Erklärungsversuche, warum die **Dinosaurier** plötzlich verschwanden. Im Folgenden werden zwei Theorien dargestellt: Meteoriteneinschlag und Vulkanausbrüche.

Meteoriteneinschlag

Vor etwa 65 Millionen Jahren schlug ein Meteorit auf der Erde ein. Er löste eine gewaltige Flutwelle rund um die Erde aus und verdunkelte mit einer Staubwolke die Atmosphäre, sodass sich die Erde abkühlte. Der damit verbundene Klimawandel führte zum Aussterben der wechselwarmen Saurier.

Vulkanausbrüche

Die Zeit vor 65 Millionen Jahren ist durch Vulkanausbrüche geprägt, die ungeheure Mengen an Staub und Treibhausgasen freisetzten. Die Vulkanausbrüche trugen zu einer extremen Klimaänderung bei, die womöglich zum Aussterben der Dinosaurier führte.

2 Brachiosaurus, ein Pflanzenfresser

3 Der Fleischfresser Tyrannosaurus Rex

Brachiosaurus
Dinosaurier
Ichthyosaurus
Raptoren
Tyrannosaurus Rex

4 Raptoren jagten im Rudel ihre Beute.

5 Fischsaurier

Friedliche Pflanzenfresser

Brachiosaurus war bis zu 12 m hoch und wog mehr als 20 Tonnen. Seine Körperlänge von Kopf bis Schwanzspitze betrug bis zu 30 m. → 2 Er ernährte sich ausschließlich von Pflanzen, die er mit kleinen Zähnen rupfte und im Magen mithilfe geschluckter Steine zermahlte.

Gefährliche Räuber

Der **Tyrannosaurus Rex** war bis zu 13 m groß und etwa 5 bis 7 Tonnen schwer. → 3 Er bewegte sich zweibeinig und jagte einzeln. Seine Zähne hatten eine Länge von bis zu 18 cm. Sie konnten sich wie bei den Haien erneuern.
Die **Raptoren** waren relativ kleine Dinosaurier mit einer Länge von etwa 2 m und einer Höhe von etwa 1 m. Sie waren Fleischfresser mit langem Kopf und Schwanz. → 4 Ähnlich wie Löwen jagten sie erfolgreich in Rudeln.

Auch die Meere wurden von Sauriern bevölkert. Der Fischsaurier, **Ichthyosaurus**, ernährte sich zumeist räuberisch. → 5 Auch die Fischsaurier starben vor etwa 65 Millionen Jahren aus.

Liebevolle Eltern?

Fossilfunde haben bewiesen, dass es sowohl bei pflanzen- als auch bei fleischfressenden Dinosauriern betreute Eigelege gab. Einige Arten wie die „Gute-Mutter-Saurier“ betreuten die Jungtiere so lange, bis sie sicher vor Fressfeinden waren. Auch Männchen waren an der Brutfürsorge und Jungenaufzucht beteiligt.

→ **Merk dir!** Saurier bevölkerten etwa 170 Millionen Jahre lang alle Lebensbereiche der Erde. Verschiedene Theorien versuchen ihr Aussterben vor 65 Millionen Jahren zu erklären.

Arbeitsaufträge

1. Pflanzenfressende Dinosaurier wanderten in großen Herden durch die Landschaft. Überlege, wieso Pflanzenfresser selten Einzelgänger waren. Welche körperlichen Strukturen besaßen sie zu ihrem Schutz?
2. Du hast bereits einige Theorien zum Aussterben von Sauriern kennengelernt. Findest du im Internet oder in Fachbüchern noch weitere Theorien? Erkläre, warum alle Begründungen nur Theorien sind.

Lebende Fossilien

1 Heute lebender Pfeilschwanzkrebs

2 Abdruck eines Fossils

Die Invasion der Urzeitkrebse

Pfeilschwanzkrebse besiedelten vor vielen Millionen Jahren alle Meere der Welt. Heute leben sie nur noch an der Atlantikküste von Nordamerika bis Mexiko und in den tropischen Meeren Südostasiens bis zu einer Wassertiefe von 50 m. Geschlechtsreife Tiere sammeln sich im Frühsommer an den flachen Küsten zur Eiablage. Der Name „Pfeilschwanzkrebs" ist irreführend, da es sich nicht um echte Krebse, sondern um Spinnentiere handelt. → 1

3 Heute lebender Quastenflosser (oben) und fossiler Fund (unten)

Krokodile

200 Millionen Jahre lang überlebten Krokodile die frühesten Dinosaurier, ihr Aussterben, die Ausbreitung der Vögel und die Verbreitung der Säugetiere. Aus fossilen Funden wissen wir, dass sich ihr Körperbau in dieser Zeit nicht wesentlich geändert hat. Von den ursprünglich 108 Arten sind heute 23 in einem breiten Band beiderseits des Äquators übrig geblieben. Das Leistenkrokodil, mit 9 m neben der Anakonda heute das längste Reptil der Erde, ist noch weit verbreitet. → 4 Von anderen Arten gibt es nur noch wenige Exemplare.

Der Fisch aus der Tiefsee

Marjorie Courtenay-Latimer, die Leiterin eines Meeresmuseums nahe der Komoren, entdeckte am 23. 12. 1938 in einem Fischfang aus etwa 200 m Tiefe einen fremdartigen Fisch: stahlblau, 1,50 m lang und 52 kg schwer. Der Fisch hatte überdimensional große Schuppen, fleischige Flossen, die wie Gliedmaßen abstanden, und kräftige Unterkiefer. → 3 Eine Skizze des Fisches wurde einem Fischkundler zugesandt, der schrieb: „Ich wäre kaum erstaunter gewesen, wenn ich auf der Straße einem Dinosaurier begegnet wäre." Bis zum Zeitpunkt dieses Fundes kannte man diesen Fisch, den Quastenflosser, nur als Fossil. → 3 Er lebte schon vor über 350 Millionen Jahren und galt als längst ausgestorben.

4 Leistenkrokodil

5 Nautilus

6 Fossiles Perlboot

Die Urzeit überlebt, in der Neuzeit bedroht

Nautilus oder Perlboot ist ein Vertreter der Kopffüßer, der, wie Funde beweisen, schon die Urmeere besiedelte. → 5, 6 Heute existierende Arten leben an Steilhängen der Korallenriffe im Indischen und Pazifischen Ozean in Tiefen von 50 bis 500 m. Perlboote besitzen – anders als die verwandten Kopffüßer, die Kraken – eine gewundene Kalkschale, die den weichen Körper schützt. Nautilus kann sich komplett in die Schale zurückziehen, die er mit einer festen Kalkklappe verschließt.

Die Schale schützt zwar vor Fressfeinden, nicht jedoch vor Souvenirjägern. Jeder Kauf einer Nautilusschale führt zu neuen Fängen und gefährdet das Überleben der Tiere.

Ein Baum aus der Urzeit

Der Ginkgo wurde zum Baum des Jahrtausends gewählt. Vorfahren des Ginkgos sollen die Erde großflächig besiedelt haben, lange bevor die Dinosaurier lebten. → 7 Heute wachsen Ginkgo-Arten natürlicherweise in Ostasien. Bei uns sind sie als Zierbäume in botanischen und privaten Gärten sehr beliebt.

7 Fossiler Ginkgo

8 Blatt des Ginkgobaums

Das Ginkgoblatt ist hell- bis graugrün und im Herbst leuchtend gelb. → 8 Baumrinde, Blätter und Früchte werden seit dem 11. Jahrhundert als Heilmittel genutzt.

Der Baumfarn

Baumfarne gab es schon in den Sümpfen der Urerde. Sie wurden bis zu 30 m hoch. Heute kommen sie noch in der Regenwaldzone der Tropen vor. → 9 Sie besitzen keinen typischen Baumstamm, sondern ein aufrecht stehendes Wurzelbündel, das Rhizom. Am oberen Ende des Rhizoms entrollen sich die Farnwedel teilweise zu mehreren Metern Länge. Baumfarne werden oft als Zierpflanzen gehalten. Beim Kauf eines Baumfarns sollte man unbedingt darauf achten, dass der Farn ein Zertifikat besitzt, da Baumfarne durch das Washingtoner Artenschutzabkommen geschützt sind.

9 Palmfarn

Beim Birkenspanner, einem Nachtfalter, überwiegt in manchen Gegenden eine helle, in anderen Gebieten eine dunkle Form. Gibt es dafür eine Erklärung?

1 Helle und dunkle Form des Birkenspanners

Motoren der Evolution – Selektion und Mutation

Unterschiedliche Überlebenschancen

Birkenspanner treten in einer hellen und in einer dunklen Form auf. → 1 Diese natürlichen Formenunterschiede bei Lebewesen werden als **Variation** bezeichnet. Die Falter ruhen tagsüber mit aufgespannten Flügeldecken unter den Blättern, an kleinen Zweigen oder auf den Stämmen von Birken. Helle Falter sind auf der hellen Birkenrinde von Fressfeinden kaum zu erkennen. Deshalb findet man bei Zählungen natürlicherweise mehr helle als dunkle Falter.

Die Umwelt entscheidet

Anfang des 19. Jahrhunderts war die Luft in Industriegebieten durch Rußpartikel belastet. Auch die Rinde von Birken färbte sich dunkel. Das hatte zur Folge, dass die Flügelflächen der hellen Birkenspanner auf den dunklen Stämmen für Vögel gut sichtbar waren. Die dunkle Variante wurde nun weniger abgepickt und konnte sich erfolgreicher fortpflanzen. Bei erneuten Zählungen trat nun, besonders in Industriegebieten, die dunkle Variante des Falters häufiger auf. → 2

Selektion

Ausgelöst durch die Veränderung der Umweltbedingungen hat also eine Auslese unter den Faltern stattgefunden. Dabei waren einmal die hellen Falter und einmal die dunklen Falter bevorteilt, weil sie den jeweiligen Umweltbedingungen unterschiedlich gut angepasst waren. Diese Auslese wird als **natürliche Selektion** bezeichnet. Die Voraussetz-

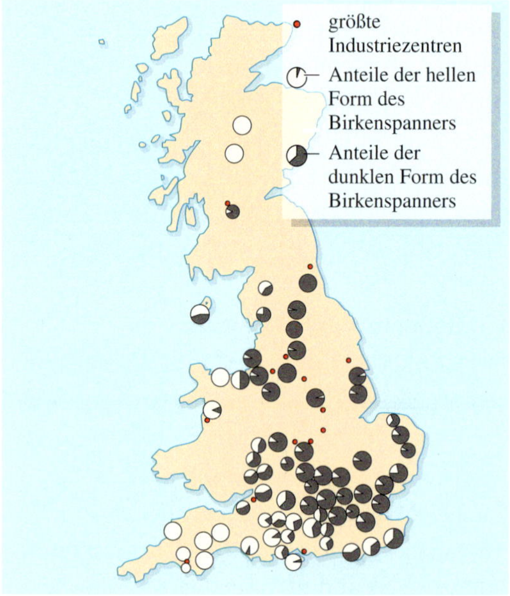

2 Formen des Birkenspanners in Großbritannien (1981)

natürliche Selektion

Variation

3 Unterschiedliche Hunderassen

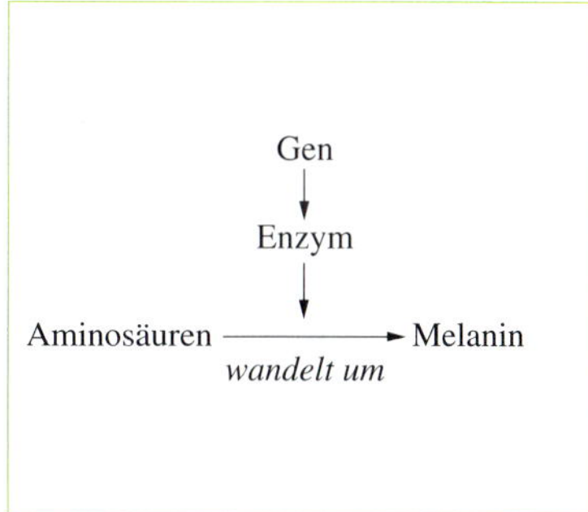

4 Melaninsynthese

zung für die Züchtung von Tieren und Pflanzen ist hingegen die künstliche Selektion. → 3

Wenn Gene verändert werden

Wie kommt die Variation beim Birkenspanner zustande? Die helle Farbe des Birkenspanners ist die ursprüngliche Form. Durch eine Mutation entstand eine Erbinformation, die dafür sorgte, dass ein brauner Farbstoff im Körper des Birkenspanners entstand. Der braune Farbstoff ist Melanin, das aus Vorstufen mit der Hilfe von Enzymen gebildet werden kann. → 4 Die dunkel gefärbten Falter waren in den Industriegebieten Englands gut getarnt. Viele von ihnen überlebten und konnten sich erfolgreich fortpflanzen.

→ Merk dir! Selektion und Mutation sind wichtige Ursachen für die Veränderung der Lebewesen in der Evolution. Die Anpassung an den Lebensraum ist das Ergebnis von Selektion und Mutation. Die Selektion in der natürlichen Umwelt entscheidet, ob eine Mutation erfolgreich ist.

Arbeitsaufträge

1. Beschreibe die natürliche Selektion.
2. Durch Züchtung sind aus der Ursprungsform des Hundes, dem Wolf, etwa 500 Hunderassen entstanden. Das Vorgehen der Züchter wird auch als künstliche Selektion bezeichnet. Erläutere diesen Begriff.
3. Erkläre anhand der Informationen und der Abbildungen 5 und 6, weshalb der Fellwechsel beim Schneehasen im Herbst und Frühjahr unter dem Aspekt der Selektion sinnvoll ist.

5 Feldhase

6 Schneehase: im Sommerfell, im Winterfell

Feldhasen des Tieflands besitzen das ganze Jahr über ein gleichmäßig grau-braunes Fell. → 5 Der Schneehase wechselt seine Fellfarbe im Herbst und Frühjahr von Graubraun zu Weiß. → 6 Die Gene für diesen Fellwechsel vererbt er an seine Nachkommen.

Eisbären und Braunbären sind nahe miteinander verwandt. Sie sind aus einem gemeinsamen Vorfahren entstanden.
Wie konnten aus dem gemeinsamen Vorfahren zwei verschiedene Arten entstehen?

1 Eisbär

Wie neue Arten entstehen

Vergleich von Braun- und Eisbär

Vergleicht man Braunbären und **Eisbären** miteinander, lassen sich viele Unterschiede, aber auch Gemeinsamkeiten erkennen. Nicht nur die Fellfarbe unterscheidet sich, zum Beispiel sind die Schnauze und der Schädel des Eisbären viel länger als die des Braunbären. → 1 Eisbärenhaut ist dunkel gefärbt, die des Braunbären ist hell. Gemeinsam haben sie jedoch den großen Körper und den gleichen Körperbau. Nicht alle **Braunbären** sind braun. Ihre Fellfarbe variiert von Schwarz über Hellbraun bis Hellgrau. → 2, 3 Wenn zwei Braunbären sich miteinander paaren, haben ihre Nachkommen in der Regel etwas andere Fellfarben als die Eltern. Braunbären zeigen Variation.

Isolation und Fitness

Die Variation der Fellfarben zeigte sich auch vor mehr als 100 000 Jahren bei den Vorfahren der beiden Bärenarten. Eine Bärengrup-

2 Braunbär mit dunklem Fell

3 Braunbär mit hellem Fell

Braunbären
Eisbären
Fitness
Isolation

4 Teilung der Bärenpopulation

pe gelangte in eine von Eis bedeckte Umgebung und hatte nur noch wenig Kontakt mit den anderen Bären. Man spricht von **Isolation**. Die hellen Bären dieser Gruppe hatten einen Überlebensvorteil, da sie in der Eislandschaft besser getarnt waren als die Bären mit dunklem Fell. Diese erfolgreicher jagenden Bären konnten ihre Nachkommen besser mit Nahrung versorgen. Viele Bären mit dunkler Farbe dagegen verhungerten und konnten deshalb das Merkmal der dunklen Fellfarbe nicht an ihre Nachkommen weitergeben. Dieser Überlebensvorteil wird als **Fitness** bezeichnet: Die hellen Bären konnten erfolgreicher Jungtiere erzeugen als die dunklen Bären. Die dunklen und die hellen Bären lebten nun getrennt voneinander und entwickelten die Merkmale, die sie voneinander unterscheiden. Durch Isolation entstanden aus einem Vorfahren die beiden Bärenarten, die wir heute kennen: Braunbär und Eisbär. → 4 Die Isolation von Gruppen von Lebewesen, die ursprünglich eine Art darstellten, ist der wichtigste Mechanismus, durch den neue Arten entstehen.

➔ Merk dir! Durch Isolation von Lebewesen voneinander können neue Arten entstehen.

Arbeitsaufträge

1. Beschreibe die Entstehung von Eisbären und Braunbären in der Stammesgeschichte.
2. Braunbären sind Allesfresser, Eisbären sind reine Fleischfresser. Stelle eine Vermutung über das Aussehen der Zähne der beiden Arten an.
3. Bestimme die Masse und die Länge von sechs Hühnereiern. Erläutere an diesem Beispiel den Begriff Variation. → 5

5 Hühnereier

Wie wirkt Evolution?

Nach der Evolutionstheorie haben diejenigen Lebewesen einen Selektionsvorteil, die am besten an die Umweltbedingungen ihres Lebensraums angepasst sind. Sie haben bessere Überlebens- und Fortpflanzungschancen, vermehren sich und verdrängen Artgenossen, die im gleichen Lebensraum nicht so optimal an die Umweltbedingungen angepasst sind. Die natürliche Selektion bestimmt die Richtung der Evolution.

1 Natürliche Selektion durch Angepasstheit

1. Wie wirkt die natürliche Selektion?

Mit einem einfachen Spiel lässt sich die natürliche Selektion in der Klasse nachspielen.

Ihr braucht: schwarz-weiß gesprenkelten Karton, 250 ausgestanzte schwarze und weiße Plättchen in der Größe einer 5-Cent-Münze, Stoppuhr.

Durchführung des Spiels

Es sollten je fünf Schüler in einer Gruppe zusammenspielen: zwei Beutegreifer, zwei Beuteverteiler (Beobachter), ein Protokollführer.

	Anzahl Plättchen	
	dunkel	hell
Beginn	50	50
nach dem 1. Durchlauf		
nach dem 2. Durchlauf		
nach dem 3. Durchlauf		

2 Beispielprotokoll für den Spielverlauf

Jede Gruppe breitet ihren Karton auf dem Tisch aus.

Die Beuteverteiler verteilen je 50 schwarze und weiße Plättchen auf dem Tisch. Dabei sollen die Beutegreifer die Verteilung nicht beobachten.

Ziel des Spiels

Die Beutegreifer sammeln in einer Minute möglichst viele Plättchen ab.

Das Ergebnis wird protokolliert.

Die verbliebenen „Tiere" (Plättchen) vermehren sich: Zu jedem verbliebenen Plättchen kommt ein neues hinzu.

Wieder sammeln die Beutegreifer möglichst viele Plättchen ab. Das Ergebnis wird ebenfalls protokolliert und die verbliebenen Plättchen werden wieder vermehrt.

Der Spielablauf sollte mindestens 4-mal wiederholt werden.

a Wertet die Spielprotokolle aus. Stellt in einem Liniendiagramm dar, wie sich die Anzahl der weißen und schwarzen Plättchen in den Durchläufen verändert.

b Beschreibt das Ergebnis nach der 3. Spielrunde. Wie verhält sich die Anzahl der „Beutetiere", die überlebt haben und sich „fortpflanzen" können, zu den abgesammelten „Beutetieren"?

c Diskutiert, ob das Spielergebnis als Erklärung für das gehäufte Auftreten von dunklen Birkenspannern in britischen Großstädten herangezogen werden kann.

3 Schüler spielen die natürliche Selektion.

2. Spielvariation

Ihr braucht (pro Gruppe): buntgemustertes Geschenkpapier, 50 Plättchen verschiedener Form, 50 Plättchen verschiedener Färbung (auch die weißen und schwarzen).

Ziel des ersten Spielverlaufs über mehrere Runden ist es, die natürliche Selektion modellhaft darzustellen. Das Modell der ersten Spielvariante unterscheidet jedoch nur zwischen optimal angepasster „Beute" und nicht angepassten „Beutetieren", die leicht entdeckt und entfernt werden können.

In den Spielverlauf wird nun die „Mutation" eingebaut. Dafür wird zusätzlich mutierte „Beute" in Gestalt von Plättchen mit anderen Formen und Farben eingesetzt.

Durchführung des Spiels

Der Untergrund wird geändert, indem das gemusterte Geschenkpapier auf dem Tisch ausgebreitet wird. Ebenso erfährt die „Beute" eine optische Änderung. Auf dem gemusterten Geschenkpapier werden die schwarzen, weißen und bunten Plättchen verteilt.

Der weitere Ablauf des Spiels entspricht der ersten Variante.

a Erklärt anhand der natürlichen „Spielselektion" den Begriff der Mutation. Erläutert die Bedeutung der Form und der Farbe der verschiedenen Plättchen?

b Beurteilt, inwieweit sich das Spiel mit realen Vorgängen in der Natur vergleichen lässt.

c Übertragt das Spiel auf die Realität. Wofür stehen die verschiedenen Farben und Formen bei den Plättchen?
Was bedeutet es, Gewinner oder Verlierer zu sein? Übertragt dieses Ergebnis auf natürliche Bedingungen.

3. Wie wirkt Selektion?

Betrachte Abbildung 1 und erkläre die dargestellten Zusammenhänge mithilfe deiner Spielerfahrung.

Wie verlief die Evolution?

Linné: Ordnung nach Verwandschaft

1 Carl von Linné (1707–1778)

Der schwedische Wissenschaftler Carl von Linné veröffentlichte 1735 nach langen Forschungen sein Buch „Systema naturae". → 1 Es ordnete die Vielfalt der Lebewesen auf der Erde nach ihrem Verwandtschaftsgrad. Linnés Leitspruch war: „Gott schuf, Linné ordnet." Er ordnete zunächst nur die Pflanzen, später auch Tiere in ein theoretisches System ein, das auf anatomischen Ähnlichkeiten basierte. Danach bekam jede von ihm bestimmte Art einen zweiteiligen Namen, der weltweit Gültigkeit hatte und auch heute noch genutzt wird. Der erste Name benennt die Gattung, der Namenszusatz die Art.

2 Jean-Baptiste de Lamarck (1744–1829)

Lamarck: „Wieso haben die Giraffen so lange Hälse?"

Der Franzose Jean-Baptiste de Lamarck kam zu seinen naturwissenschaftlichen Erkenntnissen über die „Scala naturae", die Stufenleiter alles Lebendigen. → 2 Linné war der Auffassung, dass sich Lebewesen aktiv ihrer sich verändernden Umwelt anpassen und dann diese so erworbenen neuen Merkmale oder Eigenschaften an ihre Nachkommen vererben.

Nach Lamarck hatten die Vorfahren unserer Giraffen „normale", kurze Hälse, mit denen sie nur grasen oder buschhohe Blätter fressen konnten. Da sie aber lieber die saftigen, frischen Blätter in den Baumkronen erreichen wollten, streckten sie sich zu den Wipfeln. Durch das ständige Strecken des Halses verlängerte sich dieser. Diese Halsverlängerung vererbten die Giraffen an ihre Nachkommen und nach vielen Generationen hatten die Giraffen ihre heutige Halslänge erreicht. → 3 Inzwischen weiß man, dass diese Vorstellung nicht richtig ist. Erworbene Eigenschaften werden nicht vererbt.

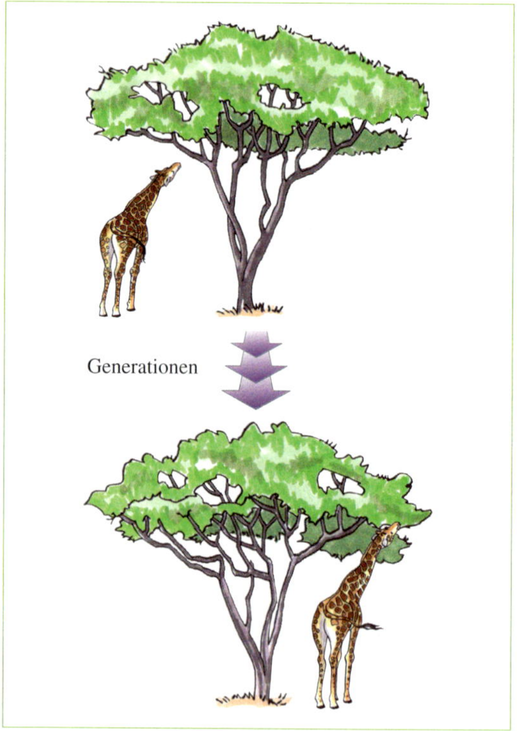

3 Erklärungsversuch von Lamarck zur Entwicklung des Giraffenhalses

4 Charles Robert Darwin (1809–1882)

Arten sind nicht unveränderlich

Der britische Naturforscher Charles Robert Darwin gewann seine Erkenntnisse während einer 5-jährigen Forschungsreise mit dem Forschungsschiff Beagle. → 4 Während der Weltumsegelung fielen ihm immer wieder Ähnlichkeiten und Unterschiede zwischen Fossilfunden und lebenden Arten auf. Außerdem bemerkte er Angepasstheiten der Lebewesen an ihren jeweiligen Lebensraum. Auf den Galapagosinseln entdeckte er 14 verschiedene Finkenarten. Alle glichen einer auf dem südamerikanischen Festland beheimateten Finkenart. Die Galapagosfinken besitzen nach Darwin einen gemeinsamen Vorfahren, erfuhren jedoch im Laufe der Zeit unterschiedliche Anpassungen an ihren jeweiligen Lebensraum. → 5

5 Galapagosfinken: Der Schnabel jeder Art zeigt die Angepasstheit an die Ernährungsweise.

Darwin entwickelte die Theorie der natürlichen Selektion (natürliche Auslese). Lebewesen, die an ihr Lebensumfeld am besten angepasst sind, haben die Chance, zu überleben und Nachkommen zu bekommen. Er prägte den Begriff „survival of the fittest", was so viel bedeutet wie „das Überleben des Bestangepassten".

Demnach leben in einer Giraffenherde Tiere mit längeren und Tiere mit kürzeren Hälsen nebeneinander. Wenn das Laub der unteren Baumschicht abgeweidet ist, können nur noch die langhalsigen Tiere weiden, da die kurzhalsigen nicht mehr an das Laub der Baumkronen heranreichen. Sie sind in der Nahrungssuche unterlegen, sterben früher und können keine Nachkommen mehr zeugen. Von Generation zu Generation vermehren sich nur noch die langhalsigen Giraffen, bis schließlich nur noch Giraffen mit langen Hälsen vorhanden sind. → 6

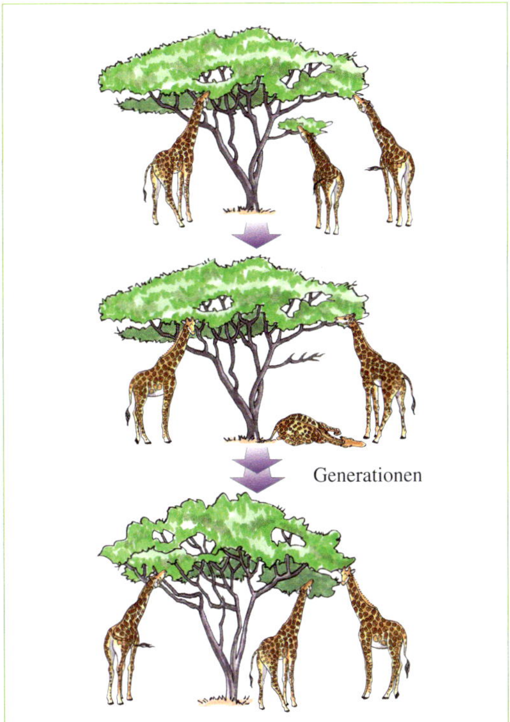

6 Darwins Vorstellung zur Entwicklung des Giraffenhalses

Die Karikatur stammt aus dem Jahr 1880. Damit wollte man zur damaligen Zeit die Evolutionstheorie lächerlich machen. Inzwischen haben sich Darwins Vorstellungen durchgesetzt.
Warum stößt auch heute noch die Evolutionstheorie bei den Anhängern des Schöpfungsglaubens auf Kritik?

1 Darwin-Karikatur

Stammesgeschichte und Schöpfungsglaube

Gegenwind für Darwin

Als Reaktion auf Darwins Selektionstheorie entwickelte sich eine Gegenströmung, die die Aussagen der biblischen Schöpfungserzählung der Evolutionstheorie gegenüberstellte. Die Vorstellungen, die heute von den Vertretern des Schöpfungsglaubens verbreitet werden, werden unter dem Begriff **Kreationismus** zusammengefasst. Anhänger des Kreationismus betrachten nicht die Evolution als Ursache für die Entstehung und Vielfalt des Lebens. Stattdessen gehen Kreationisten von der Erschaffung der Lebewesen durch einen Schöpfer aus.

Ansichten des Kreationismus

Unter dem Oberbegriff Kreationismus lassen sich verschiedene Vorstellungen zusammenfassen. Einige Kreationisten stimmen zu, dass sich Arten in gewissem Maße verändern. Diese Änderung sei jedoch nur innerhalb gewisser Grundtypen möglich. Die verschiedenen Grundtypen seien jedoch getrennt voneinander erschaffen worden. Ein Übergang zwischen ihnen sei unmöglich, deshalb könnten beispielsweise die beiden Grundtypen Mensch und Affe keine gemeinsamen Vorfahren haben. Die wissenschaftliche Erfassung der Evolution hat jedoch ergeben, dass Menschen und Affen gemeinsame Vorfahren haben. Alle Lebewesen sind im Laufe der Stammesgeschichte auseinander hervorgegangen. → 2 Fossile Mosaikformen wie Ichthyostega oder Archaeopteryx, die belegen, dass es solche Übergänge gegeben hat, bezeichnen Kreationisten als Fälschung. Das Alter der Erde wird von ihnen mit etwa 10 000 Jahren aus der Bibel abgeleitet. Ergebnisse aus Datierungsuntersuchungen, die für ein viel höheres Alter der Erde sprechen, lehnen sie ab.

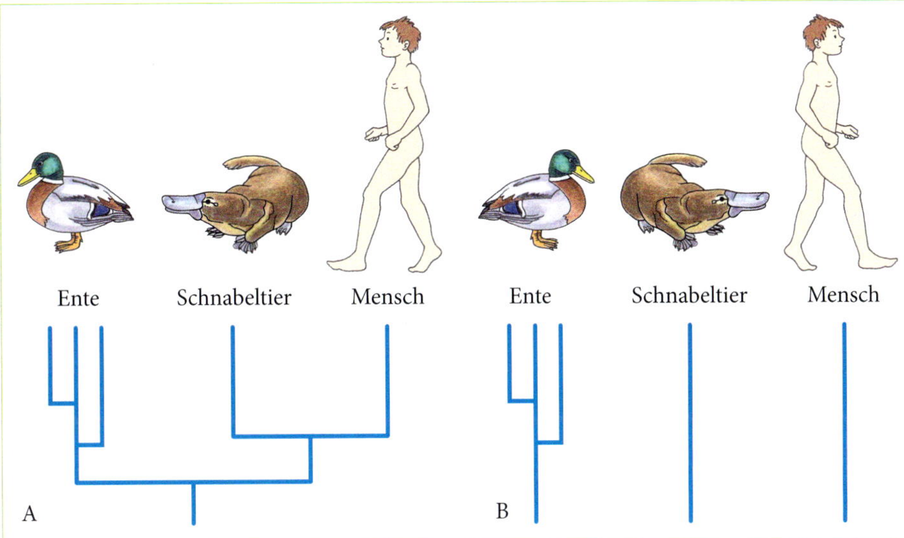

2 Evolutionsvorstellungen: A wissenschaftlich; B Kreationismus

Kreationismus ist unwissenschaftlich

Auch andere Ergebnisse der Evolutionsforschung werden als falsch zurückgewiesen, obwohl die Vielzahl an Belegen den Schluss zulässt, dass Evolution eine Tatsache darstellt. Kreationistische Auffassungen sind deshalb einer wissenschaftlichen Überprüfung nicht zugänglich. Sie müssen als unwissenschaftlich abgelehnt werden.

Kreationismus international

Menschen, die den Evolutionsgedanken ablehnen, gibt es überall auf der Welt. Besonders groß ist dieser Anteil der Bevölkerung mit 50 % in der Türkei und mit 40 % in den USA. Besonders gering ist der Anteil mit etwa 10 % in Skandinavien. In Deutschland halten etwa 20 % der Bevölkerung den Evolutionsgedanken für falsch.

→ Merk dir! **Auffassungen, die die Evolutionstheorie gegen den Schöpfungsglauben austauschen wollen, werden als Kreationismus bezeichnet. Sie sind unwissenschaftlich.**

Arbeitsaufträge

1. Analysiere die Grundpositionen der Kreationisten in Abbildung 3. Erläutere die wissenschaftlichen Gegenargumente zu diesen Grundpositionen.

2. In den USA wollten die Kreationisten erreichen, dass ihre Vorstellungen gleichberechtigt neben der Evolutionstheorie im Biologieunterricht vermittelt werden. Dies ist von allen Gerichten der USA abgelehnt worden. Nimm Stellung zu diesen Entscheidungen.

- Heutige Lebewesen existierten schon immer.
- Es fehlt ein Nachweis für die Entstehung neuer Arten.
- Geologische Schichten lagen ursprünglich nebeneinander. Deshalb kann man aus ihnen keine Altersangabe ableiten.
- Alle Lebewesen sind Grundtypen. Es gibt keine Übergänge zwischen ihnen.

3 Grundpositionen der Kreationisten

Nachdem Darwin seine Evolutionstheorie veröffentlicht hatte, empörten sich die Menschen immer wieder über den Ausspruch: „Der Mensch stammt vom Affen ab." Wie viel Wahrheit steckt in dieser Aussage?

1 Sind wir verwandt?

Stammesgeschichte des Menschen

Unsere nächsten Verwandten

Wenn sich Menschenaffen und Menschen im Zoo begegnen, stellt sich häufig die Frage: Wer beobachtet wen und wer imitiert wen? Das Quartier der Menschenaffen erscheint dem Zoobesucher wahrscheinlich deshalb so attraktiv, weil er bei keinem anderen Wirbeltier so viele Ähnlichkeiten im Aussehen und Verhalten feststellen kann. Der Mensch gehört wie die Orang-Utans, Gorillas und Schimpansen zur Säugetierordnung der **Primaten**.

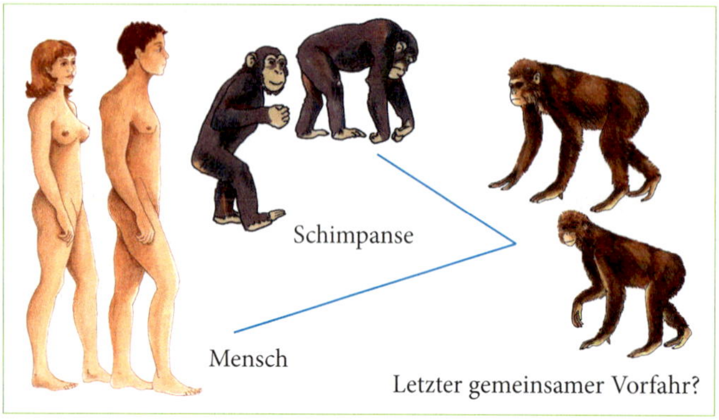

2 Mensch und Menschenaffe haben einen gemeinsamen Vorfahren.

Eine 1929 in Afrika entdeckte Zwergschimpansenart zeigt eine genetische Übereinstimmung mit dem Menschen von mehr als 98 %! Diese Übereinstimmung weist eindeutig auf einen gemeinsamen Vorfahren hin. → 2 Das bedeutet aber nicht, dass der Mensch vom Affen abstammt.

Unterschiede

Der Mensch kann mit seiner typischen **Greifhand** den Daumen allen anderen Fingern gegenüberstellen und somit Werkzeuge präzise nutzen. Der Affe hat eine **Klammerhand**. Der Daumen kann nicht abgespreizt werden. Beim Fuß ist es umgekehrt. Während der große Zeh des Affen abgespreizt werden kann, besitzt der Mensch einen **Standfuß** mit parallel nebeneinanderliegenden Zehen und einem Fußgewölbe, das beim Gehen Stöße abfängt. Der Schädel des Menschen zeigt einen ausgeprägten Hirnschädel, der Platz für das große Gehirn bietet, und ein flaches Gesicht mit wenig ausgeprägtem Gebiss. Affen dagegen haben einen

aufrechter Gang
Greifhand
Klammerhand
Primaten
Standfuß
Vormenschen

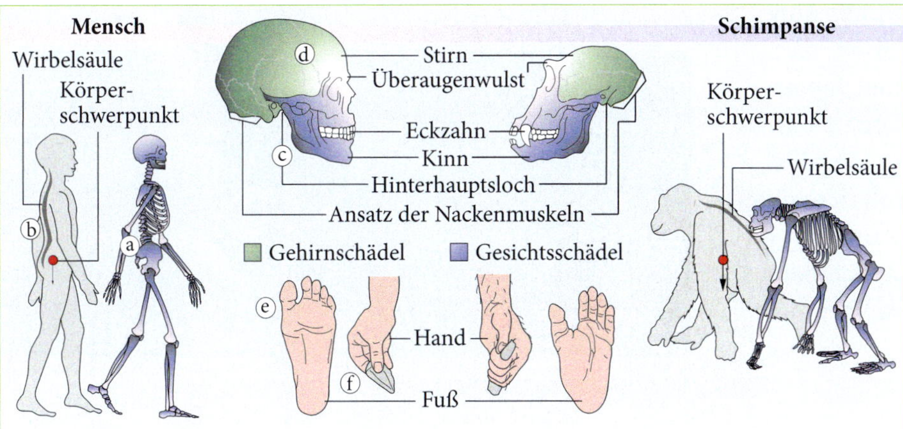

3 Unterschiede zwischen Schimpanse und Mensch

fliehenden Gesichtsschädel mit vorstehender Schnauze und starken Wülsten über den Augenhöhlen. Das Gebiss hat lange Eckzähne, der Hirnschädel ist relativ klein.
Die Wirbelsäule des Menschen ist doppelt-S-förmig gebogen. Der Schwerpunkt liegt in der Körpermitte. Dadurch ist der Mensch optimal an den **aufrechten Gang** angepasst. Affen bewegen sich meist vierfüßig. Ihre Wirbelsäule ist C-förmig und ihr Schwerpunkt liegt vor dem Körper. → 3

Affenähnliche Menschen

Die sogenannten **Vormenschen** lebten, wie Knochenfunde beweisen, vor 3,9 bis 3,0 Millionen Jahren. Ihr Hirnvolumen war wenig größer als das der heute lebenden Schimpansen. Sie bewegten sich schon aufrecht, nutzten aber noch keine Werkzeuge und kein Feuer. Ihre Sprache beschränkte sich wahrscheinlich auf Lautäußerungen.
Mithilfe der dreidimensionalen Computertechnik und der anatomischen Kenntnisse lebender Affen und Menschen ist es gelungen, Vormenschen zu rekonstruieren. → 4

4 Rekonstruktion eines Vormenschen

Merk dir! Menschen und Menschenaffen sind miteinander verwandt. Sie haben gemeinsame Vorfahren. Mithilfe von Knochenfunden und moderner Computertechnik können Wissenschaftler Vormenschen rekonstruieren.

Arbeitsaufträge

1. Vergleiche die anatomischen Unterschiede von Affe und Mensch in einer Tabelle.
2. In einer sandgefüllten Petrischale liegen Getreidekörner. Sammle einmal mit Daumen und Zeigefinger innerhalb einer Minute möglichst viele Körner in eine leere Petrischale, das nächste Mal nur mit Zeige- und Mittelfinger. Werte die Versuche aus (Anzahl der Körner, Gewicht des mitgeführten Sandes). Die Verarbeitung aller bekannten Daten lässt sogar Rückschlüsse auf Bewegungsabläufe zu.
3. Erkläre, welchen Vorteil sehr lange Arme für den Affen haben könnten.
4. Erkläre, warum Schimpansen, die sich zweibeinig fortbewegen können, bei Gefahr aber den Vierfüßergang nutzen.

Anhand fossilier Knochenfunde konnten Paläontologen nachweisen, dass Afrika vor etwa 10 Millionen Jahren von vielen Affenarten besiedelt war, die in den Baumkronen der Urwälder lebten. 4 Millionen Jahre alte Fossilien stellten sich als Überreste aufrecht gehender affenartiger Lebewesen heraus. Handelt es sich hier um die Vorfahren des heutigen Menschen?

1 Unsere hangelnden Vorfahren?

Mensch – woher kommst du?

So fing alles an

Der **Proconsul** galt lange Zeit als gemeinsamer Vorfahre von Menschenaffen und Menschen. Er lebte vor 26 bis 14 Millionen Jahren. Fossilfunde wurden ausschließlich in Afrika gemacht. Ein fast vollständig erhaltenes Skelett weist auf einen vierfüßigen Waldbewohner hin, der sich wahrscheinlich hauptsächlich kletternd in den Bäumen aufhielt. Aus seinem Zahnstatus lässt sich schließen, dass er sich von Laub und grober faserreicher Kost ernährte. → 2

Die ersten Zweibeiner

Der südliche Affe, **Australopithecus**, ist in seinem Aussehen dem Affen noch sehr ähnlich. Er lebte in der Savanne und ging aufrecht. Dadurch konnte Australopithecus das Grasland überblicken und sich besser fortbewegen. Der aufrechte Gang brachte also große Vorteile hinsichtlich der Sicherheit und des Jagderfolges. In der Afar-Wüste in Afrika fanden Wissenschaftler 1974 ein fast vollständiges, 3,2 Millionen Jahre altes Skelett, das unter dem Namen „Lucy“ in die Geschichte einging. → 3

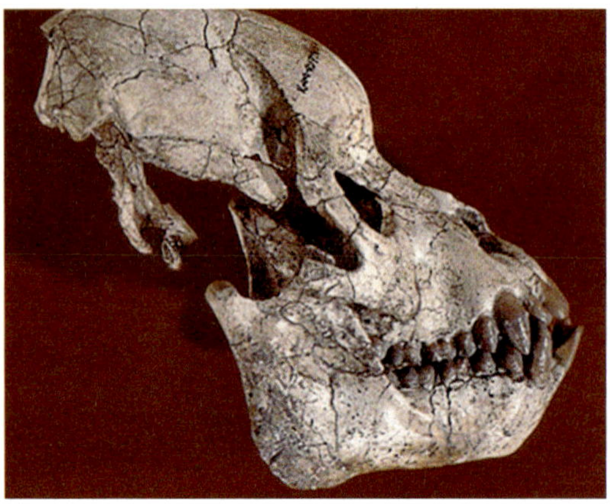

2 Schädel des Proconsuls

Der geschickte Mensch

Homo habilis stellte erste Werkzeuge her, die er fachgerecht nutzte, um an seine Nahrung zu gelangen und sich vor wilden Tieren zu schützen. Sein Hirnvolumen war etwa 30 % größer als das der Vormenschen. Seine Gestalt dagegen ähnelte noch sehr der des Vormenschen.

Der aufrechte Mensch

Homo erectus lebte vor etwa 2 Millionen Jahren. Er hatte ein deutlich größeres Gehirn als seine Vorfahren und nutzte als erster Mensch das Feuer. Allerdings konnte er es noch nicht selbst entzünden. Homo erectus suchte und bewahrte das Feuer, beispielsweise nach Gewittern. Fossilfunde es in Afrika, Asien und in Europa.

Australopithecus
Homo erectus
Homo habilis
Homo neanderthalensis
Homo sapiens
Out-of-Africa-Theorie
Proconsul

3 So sah Lucy vermutlich aus.

4 Rekonstruktion des Neandertalers

Die Entwicklung geht weiter

Der Neandertaler, **Homo neanderthalensis**, lebte vor 220 000 Jahren in Europa. → 4 Dieser Nachfahre von Homo erectus stellte gute Werkzeuge her, zum Beispiel Faustkeilmesser und hölzerne Speere, und bestattete seine Toten mit Opfergaben. Sein Gehirn war etwa 1600 cm^3 groß.

Der wissende Mensch

Homo sapiens entwickelte sich vor 200 000 Jahren in einer Nebenlinie zum Neandertaler. Er entdeckte neue Werkstoffe wie Knochen und Elfenbein für die Herstellung von Waffen und Skulpturen und stellte sein Leben in Höhlenmalereien dar. Er sieht dem heutigen Menschen sehr ähnlich. Die dicken Augenwülste sind verschwunden, der Gesichtsschädel ist höher. Homo sapiens ist größer, sein Knochenbau feiner als der seiner Ahnen.

Wir sind alle Afrikaner

In Afrika spaltete sich die Entwicklungslinie vom Proconsul zu den heutigen Primaten. Die **Out-of-Africa-Theorie** besagt, dass Homo sapiens in Afrika entstand, dort lange Zeit parallel zum europäischen und vorderasiatischen Neandertaler lebte und dann über die damals bestehenden Landbrücken in Richtung Asien wanderte. Weitere Auswanderungswellen führten ihn nach Europa und in die übrigen Teile der Welt.

→ **Merk dir!** Fossilfunde zeigen, dass es im Laufe der Erdgeschichte verschiedene aufrecht gehende Vormenschen gab. Ihre Hirnmasse nahm während der Entwicklung ebenso zu wie ihre Geschicklichkeit. Alle Vorfahren lebten in Afrika und eroberten von dort die Welt.

Arbeitsaufträge

1. Erstelle eine Tabelle, in der die Primatenentwicklung vom Proconsul bis zum Homo sapiens deutlich wird. Unterscheide jeweils hinsichtlich Schädel, Gangart, Gebiss, Hirnvolumen und Körpergröße.

2. Erstelle Steckbriefe von Lucy und vom geschickten Menschen. Vergleiche die Steckbriefe im Hinblick auf:

a die Anpassung an den Lebensraum
b die Entwicklung des Menschen

3. Erkläre folgende Aussage:
Der aufrechte Gang war ein wichtiger Schritt in der Evolution des Menschen.

Kulturelle Evolution

Menschen haben sich über einen langen Zeitraum und über viele Etappen von affenähnlichen Vorfahren bis zum heutigen Homo sapiens entwickelt. Während der einzelnen Entwicklungsschritte veränderten sich das Aussehen und die Hirngröße, die handwerkliche Geschicklichkeit nahm immer mehr zu und es bildete sich eine kulturelle Struktur heraus. Homo sapiens hat in seinem Kulturkreis ein Regelwerk für richtiges oder falsches Handeln geprägt.
Die Vorfahren von Homo sapiens mussten mit anderen Herausforderungen fertig werden. Ihr Leben war teilweise schwerer, gefährlicher, entbehrungsreicher ..., aber nicht schlechter als das des heutigen Menschen. Im Folgenden sollt ihr euch selbst ein Bild vom Leben unserer Vorfahren machen.

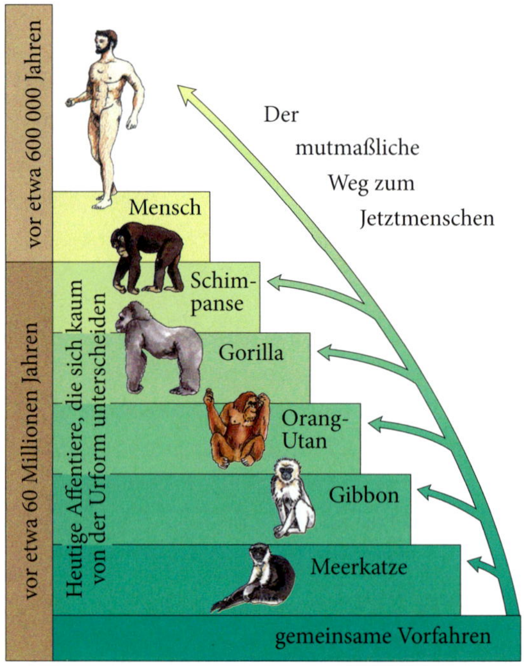

1 Der lange und verzweigte Weg zum Jetztmenschen

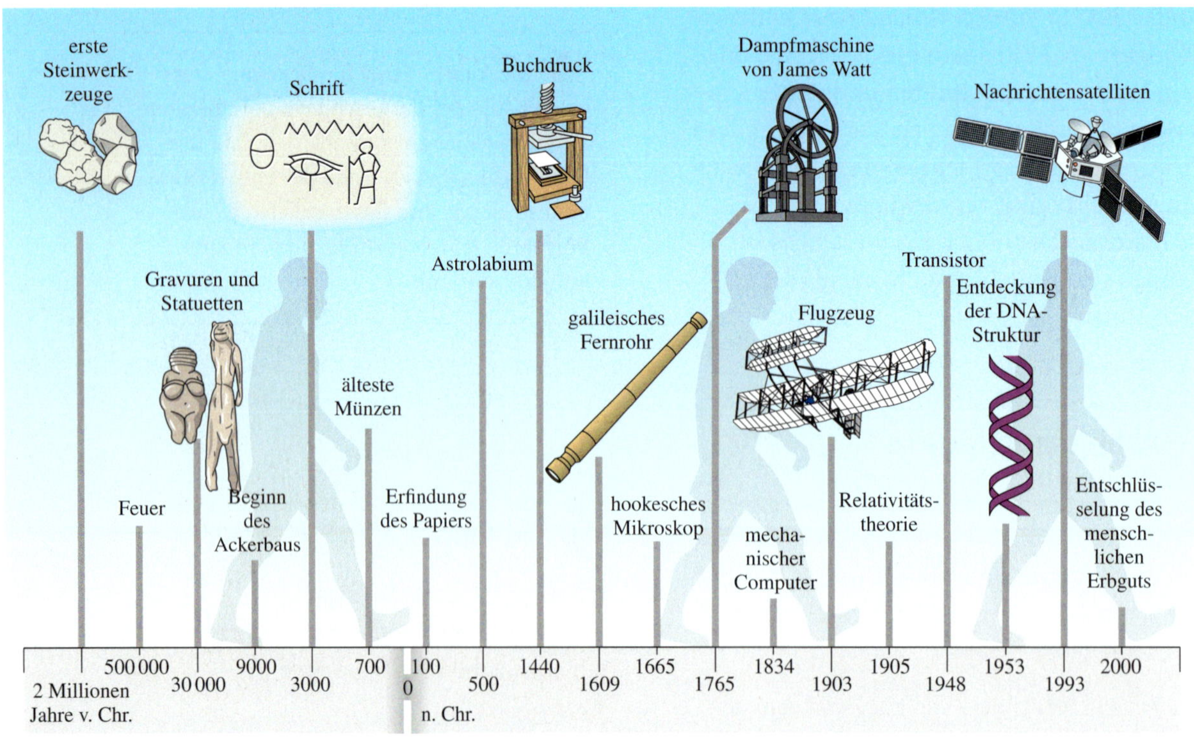

2 Meilensteine in der kulturellen Evolution des Menschen

Schritte und Tipps für die Erarbeitung der „kulturellen Evolution"

Vorbereitung

Die Mindmap zeigt, welche Bereiche das Thema „Kulturelle Evolution" umfasst. Fällt euch noch mehr ein? → 3

Planung

Überlegt, welche Informationsquellen ihr für die Erarbeitung des Themas nutzen könnt:

- Bücher über die Entwicklung des Menschen
- Informationen aus dem Internet
- Informationen aus dem Geschichts-, Religions- und Erdkundeunterricht
- Besuch im Naturkundemuseum: Hier könnt ihr erleben, wie die Urmenschen gelebt und gearbeitet haben und wie sie gekleidet waren. → 4, 5
- Interview mit einem Museumsmitarbeiter

Durchführung

Bildet Arbeitsgruppen und verteilt die Aufgaben:

- Wie viele Schüler sind in einer Gruppe?
- Welche Gruppe übernimmt welche Aufgabe?
- Erledigt die verteilten Aufgaben in der Gruppe.

Abschluss und Präsentation

Überprüft eure Ergebnisse und überlegt, wie ihr sie für andere Klassen oder für die Eltern interessant gestalten könnt. Ihr könnt beispielsweise folgendermaßen vorgehen:

- Jede Gruppe bereitet einen kleinen Vortrag vor.
- Es werden Plakate erstellt.
- Verschiedene Produkte und die unterschiedlichen Plakate werden in einer kleinen Ausstellung präsentiert.

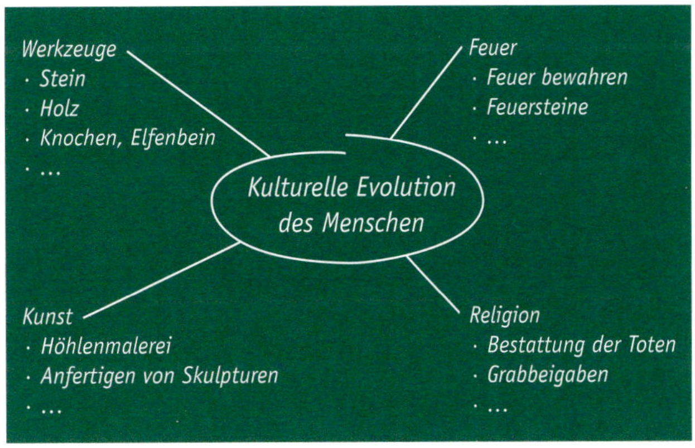

3 Mindmap zur kulturellen Evolution

4 Anfertigen einfacher Werkzeuge

5 Aussehen wie unsere Vorfahren

Evolutionäre Entwicklung

Unter bestimmten Bedingungen können Reste von Lebewesen als Fossilien die Zeiten überdauern. Fossilien sind Zeugen früheren Lebens auf der Erde. (Siehe Seite 258.)

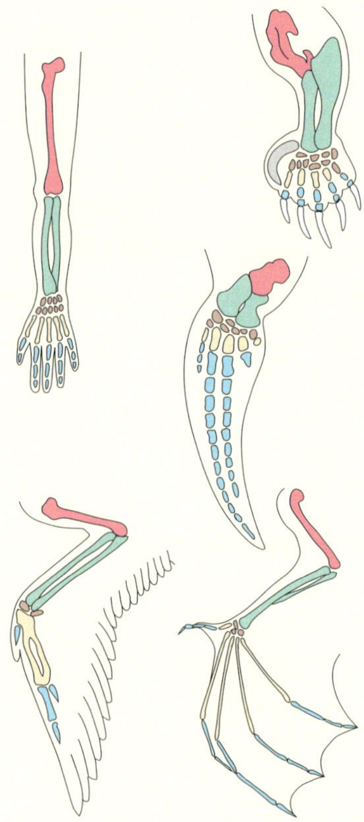

Verwandte Lebewesen besitzen einen gleichen Grundbauplan mit homologen Organen. Ähnliche Lebensräume und damit ähnlicher Selektionsdruck bringen analoge Organe hervor, die im Bauplan verschieden sind. (Siehe Seite 264.)

Nachdem sich die Uratmosphäre abgekühlt hatte und Gewässer entstanden waren, konnten sich erste einfache Lebensformen entwickeln. (Siehe Seite 268.)

Nach der Entstehung der Fotosynthese reicherte sich die Uratmosphäre mit Sauerstoff an. Nach der Bildung einer schützenden Ozonschicht konnte sich das Leben auf der ganzen Erdoberfläche ausbreiten. (Siehe Seite 270.)

Wirbeltiere sind miteinander verwandt. Ihre Abstammung kann in einem Stammbaum dargestellt werden. (Siehe Seite 272.)

Selektion und Mutation sind die Motoren der Evolution. Angepasstheiten an den Lebensraum sind das Ergebnis von Selektion und Mutation. (Siehe Seite 278.)

Manche Menschen halten die Evolution für falsch. Sie glauben, dass ein Schöpfer das Leben auf der Erde erschaffen hat. Diese Vorstellungen bezeichnet man als Kreationismus. (Siehe Seite 286.)

Menschenaffen und Menschen haben die gleichen Vorfahren, sie trennten sich in ihrer weiteren Entwicklung. (Siehe Seite 288.)

1. Erläutere, welche Bedingungen dafür verantwortlich sind, dass das Mammutbaby oder Ötzi auch nach langer Zeit noch gut erhalten sind. Begründe deine Antwort.

2. Erläutere die Bedeutung von Fossilien für die Erforschung der Stammesgeschichte.

3. Ordne die Abbildungen 1–4 zur Entstehung der Erde den folgenden Begriffen richtig zu. Begründe deine Zuordnung.

a Welt mit Uratmosphäre
b Urknall
c erstes Leben im Meer
d Urmeer

1

2

3

4

4. Pflanzen und Tiere besiedelten nach und nach das Land. Nenne Aspekte, die für den Landgang wichtig waren.

5 Ichthyostega

5. Erkläre die Stammesgeschichte der Wirbeltiere.

6. Evolution ist eine Anpassung an veränderte Lebensbedingungen. Erkläre diese Aussage mit eigenen Worten.

7. Erkläre am Beispiel des Eisbären und des Braunbären, wie neue Arten entstehen. Benutze dabei die Begriffe Mutation, Selektion und Isolation.

8. „Menschen und Affen haben keine gemeinsamen Vorfahren, sondern wurden von einem Schöpfer erschaffen." Widerlege diese Aussage.

9. Ordne folgende Vorfahren des Menschen den Nummern im Zeitstrahl in Abbildung 6 zu: Homo sapiens, Homo erectus, Australopithecus, Neandertaler, Homo habilis.

10. Erläutere, welche Bedeutung der Sprachgebrauch und die geschriebene Sprache für den Menschen haben.

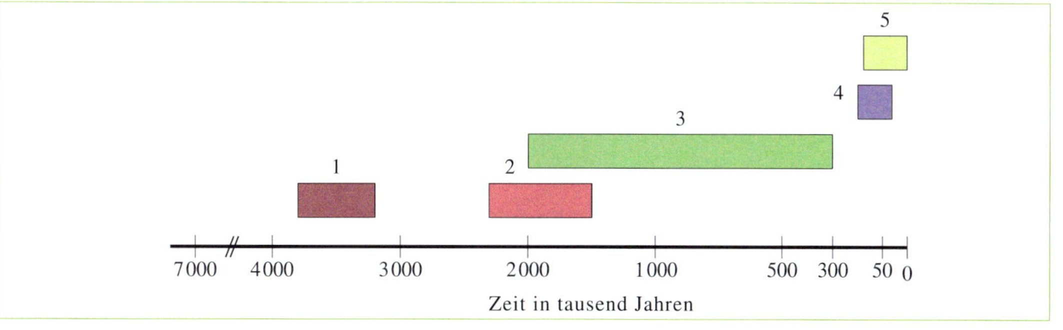

6 Zeitstrahl

Ordne deiner Lösung im Heft ein Smiley zu:

☺ Ich habe die Aufgabe richtig lösen können.

😐 Ich habe die Aufgabe nicht komplett lösen können.

☹ Ich habe die Aufgabe nicht lösen können.

Aufgabe	Fähigkeit	Hilfe findest du auf Seite …
1	Ich weiß, welche Faktoren nötig sind, um tote Organismen zu erhalten.	258
2	Ich kenne die Bedeutung von Fossilien für die Stammesgeschichte.	258
3	Ich kann die Entstehung des Lebens auf der Erde wissenschaftlich erklären.	268
4	Ich kann Fakten benennen, die wichtig für die Besiedlung und Eroberung der Erde waren.	270
5	Ich kenne die Stammesgeschichte der Wirbeltiere.	272
6	Ich kann die Evolution verstehen und erklären, dass sich die Lebewesen immer wieder an andere Lebensbedingungen anpassen müssen.	278
7	Ich weiß, wie neue Arten entstehen, und kenne die Begriffe Mutation, Selektion und Isolation.	278, 280
8	Ich kenne den Begriff Kreationismus und weiß, dass seine Vorstellungen unwissenschaftlich sind.	286
9	Ich kenne die Entwicklungsgeschichte des Menschen.	288
10	Ich weiß, dass neben der körperlichen Evolution beim Menschen auch eine kulturelle Evolution stattfand, die noch nicht beendet ist.	292

Erwachsen werden

Erwachsen werden heißt, Körper und Geist sind im Umbruch. In der Pubertät spielen die Hormone verrückt. Aus Kindern werden Erwachsene, die selbst Kinder zeugen können.
Verliebt sein? Liebe – was ist das?

1 Verliebt sein? Liebe – was ist das? (Siehe Seite 300.)

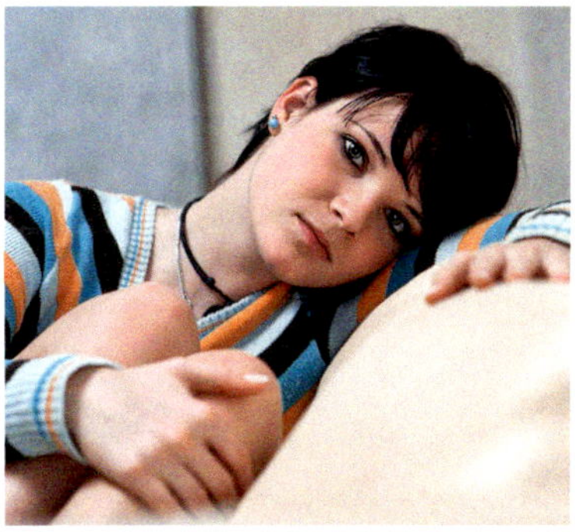

2 Wie wirken die Hormone in meinem Körper? (Siehe Seite 302, 308.)

3 Sex, Liebe und Zärtlichkeit … (Siehe Seite 306, 310.)

4 Welche Mittel und Methoden zur Verhütung gibt es? Was sind Geschlechtskrankheiten? (Siehe Seite 312, 314.)

5 Was passiert im Körper einer Schwangeren? (Siehe Seite 316.)

6 Schwanger! Jetzt schon ein Kind? (Siehe Seite 318.)

7 Was passiert bei der Entwicklung vom Säugling zum Schulkind? (Siehe Seite 320.)

„Mal schwebe ich über den Wolken, mal würde ich mich gerne in einem Sack verstecken. Mal fühle ich mich wunderschön, dann wieder wie das hässliche Entlein. Und dann die Blicke der Jungen. Noch dazu der Ärger mit meinen Eltern. Was ist bloß los mit mir?"

1 Was ist bloß los mit mir?

Wenn die Gefühle Achterbahn fahren

Die Achterbahn der Gefühle

In der **Pubertät**, zwischen dem 10. und 16. Lebensjahr, fahren nicht nur deine **Gefühle** Achterbahn. Dein Körper verändert sich. Jungen beginnen sich für Mädchen zu interessieren und umgekehrt.
„Mensch, hat der aber eine gute Figur …!" – „Die sieht aber wirklich süß aus!" Miteinander flirten steht auf der Tagesordnung. → 2

2 Flirten, Kontakt aufnehmen – aufregend!

Und dann taucht genau der oder die auf, bei dem oder der du in den siebten Himmel gerätst. Schmetterlinge im Bauch, Herzklopfen und die Sehnsucht, dem anderen nahe zu sein, sind jetzt nur noch wichtig. Verliebt zu sein ist eine Äußerung deiner **Sexualität**.

Total verknallt

Ein Blick und irgendwie ist alles klar. Die Luft ist aufgeheizt, wie vor einem Sommergewitter. Du bist total verliebt. → 3 **Liebe** ist etwas sehr Persönliches. Jeder empfindet Liebe anders, allen gemeinsam ist das Gefühl der Harmonie, der Gemeinsamkeit und das Verlangen nach Zärtlichkeit.
Vielleicht habt ihr schon in der Clique oder mit Freunden darüber gesprochen, wie es ist, das erste Mal verliebt zu sein. Lena beschreibt das so: „Ich war immer gut gelaunt, hatte Schmetterlinge im Bauch, war nicht mehr allein, freute mich immer, den anderen zu sehen, dachte immer an meinen Freund und fühlte mich ein bisschen wie eine Heldin."

Bisexualität
Gefühle
Heterosexualität
Homosexualität
Liebe
Pubertät
Sexualität

3 Total verliebt

4 Liebe ist …?

5 Liebe hat viele Gesichter.

Warum gerade der oder die …?

Wenn du dich in jemanden verliebst, dann sind seine Ausstrahlung und Anziehungskraft wichtig. Aber nicht nur das Aussehen, sondern auch wie er mit dir umgeht und ob er dich ernst nimmt, spielen eine große Rolle. Alex ist total verknallt in Lena und Tim. Tim steht auf Tarek. Wie bitte? Richtig, es gibt Menschen, die sich von Personen beiderlei Geschlechts angezogen fühlen – man spricht hier von **Bisexualität** – oder die sich von einer Person gleichen Geschlechts angezogen fühlen – von **Homosexualität**. → 5 Bei Männern spricht man dann auch von „schwul sein“, bei Frauen von „lesbisch sein“. Bei Frauen, die sich nur zu Männern, und bei Männern, die sich nur zu Frauen hingezogen fühlen, spricht man von **Heterosexualität**.

Ohne Liebe keinen Sex?

Intime Zärtlichkeiten auszutauschen und dem anderen ganz nah zu sein, gewinnen bei Verliebten immer mehr an Bedeutung. Die Umfrage einer Jugendzeitschrift ergab Folgendes: Jungs sind beim Sex etwas unromantischer als Mädchen, so konnten sich 12 % der Jungen und nur 6 % der Mädchen auch Sex ohne Liebe vorstellen. Für die Mehrheit der Jugendlichen gehören aber Liebe und Sex zusammen.

→ Merk dir! Jeder empfindet Liebe anders. Zudem gibt es auch verschiedene Arten der Sexualität: gleichgeschlechtliche Liebe und die Liebe zum anderen Geschlecht.

Arbeitsaufträge

1. Ergänze folgenden Satz: Meine Traumfrau/Mein Traummann sollte … sein. Finde jeweils mindestens acht Eigenschaften.
2. Malt ein Herz mit zwei Hälften, schreibt links die schönen Seiten des Verliebtseins hinein, rechts, was nicht so schön ist.
3. Oft hört man bei Stars, sie hätten ihr „Coming-out“ gehabt. Informiere dich und erkläre den Begriff.
4. Erläutere, welche Formen partnerschaftlichen Zusammenlebens du kennst.
5. Würdest du deinen Freunden erzählen, wenn du homosexuell wärst? Begründe deine Entscheidung.

Anna erinnert sich, dass mit zwölf Jahren ihr Busen plötzlich anfing zu wachsen. „Ich wollte ihn verstecken, keiner sollte etwas merken. Es war mir nur peinlich." Welche körperlichen Veränderungen finden in der Pubertät statt und wodurch werden sie verursacht?

1 In der Pubertät verändert sich der Körper.

Hormone in Aktion

Sexualität beginnt im Kopf

Das Gehirn und die Hormondrüsen regeln die Entwicklungsvorgänge bei Mädchen und Jungen. Das Zwischenhirn regt die **Hirnanhangsdrüse** (Hypophyse) an, Hormone in den Blutkreislauf zu geben. Auf diese Weise gelangen diese Hormone bei den Mädchen zu den Eierstöcken, bei den Jungen zu den Hoden. → 2 In den Eierstöcken veranlassen sie die Produktion der **Geschlechtshormone Östrogen** und **Progesteron**. Diese sind für den Aufbau der Gebärmutterschleimhaut während des Regelzyklus verantwortlich.

Bei den Jungen wird in den Hoden die Produktion von **Testosteron** veranlasst. Dieses männliche Geschlechtshormon bewirkt die Bildung von Spermienzellen.

Bei Mädchen und Jungen bewirken diese Geschlechtshormone zudem auch die körperlichen Veränderungen, wie Brustwachstum und Schambehaarung. → 3

Vom Mädchen zur Frau

- Die Brüste entwickeln sich.
- Die Hüften werden runder und breiter.
- Die Eierstöcke werden größer.

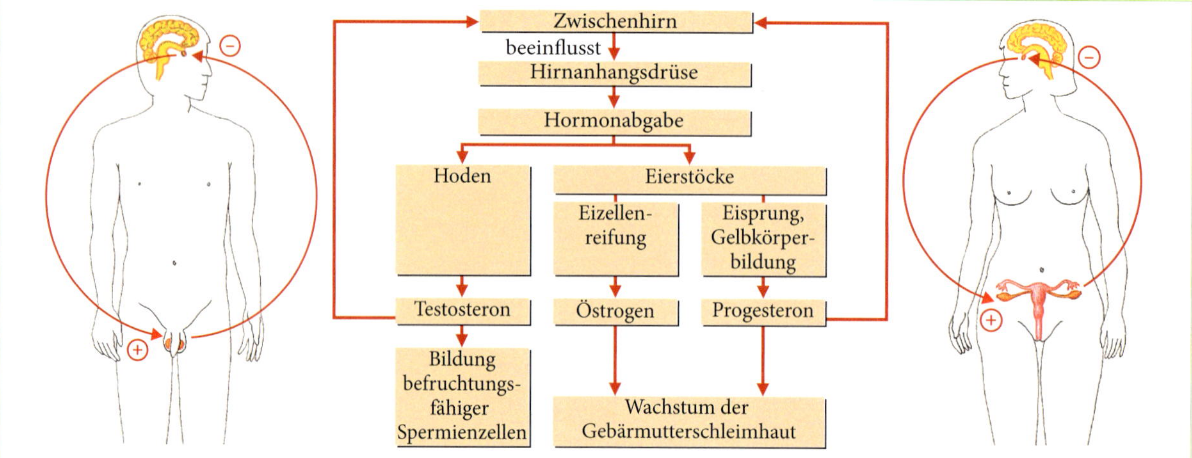

2 Hormonelle Steuerung der Entwicklung

Geschlechtshormone
Hirnanhangsdrüse
Östrogen
Progesteron
Regelkreis
Testosteron

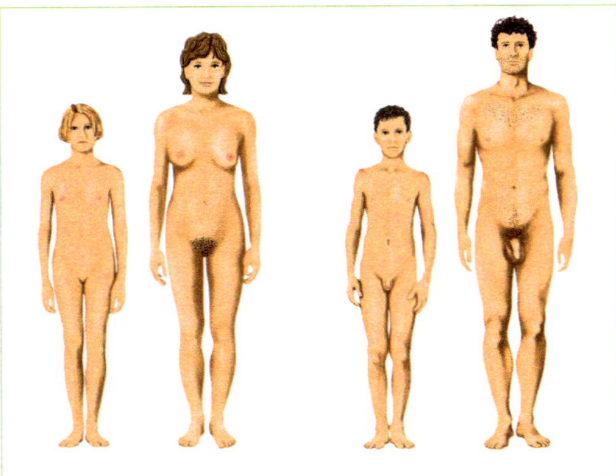

3 Körperliche Veränderungen während der Pubertät

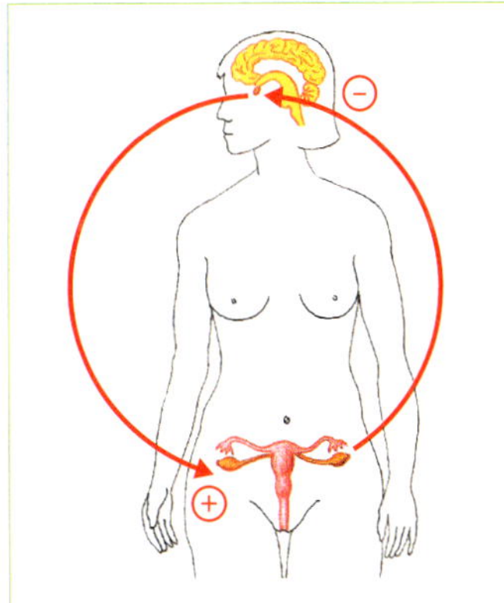

4 Regelkreis Geschlechtshormone

- In ihnen reifen die Eizellen heran.
- Die Regelblutung beginnt.

Vom Jungen zum Mann

- Die Stimme wird tiefer.
- Die Barthaare beginnen zu wachsen.
- Die Schultern und der Brustkorb werden breiter.
- Der Penis und die Hoden werden größer.
- In den Hoden werden die Spermienzellen gebildet.

Gemeinsame Veränderungen

- Der Wachstumsschub beginnt.
- Das Gesicht verändert sich.
- Die Achselbehaarung entwickelt sich.
- Die Schambehaarung entwickelt sich.

Ein komplizierter Regelkreis

Damit nicht unendlich viele Geschlechtshormone gebildet werden, bekommt das Zwischenhirn eine Rückmeldung, wenn genügend Hormone vorhanden sind. Dies veranlasst dann die Hirnanhangsdrüse, die Hormonproduktion einzustellen. Diesen Vorgang nennt man **Regelkreis**. → 4

Pubertätsverlauf

Weil die Hormone bei jedem Menschen zu einer anderen Zeit aktiv werden, setzt die Entwicklung auch bei jedem in unterschiedlichem Alter ein. Auch die Dauer der Pubertät ist individuell. Mit ungefähr 17 Jahren ist die körperliche Entwicklung bei den meisten abgeschlossen.

> → **Merk dir!** Geschlechtshormone verändern das äußere Erscheinungsbild und regen Reifeprozesse im Körper an. Sie werden in Hormondrüsen gebildet.

Arbeitsaufträge

1. Erstelle eine Tabelle mit den Geschlechtshormonen bei Frau und Mann und notiere, was sie jeweils bewirken.

2. Fertige eine Mindmap zu den körperlichen Veränderungen in der Pubertät bei Mädchen und Jungen an.

3. Erkläre den Begriff Regelkreis am Beispiel der weiblichen und männlichen Geschlechtshormone.

Freundschaft und Beziehung

1. Können Hände sprechen?

Ihr braucht: 3 bis 4 Stühle, Stoppuhr.

Bildet Gruppen zu 3 bis 4 Schülern. Stellt die Stühle so, dass ihr euch gegenseitig an den Händen fassen könnt. Die Versuche sollt ihr jeweils über 2 Minuten möglichst ruhig, ohne zu sprechen, und mit geschlossenen Augen durchführen.
Konzentriere dich 2 Minuten nur auf dich selbst.
Gib deinem rechten Nachbarn die linke Hand, dem linken Nachbarn die rechte Hand. Konzentriere dich 2 Minuten und stelle dir über den Handkontakt deine direkten Nachbarn vor.

a Verraten dir die Hände etwas? Erkläre deine Wahrnehmungen.
b Versuche deinem Nachbarn über deine Hände 2 Minuten lang Gefühle, Unsicherheit und Freude, auszudrücken.
c Beschreibe, wie du Unsicherheit/Freude über deine Hand weitergibst.
d Erkläre, woran du erkennst, dass dein Nachbar sich unsicher fühlt oder freudig ist.
e Zum Einstieg konzentrierst du dich 2 Minuten nur auf dich selbst. Begründe, wieso das für die Versuche wichtig ist.

1 Schüler beim Erkunden der Hände

2. Zärtliche Hände?

Ihr braucht: 2 Stühle.

Suche dir einen Partner und setze dich ihm gegenüber. Schließe die Augen und nimm über 2 Minuten mit deinem Partner Kontakt über die Hand auf, lerne sie kennen.

a Beschreibe deinem Partner, was seine Hand dir mitteilt.
b Erfahre nun von deinem Partner, was deine Hand ihm über dich mitgeteilt hat.
c Schließe erneut die Augen und versuche über 2 Minuten, deinem Partner mit deiner Hand Zärtlichkeit mitzuteilen.
d Beschreibe deine Gefühle. Ist dir die Vermittlung von Zärtlichkeit schwergefallen? Wie hat es sich angefühlt, Zärtlichkeit auszutauschen?
e Erkläre, was du unter Zärtlichkeit verstehst, wie sich Zärtlichkeit für dich anfühlt. Wo kommt Zärtlichkeit vor?

2 Hände sagen viel.

3. Nein? oder Nein!!!

Ihr braucht: ca. 10 Minuten.

Suche dir mit deinem Partner eine ruhige Ecke. Stelle dir vor, dein Partner verlangt etwas von dir, was du absolut nicht möchtest.

a Mache deinem Partner durch Mimik, Gestik und Sprache „Nein“ deutlich, dass du nicht auf seinen Wunsch eingehst.
b Beschreibe deine Überlegungen und Gefühle in der Situation. Lass dir von deinem Partner erklären, wie du auf ihn gewirkt hast, wie er dich wahrgenommen hat.
c Wechselt die Rollen, nun hat dein Partner die Möglichkeit, dir ein deutliches „Nein“ klarzumachen.
d Tausche mit deinem Partner die gemachten Erfahrungen aus
e Überlege dir Situationen, in denen es für dich selbst wichtig ist, ein klares und deutliches „Nein“ zu sagen.
f Überlege, wann es in einer sexuellen Beziehung wichtig ist, die eigenen Gefühle und Wünsche deutlich zum Ausdruck zu bringen.

3 „Nein!“

4. Was zerstört die Freundschaft?

Ihr braucht: Karteikarten in Gelb und Rot, 1 Plakat.

Bildet Gruppen zu 3 bis 4 Schülern.

a Überlege für dich, was dir für eine gute Freundschaft wichtig ist. Schreibe deine (jeweils nur zwei) Überlegungen auf eine gelbe Karteikarte.
b Tausche dich mit deinen Gruppenmitgliedern aus und diskutiert eure Ergebnisse zur Freundschaft.
c Erkläre, wie man Freundschaften erhalten kann.
d Überlege jetzt für dich, was eine gute Freundschaft zerstören kann. Schreibe zwei deiner Überlegungen auf die rote Karteikarte.
e Werte in deiner Gruppe die zerstörerischen Überlegungen aus. Achte darauf, welche Argumente deinen Freund vielleicht „nur“ betroffen machen, welche die Freundschaft komplett zerstören.
f Überlege gemeinsam mit deinen Gruppenmitgliedern, wieso man gute Freunde/Partner braucht.
g Halte eure Ergebnisse in einem Plakat fest.

Was bedeutet Freundschaft für dich?

Freunde vertrauen einander und können sich immer aufeinander verlassen.

Für mich bedeutet Freundschaft, dass man sich gut versteht und dass man sich alles sagen kann.

Was zerstört eine Freundschaft?

Eine Freundschaft wird zerstört, wenn man über den Freund/die Freundin mit anderen schlecht redet.

Freundschaften gehen kaputt, wenn man sich nicht mehr aufeinander verlassen kann.

4 Beispiele für Karteikarten

Sexualität hat viele verschiedene Ausdrucksformen. Sie kann zärtlich und liebevoll, aber auch verletzend und abstoßend sein. Welche Formen der Sexualität sind „normal" und was heißt eigentlich „normal"?

1 Sexualität hat viele Gesichter.

Formen der Sexualität

Eigene Wünsche und sexuelle Einstellungen

Wichtig bei allen Formen von Sexualität ist es, seine eigenen Wünsche und Vorstellungen zu kennen. Zu diesen sollte man stehen und sie gegenüber dem Partner ausdrücken und geltend machen. Die Entscheidungen und Handlungen richten sich nach den eigenen Wünschen, denen des Partners und den im Umfeld geltenden Normen. Es ist wichtig, die Grenzen und Regeln des anderen zu achten und einzuhalten. Ein Gespräch über Sexualität kann helfen, Missverständnisse zu vermeiden. → 2 Sex ist dann schön, wenn beide es wollen.

2 Reden über Sexualität ist wichtig.

Sadismus

Menschen, die ein sadistisches Sexualverhalten zeigen, empfinden Lust und Befriedigung dabei, anderen Menschen Schmerzen und Erniedrigung zuzufügen. Dies kann sich in Befehlen, Schlägen oder Fesselungen äußern. Sadistische Praktiken werden inzwischen nicht mehr generell als Störung der Sexualität angesehen. Der Begriff **Sadismus** wurde nach dem Marquis de Sade benannt. In seinen Romanen vermischte er pornografische Inhalte mit Gewaltfantasien. Beim **Masochismus** dagegen möchten Menschen, dass ihnen beim Sex Schmerzen zugefügt werden.

Pädophilie

Bei der **Pädophilie** missbrauchen Erwachsene Kinder zum Sex. Oft stammen die Täter aus der Familie oder dem Freundeskreis. Pädophilie ist verboten. Um Kinder vor solchen Übergriffen zu schützen, ist es wichtig, das Selbstvertrauen der Kinder zu stärken und ihnen als Ansprechpartner zur Verfügung zu stehen.

Masochismus
Pädophilie
Prostitution
Sadismus

3 Bordelle auf der Reeperbahn in Hamburg

4 Sex gegen Bezahlung

Prostitution

Egal, in welchem Land und in welcher Kultur man sich befindet: Bordelle gibt es überall auf der Welt. → 3 Die **Prostitution** ist im Gegensatz zu den anderen dargestellten Beispielen keine spezielle Form der Sexualität. Vielmehr ermöglicht die Prostitution, dass insbesondere Männer, aber auch Frauen ihre sexuellen Bedürfnisse mit einer Person ausüben, die sie dafür bezahlen. → 4 Es handelt sich hierbei eigentlich um ein Kaufgeschäft: Sexuelles Erleben wird gegen Bezahlung ermöglicht. Aber auch in dieser Art Sexualleben gilt das Motto: Beide Sexualpartner sollten sich freiwillig am Geschehen beteiligen. Prostitution mag dem einen zunächst unmoralisch erscheinen, aber das ist es eigentlich gar nicht. Man stelle sich mal vor, was passieren würde, wenn man diese Art des Sexualerlebens verbieten würde. Wie und mit wem sollen die Betroffenen ihr Sexualleben dann noch ausleben können? Unmoralisch wird es nur, wenn Frauen und Männer zur Prostitution von Dritten gezwungen werden. Diesen Vorgang bezeichnet man als Zwangsprostitution. Diese Form der sexuellen Ausbeutung hängt oft mit Menschenhandel zusammen und ist verboten.

→ **Merk dir!** Sexuelle Bedürfnisse sind vielfältig und haben verschiedene Ausdrucksformen. Jeder Einzelne hat eigene Wünsche und Grenzen, die geachtet und respektiert werden sollten. Kindesmissbrauch und Zwangsprostitution sind verboten.

Arbeitsaufträge

1. Erkläre, wieso es wichtig ist, sich der eigenen sexuellen Wünsche und Vorstellungen bewusst zu sein und diese auch beschreiben zu können.

2. Sexualität kann schön und liebevoll sein oder auch sadistische oder masochistische Formen haben. Bewerte die unterschiedlichen Formen der Sexualität und begründe deine Bewertung.

3. Pädophilie und Zwangsprostitution sind verboten. Erkläre begründet, warum diese Formen der Sexualität verboten sind.

Lena dachte schon, mit ihr stimmt etwas nicht. Alle ihre Freundinnen haben ihre Regel schon, nur sie nicht. Aber letzte Woche war es endlich so weit. Was passiert während einer Regelblutung?

1 Sind wir nun Frauen?

Die Regelblutung

Die Regelblutung

Das erste Mal seine Regelblutung zu bekommen ist ein wichtiges Erlebnis im Leben eines Mädchens. Alle Mädchen haben von Geburt an ca. 400 000 Eibläschen in ihren Eierstöcken, das sind unreife Eizellen. Bevor ein Mädchen ihre Regelblutung bekommt, bewirken die in der Hirnanhangsdrüse gebildeten Hormone die **Eireifung** im **Eierstock.** Beim **Eisprung** gelangt die reife Eizelle in den Eileiter. → 2 Einige Mädchen können den Eisprung durch ein Ziehen im Unterbauch spüren. Jetzt besteht für 24 Stunden die Möglichkeit, dass die Eizelle von einer **Spermienzelle** befruchtet wird. Die Hülle der Eizelle beginnt das Geschlechtshormon Östrogen zu bilden. Das Östrogen wirkt auf die **Gebärmutterschleimhaut** und lässt diese viermal so dick werden. So kann sich die Eizelle, wenn sie befruchtet wurde, einnisten. Nach dem Eisprung wandelt sich die aufgeplatzte Eihülle zum Gelbkörper um und bildet das Hormon Progesteron. → 3 Dieses lässt die Gebärmutterschleimhaut noch dicker werden. Wird die Eizelle nicht von einer Spermienzelle befruchtet, löst sich der Gelbkörper auf. Es wird kein Progesteron mehr gebildet. → 3 Die Gebärmutterschleimhaut beginnt sich nun abzulösen und wird durch die Scheide ausgeschwemmt. Dabei ziehen sich die Muskeln der Gebärmutter zusammen. Diese **Regelblutung** findet alle 3 bis 5 Wochen statt. Sie wird auch Menstruation, Periode oder Regelzyklus genannt. → 3 Stress und Aufregung können den zeitlichen Ablauf der Regelblutung beeinflussen.

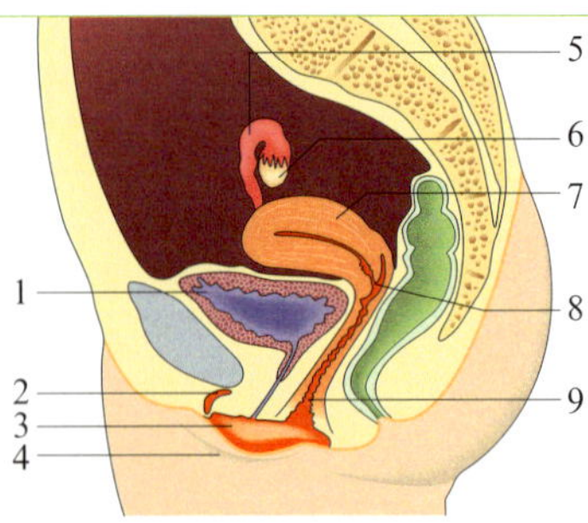

1 Harnblase
2 Kitzler
3 kleine Schamlippen
4 große Schamlippen
5 Eileiter
6 Eierstock
7 Gebärmutter
8 Muttermund
9 Scheide

2 Weibliche Geschlechtsorgane

Eireifung
Eierstock
Eisprung
Gebärmutter-schleimhaut
Regelblutung
Spermienzelle

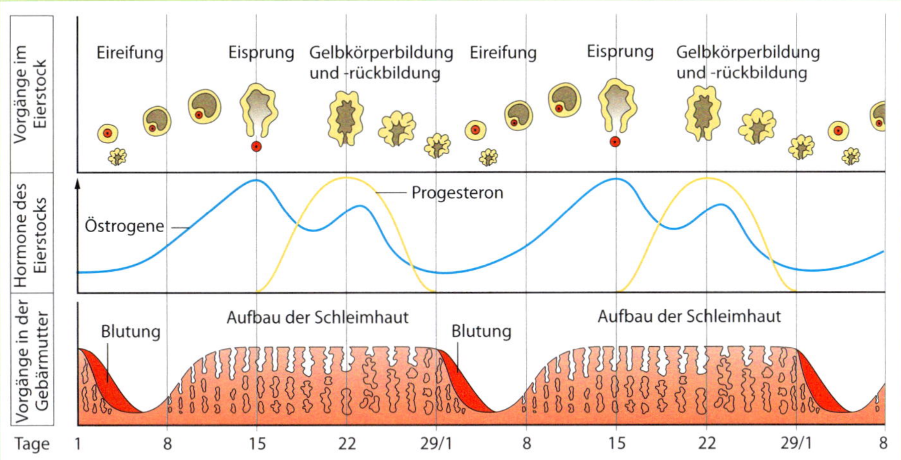

3 Übersicht zu den Vorgängen beim Regelzyklus

Tampons oder Binden?

Tampons und Binden werden benutzt, um die Regelblutung aufzufangen. Binden gibt es in unterschiedlichen Formen und Stärken. Sie werden in den Slip geklebt. Tampons müssen in die Scheide eingeführt werden. Sie lassen sich noch zusätzlich mit einer Slipeinlage kombinieren. Jedes Mädchen sollte sich für die Methode entscheiden, mit der es sich wohlfühlt.

Regelschmerzen – was kann ich tun?

Um dir einen Überblick über deinen Regelzyklus zu verschaffen, kannst du einen Regelkalender führen. Je nach Stärke der Blutung haben gerade junge Mädchen oft Kopf-, Bauch- oder Rückenschmerzen. Entspannungsübungen, Kräutertees oder eine Wärmflasche können dann helfen. Wenn die Beschwerden zu stark sind, solltest du einen Frauenarzt um Rat fragen.
Manche Mädchen legen sich während der Regelblutung lieber öfter hin, andere bevorzugen sportliche Aktivitäten. Möglich ist alles, was du sonst auch machst.

Merk dir! Die Regelblutung ist ein durch Geschlechtshormone gesteuerter Prozess. Dabei wird nicht benötigter Gebärmutterschleim abgestoßen. Sie wiederholt sich alle drei bis fünf Wochen.

Arbeitsaufträge

1. Beschreibe aus Sicht einer Eizelle den Ablauf der Regelblutung. Du kannst es wie eine Geschichte erzählen, aber auch ganz sachlich darstellen. Lies den Text anschließend deinen Mitschülern vor.
2. Kann man während der Regelblutung schwanger werden? Begründe deine Meinung.
3. Informiere dich, wie du einen Regelkalender führst. Erkläre deiner Freundin oder deinem Freund, warum das Führen eines solchen Kalenders wichtig ist. Gib mehrere Gründe an.
4. Finde Gründe für und gegen die Benutzung von Tampons und Binden. Welche Methode würdest du deiner besten Freundin empfehlen?

Endlich allein. Sich berühren und spüren wollen. Schön, aufregend – aber auch viele Fragen im Kopf …?

1 Verliebte möchten sich nahe sein.

Das erste Mal

Der richtige Zeitpunkt

Es gibt keine Regeln, wann Jungen und Mädchen sich das erste Mal verlieben werden und wann das erste Mal ansteht. Viele Jungen und Mädchen schlafen zum ersten Mal mit jemandem, mit dem sie „fest" zusammen sind. Jeder hat so seine eigene Vorstellung vom ersten Mal: romantisch mit Kerzen oder am Strand oder …
Bei aller schönen Fantasie gibt es aber auch Bedenken: Kenne ich meinen Freund/meine Freundin lange genug? Werden wir entdeckt? Kann ich schwanger werden? Welches Verhütungsmittel ist das richtige? Mache ich es nur, weil es alle machen? Wichtig ist: Keiner sollte sich auf etwas einlassen, was er nicht wirklich will.

- Mit 16 haben erst 50 % der Mädchen und 42 % der Jungen ihr erstes Mal.
- Etwa 30 % aller Siebzehnjährigen hatten noch keinen Geschlechtsverkehr.

2 Zahlen zum ersten Mal

Der Geschlechtsverkehr

Viele haben schon vorher Zärtlichkeiten ausgetauscht. Beim ersten Mal geht es dann einen Schritt weiter. Beim Streicheln und Küssen wird der Penis des Jungen dicker und richtet sich auf, bis er steif ist. Bei den Mädchen schwellen Kitzler und Schamlippen an, die Scheide wird feucht. Dann kann der Penis in die Scheide hineingleiten.

Manche Mädchen haben Angst vor dem Einreißen des **Jungfernhäutchens**, das die Scheide teilweise verschließt. Da das Häutchen aber sehr dünn ist, kann es auch schon vorher z. B. beim Sport reißen.
Nicht immer klappt alles beim ersten Mal perfekt. Aber auch das ist ganz normal.

Orgasmus – eine Explosion in unserem Körper

Wenn du einen **Orgasmus** bekommst, ist der ganze Körper erregt. Das Herz schlägt schneller, die Atmung beschleunigt sich. Bei den Mädchen schwellen die Schamlippen an, der Kitzler vergrößert sich und die

Jungfernhäutchen
Orgasmus
Spermienerguss

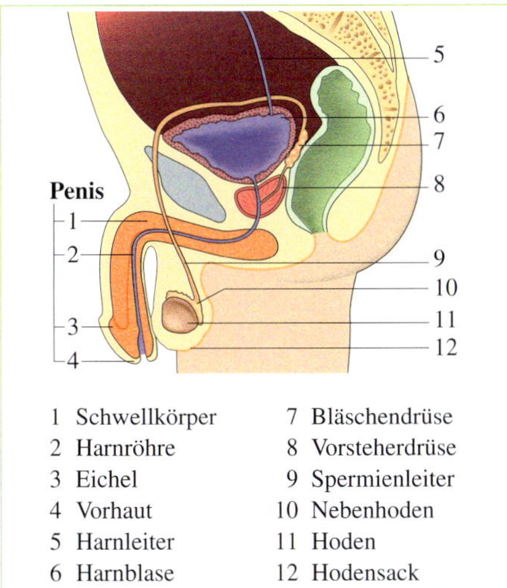

3 Männliche Geschlechtsorgane

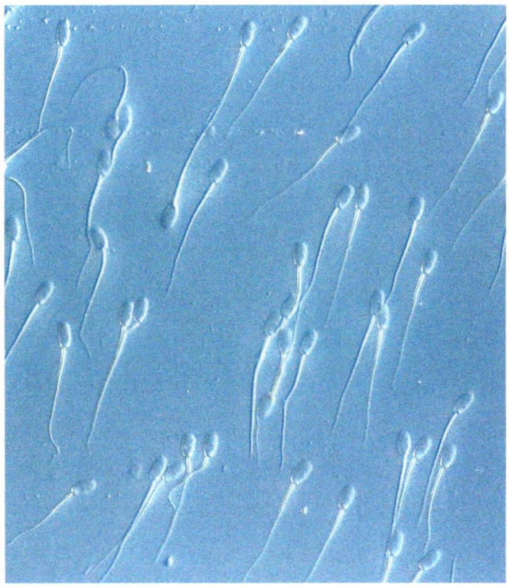

4 Mikroskopische Aufnahme von Spermienzellen

Scheiden- und Gebärmuttermuskulatur zieht sich zusammen. Beim Jungen wird der Höhepunkt durch das Reiben des Penis gegen die Scheidenwände und das rhythmische Schieben der Vorhaut ausgelöst. Beim **Spermienerguss** ziehen sich die Muskeln krampfartig zusammen, wodurch die Spermienzellen aus den Nebenhoden durch die Spermienleiterleiter zur Harnröhre gepresst werden. → 3, 4 Sie werden aus dem Penis herausgeschleudert und gelangen so in die Scheide und schwimmen aktiv Richtung Gebärmutter.

→ Merk dir! Wann dein erstes Mal ist, entscheidest du selbst. Nimm dir Zeit dafür und tue es nur, wenn du davon überzeugt bist. Beim Geschlechtsverkehr gleitet der Penis in die Scheide. Beim Spermienerguss können die Spermienzellen über den Penis in die Scheide gelangen.

Arbeitsaufträge

1. Spielt: „Ich bin die Liebe und wer bist du?". Stellt euch vor, ihr sollt jemandem erklären, was für euch zur Liebe gehört.

a Bildet nun einen Stuhlkreis. Stellt in die Mitte drei Stühle. Ein Schüler setzt sich in die Mitte auf den Stuhl und sagt: „Ich bin die Liebe und wer bist du?" Zwei weitere Schüler setzen sich daraufhin neben ihn und antworten mit einem passenden Begriff, wie zum Beispiel: „Ich bin die Treue", „Ich bin das Vertrauen" … Der Mitspieler in der Mitte entscheidet sich für den passenden Partner. Dieser Partner darf sich nun auf den mittleren Stuhl setzen und fortfahren. Die anderen kehren in den Kreis zurück. Die Schüler, die im Kreis sitzen, notieren sich die genannten Begriffe.

b Gestaltet am Ende des Spiels mithilfe der gesammelten Begriffe ein Plakat zum Thema „Ich bin die Liebe und wer bist du?".

2. Anna hat seit sieben Wochen einen neuen Freund: Tarek. Immer mehr beschäftigen sie die Fragen: Wann wird unser erstes Mal sein? Wird es wehtun? Was passiert dann in meinem Körper? Kann ich etwas falsch machen? Schreibe Anna einen Brief, in dem du ihre Fragen beantwortest.

Verhüten – aber wie?

1 Kondome schützen auch vor Aids.

Die große Auswahl

Pille, Kondom, Spirale, Diaphragma, Coitus interruptus … – es gibt eine große Auswahl an Verhütungsmitteln. Selbst wenn dir dein erstes Mal noch weit entfernt erscheint, ist es wichtig, sich schon vorher zu informieren. Das kann, wenn es so weit ist, leicht untergehen, denn dann überwiegen die romantischen Gedanken. Am besten ist es, wenn du dich gemeinsam mit deinem Freund oder deiner Freundin informierst. Denn Verhütung ist Aufgabe beider Partner.

Das Kondom

Für alle Fälle – immer ein Kondom in der Tasche! Es ist ein dünnes Gummi, das über den Penis gezogen wird und ein Eindringen der Spermienzellen in die Scheide verhindert. → 1 Richtig abgerollt, sitzt es recht fest, muss jedoch nach dem Spermienerguss beim Rausziehen des Penis aus der Scheide am Penisschaft festgehalten werden. Bei richtiger Anwendung ist das Kondom ein sicheres Verhütungsmittel, das gleichzeitig vor Geschlechtskrankheiten schützt. Gerade jetzt, wenn du deine Sexualität entdeckst, solltest du auch an Aids denken.

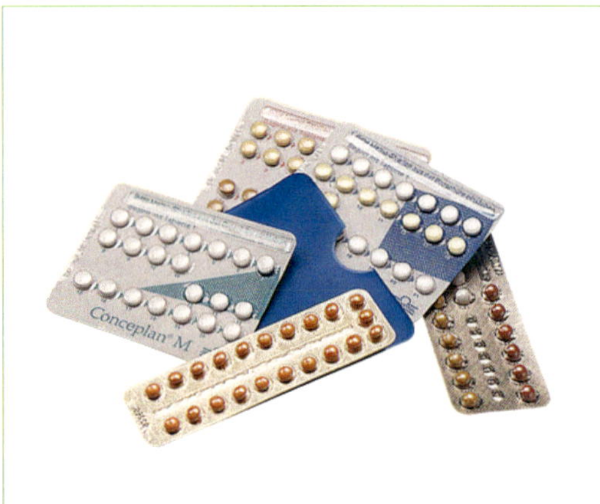

2 Antibabypille

Die Pille

Die Pille ist eine Hormontablette, die den Eisprung verhindert. → 2 Deshalb kann es zu keiner Befruchtung kommen. Sie wird 21 oder 22 Tage lang täglich eingenommen, danach setzt die Regelblutung ein. Bei richtiger Anwendung, das heißt bei regelmäßiger Einnahme, ist die Sicherheit sehr hoch.

3 Verhütungspflaster

Das Verhütungspflaster

Das Pflaster enthält Hormone, die auf den weiblichen Körper übertragen werden. → 3 Es wird auf Bauch, Rücken oder Gesäß geklebt. Es haftet gut, auch in der Sauna oder im Schwimmbad. Die Sicherheit ist hoch.

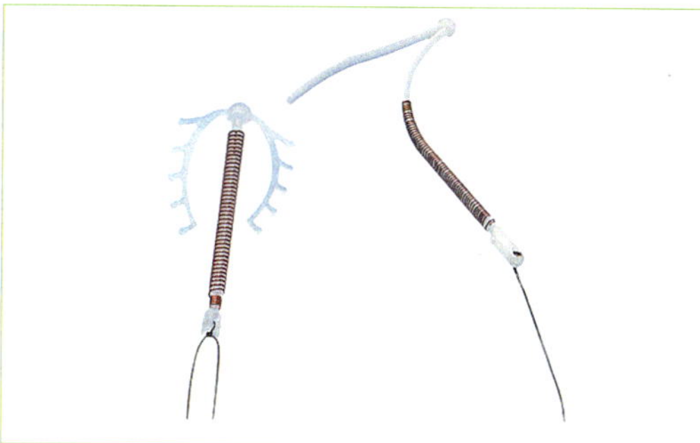

4 Spiralen

Die Spirale

Man unterscheidet zwei Arten von Spiralen: die Kupfer- und die Hormonspirale. → 4 Die Kupferspirale verhindert durch Abgabe von Kupfer das Einnisten der Eizelle. Die Hormonspirale bewirkt, dass sich ein Schleimpfropf im Gebärmutterhals bildet. Dadurch wird das Eindringen von Spermienzellen verhindert. Die Verhütungssicherheit ist hoch. Für junge Mädchen ist die Spirale jedoch weniger geeignet, da häufig Unterleibsentzündungen auftreten und das Einsetzen schmerzhaft sein kann.

Der Scheidenring

Der Ring wird von der Frau in die Scheide eingeführt. Dort verbleibt er für drei Wochen. Danach wird er entfernt und es erfolgt eine Abbruchblutung. Der Ring enthält Hormone, die über die Scheidenhaut aufgenommen werden. → 5 Diese verhindern das Heranreifen von Eizellen. Die Sicherheit des Rings ist genauso hoch wie bei der Pille.

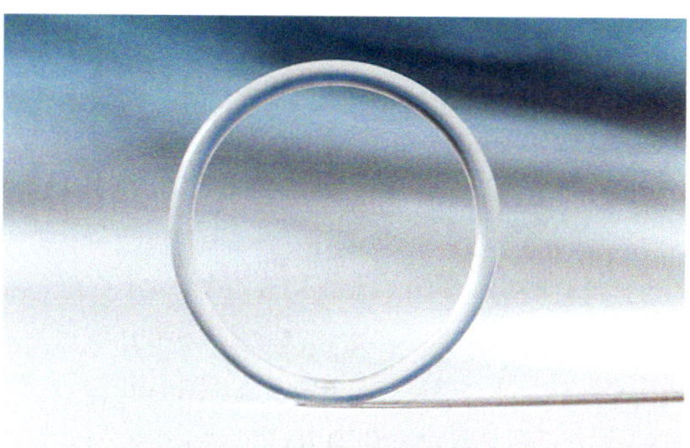

5 Scheidenring (5,4 cm Durchmesser)

Das Diaphragma

Das Diaphragma muss von einem Arzt individuell angepasst werden. Kurz vor dem Geschlechtsverkehr führt die Frau das Diaphragma in die Scheide ein und setzt es vor den Muttermund, sodass keine Spermienzellen eindringen können. Bei richtiger Handhabung und der gleichzeitigen Anwendung von Gels, die Spermienzellen abtöten, ist das Diaphragma eine sichere Sache. → 6

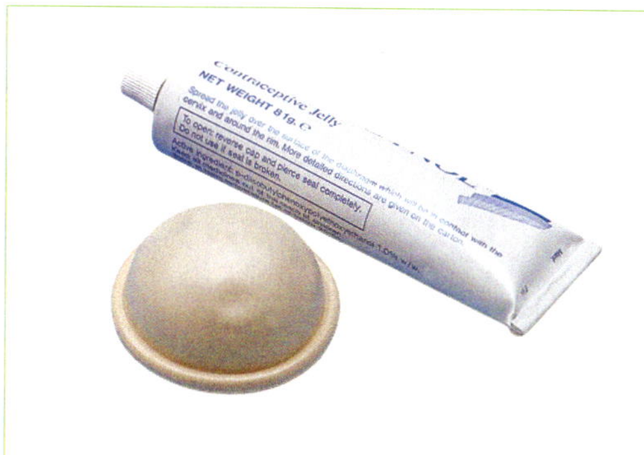

6 Diaphragma

Coitus interruptus

Beim Coitus interruptus zieht der Mann vor dem Eintritt des Spermienergusses, also direkt vor dem Orgasmus, den Penis aus der Scheide. Diese Methode erscheint sehr reizvoll, da keinerlei Vorbereitung notwendig ist. Das macht sie so verführerisch. Dieses Verfahren bietet aber keine Sicherheit, denn es kommt bereits vor dem Orgasmus zum Austritt von Spermienzellen. Es ist daher dringend vom Coitus interruptus abzuraten!

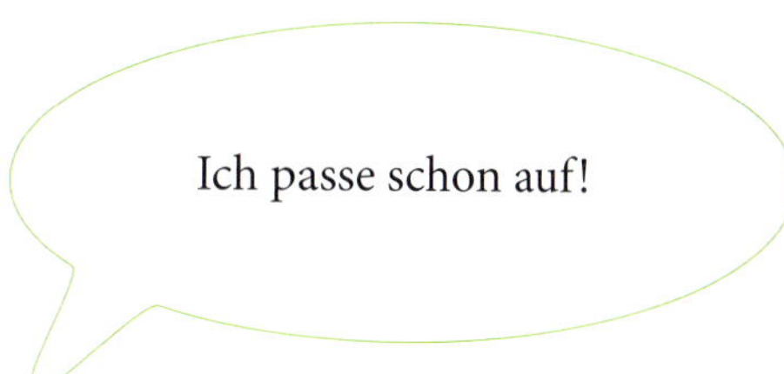

7 Vom Coitus interruptus ist abzuraten.

Viele Jahrhunderte lang verbreitete die als „Lustseuche" bekannte Syphilis Angst und Schrecken. Diese Krankheit wurde vermutlich von Seeleuten nach Europa eingeschleppt. Schon damals wussten die Menschen, dass man sich die Syphilis hauptsächlich über den Geschlechtsverkehr zuziehen konnte. Welche Geschlechtskrankheiten gibt es? Welche sind heute von Bedeutung?

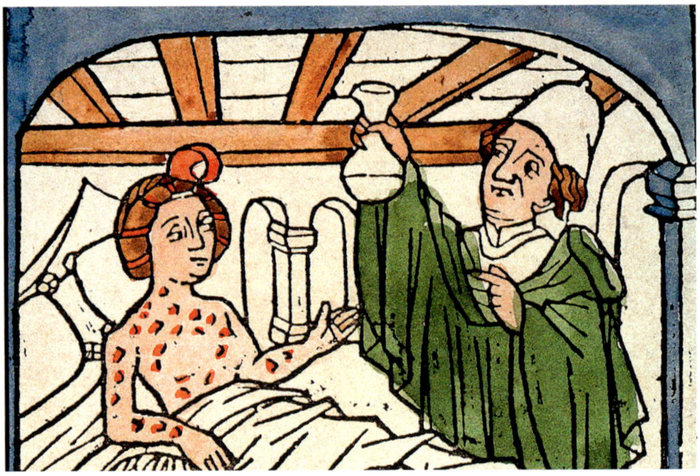

1 Behandlung von Syphiliskranken

Geschlechtskrankheiten

Übertragung

Geschlechtskrankheiten werden vor allem durch Geschlechtsverkehr und zum Beispiel Petting übertragen. Erreger dieser Krankheiten können Bakterien, Viren, Pilze oder Einzeller sein. In letzter Zeit hat die Zahl der Erkrankungen weltweit wieder zugenommen. Die Benutzung von Kondomen bietet einen gewissen Schutz vor Ansteckung.

Syphilis, Gonorrhöe, Chlamydien

Die **Syphilis** wird von Bakterien verursacht. Eine Übertragung erfolgt beim Geschlechtsverkehr bzw. bei Kontakt mit erkrankter Haut oder Schleimhaut. Die ersten Symptome, etwa drei Wochen nach der Infektion, sind ein Knoten oder ein Geschwür an Geschlechtsorganen, After oder Mund. Einige Wochen später kommt es zu grippeartigen Beschwerden und Hautausschlägen. → 1
Wird die Krankheit nicht frühzeitig mit Antibiotika behandelt, können mehrere Jahre nach der Ansteckung auch die inneren Organe und das Nervensystem schwer geschädigt werden. Die **Gonorrhöe**, auch Tripper genannt, ist ebenfalls eine bakterielle Infektion. Sie ist die weltweit häufigste Geschlechtskrankheit. Etwa vier Tage nach der Ansteckung zeigen sich erste Krankheitssymptome: Brennen beim Wasserlassen, Juckreiz sowie eitriger Ausfluss. Wird die Krankheit nicht rechtzeitig mit Antibiotika behandelt, können sowohl beim Mann als auch bei der Frau die inneren Geschlechtsorgane befallen werden, was häufig zu Unfruchtbarkeit führt. Eine unbehandelte Gonorrhöe kann auch andere Organe befallen. Schwere Herz- und Gefäßschäden sind mögliche Folgen. **Chlamydien** bilden eine Gattung der Bakterien. Die Zahl der Infektionen in Deutschland wird auf etwa 1 Million jährlich geschätzt. Da die Symptome oft unauffällig sind, bleibt die Erkrankung häufig unerkannt und ansteckend. Man geht davon aus, dass in Deutschland jährlich etwa 80 000 Frauen durch Chlamydien unfruchtbar werden.

Hepatitis B, Aids

Hepatitis-B ist eine Infektionskrankheit der Leber. Sie wird durch das Hepatitis-B-Virus verursacht. Die Übertragung erfolgt haupt-

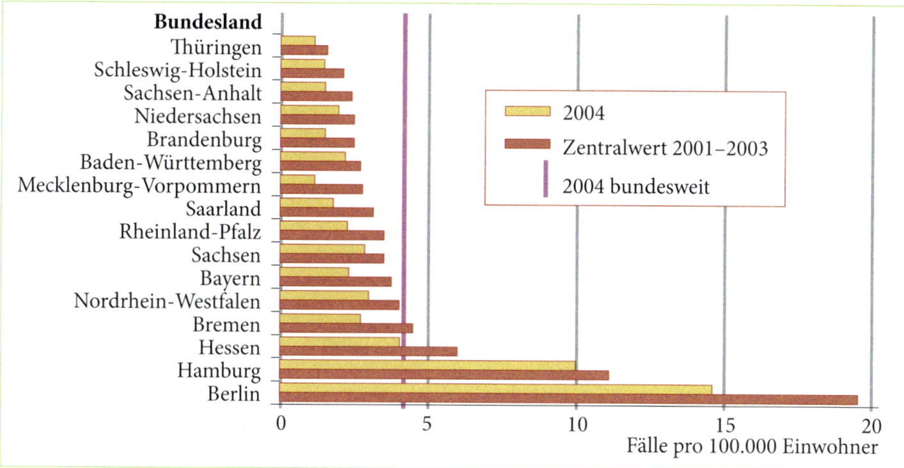

2 Gemeldete Syphilisfälle in Deutschland

sächlich durch Geschlechtsverkehr und Kontakt mit Blut oder Blutprodukten. Klassische Symptome sind unter anderem eine Gelbfärbung der Haut und ein dunkler Urin. Aus einer akuten Hepatitis B entsteht in 10 Prozent der Fälle eine chronische Hepatitis B. Diese kann jahrzehntelang dauern und zur vollständigen Zerstörung der Leber führen. Hepatitis bedeutet Leberentzündung. Auch Aids, eine durch das HI-Virus verursachte Schwächung des körpereigenen Abwehrsystems, wird häufig durch den Geschlechtsverkehr übertragen. Das HI-Virus befindet sich in allen Körperflüssigkeiten, besonders hoch konzentriert in Blut, Sperma und Scheidenflüssigkeit. Bis heute ist eine Heilung dieser lebensbedrohlichen Krankheit unmöglich.

→ **Merk dir!** Geschlechtskrankheiten sind ansteckend und müssen vom Arzt behandelt werden, um eine Ansteckung anderer zu vermeiden. Die Benutzung von Kondomen schützt relativ sicher vor einer Infektion.

Arbeitsaufträge

1. Vergleiche die Werte für die Jahre 2001 bis 2004. Was stellst du fest? → 2
- **a** Wie verhalten sich die Zahlen in Berlin und Hamburg im Vergleich zu den anderen Bundesländern? Finde mögliche Erklärungen.
- **b** Leite Schlussfolgerungen für die Gestaltung deines Sexualverhaltens ab.

2. Beschreibe mögliche Symptome und Folgen einer Hepatitis-B-Erkrankung. → 3

3. Erläutere die „doppelte" Schutzfunktion des Kondoms.

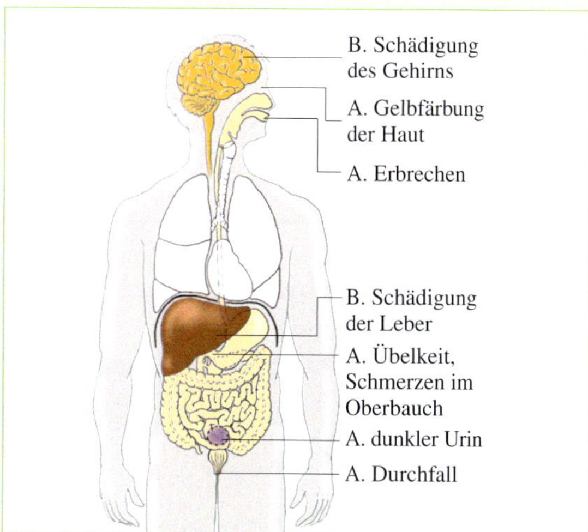

3 Mögliche Symptome (A.) und Folgen (B.) einer Hepatitis-B-Erkrankung

Durch Geschlechtsverkehr kann es zu einer Befruchtung und so zu einer Schwangerschaft kommen.
Wie entsteht ein Mensch? Wie entwickelt er sich im Mutterleib? Was passiert bei der Geburt?

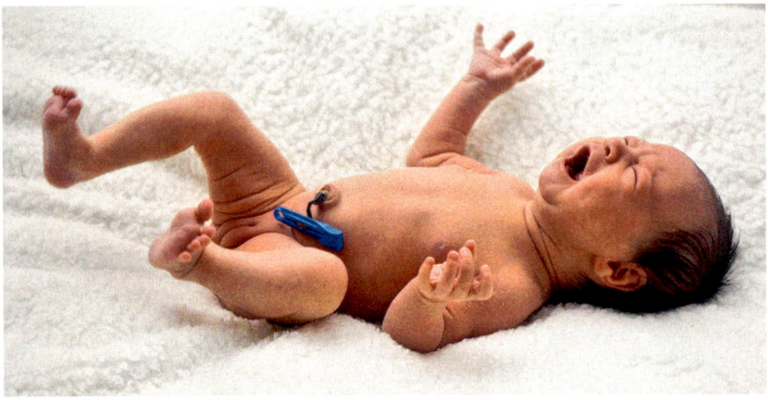

1 Neugeborenes

Ein Leben beginnt

Neues Leben – Embryo und Fetus

Beim Spermienerguss während des Geschlechtsverkehrs gelangen bis zu 300 Millionen Spermienzellen in die Scheide und wandern durch die Gebärmutter in den Eileiter. Treffen sie dort auf eine reife Eizelle, kann es zur **Befruchtung** kommen. Dabei dringt nur eine Spermienzelle in die Eizelle ein. Die Zellkerne verschmelzen.

Während der Wanderung durch den Eileiter teilt sich die Zygote mehrfach. Sie gelangt nach etwa 6 Tagen in die Gebärmutter und nistet sich in deren Schleimhaut ein. Dieser Zellhaufen heißt jetzt Blasenkeim und sieht aus wie eine Hohlkugel. Die innere Zellschicht entwickelt sich zum Embryo, die äußere Zellschicht zum Mutterkuchen. Geschützt im **Fruchtwasser** der **Fruchtblase** entwickelt sich der Embryo. → 2 Bereits in der 4. Woche schlägt das Herz. In der 6. Woche entwickeln sich der Geruchs- und Geschmackssinn, das entstehende Gehirn verarbeitet erste Informationen. → 3 In der 8. Woche kann der Embryo Arme und Beine bewegen, es bilden sich Finger und Zehen. Alle Organe sind vorhanden, sie müssen nur noch wachsen. Zum Teil haben sie ihre Funktionen bereits aufgenommen. → 4 Ab der 9. Woche wird der Embryo Fetus genannt. In der 16. Woche hat sich das Skelett vollständig ausgebildet. Der Fetus nimmt alle Geräusche wahr. Es lässt sich deutlich erkennen, ob es ein Mädchen oder Junge ist. → 5 Ab der 24. Woche nimmt der Fetus deutlich an Gewicht zu. Schon viele Monate vor der Geburt lernt das Kind schlucken, saugen und greifen.

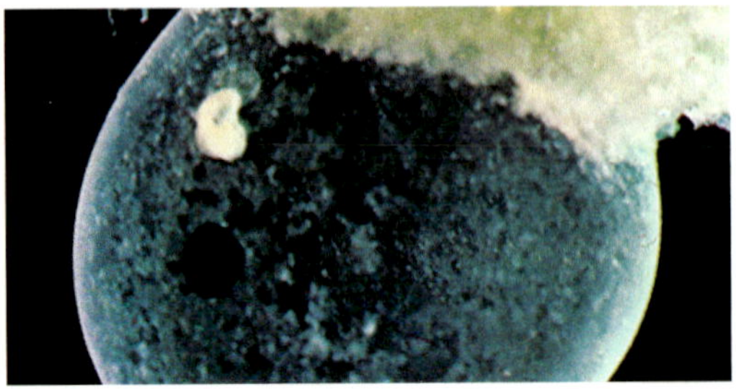

2 Das weiße Körperchen in der Fruchtblase ist ein zwei Wochen alter Embryo.

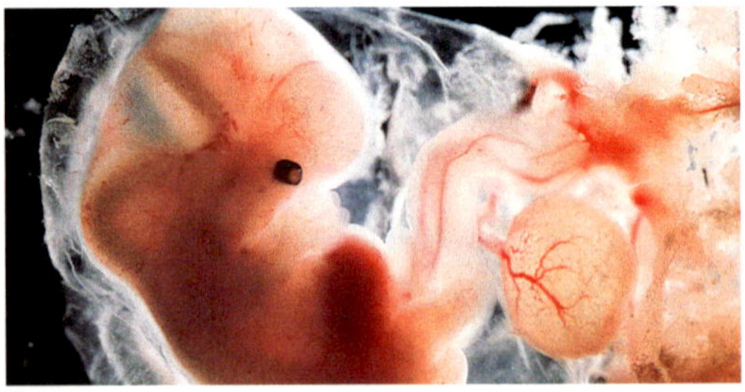

3 Sechs Wochen alter Embryo: Die Nabelschnur verbindet ihn mit dem Mutterkuchen.

Befruchtung
Fruchtblase
Fruchtwasser
Nabelschnur
Plazenta
Presswehen

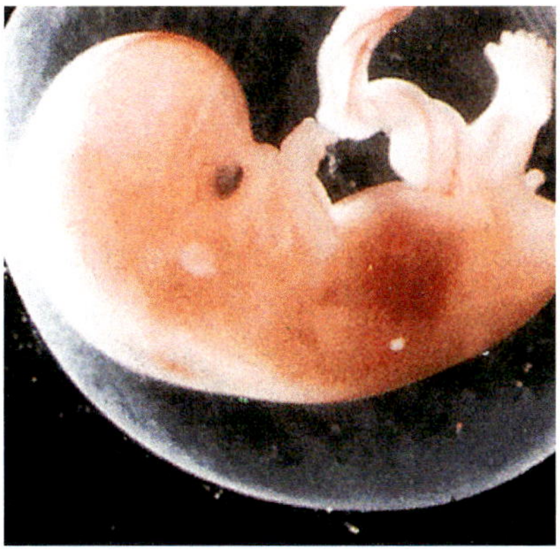

4 Acht Wochen alter Embryo

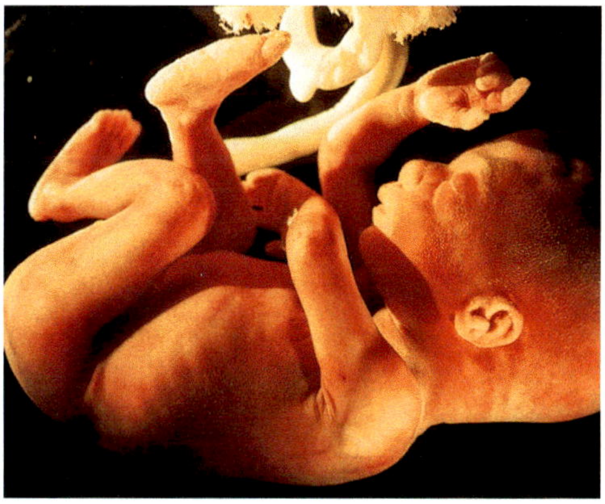

5 Zwanzig Wochen alter Fetus

Versorgung

Über die Nabelschnur ist der Embryo oder der Fetus mit dem Mutterkuchen (Plazenta) verbunden. → 3 Der Mutterkuchen versorgt ihn mit lebensnotwendigen Stoffen und nimmt seine Ausscheidungen auf. Eine Filtermembran trennt mütterliches und kindliches Blut und ermöglicht oder verhindert den Übertritt von im Blut gelösten Substanzen. Dazu gehören Sauerstoff, Wasser und Nährstoffe, aber auch Alkohol, Gifte, Drogen und Medikamente.

Die Geburt

Am Ende der Schwangerschaft werden durch Hormone die Wehen ausgelöst. Die Gebärmuttermuskulatur zieht sich in immer kürzer werdenden Abständen zusammen. In der ersten Phase öffnet sich der Gebärmuttermund auf etwa 10 Zentimeter. Der Kopf des Babys wird dabei immer tiefer in das Becken der Mutter gedrückt. Während dieser Phase platzt die Fruchtblase und das Fruchtwasser fließt aus der Scheide. Jetzt setzen die **Presswehen** ein, das Kind wird durch die Scheide nach außen gedrückt. Beim ersten Schrei des Babys werden die Lungen aktiv und es beginnt selbstständig zu atmen. Anschließend wird die Nabelschnur durchtrennt. In der letzten Phase der Geburt wird der Mutterkuchen mit der Fruchtblase ausgestoßen.

→ **Merk dir!** Die Befruchtung ist der Zeitpunkt der Verschmelzung von Ei- und Spermienzelle. Die Schwangerschaft dauert von der Befruchtung bis zur Geburt durchschnittlich 38 Wochen. Durch die Nabelschnur wird das Kind versorgt. Durch die Wehen wird die Geburt am Ende einer Schwangerschaft ausgelöst.

Arbeitsaufträge

1. Erstelle eine Zeitleiste auf einem Plakat und trage die Entwicklungsfortschritte des Ungeborenen ein. Suche dazu auch Bilder im Internet, die du ausdrucken und aufkleben kannst.

2. Erkläre die Funktion der Nabelschnur und des Mutterkuchens. Gib Gründe an, warum Alkohol, Nikotin und Medikamenteneinnahme für das ungeborene Kind schon gefährlich sein können.

3. Erstelle eine Tabelle mit den Geburtsphasen und den Vorgängen. Erkundige dich in den Krankenhäusern deiner Stadt, welche Gebärmöglichkeiten dort angeboten werden.

Anna wartet schon seit ein paar Tagen auf ihre Regelblutung. Sie ist verunsichert und hat viele Fragen: Wie lässt sich eine Schwangerschaft feststellen? Will ich jetzt schon Mutter werden? Wo bekomme ich Hilfe?

1 Der Schwangerschaftstest zeigt ein positives Ergebnis.

Jetzt schon Eltern werden?

Der Schwangerschaftstest

Ist sich eine Frau unsicher, ob sie schwanger ist, kann ein **Schwangerschaftstest** helfen. Dieser besteht aus einem Teststreifen, der mit Urin benetzt wird und so das Schwangerschaftshormon nachweist. Der Test gibt frühestens am Tag der zu erwartenden Regelblutung eine sichere Auskunft. Ein Frauenarzt sollte das Ergebnis überprüfen. Er führt einen weiteren Urintest und eine **Ultraschalluntersuchung** durch. → 2 Da eine Schwangerschaft mit einer großen Verantwortung verbunden ist, ist es wichtig, zu den **Vorsorgeuntersuchungen** zu gehen. Es finden Hormonuntersuchungen statt, die Aufschluss über etwaige Erkrankungen des Babys geben. Die Ergebnisse und der errechnete Geburtstermin werden im Mutterpass eingetragen. Die Gesundheit von Mutter und Kind werden anschließend ständig überprüft.

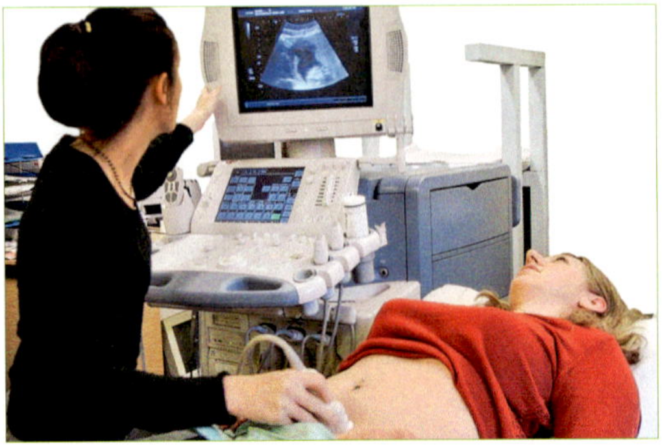

2 Ultraschalluntersuchung

Beratung

Ist ein junges Mädchen schwanger geworden, befindet es sich meistens in einer schwierigen Situation. Das Beste ist, sich sofort mit einer Vertrauensperson zu beraten. Wer das nicht mit seinen Eltern bereden möchte, sollte eine **Beratungsstelle** oder einen Frauenarzt aufsuchen. Im Gespräch werden Möglichkeiten und Hilfsangebote aufgezeigt. Ein schwangeres Mädchen darf sich zu nichts zwingen lassen, weder zu einer Abtreibung noch zum Austragen des Kindes noch zu einer überstürzten Heirat oder zu einer Freigabe zur Adoption.

Nach der Geburt

Jedes Kind ist einzigartig und in den ersten Lebenswochen müssen Eltern ihr Kind erst kennenlernen. Der Kontakt der Eltern zu ihrem Kind ist in den ersten Lebensjahren für dessen weitere Entwicklung wichtig. So kennt das Neugeborene bereits die Stimme der Mutter und spürt ihre Nähe beim Füt-

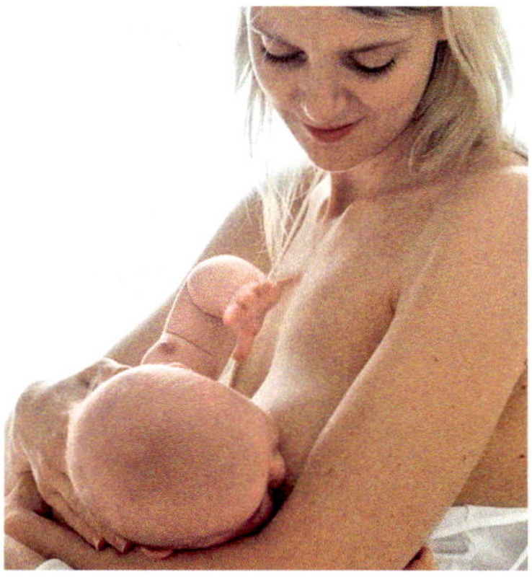

3 Mutter beim Stillen

4 Die Nähe zum Vater

Beratungsstelle
Schwangerschaftstest

Ultraschalluntersuchung

Vorsorgeuntersuchungen

tern oder Stillen. → 3 Das Kind lernt, dass auf seine Bedürfnisse eingegangen wird, und bekommt dadurch ein Grundvertrauen in die Welt. Väter haben es etwas schwerer, sie müssen erst nach der Geburt ein Verhältnis zu ihrem Kind aufbauen. → 4

Gesundheitsvorsorge

Zurzeit gibt es 9 Untersuchungen, in denen der Kinderarzt die altersentsprechende Entwicklung überprüft. Bei Problemen erhalten die Eltern Rat, Informationen zu speziellen Förderungen und Überweisungen zu Spezialuntersuchungen. Bei diesen Untersuchungen werden auch Impfungen vorgenommen, die das Kind vor schweren Infektionskrankheiten schützt.

Kinder stark machen und erziehen

Eltern können schon früh einer späteren Suchtgefährdung ihrer Kinder vorbeugen, indem sie ihnen so viel Liebe und Geborgenheit geben, dass sie die Schritte in ein unabhängiges Leben wagen. In Sachen Erziehung können sie sich in Elternschulen und Familienbildungsstätten Hilfe holen und sich beraten lassen.

→ **Merk dir!** Es gibt gute Gründe, sich für oder gegen eine Schwangerschaft zu entscheiden. Bei der Entscheidungsfindung kann eine Beratungsstelle helfen. Eltern zu werden heißt, Verantwortung zu übernehmen und die Bedürfnisse des Kindes zu erfüllen.

Arbeitsaufträge

1. Informiere dich über die Ultraschalluntersuchung.
   - **a** Ab welchem Zeitpunkt der Entwicklung des Menschen ist etwas zu erkennen?
   - **b** Was lässt sich auf dem Ultraschallbild genau erkennen? → 5

2. Welche Probleme sind bei einer ungewollten Schwangerschaft für Anna zu erwarten? Welche Entscheidungsmöglichkeiten hat sie?

3. Befrage einen Kinderarzt, was in den einzelnen Früherkennungsuntersuchungen festgestellt wird. Welche Möglichkeiten hat ein Arzt, wenn die Entwicklung des Kindes nicht normal verläuft?

4. Recherchiere im Internet, wie viel Schlaf Neugeborene, Kleinkinder, Schulkinder und Jugendliche brauchen.

Was kann ein Neugeborenes, wenn es auf die Welt kommt? Wie entwickelt sich ein Kind in den ersten Jahren?

1 Der Säugling wird gestillt.

Vom Säugling zum Schulkind

Angeborene Verhaltensweisen sichern das Überleben

Schon im Mutterleib hat das Kind einige Fertigkeiten gelernt, die ihm nach der Geburt helfen, seine **Bedürfnisse** zu erfüllen. Mit seinem Schreien erregt es die Aufmerksamkeit der Mutter. Mithilfe des Suchreflexes findet es die Brustwarze der Mutter, mit dem Saugreflex kann es trinken → 1 Der Schluckreflex sorgt dafür, dass die Nahrung aus dem Mund weitertransportiert wird. Suchen, Saugen und Schlucken sind **angeboren**. Auch das Greifen ist angeboren. → 2

Meilensteine der motorischen Entwicklung

Im ersten Lebensjahr sind die Fortschritte im Bereich der Fortbewegungsmöglichkeiten des Kindes besonders eindrucksvoll. Nach der Geburt liegen Neugeborene nur,

2 Baby

3 Die ersten Schritte

angeboren
Bedürfnisse
Entwicklung
Selbstständigkeit

4 Kleinkind

5 Schulkind

ihren Kopf können sie in Bauchlage nur für einen kurzen Moment anheben.
Nach wenigen Wochen schon kann ein Säugling sitzen, wenig später beginnt er, zu krabbeln und mit ungefähr einem Jahr machen die meisten Babys die ersten freien Schritte. Die Bandbreite, wann Kinder welche Fertigkeit erlernen, ist groß. Jedes Kind durchlebt diese **Entwicklung** in seinem eigenen Tempo.

Das Kleinkind

Mit zunehmendem Alter nimmt das Kind seine Umwelt immer aufmerksamer wahr. Es lernt, seine Körperbewegungen zu kontrollieren, sodass es mit ungefähr einem Jahr laufen kann. → 3 Es beginnt, seine Umgebung zu erforschen und kann mit den Fingern Gegenstände greifen. Es lernt erste Worte und Sätze (Sprachentwicklung). Es lernt soziale Kontakte zu Menschen innerhalb und später auch außerhalb der Familien zu knüpfen. → 4 Um all das zu lernen, braucht es vertraute Personen, die es liebevoll versorgen, mit ihm spielen, sprechen und es berühren.

Das Schulkind

Jetzt folgen große Entwicklungsschritte in der **Selbstständigkeit**. Das Kind hat nun die Fähigkeit, sich in einer bekannten, kleinen sozialen Gruppe angemessen zu verhalten. In der Schule muss es lernen, die sozialen Kompetenzen weiter zu entwickeln. → 5

→ **Merk dir!** Ein Kind kommt mit angeborenen Verhaltensweisen auf die Welt, die ihm sein Überleben sichern. Mithilfe vertrauter Personen lernt es die Welt kennen und wächst zu einem selbstständigen Menschen heran.

Arbeitsaufträge

1. Begründe, warum Neugeborene auch Säuglinge genannt werden.
2. Erläutere die Notwendigkeit der Reflexe.
3. Beschreibe den Weg eines Kindes bis zu den ersten eigenen Schrittchen.
4. Erkläre, warum Babys ängstlich reagieren, wenn keine vertraute Person anwesend ist.

Erwachsen werden

Geschlechtshormone steuern Entwicklungsvorgänge in der Pubertät. (Siehe Seite 300–303.)

Weibliche Geschlechtshormone steuern den Regelzyklus der Frau. Wird die Eizelle nicht befruchtet, stirbt sie ab. Es kommt zur Regelblutung. (Siehe Seite 308.)

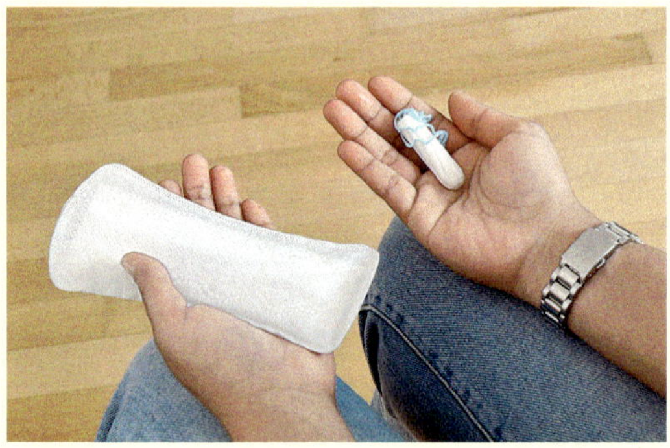

Entscheide selbst, wann du mit jemandem schlafen möchtest. Es gibt verschiedene Verhütungsmittel, mit denen sich der Zeitpunkt einer Schwangerschaft planen lässt. Das Kondom schützt zudem vor sexuell übertragbaren Krankheiten. (Siehe Seite 310–315.)

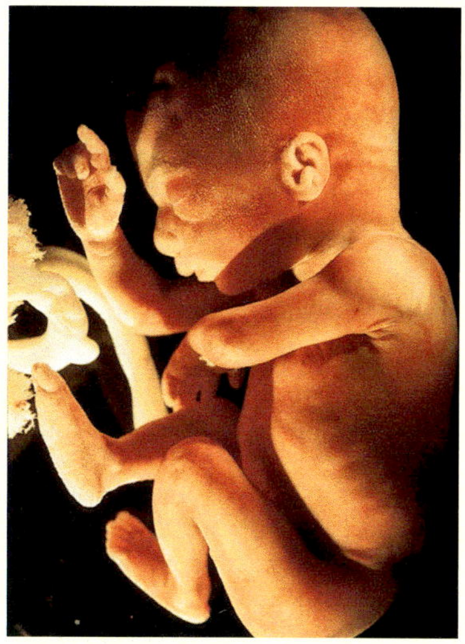

Aus einer befruchteten Eizelle entsteht der Blasenkeim, der sich in der Gebärmutterschleimhaut einnistet. Das sich entwickelnde Kind wird über Mutterkuchen und Nabelschnur versorgt. Nach etwa 38 Wochen kommt es zur Geburt. (Siehe Seite 316.)

Die Entscheidung für oder gegen die Schwangerschaft liegt alleine bei der Schwangeren. Eltern zu werden, heißt Verantwortung zu übernehmen. (Siehe Seite 318.)

Ein Kind kommt mit angeborenen Verhaltensweisen auf die Welt, die ihm sein Überleben sichern. Mithilfe vertrauter Personen lernt es die Welt kennen und wächst zu einem selbstständigen Menschen heran. (Siehe Seite 320.)

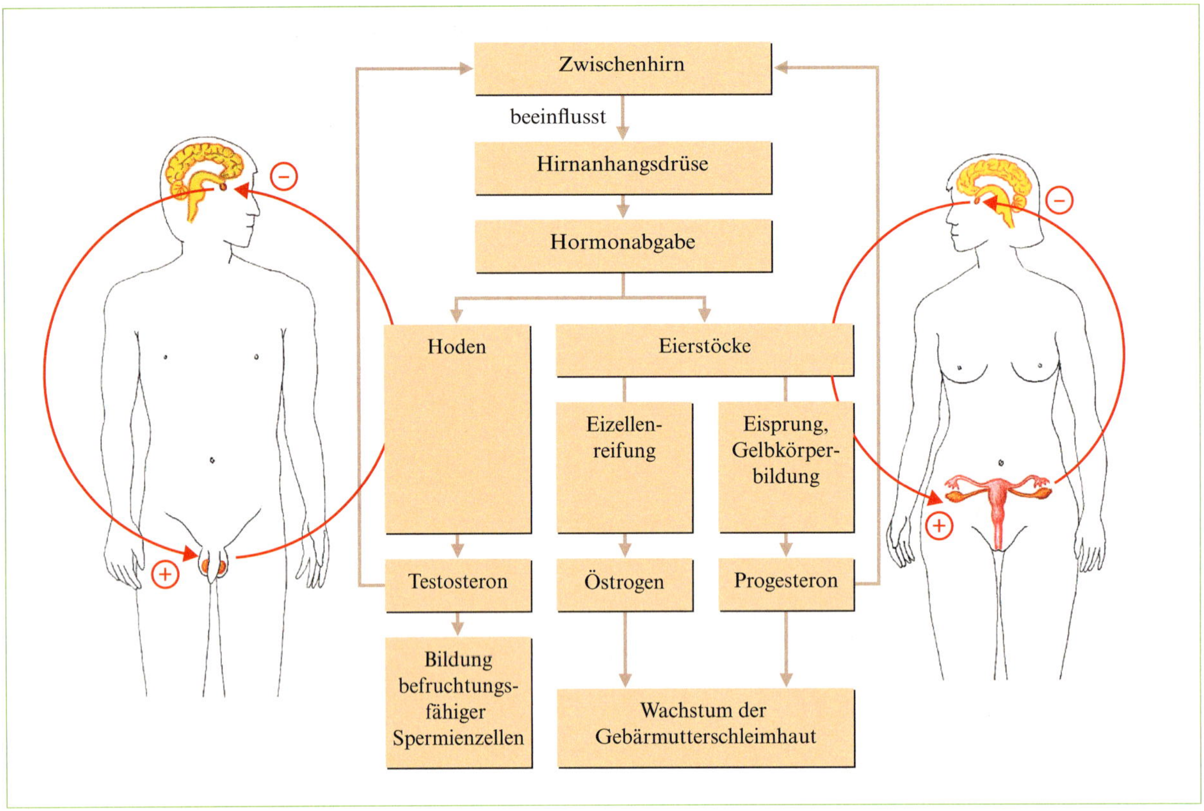

1 Steuerung durch Hormone

1. Beschreibe mithilfe der Abbildung 1, wie die Steuerung der Pubertät durch Hormone erfolgt.

2. Benenne mithilfe der Abbildung 2 die körperlichen Veränderungen, die bei Mädchen und Jungen in der Pubertät stattfinden.

3. Benenne die weiblichen Geschlechtsorgane. Ordne den Nummern in der Abbildung 3 die richtigen Begriffe zu. Erläutere die Bedeutung der Gebärmutterschleimhaut.

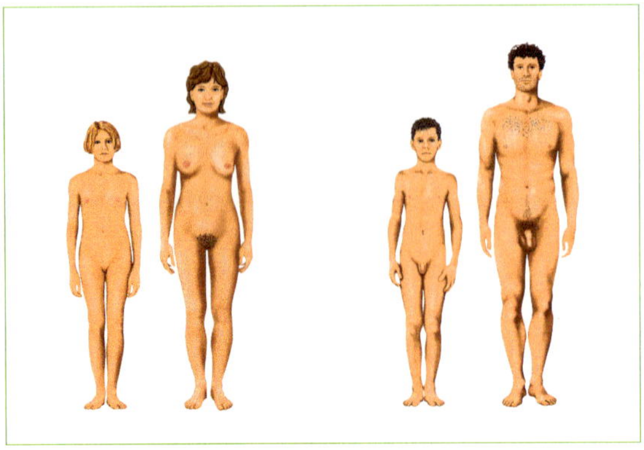

2 Körperliche Veränderungen

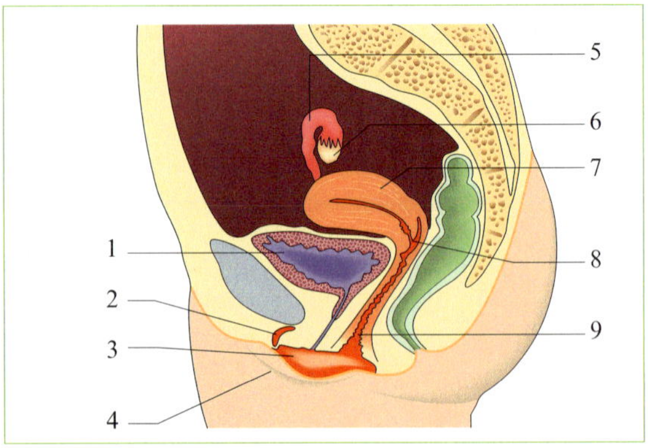

3 Weibliche Geschlechtsorgane

4. Nenne die Vor- und Nachteile der Pille und beschreibe ihre Wirkung. Welche anderen wirksamen Verhütungsmittel gibt es noch? Lege eine Tabelle an. Benenne Sicherheit und Anwendung.

5. Erkläre, wie ein Mensch entsteht.

6. Erkläre, welche Möglichkeiten eine junge Frau bei einer Schwangerschaft hat. Welche Hilfsangebote stehen ihr zur Verfügung?

7. Nenne die wichtigsten Voraussetzungen für die gesunde Entwicklung eines Kindes und begründe sie.

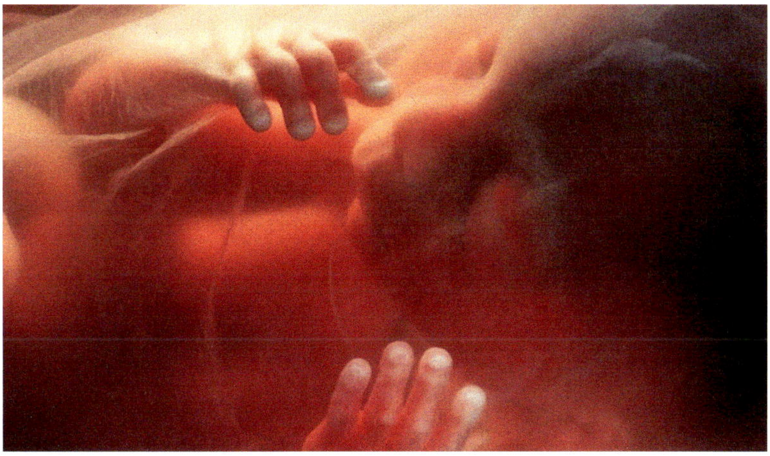

4 Fetus

Ordne deiner Lösung im Heft ein Smiley zu:
☺ Ich habe die Aufgabe richtig lösen können.
😐 Ich habe die Aufgabe nicht komplett lösen können.
☹ Ich habe die Aufgabe nicht lösen können.

Aufgabe	Fähigkeit	Hilfe findest du auf Seite …
1	Ich kann die Geschlechtshormone und ihre Wirkung benennen.	300–303
2	Ich kann erklären, welche körperlichen Veränderungen die Pubertät bei beiden Geschlechtern mit sich bringt.	302
3	Ich kann den Aufbau der weiblichen Geschlechtsorgane und die Aufgabe der Gebärmutterschleimhaut erklären.	308
4	Ich kann die Vor- und Nachteile verschiedener Verhütungsmittel beschreiben und ihre Wirkung erklären.	312
5	Ich kann in eigenen Worten wiedergeben, wie ein Mensch entsteht.	316
6	Ich kann Hilfsangebote bei einer Schwangerschaft aufzählen.	318
7	Ich kann erklären, welche Voraussetzungen für eine gesunde Entwicklung des Kindes vorhanden sein müssen.	320

Lebewesen bestehen aus Zellen

1 **a** Die Schülerin hat eine Hand an der Feineinstellung zum ständigen Nachfokussieren des Präparats. Das Objektiv berührt das Objekt nicht. Das ist richtig.
b Regeln für den Umgang mit dem Mikroskop: Fasse das Mikroskop nur am Stativ an, trage es immer aufrecht, berühre die Linsen nie mit den Fingern, entferne Schmutz mit einem weichen Lappen. Vor dem Mikroskopieren muss auf die Grundeinstellung geachtet werden.
c Aufbau eines Lichtmikroskops und die Aufgaben der einzelnen Bestandteile: Seite 11.
d Gesamtvergrößerung: $10 \cdot 8 = 80$.
e Lupe: bauchige Linse, die eine Vergrößerungswirkung hat. Mikroskop: Linsensystem mit mindestens zwei Lupen.

2 Zellbestandteile von Pflanzen- und Tierzellen und ihre Aufgaben:
- Zellmembran: Abgrenzung, Stoffaustausch
- Zellkern: Steuerungszentrum der Zelle, das die Erbinformation enthält
- Zellplasma: Stoffwechsel

Weitere rein pflanzliche Zellbestandteile und ihre Aufgaben:
- Zellwand: verleiht Festigkeit
- Zellvakuole: Speicherung von Abfall- und Reservestoffen
- Chloroplasten: ermöglichen Fotosynthese.

3 **a** Siehe Seite 13.
b Siehe Seite 13.
c Das Modell kann verdeutlichen, was bei der mikroskopischen Untersuchung der Zelle beim Drehen am Feintrieb zur Scharfeinstellung passiert. Es erklärt auch, wie die Zelle beim Skizzieren als optischer Schnitt dargestellt wird.
d Vorgänge bei der Zellteilung können nicht wiedergegeben werden.

4 **a** Gleichartige Zellen bilden Gewebe mit einheitlicher Funktion. Verschiedene Gewebe zusammen bilden Organe. Alle Organe des Körpers zusammen bilden den Organismus.
b Organe der Katze: Magen für die teilweise Verdauung der Nahrung, Muskeln für die Fortbewegung, Knochen als Teil des Skeletts.

5 **a** Wurzel, Spross, Blätter
b Wurzel: zuständig für die Aufnahme von Wasser und die Festigung im Boden
Spross: verbindet die Wurzeln mit den Blättern, transportiert Wasser und andere Stoffe
Blätter: Organe für die Fotosynthese

6 **a** Nervenzelle, Flimmerhaarzelle, Wurzelzelle, Blattzelle. Begründung: siehe Lösung zu 6c.
b Tierische Zellen: a: Nervenzelle; b: Flimmerhaarepithelzelle
pflanzliche Zellen: c: Wurzelzelle; d: Blattzelle
c Nervenzellen: länglich, durch Zellfortsätze mit Nachzellen verbunden;
Flimmerhaarzellen: besitzen feine bewegliche Flimmerhärchen;
Wurzelzellen: Chloroplasten fehlen;
Blattzellen: Zwischen den Zellen des unteren Blattes liegen (rot angefärbte) Schließzellen mit Spaltöffnungen.
d Der Zellaufbau ist bei allen Lebewesen prinzipiell gleich. In ihrem Bau unterscheiden sich die Zellen je nach Aufgabe. Nervenzellen geben Informationen weiter. Dies ermöglichen die feinen Strukturen der Zellausläufer. Die Härchen der Flimmerhaarzellen sind beweglich, um Schleim und Fremdkörper aus der Luftröhre zu befördern. Wurzelzellen sind frei von Chloroplasten, da sie kein Licht bekommen. Sie speichern Vorratsstoffe in den Zellsaftvakuolen. Die Zellwände der Blattabschlusszellen sind miteinander verzahnt. Dadurch geben sie dem Blatt Festigkeit.

7 Siehe Seite 12 und 13.

Grüne Pflanzen

1 Siehe Seite 30.

2 **a** Deckgewebe, Palisadengewebe, Schwammgewebe
b Wurzel, Sprossachse, Blätter

3 Durch die Spaltöffnungen erfolgt der Gasaustausch der Pflanze. Außerdem dienen sie der Wasserverdunstung. Wenn die Spaltöffnungen an der Oberseite des Blatts sitzen würden, würde die Pflanze bei Sonneneinstrahlung ständig Wasser abgeben und schließlich wegen des Wasserverlusts absterben. Die Anordnung der Spaltöffnungen an der Unterseite schützt die Pflanzen vor Wasserverlust. Seerosen haben ihre Spaltöffnungen an der Blattoberseite, weil ihre Blätter auf dem Wasser aufliegen. Wären ihre Spaltöffnungen an der Unterseite, könnte die Pflanze keinen Gasaustausch betreiben, da dies unter Wasser nicht möglich ist.

4 **a** Falsch: Pflanzen benötigen Kohlenstoffdioxid. Sie produzieren u. a. Sauerstoff.
b Richtig: Bei der Fotosynthese stellt die Pflanze aus den Ausgangsstoffen Wasser und Kohlenstoffdioxid den energiereichen Stoff Traubenzucker her.
c Richtig: Die Pflanze benötigt einen Teil des Traubenzuckers zur Herstellung anderer wichtiger Stoffe. Den Rest speichert sie in Form von Stärke.
d Falsch: Zur Fotosynthese wird die Energie des Sonnenlichts benötigt. Wenn es dunkel ist, kann eine Pflanze keine Fotosynthese betreiben.

5 Man gibt Wasserpest in ein Becherglas mit Wasser. Auf die Wasserpest legt man einen Trichter mit dem Trichterrohr nach oben. Über das Rohr stülpt man ein Reagenzglas. Lässt man die Wasserpest unter Belichtung stehen, kann man beobachten, dass sich kleine Gasbläschen an der Pflanze bilden. Die Gasbläschen steigen im Trichter nach oben in das Reagenzglas. Wenn man einen glimmenden Holzspan in das Reagenzglas hält, flammt er auf. Dies ist der Nachweis, dass die Pflanze Sauerstoff produziert hat.

6 **a** Versuch 1: Eine brennende Kerze, die unter einer Glasglocke steht, erlischt nach einiger Zeit.
Versuch 2: Eine Maus, die sich unter einer Glasglocke befindet, stirbt nach einiger Zeit.
Versuch 3: Befindet sich außer der Maus auch eine grüne Pflanze unter der Glasglocke, so überlebt die Maus.
b Die Maus unter der Glasglocke stirbt nach einer Weile, weil sie den Sauerstoff in der Glasglocke schnell verbraucht hat und ohne Sauerstoff nicht überleben kann.
Die Maus kann zusammen mit der grünen Pflanze in der Glasglocke überleben, weil die Pflanze Sauerstoff herstellt. Die Pflanze stellt den Sauerstoff mithilfe des Kohlenstoffdioxids her, das die Maus ausatmet.
c Priestley nannte die Luft „schlecht", die durch Tiere und Kerzen verändert wurde; Pflanzen dagegen erzeugten „gute" Luft.
d Wenn man in „schlechte" Luft Pflanzen einsetzt, gedeihen diese dort besonders gut und „verbessern" die Luft wieder, in dem sie CO_2 aufnehmen und O_2 abgeben.

7 Möglicherweise erhalten die Pflanzen mit dem Dünger zwar viel Stickstoff, aber nur wenige andere Mineralstoffe. Das gesunde Wachstum von Pflanzen kann jedoch nur gefördert werden, wenn man sich bei der Düngung nach dem knappsten Mineralstoff im Boden richtet.

Ökosystem Wald

1 1: Holunder – Strauchschicht; 2: Großer Abendsegler – Baumschicht; 3: Schnurfüßer – Moosschicht; 4: Zaunkönig – Strauchschicht; 5: Borkenkäfer – Baumschicht; 6: Waldmeister – Krautschicht.

2 Nach einem starken Sturm wachsen auf den Flächen in Kürze Pionierpflanzen. Nach einiger Zeit kommen krautige Pflanzen und Büsche dazu. Schließlich entwickelt sich wieder ein Wald. Oft forsten Forstwirte nach starken Stürmen die Flächen schnell mit jungen Bäumen auf, sodass sich der Wald schnell wieder entwickelt.

3 Biologisches Gleichgewicht bezeichnet Beziehungen im Nahrungsnetz. Ökologisches

Gleichgewicht bezeichnet Beziehungen von belebter und unbelebter Natur in Ökosystemen. Sowohl das biologische als auch das ökologische Gleichgewicht sind immer in Bewegung. Sie geben an, wie stabil ein Nahrungsnetz (biologisches Gleichgewicht) oder ein Ökosystem (ökologisches Gleichgewicht) gegenüber Veränderungen sind.

4 Kleiber und Buntspecht konkurrieren in folgenden Bereichen:
Ort der Nahrungssuche: Kleiber: Baumstamm, Äste; Buntspecht: Baumstamm
Nahrung im Sommer: Kleiber: Insekten, Larven; Buntspecht: Insekten, Larven (unter der Borke)
Nahrung im Winter: Kleiber und Buntspecht: Beeren und Samen
Bruthöhle: Kleiber: nutzt alte Höhlen und mauert sie zu; Buntspecht: zimmert sich eigene Höhle

5 Ein Blatt fällt im Herbst vom Baum. Pilze besiedeln Teile des Blattes und entziehen ihm Kohlenhydrate. Asseln und Regenwürmer zerkleinern das Blatt und scheiden unverdauliche Anteile als Kot aus. Bakterien setzen den Kot in Kohlenstoffdioxid, Wasser und Mineralstoffe um.
Die Produkte der Zersetzung können wieder von Pflanzen aufgenommen werden.

6

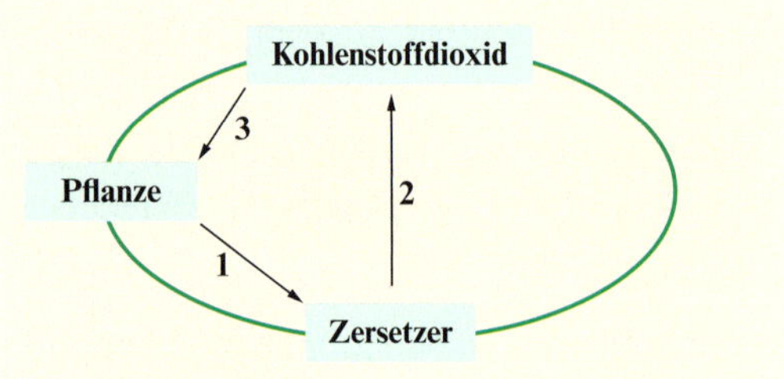

1 Pflanze liefert Laub, totes Holz, tote Wurzeln.
2 Zersetzer bilden Kohlenstoffdioxid (sowie Wasser und Mineralstoffe).
3 Pflanze nimmt Kohlenstoffdioxid bei Fotosynthese auf.

7 **a** Unwiderrufliche Zerstörung des Ökosystems, Zerstörung der Artenvielfalt, Eingriff in den Klimahaushalt der Erde, Zerstörung der Lebensgrundlage der Bewohner des Urwalds

b Holzkonzerne, Regierungen von Ländern mit Urwäldern, Käufer von Möbeln aus Tropenholz

c Nutzung einheimischen Holzes (zum Beispiel Buche, Robinie); Gartenmöbel aus Recycling-Kunststoff

Leben im Wasser

1 Wasser besitzt die physikalische Eigenschaft, andere Stoffe zu lösen. Auf diese Weise transportiert es lebensnotwendige Stoffe und Stoffwechselprodukte durch Lebewesen, Organe, Zellen und die Natur.

2 Erlenzone: Weide, Himbeere, Reiher, Frösche
Schilfrohrzone: Schilf, Rohrkolben, Schwan, Wasserschnecken
Schwimmblattzone: Seerose, Laichkraut, Rotauge, Blesshuhn
Tauchblattzone: Wasserpest, Fadenalge, Tauchente, Barsch
Freiwasser: Phytoplankton, Algen, Haubentaucher, Hecht

3 Dünen dienen dem Küstenschutz und dürfen deshalb, außer an ausgewiesenen Stellen, nicht betreten werden. Innerhalb weniger Stunden kann der Wind den Sand zu einer kleinen Erhebung zusammenwehen. Der Mensch nutzt solche natürlich entstandenen Erhebungen und befestigt sie durch Anpflanzungen mit Strandhafer, Strandroggen, Stranddistel. Im Laufe der Zeit kann daraus eine Düne von mehreren Metern Höhe heranwachsen. Brandgänse und Möwen brüten bevorzugt in den Dünen.

4 Siehe Seite 101, Symbiose zwischen Einsiedlerkrebs und Seeanemone; beide Tiere haben von der Lebensgemeinschaft einen Vorteil.

5 Nutzungsaspekt Erholung:
- Mögliche Schäden: Hinterlassen von Abfällen; Zerstörung des Uferbereichs/der Dünen; Störung brütender Vögel
- Schadensbegrenzung: Abfälle richtig entsorgen; nur die Bereiche nutzen, die erlaubt sind

Nutzungsaspekt Fischen:

- Mögliche Schäden: Überfischung; Ausrottung bestimmter Fischarten; Abtöten des Beifangs
- Schadensbegrenzung: vernünftiger Fischfang, keine Überfischung

Nutzungsaspekt Transport:
- Mögliche Schäden: Entsorgung der Abfälle, Tankerunglücke, Lärm
- Schadensbegrenzung: Entsorgung von Abfällen an Land; sichere Tanker; leise Motoren/Schiffsschrauben

6 Pflanzengürtel, Seerose, Libelle, Gartenteich, Nordsee, Bisamratte, Rohrkolben, Watt, Flut, Möwe, Wal, Tanker, Nesselgift, Salzwiese, Ebbe, Riesenhai
Lösungswort: Lebensraum Wasser

Lebensraum Stadt

1 In der Stadt herrscht ein eigenes Klima (Stadtklima). Straßen und Häuser heizen sich durch Sonneneinstrahlung stärker auf und geben die Wärme wieder ab. Auch die Wärme von Fabriken, Autos und Heizungen sorgt für höhere Temperaturen, die bis zu 10 °C höher als auf dem Land sind. Da es in den Städten im Frühling zeitiger wärmer ist, blühen die Kirschbäume früher als auf dem Land.

2 Versiegelung: Bebauung und Zubetonierung von Flächen in der Stadt (z. B. Straßen und Gehwege). Sie führt dazu, dass Regenwasser nicht versickern kann und direkt in die Kanalisation fließt. Pflanzen können das Regenwasser nicht nutzen, Bodenlebewesen können unter versiegelten Böden nicht leben.

3
- Stadtparks und Grünanlagen:
  Pflanzen: Eichen, Kastanien, Hainbuchen
  Tiere: Kaninchen, Eichhörnchen, Amseln
- Gebäudenischen:
  Pflanzen: Löwenzahn
  Tiere: Schwalben, Tauben, Dohlen, Mauersegler
- Gewässer (Teiche, Hafenbecken):
  Pflanzen: Seerosen, Schwertlilien
  Tiere: Enten, Schwäne, Möwen

4 Tierarten, die mit den Lebensbedingungen in der Stadt besonders gut zurechtkommen (Kaninchen, Haussperlinge, Krähen, Ratten, Mäuse). Kulturfolger finden ausreichend Nahrung und leben eng mit dem Menschen zusammen.

5 Anna hat eine Hausstauballergie. Sie wird durch den Kot von Milben ausgelöst, die massenhaft im Staub unserer Matratzen, Sofas und Kissen leben.

6 Hilfe zu dieser Aufgabe findest du im Buch auf Seite 122 und 123.

Stationen eines Lebens

1 **a** 1= Hüllzellen; 2 = Blasenkeimhöhle; 3 = Zellen des Embryos

b Aus den Hüllzellen bildet sich der Mutterkuchen. Er versorgt den Embryo während der Schwangerschaft.

2 **a** Vor jeder Zellteilung muss sich die Erbanlage verdoppeln. Erst dann können bei der Mitose die Zwei-Chromatid-Chromosomen getrennt werden und so auf die beiden neuen Zellen verteilt werden.

b Pflanzen besitzen Zellen, die sich zum Wachstum der Pflanze teilen müssen. Dabei müssen die Erbanlagen in allen neu gebildeten Zellen vorkommen. Aus diesem Grund gibt es auch bei Pflanzen den Vorgang der Mitose.

3 **a**

	Embryonale Stammzellen	Adulte Stammzellen
Ort der Entstehung	Embryo	Knochenmark
Vielseitigkeit	Alleskönner	vielseitig
Gewinnung	aus überzähligen Embryonen der IVF	Entnahme aus dem Knochenmark eines Spenders

	Embryonale Stammzellen	Adulte Stammzellen
Therapiemöglichkeiten	noch keine	Knochenmarktransplantation
Ethische Probleme	Embryonenschutz	keine

b Bei einer Knochenmarktransplantation werden die kranken Blut-Stammzellen des Empfängers abgetötet. Dem Spender werden gesunde Blut-Stammzellen aus dem Knochenmark der Hüfte entnommen und vermehrt. Diese adulten Stammzellen werden auf den Empfänger übertragen.

4 **a** Das Embryonenschutzgesetz regelt in Deutschland die Unversehrtheit des Embryos.
b Nach deutschem Recht beginnt menschliches Leben mit der Verschmelzung der Kerne von Ei- und Spermienzelle.
c Rechtliche Probleme: Das Embryonenschutzgesetz erlaubt Forschung nur an Embryonen, die vor Mai 2007 erzeugt wurden. Es dürfen keine überzähligen Embryonen aus der IVF für Forschungszwecke verwendet werden. Zur Stammzellforschung gibt es eine große ethische Debatte in der Bevölkerung.

5 Die Hauptursachen für die seit 1750 stark gestiegene Lebenserwartung sind:
– ausreichende und hochwertige Nahrung,
– gute medizinische Versorgung,
– gute Hygiene.

6 Die wichtigsten körperlichen Veränderungen sind der Verschleiß der Gelenke, Herzkreislaufbeschwerden sowie das Nachlassen der Sehkraft.

Gesundheit und Krankheit

1 **a** Die Symptome einer Grippe sind Schüttelfrost, hohes Fieber, Kopf- und Gliederschmerzen, schweres Krankheitsgefühl.
b Körpertemperatur bei der Ansteckung und in der Inkubationszeit: 37 °C; in der Erkrankungsphase: bis zu 40 °C; in der Gesundungsphase: 37 °C

2 **a** Infektionskrankheiten werden durch Erreger verursacht. Die Krankheiten verlaufen in typischen Phasen mit bestimmten Symptomen.
b Erreger von Infektionskrankheiten sind Bakterien (Tuberkelbazillen, Tetanuserreger, Salmonellen), Viren (Grippevirus, Masern, HI-Virus), Pilze und Parasiten.
c Siehe 2b.
d Die Infektion kann durch Speicheltröpfchen (Übertragung in großen Menschenansammlungen), über Lebensmittel und über Tiere erfolgen.

3 Bakterien schädigen unseren Körper vor allem durch ihre Gifte.

4 **a** Das Abwehrsystem des Menschen schützt vor Fremdkörpern und Krankheitserregern. Haut, Schleimhäute und Körperflüssigkeiten bilden einen äußeren Schutz. Im Innern des Körpers arbeiten verschiedene weiße Blutkörperchen zusammen.
b Fresszellen umschließen die Erreger und lösen sie auf. Helferzellen aktivieren Plasmazellen, die Antikörper bilden. Killerzellen zerstören befallene Körperzellen. Es können Gedächtniszellen gebildet werden, die bei einem erneuten Kontakt mit dem Erreger sofort eine sehr schnelle Abwehr auslösen.
c Wenn Erwachsene eine Kinderkrankheit überstanden haben, bleiben Gedächtniszellen jahrelang erhalten. Dadurch kommt es bei einer neuen Infektion erst gar nicht zum Krankheitsausbruch.

5 **a** Besonders gegen gefährliche und häufig auftretende Krankheitserreger sollte man sich vorbeugend impfen lassen.
b Bei der passiven Immunisierung wird dem Patienten ein Serum gespritzt, das spezielle Antikörper gegen den eingedrungenen Krankheitserreger enthält. Diese Antikörper schützen sofort, diese Wirkung hält aber nur wenige Wochen an.

c Bei einer aktiven Immunisierung spritzt man abgetötete oder abgeschwächte Erreger. Dadurch wird der Körper zur Bildung von Antikörpern angeregt. Bei einer Infektion können diese Antikörper schnell aktiviert werden, sodass die Krankheit nicht ausbricht.

d Eine passive Immunisierung führt man durch, wenn schon Krankheitserreger eingedrungen sind. Dadurch kommt eine Vorbeugung zu spät. Der Körper ist schon geschwächt und könnte Antikörper nicht schnell genug bilden.

6 Eine gesunde Lebensführung unterstützt das Immunsystem und beugt Krankheiten vor.

7 a HI-Viren befallen die Helferzellen, sodass deren Zahl allmählich zu gering wird.

b Dadurch bricht die körpereigene Abwehr zusammen. Nun können sich zahlreiche andere Erreger im Körper ungehindert vermehren.

Information und Regulation

1 1 Synapse; 2 elektrischer Impuls; 3 mit Transmitter gefüllte Bläschen; 4 Endknöpfchen; 5 Zellmembran; 6 synaptischer Spalt; 7 benachbarte Zelle; 8 Rezeptor; 9 elektrische Impulse

2 ① Großhirn
② Zwischenhirn
③ Hypothalamus
④ Hirnanhangsdrüse (Hypophyse)
⑤ Balken
⑥ Thalamus
⑦ Kleinhirn
⑧ verlängertes Rückenmark
⑨ Mittelhirn
⑩ Brücke
(⑧–⑩) } ⑪ Hirnstamm

3 Durch das Vergessen wird verhindert, dass das Gehirn überlastet wird. Es sortiert beim Vergessen alles aus, was es für unwichtig hält.

4 Eine Mindmap ist eine Lernhilfe. Sie enthält alle wichtigen Begriffe zu einem Thema und stellt eine Verbindung zwischen diesen Begriffen her. Um eine Mindmap zu erstellen, schreibt man das Thema, zu dem man eine Mindmap erstellen will, in die Mitte eines Blattes. Das ist der Schlüsselbegriff der Mindmap. Ausgehend von dem Schlüsselbegriff werden Hauptäste gezeichnet und beschriftet. Die Beschriftung der Hauptäste entspricht den Unterthemen des Schlüsselbegriffs. Ausgehend von den Hauptästen können Nebenäste gezeichnet und beschriftet werden. Am Ende entsteht ein einprägsames Bild.

5 Wenn ein Schüler für eine Mathematikarbeit gut gelernt hat, so kann er in der Arbeit eine gute Leistung erbringen. Die gute Leistung wird gut benotet, sodass ein Erfolgserlebnis entsteht. Um das Erfolgserlebnis zu wiederholen, wird der Schüler auch für die nächste Arbeit gut lernen.

6 Die Fotos zeigen ein Baby sowie ein Kind von etwa drei Jahren. Die Nervenzellen sind in Abbildung 3 weitgehend unverbunden, in Abbildung 4 sind viele Verknüpfungen zu sehen. Die Veränderungen entstehen durch Erfahrungen, die das Kind im Laufe seines Lebens gemacht hat. Die neuen Erfahrungen werden durch die Verbindungen zwischen den Nervenzellen gespeichert.

7 Legale Drogen: Alkohol, Nikotin, Koffein, Medikamente
Illegale Drogen: Cannabis, Heroin, Opium, LSD, Kokain, Ecstasy

8 Tiere können optisch, akustisch sowie mithilfe von Gerüchen miteinander kommunizieren.
Kommunikation mithilfe von optischen Signalen: Bestimmte Färbungen der Körperoberfläche dienen als Erkennungssignale beispielsweise bei der Partnerwahl oder als Warntracht zur Feindabwehr.
Kommunikation mithilfe von akustischen Signalen: Der Gesang von Vögeln, Wolfsgeheul oder das Röhren von Hirschen dienen der Revierabgrenzung, der Partnerwahl oder der Stärkung der Gruppenzusammengehörigkeit.
Kommunikation mithilfe von Geruchssignalen: Durch Gerüche wird oft das Revier markiert. Gerüche dienen auch der Partnerfindung bei

der Fortpflanzung und der Zusammenarbeit bei der Jagd.

9 Die Entwicklung der Borkenkäfer vom abgelegten Ei bis zum ausgewachsenen Käfer dauert 30 Tage. In Jahren mit warmem Sommerwetter können sich Tausende Käfer entwickeln. In Fichtenmonokulturen leben wenige natürliche Feinde des Borkenkäfers, sodass die Entwicklung der Käfer ungestört verlaufen kann. Die Käfermassen befallen gesunde Bäume und vernichten sie.

Gene und Vererbung

1 Vererbung im biologischen Sinn bedeutet, dass Anlagen für bestimmte Merkmale von den Eltern an die Nachkommen vererbt werden. Die Anlagen, die Gene, bedingen ganz bestimmte Merkmale, wie Augenfarbe oder die Haarfarbe.

2 a Bei einem unbefruchteten Froschei wird der Zellkern zerstört. Es entsteht ein Froschei ohne Zellkern, das abstirbt. In einem weiteren Versuch wird ebenfalls der Zellkern eines unbefruchteten Froscheis zerstört, sodass ein kernloses Ei entsteht. Anschließend entnimmt man aus den Darmwandzellen einer Kaulquappe einen Zellkern und transplantiert ihn mithilfe einer Mikropipette in das kernlose Froschei. Aus dem transplantierten Ei entwickelt sich eine Kaulquappe und aus dieser ein Frosch.

b Die Versuche zeigen, dass der Zellkern in der Eizelle entscheidend dafür ist, ob sich aus einem Froschei ein Frosch entwickeln kann. Die genetischen Informationen für die Entwicklung eines Frosches stecken also im Zellkern einer Zelle. Der Versuch zeigt auch, dass sich die genetische Information im Zellkern jeder Körperzelle (hier ist es eine Darmzelle) befindet.

3 a a: Ein-Chromatid-Chromosom; b: Zwei-Chromatid-Chromosom; c: homologe Zwei-Chromatid-Chromosomen

b Ein Chromatid-Chromosomen findet man in allen diploiden Körperzellen zusammen mit einem weiteren homologen Ein-Chromatid-Chromosom. Einzeln kommen Ein-Chromatid-Chromosomen in den haploiden Geschlechtszellen vor.
Zwei-Chromatid-Chromosomen findet man in Zellen, die kurz vor einer Teilung stehen. Das Erbmaterial der Chromosomen wurde verdoppelt und beide Chromatiden sind an einer Stelle verbunden. Einzeln kommen Zwei-Chromatid-Chromosomen in der Meiose nach der ersten bis zur Mitte der zweiten Teilung vor.
Homologe Zwei-Chromatid-Chromosomen findet man in Zellen, die kurz vor einer Teilung stehen. Im Verlauf der Meiose werden die homologen Zwei-Chromatid-Chromosomen voneinander getrennt.

4 a

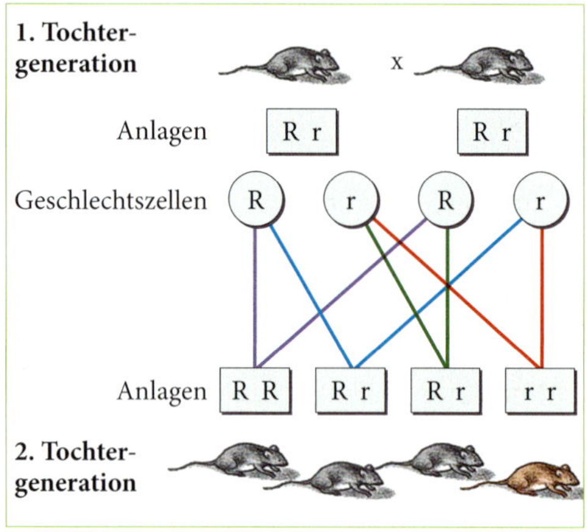

b Die erste mendelsche Regel lautet: Kreuzt man zwei reinerbige Lebewesen, die sich in einem Merkmal unterscheiden, so sind die Nachkommen der ersten Tochtergeneration untereinander alle gleich. Dies ist bei der Kreuzung der Mäuse ebenfalls zu beobachten (Uniformitätsregel).
Die zweite mendelsche Regel lautet: Kreuzt man die Lebewesen der ersten Tochtergeneration untereinander, so spalten sich die Nachkommen der zweiten Tochtergeneration im Zahlenverhältnis 3:1 auf. Auch dieses Ergebnis ist bei der Kreuzung der Mäuse zu beobachten (Spaltungsregel).

5 a Anton könnte Samen der Pflanzen aus dem Gebirge mit nach Hause nehmen und sie zusammen mit Samen aus dem Tiefland zur

Keimung bringen. Wenn die Pflanzen aus dem Gebirge auch im Tiefland kleiner bleiben, dann müssen die veränderten Merkmale genetisch bedingt sein.
Bei der Keimung muss Anton darauf achten, dass die beiden Samensorten exakt gleichen Bedingungen ausgesetzt sind: Erde, Temperatur, Lichtverhältnisse, Bewässerung. Das geht am besten, wenn beide Samensorten gemeinsam in einer Pflanzschale ausgesät werden.

6 **a** Die Grafik zeigt die Wahrscheinlichkeit für die Geburt eines Kindes ohne Trisomie 21 in Abhängigkeit von dem Alter der Mutter bei der Geburt. Die Wahrscheinlichkeit ist bei jungen Müttern unter 20 Lebensjahren sehr gering und steigt anschließend langsam an. Bei Mütter ab über 35 Jahren steigt die Wahrscheinlichkeit stark an (1%) und liegt bei Müttern mit 48 Jahren bei etwa 10%.

b Trisomie 21 kommt durch eine fehlerhafte Trennung der Chromosomen während der Meiose zustande.

c Wenn das Alter der Frauen, die Kinder bekommen, zunimmt, so steigt auch die Wahrscheinlichkeit, dass Kinder mit Trisomie 21 geboren werden.

Evolutionäre Entwicklung

1 Das Mammutbaby und auch Ötzi sind nach ihrem Tod luftdicht im Eis der Tundra bzw. eines Gletschers eingefroren und damit konserviert worden.

2 Fossilien stellen Reste gestorbener Lebewesen dar. Ihre Untersuchung gibt Aufschluss über die Entwicklung des Lebens auf der Erde.

3 Abbildung 1: Im Meer entstanden einfache einzellige Lebensformen.
Abbildung 2: Die Meere füllten sich mit verschiedenen Lebensformen. Vielzellige Lebewesen entstanden. Das Land und die Kontinente wurden besiedelt.
Abbildung 3: Vor etwa 4,5 Milliarden Jahren entstand die Erde als glühender Gesteinsball. Erst vor etwa 3,7 Milliarden Jahren sank die Temperatur auf der Erde unter 100 °C.
Abbildung 4: Vor etwa 14 Milliarden Jahren entstand das Weltall durch den Urknall.

4 Aspekte für den Landgang: Nachdem die Fotosynthese erfunden war, reicherte sich die Atmosphäre im Laufe der Zeit mit Sauerstoff an. Es bildete sich eine schützende Ozonschicht. Ein Leben an Land wurde dadurch möglich. Weitere Voraussetzungen für ein Leben außerhalb des Wassers war die Entwicklung eines Verdunstungsschutzes. Dadurch konnten sich Lebewesen vor Austrocknung schützen. Über einen langen Zeitraum entwickelten Tiere statt der Kiemenatmung eine Lungenatmung und statt Flossen Beinpaare.

5 Wirbeltiere besitzen eine Wirbelsäule. Ihr Körper gliedert sich in Kopf, Rumpf und vier Gliedmaßen. Der Ursprung der Stammesentwicklung der Wirbeltiere liegt im Wasser. Ursprüngliche Fische bildeten ein knöchernes Flossenskelett aus. Aus der Gruppe dieser Quastenflosser entstanden alle Landwirbeltiere. Amphibien leben als ausgewachsene Tiere in feuchten Gebieten an Land, ihre Entwicklung verläuft jedoch über Kaulquappen, Larven, die sich im Wasser entwickeln. Vögel, Reptilien und Säugetiere leben vollständig an Land. Sie besitzen Körperstrukturen, die die Verdunstung von Wasser einschränken. Außerdem erfolgt ihre Entwicklung in Eiern, die an Land nicht austrocknen, wie bei den Vögeln und Reptilien, oder im Inneren des Mutterleibes wie bei den Säugetieren.

6 Von der Entstehung der Erde bis in die heutige Zeit haben sich die Lebensbedingungen auf der Erde ständig geändert. Diejenigen Lebensformen, die an veränderte Umweltbedingungen am besten angepasst sind, haben die besseren Überlebenschancen und mit den besseren Überlebenschancen auch den größeren Fortpflanzungserfolg. Bei der Fortpflanzung wird die genetische Information der besseren Anpassung weitergegeben. Somit haben die Lebewesen im Laufe der Milliarden von Jahren jeweils andere Angepasstheiten an wechselnde

Umweltbedingungen erfahren. Es ist eine große Artenvielfalt entstanden.

7 Ursprünglich war das Fell der Bären braun. Durch eine Mutation sind auch hellere Fellfarben entstanden. In einer Population von Braunbären gab es nun Bären mit helleren und dunkleren Fellfarben. Bären mit dunklerem Fell sind in Wald- und Steppengebieten besser angepasst und können deshalb mehr Nachkommen erzeugen. Bären mit hellerem Fell sind in verschneiten Gebieten besser angepasst. Die Selektion sorgt dafür, dass sich je nach Umweltbedingungen die Bären mit dem hellen Fell oder die Bären mit dem dunklen Fell besser fortpflanzen können. Mit der Zeit entwickeln die beiden Bärenpopulationen weitere Unterschiede, sodass sie sich nicht mehr fruchtbar untereinander fortpflanzen können. Dies bezeichnet man als Isolation.

8 Heute lebende Menschen und heute lebende Affen besitzen gemeinsame Vorfahren, wie sich aus gefundenen Fossilien belegen lässt. Diese Fossilien zeigen eine Mischung von Affenmerkmalen und Menschenmerkmalen, was auf eine allmähliche Entwicklung schließen lässt.

9 1 Australopithecus: Vormensch in der Savanne; der erste Zweibeiner
2 Homo habilis: der Frühmensch; ein geschickter Mensch, der einfache Werkzeuge herstellte, um sie dann fachgerecht zu nutzen; Zunahme des Hirnvolumens zum Vormenschen um 30 %
3 Homo erectus: der aufrechte Mensch; suchte und bewahrte das Feuer, das er sowohl für seine Nahrung nutzte als auch, um beispielsweise Speerspitzen zu härten. Sein Hirnvolumen war um ein Vielfaches größer als das der Frühmenschen.
4 Neandertaler: Er stellte gute Werkzeuge her und bestattete seine Toten mit Grabbeigaben, seine Hirnmasse betrug etwa 1600 cm^3.
5 Homo sapiens: der wissende Mensch. Ein großer Mensch mit feinem Knochenbau. Er nutzte neben Holz stabilere Werkstoffe wie Knochen und Elfenbein für Waffen und Schmuckstücke und fertigte Höhlenmalereien an.

10 Der Sprachgebrauch, ebenso wie die geschriebene Sprache, sind wichtige Kulturgüter. Sie ermöglichen es den Menschen, sich zu verständigen. Erworbenes Wissen und komplizierte Sachverhalte können an die nächste Generation weitergegeben werden. Allgemeingültige Regeln und Pflichten einer Gesellschaft können festgeschrieben werden, damit ein soziales Miteinander möglich ist.
Bereits die Neandertaler hielten ihre Jagdstrategien in Höhlenmalereien fest, um in der Gruppe die Jagd auf große Beutetiere zu „besprechen".

Erwachsen werden

1 Das Zwischenhirn regt die Hirnanhangsdrüse an, Hormone in den Blutkreislauf zu geben. In den Eierstöcken veranlassen sie die Produktion von Östrogen und Progesteron. Diese sind für den Aufbau der Gebärmutterschleimhaut verantwortlich. In den Hoden wird die Produktion von Testosteron veranlasst. Es bewirkt die Bildung der Spermienzellen. Bei Jungen und Mädchen bewirken die Geschlechtshormone auch die körperlichen Veränderungen. Damit nicht zu viele Geschlechtshormone gebildet werden, bekommt das Zwischenhirn eine Rückmeldung. Die Hirnanhangsdrüse sorgt dann dafür, dass die Hormonproduktion eingestellt wird.

2 Mädchen: Die Brüste wachsen, die Hüften werden breiter, die Eierstöcke werden größer, die Eizellen reifen, die Regelblutung setzt ein.
Jungen: Die Stimme wird tiefer, Barthaare wachsen, Penis und Hoden werden größer, Spermienzellen werden gebildet.
Bei Mädchen und Jungen: Wachstum, Gesichtsveränderung, Achsel- und Schambehaarung

3 1: Harnblase, 2: Kitzler, 3: kleine Schamlippen, 4: große Schamlippen, 5: Eileiter, 6: Eierstock, 7: Gebärmutter, 8: Muttermund, 9: Scheide

In der Gebärmutterschleimhaut kann sich die befruchtete Eizelle einnisten.

4 Pille:
- Vorteile: bei richtiger Anwendung hohe Sicherheit; weniger Beschwerden bei der Menstruation
- Nachteile: Eingriff in den Hormonhaushalt; regelmäßige, pünktliche Einnahme ist erforderlich; höheres Risiko für Venenerkrankungen; bei zusätzlichem Rauchen erhöhtes Herzinfarktrisiko
- Wirkungsweise: Die Hormone in der Pille verhindern den Eisprung.

Andere wirksame Verhütungsmittel:
- Kondom: hohe Sicherheit; wird über den steifen Penis gezogen
- Spirale: hohe Sicherheit; wird in die Gebärmutter eingesetzt
- Scheidenring: sehr hohe Sicherheit; wird in die Scheide eingeführt und verbleibt dort für drei Wochen
- Verhütungspflaster: sehr hohe Sicherheit; wird auf Bauch, Rücken oder Gesäß geklebt
- Diaphragma: hohe Sicherheit; wird kurz vor dem Geschlechtsverkehr mit einem Gel zur Abtötung der Spermienzellen in die Scheide ein- und vor den Muttermund gesetzt
- Coitus interruptus: geringe Sicherheit; vor dem Spermienerguss zieht der Mann den Penis aus der Scheide

5 Beim Geschlechtsverkehr gelangen die Spermienzellen in die Scheide und durch die Gebärmutter in den Eileiter. Im Eileiter befindet sich die reife Eizelle, die mit der Spermienzelle verschmilzt. Die befruchtete Eizelle gelangt in die Gebärmutter und nistet sich in der Schleimhaut ein. In den 38 Wochen bis zur Geburt entwickeln sich nach und nach einzelne Organe. Mit dem Einsetzen der Wehen beginnt die Geburt.

6 Folgende Möglichkeiten bestehen:
- Das Kind selbst in einem Mutter-Kind-Heim oder mithilfe von Familienangehörigen aufziehen;
- Abtreibung nach Aufsuchen einer Schwangerschaftsberatungsstelle;
- das Kind kann zur Adoption freigegeben werden.

Hilfsangebote: Vertrauenspersonen, Frauenarzt, Beratungsstellen, Jugendamt, Mutter-Kind-Heim.

7
- ausreichend Schlaf, um sich konzentrieren und Neues hinzulernen zu können
- gesunde Ernährung, damit es sich körperlich und geistig gut entwickeln kann
- Gesundheitsvorsorge, damit gesundheitliche Probleme frühzeitig erkannt werden
- Impfungen zum Schutz vor Krankheiten
- Zuwendung und Geborgenheit zur geistigen und emotionalen Entwicklung

Abholzung Entwaldung; nachhaltige Zerstörung des Lebensraums Wald durch großflächiges Fällen der Bäume mit dem Ziel, Edelhölzer zu gewinnen oder Waldflächen in andere Nutzungsformen umzuwandeln. Besonders folgenreich aufgrund der großen Artenvielfalt ist die Abholzung von Regenwald.

Aids (acquired immune deficiency syndrome) erworbene Immunschwächekrankheit, die von Viren übertragen wird. Im Endstadium bricht das Immunsystem des Patienten zusammen und er stirbt an eigentlich harmlosen Infektionen.

Allele mögliche Ausprägungsformen einer Anlage, so kann es z. B. für die Blütenfarbe ein Allel für Gelb und ein Allel für Rot geben.

Allergie krankhaft übersteigerte Reaktion des Immunsystems auf eher natürliche Substanzen, wie Staub, Pollen, Tierhaare oder Nahrungsbestandteile (Allergene); Beispiele sind allergischer Hautausschlag, Heuschnupfen, allergisches Asthma.

Aminosäuren Grundbausteine der Proteine mit einem einheitlichen Grundbauplan.

Analogie Bezeichnung für Organe, die aufgrund vergleichbarer Aufgaben zwar ähnlich aussehen, aufgrund ihres Bauplans aber nicht auf einen gemeinsamen Vorfahren zurückgeführt werden können. Beispiel: Vogelflügel und Insektenflügel.

Anlagen werden in der Biologie auch Gene genannt. Im Rahmen der Vererbung werden Anlagen für bestimmte Merkmale (Augenfarbe, Haarfarbe, Körpergröße), nicht aber die Merkmale selbst vererbt.

Antibiotika natürlich vorkommende oder künstlich hergestellte Arzneimittel, die Bakterien abtöten oder deren Wachstum hemmen.

Antigene Stoffe (z. B. auf der Oberfläche von Bakterien), die der Körper als körperfremd einstuft und die eine Immunreaktion auslösen, u. a. die vermehrte Bildung von Antikörpern.

Antikörper Stoffe, die nach einer Infektion von den Plasmazellen gebildet werden und an die Erreger binden.

Asthma (Atemnot) Erkrankung der Atemwege. Durch Verengung der Atemwege kommt es bei den Betroffenen zu Atemnot. 5 % der Erwachsenen und 7–10 % der Kinder leiden am sogenannten Asthma bronchiale.

Atemhöhlen große Hohlräume im Schwammgewebe des Laubblatts, die der Durchlüftung des Gewebes dienen.

Atmosphäre Gashülle, die die Erde umgibt und aus vielen verschiedenen Gasen besteht. Die Atmosphäre schützt die Erde vor schädlicher Strahlung und vor einer Abkühlung der Erdoberfläche. Sogenannte Treibhausgase in dieser Gashülle lassen die Wärmestrahlung der Sonne durch, halten aber die von der Erde reflektierte Wärmestrahlung zurück.

aufrechter Gang wichtiges Merkmal für die Beurteilung vermeintlich menschlicher Fossilienfunde, nur der Mensch hat diese Gehweise perfektioniert. Die ersten aufrecht gehenden Menschenvorfahren waren die Australopithecinen.

Auslese älteste Züchtungsmethode, bei der Tiere oder Pflanzen nach bestimmten Eigenschaften für eine weitere Fortpflanzung ausgesucht werden.

Ausrottung Verschwinden von Arten, verursacht durch den direkten oder indirekten Einfluss des Menschen, z. B. durch Überfischung oder Zerstörung von natürlichen Lebensräumen wie bei der Abholzung tropischer Regenwälder.

Australopithecus ältester aufrecht gehender Zweibeiner, lebte vor etwa 4 Millionen Jahren; Ausgrabungsstellen vor allem in Süd- und Ostafrika.

Bakterien einzellige Lebewesen, die unter dem Lichtmikroskop gerade noch zu erkennen sind. Bakterien haben keinen Zellkern. Man unterscheidet verschiedene Formen.

Base Man unterscheidet die vier Basen Adenin, Thymin, Cytosin und Guanin. Adenin bildet nur mit Thymin, Cytosin nur mit Guanin Paare. Bilden die Sprossen der DNA. Immer drei Basen bilden ein Codewort und stehen für eine bestimmte Aminosäure.

Baumschicht oberstes „Stockwerk" in der Pflanzenschichtung eines Lebensraums; beginnt ab etwa fünf Metern Höhe; besteht hauptsächlich aus verschiedenen Baumarten, auch Sträucher kommen vor.

Baustoffe Stoffe, die der Körper für Wachstum und den Bau von Zellen usw. benötigt. Der Körper nimmt Material durch Nährstoffe, vor allem Eiweiß, auf und wandelt es in körpereigene Stoffe um.

Befruchtung Eindringen einer Spermienzelle in eine reife Eizelle und Verschmelzung der beiden Zellkerne miteinander.

biologisches Gleichgewicht Nahrungsnetze befinden sich immer in Bewegung. Das biologische Gleichgewicht gibt an, wie gut Veränderungen im Nahrungsnetz ausgeglichen werden können.

Bisexualität Art der sexuellen Orientierung. Menschen, die sich sexuell zu Partnern beiderlei Geschlechts hingezogen fühlen, sind bisexuell.

Blasenkeim frühes Embryonalstadium bei vielzelligen Tieren; das Stadium des Embryos, welches sich in der Gebärmutter einnistet.

Chloroplasten Blattgrünkorn. Chloroplasten befinden sich in den Zellen von grünen Pflanzen und enthalten einen Farbstoff, das Blattgrün oder Chlorophyll. Mithilfe dieses Farbstoffs findet in den Chloroplasten die Fotosynthese statt.

Chromatid die beiden identischen Hälften eines Chromosoms vor dessen Teilung in der Mitose. Die beiden Chromatiden enthalten jeweils die gleiche DNA.

Chromatin dünne Fäden im Zellkern jeder Zelle, die die Anlagen eines Lebewesens enthalten und die sich bei der Zellteilung zu kompakten Chromosomen verkürzen.

Chromosomen Träger der Erbinformation DNA.

Dendriten kurze, stark verzweigte Fortsätze der Nervenzellen, die Signale von anderen Nervenzellen empfangen.

Destruenten Zersetzer; Lebewesen, die sich von abgestorbenem, organischem Material ernähren.

Dialyse Blutwäsche; Verfahren, das das Blut reinigt, wenn die Nieren versagen.

Dinosaurier große Wirbeltiergruppe im Erdmittelalter mit Vertretern im Wasser, in der Luft und an Land; ausgestorben nach etwa 170 Millionen Jahren Existenz vor etwa 65 Millionen Jahren. Theorien vermuten u. a. Meteoriteneinschlag oder Vulkanausbrüche als Ursache.

DNA (Desoxyribonukleinsäure) aus dem Englischen: deoxyribonucleic acid. Die gesamte Erbinformation eines Lebewesens ist hier gespeichert.

dominant Erbgang, bei dem ein Allel die Wirkung des anderen überdeckt. Beispiel: Eine Erbsenpflanze hat je ein Allel für die rote und für die weiße Blütenfarbe, sie trägt dennoch rote Blüten, da das Merkmal „Weiß" durch das dominante Allel für die rote Blütenfarbe überdeckt wird.

Doppelstrang Jede DNA besteht aus zwei Strängen, die strickleiterartig zu einem Doppelstrang umeinander gewunden sind.

Düngung zusätzliche Gabe von Mineralstoffen, um das Pflanzenwachstum zu fördern. Dabei muss immer mit dem Stoff gedüngt werden, der am knappsten ist.

Ebbe Niedrigwasser.

Einschluss Art der Fossilisation; Pflanzenteile oder Kleintiere aus der Urzeit, die in organischem Material, beispielsweise dem Harz von Nadelhölzern, gefangen wurden und dort konserviert sind. Beispiel: Bernstein.

Einzeller Lebewesen, deren Körper aus einer einzigen Zelle besteht.

Eisprung Freisetzung einer reifen Eizelle aus einem Follikel im Eierstock in den Eileiter.

Eizelle weibliche Geschlechtszelle zweigeschlechtlicher Lebewesen.

elektrische Impulse dienen der Erregungsleitung in Nervenbahnen.

Embryo menschliches Ungeborenes bis zum Ende des zweiten Schwangerschaftsmonats.

Embryonenschutzgesetz (ESchG) (Bundes-) Gesetz zum Schutz von Embryonen vom 13.12.1990, Inkrafttreten: 01.01.1991, Geltungsbereich: Bundesrepublik Deutschland. Das Gesetz regelt die Möglichkeiten und Beschränkungen der künstlichen Befruchtung und der Embryonenforschung.

Empfänger Adressat für von einem Sender mithilfe von Signalen übermittelte Informationen.

Energie entsteht durch die Zellatmung aus Traubenzucker und Sauerstoff und ist die Grundlage aller Lebensvorgänge bei Menschen, Tieren und Pflanzen, z. B. Bewegung, Wachstum, Vermehrung, Denkprozesse.

Energiefluss Der Prozess der Energieübertragung und -umwandlung von einer Stufe der Nahrungspyramide zur nächsten.

Erbanlagen Gene; Anlagen für bestimmte Merkmale (z. B. Haar- oder Augenfarbe), die von einer Generation zur nächsten weitergegeben werden und die die Ähnlichkeit zwischen Eltern und Nachkommen bewirken.

Eutrophierung vom Menschen verursachte Nährstoffanreicherung in Gewässern, besonders durch Nitrate und Phosphate aus Dünge- oder Waschmitteln.

Familienstammbaum Darstellung, die die Abstammungsabfolge innerhalb von Familien zeigt und zum Beispiel Aufschluss über das Auftreten eines Merkmals über mehrere Generationen hinweg geben kann.

Fetus menschliches Ungeborenes ab einem Alter von acht Wochen. Beim Fetus sind alle Organe bereits vollständig angelegt.

Fitness Überlebensvorteil bei Individuen, die eine bessere Angepasstheit an die aktuelle Umwelt zeigen als andere Artgenossen und dadurch einen höheren Fortpflanzungserfolg haben.

Flut Hochwasser.

Fossilien Lebensspuren aus früheren erdgeschichtlichen Zeiten; dazu zählen Reste von Lebewesen, Tierfährten oder auch Ausscheidungen von Lebewesen.

Fossilisation alle Vorgänge vom Tod eines Lebewesens bis zu seiner Freilegung als Fossil.

Fotosynthese Herstellung von Sauerstoff und energiereichem Traubenzucker aus Kohlenstoffdioxid und Wasser durch grüne Pflanzen. Die dazu notwendige Energie nehmen sie mittels der Chloroplasten aus dem Sonnenlicht auf.

Gedächtnis Fähigkeit, Wissen und Können zu speichern und wieder abzurufen. Es werden Kurzzeitgedächtnis, Langzeitgedächtnis und langfristiger Speicher unterschieden.

Gehirn Teil des Nervensystems, der im Kopfbereich liegt. Beim Menschen und vielen anderen Wirbeltieren liegt das Gehirn in einer Schädelhöhle. Man unterscheidet mehrere Bereiche: Großhirn, Kleinhirn, Zwischenhirn und Hirnstamm.

Genanalyse Verfahren, mit dem u. a. abgeklärt werden kann, ob ein Mensch mit einem anderen verwandt ist oder ob er krank machende Gene in sich trägt; basiert auf der Isolierung, Auftrennung und Sichtbarmachung der DNA.

Generationswechsel regelmäßiger Wechsel sich verschieden fortpflanzender Generationen (asexuell, unisexuell oder bisexuell).

genetisch bedingte Krankheit kann hervorgerufen werden, wenn ein Gen durch eine Mutation so verändert wird, dass seine Funktion beeinträchtigt ist.

genetische Familienberatung gibt bei Kinderwunsch Auskunft darüber, wie groß die Wahrscheinlichkeit ist, ein Kind mit geschädigten Erbanlagen zu zeugen. Grundlage ist das Aufstellen eines detaillierten Familienstammbaums über mindestens drei Generationen. Ziel ist es, Lösungswege für die Familienplanung, mögliche Vorsorgemaßnahmen und Behandlungsalternativen aufzuzeigen.

genetischer Code festgelegte Abfolge der Basen Adenin, Thymin, Cytosin und Guanin. Jeweils drei Basen bilden eine Aminosäure. Dabei bildet Adenin nur mit Thymin, Cytosin nur mit Guanin Paare.

Genotyp Summe der genetischen Informationen eines Organismus.

Geschlechtshormone beim Menschen: in den Eierstöcken (Östrogen, Progesteron) bzw. in den Hoden (Testosteron) gebildete biochemische Botenstoffe, die Reifeprozesse im Körper anregen (Ausprägung der Geschlechtsmerkmale) und die Sexualfunktion steuern.

Geschlechtskrankheiten ansteckende Krankheiten, die auch oder hauptsächlich durch sexuellen Kontakt übertragbaren werden können; verursacht durch Bakterien, Viren, Pilze oder Einzeller. Beispiele: Syphilis, Gonorrhöe (Tripper), Hepatitis, Chlamydien, Aids.

Geschlechtszellen Zellen, die der Fortpflanzung dienen und im Gegensatz zu den Körperzellen nur den einfachen Chromosomensatz besitzen. Geschlechtszellen entstehen durch Meiose.

Gewässer, künstliche fließende oder stehende Gewässer, die vom Menschen für verschiedene Zwecke künstlich angelegt wurden (z. B. Stausee als Trinkwasserspeicher und zur Energieerzeugung, Teich für Fischzucht oder Löschwasser, Kanal für die Schifffahrt).

Gewässer, natürliche fließende oder stehende Gewässer, die natürlich entstanden und in den natürlichen Wasserkreislauf eingebunden sind (z. B. Ozean, Gletschersee, Fluss, Bach).

Gewebe gleichartige Zellen mit einheitlicher Funktion.

Gonorrhöe ansteckende und weltweit häufigste Geschlechtskrankheit; verursacht durch Bakterien.

Großhirn größter Teil des Gehirns mit der Form einer Walnuss. Zentrum unserer Wahrnehmung und verantwortlich für Bewegungen. Das Großhirn ist der Sitz unserer Sprache und Intelligenz.

Hausstauballergie allergische Reaktion gegenüber dem Kot von Hausstaubmilben, die sich durch häufiges Niesen, Jucken und allergisches Asthma zeigen kann.

Heterosexualität Art der sexuellen Orientierung; Menschen, die sich sexuell zu Partnern des anderen Geschlechts hingezogen fühlen.

Hirnstamm Teil des Gehirns. Der Hirnstamm steuert Körperfunktionen wie Atmung, Herzschlag, Blutdruck, Augenbewegungen, Husten und Schlucken.

HI-Virus (**HIV**, **h**uman **i**mmunodeficiency **v**irus) Virus, das die Immunschwächekrankheit Aids auslöst.

HIV-positiv bezeichnet Menschen, bei denen das HI-Virus nachgewiesen wurde.

Homo erectus der „aufrechte" Mensch. Er breitete sich vor etwa 2 Millionen Jahren von Afrika über Europa und Asien aus. Er benutzte Feuer, Werkzeuge, Waffen.

Homo habilis der „geschickte" Mensch. Er lebte vor 2,1–1,6 Millionen Jahren und benutzte Werkzeuge.

Homo neanderthalensis Neandertaler; stammte vermutlich vom Homo erectus ab; früheste Funde vor etwa 130 000 Jahren, plötzliches Verschwinden vor etwa 30 000 Jahren; wurde vermutlich durch den modernen Menschen verdrängt.

Homo sapiens der „vernünftige" Mensch. Er lebte vor etwa 200 000 Jahren in Afrika. Er hinterließ künstlerisch anspruchsvolle Höhlenmalereien.

homologe Chromosomen In jeder Körperzelle liegt jedes Chromosom in doppelter Ausführung vor. Homologe Chromosomen gleichen sich in Form, Struktur und in der Anordnung der Genorte.

Homologie Merkmale, die verschiedene Arten aufgrund übereinstimmender Erbinformation (durch den letzten gemeinsamen Vorfahren) gemeinsam haben.

Homosexualität Art der sexuellen Orientierung; Menschen, die sich sexuell zu Partnern des gleichen Geschlechts hingezogen fühlen.

Humus entsteht bei der Zersetzung von abgestorbenen Pflanzen und Tieren, Kot und Haaren durch Kleinstlebewesen im Boden. Die im Humus enthaltenen Nährstoffe können von Pflanzen aufgenommen und wieder verwertet werden.

Immunisierung, aktive Form der Impfung. Abgetötete oder abgeschwächte Krankheitserreger werden geimpft. Das Immunsystem bildet daraufhin Antikörper und legt Gedächtniszellen an. Diese Art der Impfung wird vorbeugend durchgeführt.

Immunisierung, passive Form der Impfung. Dem Erkrankten werden Antikörper gespritzt, die aus dem Blut von Tieren gewonnen werden. Der Impfschutz hält nur kurze Zeit. Das Immunsystem des Erkrankten ist an der Abwehr nicht beteiligt.

Immunsystem alle an der körpereigenen Abwehr beteiligten Organe und Zellen des Körpers.

Impfpass bei der Geburt ausgestelltes Dokument zum Nachweis erhaltener Impfungen und zur Übersicht über noch fällige Impfungen.

Infektion Ansteckung; Eindringen von Krankheitserregern in den Körper und deren anschließende Vermehrung.

Infektionskrankheit meist ansteckende Krankheit, die durch Krankheitserreger ausgelöst wird.

Influenza Grippe. Ursache für diese Art Krankheit sind Grippeviren.

Information Botschaft/Nachricht, die bei Lebewesen mithilfe von Signalen übermittelt wird und deren Bedeutung der Empfänger entschlüsseln muss.

Inkubationszeit Zeitraum zwischen Ansteckung und Ausbruch einer Krankheit.

intermediärer Erbgang unvollständig dominanter Erbgang; Erbgang, bei dem zwei unterschiedliche Allele vorliegen und sich ein dazwischenliegendes Merkmal ausbildet. Beispiel: Werden bei der Wunderblume reinerbige Pflanzen mit roten und weißen Blüten gekreuzt, haben alle Pflanzen der 1. Tochtergeneration rosafarbene Blüten, da beide Anlagen (Rot, Weiß) weder dominant noch rezessiv sind.

Isolation der wichtigste Mechanismus, durch den neue Arten entstehen. Beispiele sind die räumliche oder zeitliche Trennung von Tieren einer Art.

Karyogramm geordnete Darstellung aller Chromosomen einer Zelle.

Kernteilung siehe Mitose.

Kleinhirn zweitgrößter Teil des Gehirns und neben dem Großhirn ein zweites Zentrum für Bewegungen; verantwortlich für das Gleichgewicht.

Klima Gesamtheit aller an einem Ort möglichen Wetterzustände, ihrer typischen Aufeinanderfolge und ihrer tages- und jahreszeitlichen Schwankungen.

Klimawandel Begriff, der für die weltweite Erwärmung steht, die die Folge des anthropogenen Treibhauseffekts ist.

Klone genetisch identische Zellen oder Organismen.

Knochenmarktransplantation Übertragung adulter Blut-Stammzellen aus dem Knochenmark eines gesunden Spenders auf einen kranken Empfänger, um dort kranke durch gesunde blutbildende Stammzellen zu ersetzen; wird bei bestimmten Blutkrebsarten angewandt.

Kohlenstoffdioxid farb- und geruchloses Gas. Pflanzen benötigen Kohlenstoffdioxid für die Fotosynthese. CO_2 ist eines der Treibhausgase, dessen vermehrter Ausstoß in die Atmosphäre zum Treibhauseffekt führt.

Kommunikation Übertragung von Informationen von einem Sender zu einem Empfänger bzw. wechselseitiger Austausch von Informationen; bei Lebewesen über optische, akustische oder chemische Signale.

Konkurrenz entsteht z. B. zwischen zwei Tierarten, die dieselbe Nahrung bevorzugen, und führt zu Strategien der Konkurrenzvermeidung: Eine Art wird verdrängt oder weicht auf eine andere Nahrungsquelle aus. Zur Konkurrenz kommt es auch innerhalb einer Art, wenn es um Partner, Lebensraum oder Nahrungsangebot geht.

Konsumenten Verbraucher; Lebewesen, die durch Fotosynthese entstandene, energiereiche Kohlenhydrate verbrauchen; Fleisch- und Pflanzenfresser.

Konvergenz nicht verwandte Arten entwickeln aufgrund ähnlicher oder gleicher Lebensräume ähnliche Strukturen und Körperformen. Beispiel: Stromlinienform bei Delfinen, Haien, Pinguinen, Tintenfischen.

Krautschicht „Stockwerk" in der Pflanzenschichtung eines Lebensraums; besteht aus nicht verholzenden Pflanzen mit Wuchshöhen bis zu etwa eineinhalb Metern (krautige Pflanzen, Gräser, Zwergsträucher, Jungpflanzen der Gehölze).

Kreationismus unwissenschaftliche Gegenströmung zur Evolutionstheorie; vertritt die Auffassung, dass die biblische Schöpfungsgeschichte die tatsächliche Entstehung der Welt und des Lebens beschreibt (Erschaffung durch einen Schöpfer).

Kreuzen Züchtungsmethode, bei der bei den Nachkommen der zweiten Generation völlig neue Merkmalskombinationen entstehen (3. mendelsche Regel).

Kulturfolger Tiere oder Pflanzen, die dem Menschen in seine Kulturlandschaft (Äcker, Wiesen, Verkehrswege, Siedlungen, Behausungen) folgen und sich an diese Lebensbedingungen angepasst haben. Kulturfolger haben meist keine großen Ansprüche an ihren Lebensraum und ernähren sich oft von menschlichen Essensresten.

Küstenschutz Schutz der Küsten vor Uferrückgang, Landverlust und Überflutungen, beispielsweise durch Deiche oder Dünen.

Lebensgemeinschaft Gesamtheit aller Pflanzen und Tiere, die Teil eines Ökosystems sind.

Lebensraum von einer Lebensgemeinschaft aus Pflanzen und/oder Pilzen und/oder Tieren bewohnter Raum, der durch bestimmte Umweltfaktoren gekennzeichnet ist. Dabei kann es sich sowohl um natürlich entstandene Landschaftsbestandteile (z. B. See, Mischwald, Feuchtwiese) als auch um vom Menschen erschaffene Landschaftsbestandteile (z. B. Stadtlandschaften) handeln.

Leitbündel Transportsystem der Pflanzen, das dünnen Wasserrohren ähnelt, durch die Wasser und Nährstoffe von der Wurzel in die Blätter transportiert werden.

Lernen Informationen können im Gedächtnis gespeichert und wieder abgerufen werden.

Lichtmikroskop optisches Gerät, das von kleinen Strukturen oder Objekten stark vergrößerte Bilder erzeugt, sodass sie für das Auge (besser) sichtbar werden.

Luftverunreinigung auf die Luft bezogene Umweltverschmutzung durch sogenannte luftfremde Stoffe wie Rauch, Staub, Gase, Aerosole, Dämpfe oder Geruchsstoffe, was eine Veränderung der natürlichen Zusammensetzung der Luft zur Folge hat.

Lupe bauchige Linse mit einer Vergrößerungswirkung von 5- bis 20-fach.

Malaria eine gefährliche, durch Parasiten verursachte Tropenkrankheit. Überträger sind weibliche Anopheles-Mücken. Beim Stich der Mücke gelangen die Parasiten, die Plasmodien, über den Blutweg in die Leber. Die Erreger zerstören rote Blutkörperchen; freigesetzte Stoffwechselgifte lösen schwere Fieberschübe aus.

Masochismus Unter Masochismus versteht man die Tatsache, dass ein Mensch (sexuelle) Lust oder Befriedigung dadurch erlebt, dass er Schmerzen zugefügt bekommt oder gedemütigt wird.

Meiose Reifeteilung; Vorgang, bei dem die Anzahl der Chromosomen in den Geschlechtszellen halbiert wird. Sie besteht aus einer ersten und einer zweiten Teilung.

Merkmale Charakteristika von Individuen, z. B. Haarfarbe, Augenfarbe, Hautfarbe, Blütenfarbe, Nasenform, Blattform usw.; sind angeboren (genetisch bedingt) oder erworben (umweltbedingt).

Mineralstoffe energiearme, aber lebensnotwendige anorganische Nährstoffe, die der Organismus nicht selbst herstellen kann; wichtig für die Lebensprozesse bei allen Lebewesen.

mischerbig heterozygot; ein Lebewesen besitzt für ein Merkmal zwei verschiedene Anlagen (Allele).

Mitose Kernteilung; Vorgang, bei dem sich die Zellkerne der Körperzellen teilen und die Zelle sich verdoppelt. Vor der Kernteilung verdoppelt sich die DNA.

Modifikation Veränderung von Merkmalen, die nicht genetisch bedingt sind, sondern durch Umweltveränderungen wie Temperatur, Licht oder Nahrung hervorgerufen werden.

Moosschicht „Stockwerk“ in der Pflanzenschichtung eines Lebensraums; besteht vor allem aus Moosen, Flechten und Pilzen mit Wuchshöhen bis zu etwa 15 Zentimetern sowie abgestorbenem pflanzlichen und tierischen Material.

Mumifikation Trockenheit, Kälte und Gifte können dazu führen, dass tote Lebewesen kaum zersetzt werden. Diese Mumien können viele Tausend Jahre fast vollständig erhalten bleiben.

Mutation zufällige Veränderung der genetischen Information, die durch Fehler beim Kopieren der DNA auftritt oder aber auch durch Röntgenstrahlen, chemische Substanzen oder UV-Strahlung ausgelöst wird. Mutationen können bei Lebewesen zu veränderten Eigenschaften oder Verhaltensmustern führen.

Mutterkuchen entsteht durch Einwachsen der äußeren Hülle des Blasenkeims in die Gebärmutterschleimhaut; dient der Versorgung des Embryos mit Nährstoffen und Sauerstoff und der Entsorgung seiner Ausscheidungsprodukte.

Nahrungsbeziehungen Beziehungen, über die Pflanzen, Tiere und Menschen miteinander verbunden sind und die als Nahrungskette oder Nahrungsnetz dargestellt werden. Die Grundlage aller Nahrungsbeziehungen bilden die grünen Pflanzen.

Nahrungskette Tiere und Pflanzen, die durch ihre Ernährung eng miteinander verknüpft sind. An erster Stelle einer Nahrungskette steht immer eine Pflanze.

Nahrungsnetz Nahrungsketten verbinden sich zu Nahrungsnetzen, da sich die meisten Tiere von verschiedenen Pflanzen oder Tieren ernähren.

Nahrungspyramide grafische Darstellung der Stellung verschiedener Organismen eines Ökosystems im Nahrungsnetz. An der Basis einer Nahrungspyramide stehen die Primärproduzenten, an der Spitze die Endkonsumenten. Jede Stufe der Pyramide stellt die Nahrung für die darauffolgende Stufe dar.

Natur, belebte Gesamtheit aller Lebewesen

Natur, unbelebte Bedingungen, unter denen die Lebewesen existieren: Boden, Wasser, Licht, Klima, Atmosphäre usw.

Neophyten Pflanzen, die vom Menschen in Gebiete eingeführt wurden, in denen sie bis dahin natürlicherweise nicht vorkamen, und dort heimisch wurden.

Neozoen Tierarten, die durch den Einfluss des Menschen aus fremden Ländern eingeführt und heimisch wurden.

Nervenbahnen Verbindung aus vielen hintereinandergeschalteten Nervenzellen; dienen der Übertragung von Informationen in Form von elektrischen Signalen.

Nervenfaser Teil der Nervenzelle; langer Fortsatz, über den die elektrischen Signale weitergeleitet werden und von hier in die Synapse gelangen.

Nervensystem Gesamtheit der Nervenzellen und deren Verbindungen in einem Lebewesen.

Nervenzellen gehören zu den längsten Zellen des Körpers und sind in vier Abschnitte gegliedert: Dendrit, Zellkörper mit Zellkern, Nervenfaser, Synapse.

Neukombination Die Anlagen in den Zellkernen werden bei der geschlechtlichen Fortpflanzung neu kombiniert. Wichtigste Ursache für die Unterschiedlichkeit von Lebewesen.

Neukombinationsregel 3. mendelsche Regel: Kreuzt man zwei reinerbige Lebewesen, die sich in mehr als einem Merkmal unterscheiden, so können ab der 2. Tochtergeneration die Merkmale in neuen Kombinationen auftreten.

Objekt in der Mikroskopie der zu betrachtende Gegenstand.

Objektiv Linsensystem, das ein vergrößertes optisches Abbild eines Gegenstands (Objekt) erzeugt; Bestandteil vieler optischer Geräte (z. B. von Kameras, Ferngläsern oder Mikroskopen).

Objektträger kleine Glasplatte, die beim Lichtmikroskopieren das Präparat trägt.

Ökologie aus dem Griechischen: öko – das Haus, logos – die Lehre. Die Lehre vom Haushalt der Natur umfasst die Lebewesen und die Bedingungen, unter denen Lebewesen existieren. Ökologie beschäftigt sich sowohl mit Faktoren der belebten als auch der unbelebten Natur.

ökologische Nische Gesamtheit der Beziehungen zwischen einer Art und ihrer Umwelt; bezeichnet die für jede Art typische Lebensweise, also den „Beruf" (die speziellen Aufgaben) einer Art; umfasst z. B. Nahrung und Lebensraum.

Ökosystem Einheit zwischen belebter und unbelebter Natur, zwischen Lebensgemeinschaft und Lebensraum.

Okular eine Linse oder ein Linsensystem, durch das man mit dem Auge (lat. oculus) in ein optisches System blickt, beispielsweise in ein Lichtmikroskop. Hier vergrößert es das Bild wie eine Lupe (4- oder 10-fach).

Organ Verschiedene Gewebetypen bilden zusammen ein Organ. Ein Gewebe bildet dabei meist den Hauptanteil. Im Gehirn beispielsweise überwiegt das Nervengewebe.

Organismus alle Organe eines Lebewesens.

Östrogen weibliches Geschlechtshormon; Bildung in den Eierstöcken.

Out-of-Africa-Theorie Theorie, die besagt, dass alle Vorfahren des Menschen in Afrika gelebt haben. Von Afrika aus eroberte der Mensch Europa und alle übrigen Teile der Welt.

Ozonloch nicht wissenschaftliche, aber allgemein gebräuchliche Bezeichnung für Bereiche in der Ozonschicht mit geringen Ozondichten, verursacht durch zu hohe FCKW-Konzentrationen in der Atmosphäre.

Pädophilie Der Begriff Pädophilie beschreibt nach Definition der Weltgesundheitsorganisation (WHO) eine spezielle Störung der Sexualpräferenz. Pädophile Personen fühlen sich sexuell hingezogen zu Jungen oder Mädchen oder Kindern beiderlei Geschlechts, die sich meist in der Vorpubertät oder in einem frühen Stadium der Pubertät befinden.

Palisadengewebe Gewebe des Laubblatts aus säulenförmig angeordneten Zellen; liegt unter der oberen Blatthaut; enthält viele Chloroplasten.

Parasit auch: Schmarotzer. Organismus (Tier oder Pflanze), der seine Nahrung auf Kosten eines anderen Lebewesens (Wirt), bezieht und dieses dabei schädigt. Der geschädigte Wirt wird entweder gar nicht oder erst später getötet.

Penicillin aus dem Schimmelpilz Penicillium gewonnenes Antibiotikum. Der Entdecker war Alexander Fleming.

Phänotyp äußere Erscheinungsform eines Organismus, die vom Genotyp und von Umwelteinflüssen geprägt wird.

Pilze bilden in der biologischen Einteilung neben den Pflanzen und den Tieren ein eigenständiges Reich, zu dem sowohl Einzeller (z. B. die Backhefe) als auch Vielzeller (z. B. Schimmelpilze, Speisepilze) gehören. Sie zersetzen Nahrung meist außerhalb der Zellen und spielen eine wichtige Rolle als Destruenten. Pilze können dem Menschen nützen (z. B. Abwasserreinigung), aber auch schaden (z. B. Fußpilz).

Pionier Pflanze, die als erste einen Lebensraum besiedelt und die Grundlage für die weitere Besiedlung mit Pflanzen und Tieren darstellt.

Präimplantationsdiagnostik (PID) Verfahren zur Untersuchung von Embryonen, die durch künstliche Befruchtung erzeugt wurden. Ziel ist es, vor einer Einpflanzung in die Gebärmutter Schäden in den Erbanlagen festzustellen oder aber auch das Geschlecht des Embryos zu bestimmen.

Präparat in der Mikroskopie ein Objekt, das durch besondere Verfahren zur Anschauung aufbereitet worden ist, insbesondere durch Anfertigung dünner Schnitte und/oder Behandlung mit Färbelösung.

Primaten Säugetierordnung der Herrentiere, zu denen Orang Utans, Gorillas, Schimpansen und der Mensch gehören.

Proconsul gehört zu den frühesten bekannten Menschenartigen und galt lange als gemeinsamer Vorfahre von Mensch und Menschenaffen. Er lebte vor 26–14 Millionen Jahren.

Produzenten Lebewesen, die aus energiearmen, anorganischen Stoffen energiereiche, organische Stoffe herstellen. Pflanzen sind die wichtigsten Produzenten, sie stellen mithilfe der Fotosynthese aus Kohlenstoffdioxid, Licht und Wasser Kohlenhydrate her.

Progesteron weibliches Geschlechtshormon; Bildung in den Eierstöcken.

Proteine Eiweißstoffe; große Moleküle, die aus Aminosäuren aufgebaut und an fast allen Prozessen und Strukturen des Lebens beteiligt sind.

Pubertät geschlechtliche Reifung; hormonell gesteuerte körperliche und seelische Veränderungen eines jungen Menschen. In diesem Zeitraum entwickeln sich die Kinder zu Jugendlichen und werden geschlechtsreif.

Regelblutung Periode, Menstruation; Prozess im Körper einer geschlechtsreifen Frau, der sich etwa alle vier Wochen wiederholt. Die unbefruchtete Eizelle wird zusammen mit der Gebärmutterschleimhaut und etwas Blut ausgestoßen.

reinerbig homozygot; ein Lebewesen besitzt für ein Merkmal zwei gleiche Anlagen (Allele).

rezessiv Erbgang, bei dem ein Allel durch die Wirkung eines anderen überdeckt wird. Beispiel: Eine Erbsenpflanze hat je ein Allel für die rote und für die weiße Blütenfarbe, sie trägt dennoch rote Blüten, da das Allel für die weiße Blütenfarbe gegenüber dem (dominanten) Allel für die rote Blütenfarbe rezessiv ist.

Sadismus Unter Sadismus versteht man die Tatsache, dass ein Mensch (sexuelle) Lust oder Befriedigung dadurch erlebt, dass er anderen Lebewesen körperliche oder seelische Schmerzen zufügt oder diese demütigt.

Sauerstoff farb- und geruchloses Gas, das von Pflanzen bei der Fotosynthese gebildet und in die Umgebungsluft abgegeben wird. Menschen und Tiere benötigen Sauerstoff (O2) zum Atmen.

Schwammgewebe Gewebe des Laubblatts aus locker angeordneten Zellen und großen Hohlräumen (Atemhöhlen); liegt unter der oberen Blatthaut und dem Palisadengewebe.

Selektion, natürliche Auslese; unterschiedliche Überlebenswahrscheinlichkeit einzelner Individuen. Die natürliche Selektion gibt der Evolution eine Richtung. Nur die Individuen, die besser an ihre Umweltbedingungen angepasst sind, können sich auch erfolgreich fortpflanzen. Damit nimmt die Anzahl der Lebewesen mit vorteilhaften Eigenschaften mit der Zeit zu.

Sender sendet mithilfe von Signalen Informationen an einen (oder mehrere) Empfänger.

Signal Träger von Informationen, die ein Sender an einen Empfänger übermittelt; Lebewesen kommunizieren über optische, akustische und chemische Signale.

Spaltöffnung winzige Öffnungen, meist an der Blattunterseite. Die Spaltöffnungen können verschlossen werden. Die Pflanze kann mithilfe der Spaltöffnungen Wasser abgeben und Kohlenstoffdioxid sowie Sauerstoff aufnehmen bzw. abgeben.

Spaltungsregel 2. mendelsche Regel: Kreuzt man die Lebewesen der 1. Tochtergeneration untereinander, so treten beim dominantrezessiven Erbgang die Nachkommen in der 2. Tochtergeneration im Zahlenverhältnis 3 : 1 auf.

Spermienzelle männliche Geschlechtszelle zweigeschlechtlicher Lebewesen.

Sprossachse Stängel; Grundorgan von Blütenpflanzen, das die Laubblätter und Blüten trägt. Über den Stängel erfolgt der Stofftransport.

Stammbaum Darstellung, die die Abstammung von Arten und Verwandtschaftsgruppen voneinander zeigt sowie die zeitliche Abfolge ihres Auftretens.

Stammzellen, adulte Körperzellen, die im Organismus nach der Geburt vorhanden sind und die sich jeweils nur in ganz bestimmte Gewebe- oder Zelltypen weiterentwickeln können (z. B. Blut-Stammzellen).

Stammzellen, embryonale Zellen im frühen Embryonalstadium, die sich jeweils in alle Gewebe- und Zelltypen weiterentwickeln können.

Stärke organische Verbindung, die von Pflanzen durch Umwandlung von Traubenzucker hergestellt wird und einer der wichtigsten Reservestoffe in der pflanzlichen Zelle ist; wird u. a. in Zwiebeln, Knollen oder Samen gespeichert und liefert dort die Energie zum Keimen.

Strauchschicht „Stockwerk" in der Pflanzenschichtung eines Lebensraums; besteht aus Sträuchern und Jungpflanzen der Gehölze mit Wuchshöhen zwischen eineinhalb bis etwa fünf Metern.

Symbiose Zusammenleben von Lebewesen unterschiedlicher Arten zum gegenseitigen Vorteil.

Synapse Teil einer Nervenzelle; Verdickungen am Ende der Nervenfaser (Endknöpfchen). Signale werden hier auf die nachfolgende Nervenfaser übertragen.

synaptischer Spalt Spalt zwischen dem Endknöpfchen der ankommenden Nervenzelle und der Zellmembran der nächsten Nervenzelle.

Syphilis ansteckende Geschlechtskrankheit; verursacht durch Bakterien.

Tarntracht besondere Färbung von Haut, Fell bzw. Federn bei Tieren, die der Tarnung dient (z. B. Eisbär, Zebra, Scholle, Jungvögel).

Testosteron männliche Geschlechtshormon; Bildung in den Hoden.

Treibhauseffekt Erwärmung der Erdatmosphäre durch Reflexion der von der Erde ausgesandten Wärmestrahlung; wird durch verschiedene Gase, unter anderem Kohlenstoffdioxid, bewirkt. Der natürliche Treibhauseffekt wird durch einen anthropogenen, vom Menschen verursachten, Treibhauseffekt verstärkt.

Treibhausgase verschiedene Gase in der Atmosphäre, die die Wärmestrahlung der Sonne durchlassen, aber die von der Erde reflektierte Wärmestrahlung zurückhalten.

Überfischung Die hohe Nachfrage nach Fisch führt dazu, dass mehr Fische gefangen werden, als durch natürliche Fortpflanzung neu hinzukommen. Fischbestände gehen dadurch drastisch zurück.

umweltbedingt durch Umwelteinflüsse hervorgerufen; beispielsweise nicht angeborene, erworbene Merkmale bei Individuen (z. B. Narben infolge Verletzungen, vergrößerte Muskulatur durch Sport).

Uniformitätsregel 1. mendelsche Regel: Kreuzt man zwei reinerbige Lebewesen, die sich in einem Merkmal unterscheiden, so sind die Nachkommen der 1. Tochtergeneration untereinander alle gleich (uniform).

Uratmosphäre Atmosphäre, die sich nach Abkühlen der Erde bildete; bestand aus Kohlenstoffdioxid, Methan, Wasserstoff und Wasserdampf. Sauerstoff fehlte in der Uratmosphäre.

Urknall „Big Bang“; Theorie zur Entstehung unseres Planetensystems vor etwa 14 Milliarden Jahren.

Ursuppe Bildung von verschiedenen organischen Molekülen in den Urgewässern der Erde aufgrund des Zusammenwirkens von Wärme, Feuchtigkeit und Gewittern.

Variation Unterschiedlichkeit der Individuen einer Art innerhalb einer Population, die zum Teil durch unterschiedliche Gene begründet ist.

Verbrennung Zellatmung. Aus Betriebsstoffen stellt der Körper Brennstoffe her, vor allem Traubenzucker. Mithilfe von Sauerstoff wird der Traubenzucker zu Kohlenstoffdioxid und Wasser umgesetzt. Dadurch gewinnt der Körper Energie für alle Lebensvorgänge.

Verdunstungsschutz Grundvoraussetzung für alle Lebewesen, die aus dem Wasser an Land gingen. Verdunstungsschutz schützt Lebewesen an Land vor gefährlicher Austrocknung.

Vererbung Weitergabe von Erbanlagen von einer Generation zur nächsten.

Versiegelung Flächen, die völlig zugebaut bzw. zubetoniert sind (vor allem in Städten). Als Folge kann Regenwasser nicht mehr versickern. Pflanzen und Bodenlebewesen können nicht mehr leben.

Versteinerung Form der Fossilisation, bei der die organischen Stoffe des Lebewesens durch mineralische Stoffe ersetzt werden.

Viren kleinste Krankheitserreger, Parasiten; bestehen aus einer die Erbsubstanz umgebenden Eiweißhülle; sind ohne eigenen Stoffwechsel, Vermehrung daher nur durch Befall geeigneter Wirtszellen möglich.

Vormensch Menschenartige, die vor 3,9 bis 3,0 Millionen Jahren lebten; aufrechte Fortbewegungsweise, größeres Hirnvolumen als bei heute lebenden Schimpansen.

Wachsschicht auch: Kutikula; Schicht, mit der die Oberseite eines Blattes bezogen ist. Sie schützt vor zu hohem Wasserverlust.

Warntracht auffällig gefärbtes Äußeres bei giftigen oder ungenießbaren Arten (z. B. Wespe, Korallenschlange) zur Warnung für Fressfeinde; wird häufig von wehrlosen Arten nachgeahmt (z. B. Wespenschwebfliege).

Wasser Hauptbestandteil unseres Körpers. Es dient als Löse- und Transportmittel sowie zur Temperaturregulation. Der Körper verliert mit Schweiß, Urin und Kot ständig Wasser. Dieser Verlust muss durch reichliches Trinken wieder ausgeglichen werden.

Watt Abschnitt eines Meeres oder eines Küstenbereichs, der stark durch die Gezeiten Ebbe und Flut gekennzeichnet ist.

weiße Blutkörperchen feste Bestandteile des Blutes. Sie sind auf die Bekämpfung von Krankheitserregern und Fremdkörpern spezialisiert.

Wirbeltiere Stamm im Tierreich; Gesamtheit aller Tiere, die eine Wirbelsäule besitzen und deren Körper sich Kopf, Rumpf und vier Gliedmaßen gliedert: die Klassen der Fische, Lurche, Kriechtiere, Vögel und Säugetiere.

Wirtswechsel Bei einigen Infektionskrankheiten kommt es im Entwicklungszyklus des Erregers zu einem Wirtswechsel. Bei Malaria zum Beispiel vermehren sich die Parasiten nach erfolgter Infektion über einen Mückenstich ungeschlechtlich im Menschen. Werden sie bei einem erneuten Stich von einer Mücke aufgenommen, kommt es im Darm der Mücke dann zur geschlechtlichen Vermehrung.

Wirtszelle gesunde, lebende Zellen, die Viren benötigen, um ihr Erbgut zu vermehren. Aus der dann platzenden Wirtszelle werden die neu gebildeten Viren freigesetzt und befallen weitere lebende Zellen.

Wurzel Grundorgan von Blütenpflanzen, das die Pflanze im Boden verankert sowie Wasser und Mineralstoffe aufnimmt.

X-Chromosom-gebundener Erbgang Erbgang, bei dem die Erbanlagen auf dem X-Chromosom liegen; ist beispielsweise bei der Erbanlage für die Rot-Grün-Blindheit oder die Bluterkrankheit der Fall.

Zellatmung vgl. Verbrennung.

Zelle Grundbaustein aller Lebewesen. Tier und Pflanzenzellen besitzen einen Zellkern, eine Zellmembran und Zellplasma. Pflanzenzellen haben zusätzlich eine Zellwand, Zellsafträume (Vakuolen) und Chloroplasten.

Zellkern Bereich im Zellinneren jeder Zelle, der die Erbinformation in Form von Chromosomen enthält; Ort der Steuerung aller Zellvorgänge.

Zellteilung Zellen vermehren sich durch Zellteilung. Nach der Verdopplung der Erbsubstanz gehen aus jeder Mutterzelle zwei identische Tochterzellen hervor.

Zivilisationskrankheit Erkrankungen wie Herzinfarkt, Ess- und Schlafstörungen oder Depressionen, die durch die heutige Lebensweise hervorgerufen werden können. Zivilisationskrankheiten sind bedingt durch Stress, Bewegungsmangel, Hektik, Ernährungsfehler, Alkohol, Zigaretten.

Züchtung künstliche Selektion; die vom Menschen kontrolliert vorgenommene Fortpflanzung von Nutztieren und Kulturpflanzen mit dem Ziel, genetisch bedingte Merkmale zu erhalten oder zu verbessern und die Erträge zu steigern.

Zwischenhirn Teil des Gehirns. Das Zwischenhirn ist verantwortlich für Gefühle, Hunger, Durst und Körpertemperatur.

Zygote befruchtete Eizelle; entsteht durch die Verschmelzung einer weiblichen und einer männlichen Geschlechtszelle.

Register

Y

Z

Agentur Focus/Mecke: 23.6 re.+li., /eye of science: 157.2 re., /SPL: 2 o., 19.4 li., 23.3, 164.1,.2, 257.2 li., 259.4, 296.3, /SPL/Ford: 157.2 li., /SPL/ Stannard: 152.1 re.|akg-images: 168.2-3, 284.1-2, 285.4, 286.1 li., 295.4 li. 314.1|alimdi.net/Rosseforp: 322.2|Angermayer: 116.2, 126.4, /Pfletschinger: 63.8, 78.3 u., 111.2, 116.1|Arco Images/NPL: 127.3, 290.1, /Wegner: 117.5|Aventis Pharma Deutschland GmbH: 191.5|Avenue Images: 153.3|Bach-Kolster, H., Duisburg: 58.3|Barthlott, A.: 33.3|Bartussek, J., Uslar: 124.1|Baumüller, J.: 112.2, 126.1|Becker & Brendel Presseagentur: 125.4|Behnke, C.:258.2|Bellmann, H., Lonsee: 93.4, 154.1 u.re.|Berliner Wasserbetriebe: 83.2, 90.1, 106.2|Bevilacqua/Cedri: 316.2|Bildagentur Geduldig: 62.2|bildagentur-online: 198.1|Bilderberg/ Ernsting/Rekonstruktion Schnaubelt & Kieser, Wild Life Art: 289.4, 291.3|BilderBox: 173.3|Bio-Info/Kratz: 80.5, 211.3, 213.4|BIUM, Paris: 246.2|blickwinkel/Frischknecht: 59.5, /König: 97.6, /Kopp: 129.3, /Schmidbauer: 29.7, / Wothe: 126.2|Blümel, H., Mücka: 119.5, 127.2|BMU: 29.2|bpk: 165.5|Brandeis University: 277.8|Breslawsky, H.: 228.1|Bridgemanart.com: 286.1 re., 295.4 re.|Buff, W., Biberach: 10.1 re., 41.3|BzgA, Bundeszentrale für gesundheitliche Aufklärung: 151.6, 180.1, 185.4, hint. Vors. 1|Caro/ Sorge: 112.1|Compo GmbH, BASF: 29.8|Corbis: 191.4, /Benser: 218.1, /Bettmann: 168.1, /Emely: 218.2, /Horowit: 154.1 u.li., /Mika: 242.1, 243.4, 253.2, /Photolibrary/Monsoon/Halaska: 244.1, 253.3, /RF: 42.2, /Schermeister: 29.4, /zefa: 150.1|Cornelsen Verlag: 27.4 a, 87.6, 107.4, 183.4, 187.1 Mi., 217.5, 230.1, 239.5, 252.2, 265.3 (Vogel), 282.1 (Schneehase)|DGK: 166.1 re.|Digitalstock: 26.4, 28.1, 29.1,.6, 33.4, 55.4,.7, 56.1, 57.3, 58.2, 63.5, 67.5,.6, 76.1, 78.1-2, .3 o., 80.1, 82.1 o.li., 83.5, 91.3, 102.1 re., 106.1, 107.2, 108.1 re., 111.6, 116.3, 127.1, 176.2|DLR: 82.1 Mi.|Döring, Volker, Hohen Neuendorf: 8.1, 11.4, 14.1-5, 18.1, 20.1-2, 21.3, 26.1, 34.1-3, 41.2, 52.1, 71.6, 72.2, 94.2, 121.4, 154.1 o.li.+o.re., 181.2, 183.5, 204.2 (Tabletten), 204.3 (Hanf, Joint), 206.2-3, 213.1-2, 217.8, 231.4, 246.1, 276.3 o., 301.5|epd/Osthues: 175.4|F1 online/denkou images: 318.1, 323.2 o., /Watson Images: 299.4|Flößer, R.: 111.4|Fotoagentur Mahler: 24.2|Fotolia.com/Alexander: 306.1, /Alexander Maier: 3, 32.1, /Alexander Mainz: 128.1, /Alexandr Loskutov: 265.3 (Libelle), /Anetta: 141.3 li., /Anne Katrin Figge: 191.3, /Arnd Drifte: 91.5, /Astrid Meissner: 279.4, /beetle: 58.1, hint. Vors. 9, /Carina Hansen: 103.4, 107.3, /Carsten Steps: 87.5, /cynoclub: 279.3, /derWehner: 98.2, /DeVIce: 100.1, 108.4, /Dmitry Remesov: 204.2 (Bier), /Dream-Emotion: 114.1 (Stadt), Dron: 166.1 li., 219.3|/E. White: 19.4 re., /Edyta Pawlowska: 178.1, /emeraldphoto: 187.1 li., /Eugeny Moskvitin: 83.1 li., /ExQuisine: 159.4, /Feng Yu: 115.4, /Fohlen66Mike: 83.1 re., 86.2, /Fotolyse: 236.1, /Franz Pfluegl: 172.1, 225.4, 320.3, 323.3, / Gary: 111.1, 114.2, /Gerhard Woschniok: 55.2, /Gertrude Kaindl: 108.1 li., /GordonGrand: 203.3 li., 215.3 li., /H. Dietz: 86.1, /hapa7: 80.7, /happyone: 143.4, 147.2, /Heiner Witthake: 145.4, /Herbert Kratky: 282.1 (Feldhase), /iOleg: 30.1 li., /Jeffrey Banke: 114.1 (Affe), /Kzenon: 176.1, /Lianem: 187.1 re., /LianeM: 210.1 li., /Lisa F. Young: 207.5, /LucyZ: 55.6 (Moos), 80.3 (Moos), /Lupico: 100.2, /M.W.: 113.4, /mao-in-photo: 76.3, /Marc Heiligenstein: 97.5, /Maria.P.: 322.1, /Marilyn Barbone: 64.1, /Marina Lohrbach: 105.4, /Marina Nagel: 82.1 o.re., /Martina Berg: 99.5, /Matt Browne: 265.4 (Pinguin), /milosluz: 55.6 (Tausendfüßer), 80.3 (Tausendfüßer), /Mimohe: 55.1, /Miwa Koike: 232.1 li.+re., /morpheus: 98.1, /nyul: 105.5, / PerlenVorDieAugen: 321.5, /Peter Schinck: 265.4 (Delfin), /Peter Wey: 279.5 li., /picamaniac: 204.2 (Zigaretten), /Piroschka: 12.1b Vordergr., /pmphoto: 87.3, /Rebel: 217.9, 250.1, /Saksoni: 141.3 re., /Sebastian Kaulitzki: 117.4, 128.2 re., /skyphoto: 102.1 li., /sonya etchison: 108.1 Mi., /Stefan Schejok: 154.3, /Stocksnapper: 204.2 (Kaffee), /SyB: 299.1, /Thomas Teufel: 97.4, /tina7si: 131.6, /Tobias Müller: 84.1, /Udo Ingber: 123.5 (Park), / Uwe Bumann: 245.4|Frei, Herbert: 97.7|Fresenius medical care, Bad Homburg: 151.5, 179.4, 187.3|Fujitsu Siemens Computers: 257.5 (Laptop)|Getty Images/B2M Productions: 44.1, 147.3, /DEA Picture Library: 271.4, /Downes: 275.4|Greenpeace/Cannon: 102.2, /culley: 83.6, /Schulz: 103.5|Grönke, O.: 31.5|Hecker – Naturfotografie: 57.5, 89.4 u., 124.2, /Sauer: 17.3 re., 23.5, 25.6|Heinrich, D.: 92.1|Hollatz, J., Heidelberg: 312.2, 313.4,.6|images.de/Schulten: 300.1|Institut für Paläontologie, Universität Bonn: 259.6, 277.6|iStockphoto.com/4x6: 130.1 (junger Mann), /Adam Borkowski: 82.1 u.re., 174.2 li., /Agata Malchrowicz: 145.3, 149.5, /Alberto Pomares: 174.2 re.u., /Andrew Howe: 6, 208.1, 213.3, /ariwasabi: 130.1 (Jugendliche), /Atelopus: 49.3, /Branislav Ostojic: 159.3, /Brasil2: 77.4, /Chris Hepburn: 134.1, /digitalskillet: 132.3, /Dmitriy Shironosov: 173.4, / Don Bayley: 130.1 (alter Mann, alte Frau), /Elena Korenbaum: 298.1, /H. Jonsson: 19.4 Mi., /Jaap Hart: 217.6, 252.5, /Jacob Wackerhausen: 182.1, 216.1, /Jess Wiberg: 299.5, /Johnny Scriv: 318.2, /Julia Pivovarova: 5, 175.5, /Klaas Lingbeek- van Kranen: 82.1 u.li., /Lucian Coman: 105.6, /luoman: 77.5, /mandygodbehear: 170.1, 187.2, hint. Vors. 4, /Marek Tarabura: 151.1, /Marie Cloke: 312.1 o., /Maxim Kulko: 123.5 (Wolf), /Ned White: 174.2 re.o., /pamela burley: 237.5, /phottoman: 281.5, /remem: 107.1, /RickBL: 177.4, /Robert Crum: 306.2, /Rtimages: 130.1 (Schwangere), /Sean Locke: 130.1 (Schulkind, Ehepaar), /Sean O'Riordan: 131.1, /Sean Randall: 84.3, /Sebastian Kaulitzki: 160.1, /SergiyN: 203.3 re., 215.3 re., /Sieto Verver: 312.1 u., /technotr: 104.1, /Vera Bogaerts: 118.1, /Villiers: 206.1, /YouraPechkin: 141.3 Mi.|IWF Wissen und Medien g Gmbh: 9.1 li., 10.1 li.|Janssen-Cilag GmbH: 312.3|Jedicke, E.: 70.2|Jung, A.: 91.4|Keystone/Schulz: 177.3|Kleesattel W., Schwäbisch Gmünd: 62.1, 158.1, 258.1, 277.7,.9|Kleinert, R.: 174.1, 212.4|Klepel, G.: 26.3|KMDD, www.kmdde.de: 205.5|Kolvenbach, Michael, Düsseldorf: 299.3|Land Salzburg: 61.5|Landesgendarmeriekommando für Tirol: 259.5|Lieder, J. Ludwigsburg: 9.2 u., 12.1a Hintergr., 27.4 d, 229.6|Limbrunner, A. Dachau: 264.1, hint. Vors. 5|Lupus, Moos: 62.3|Malzkorn, Stefan, Hamburg: 196.1|mauritius images/ACE: 268.1, 296.4, /age: 280.2, 316.1, hint. Vors. 7, /age fotostock: 322.3 li., /Alamy: 266.1, 276.4, /Bloom: 268.2, 294.3, /Böhlhoff: 152.1 li., 186.1, 301.3, /Caroline: 319.3, /Gilsdorf: 136.1, /Haag+Kropp: 131.3, 136.2, /imagebroker/Hölzl: 74.1, /imagebroker/Weber: 192.1, /mindbodysoul: 217.1, /Nikky: 299.7 li., 323.2 u., /Nill: 80.2, /Oxford Scientific: 311.4, /Perez: 302.1, /Photo Researchers: 155.4 b, 220.2, /Photononstop: 320.1, /Phototake: 131.2 (16-Zellen-Embryo), 131.5, 132.1 li. (16-Zellen-Embryo), /Pixtal: 203.6, /Pöhlmann: 320.2, /Ripp: 151.3, /Schätzle: 29.3, /Schmidt-Luchs: 102.3, /Schultze: 151.4, /Science Faction: 140.1, 147.1, / Umstätter: 299.7 re., /Weimann: 280.3, /Workbookstock: 156.1 re., 186.3|Max-Planck-Institut für evolutionäre Anthropologie: 257.4|mediacolors/ cmi/Bräunig: 110.1, /dia: 83.3|Molymod™ Molecular Models|UK: 226.1|Museum für Naturkunde, Berlin: 294.1, /Paläonthologie: 258.3|NASA: 44.1, 257.2 re.|National Science Foundation/Rager Fuller: 236.2|Naturmuseum Senckenberg, Frankfurt/M.: 262.2|Neanderthal-Museum, Mettmann: 291.4|Nilsson, L., Stockholm: 316.3, 317.4|Noll: 83.7, 104.2|Novartis: 155.4 a|Okapia: 23.4, /Birke: 9.5, 22.1,.2, 269.4, /CNRI: 170.2, / Danegger: 279.5 re., /G. Gaugler: 229.3, /Geduldig: 12.1a Vordergr., /Kage: 27.4 b, 151.2, 270.2, /Kehrer: 96.1, /Klaus Rose: 241.5, /Lowell/Georgia: 155.4 c, /Meyers: 99.3, /NAS/Biophoto Associates: 217.3, 224.2 a, /NAS/Faulkner: 277.5, /NAS/Simons: 220.1, /NAS/Tweedie: 257.3, 295.3, /Naturbild AB/Andersson: 191.6, 209.3, /OSF/Bromhall: 132.1 re., 317.5, 323.1, 325.4, /P. Arnold/Scharf: 156.1 li., 188.2, /Zettl: 54.1|Organon GmbH: 313.5|Pennsylvania State University, www.rps.psu.edu: 290.2|piclease/Brillen: 126.3|picture alliance/Aflo: 190.1, 212.1, /APA/picturedesk.com: 131.4, 138.1, /chromorange: 204.1 li., 308.1, /Denkou Images: 194.1, /dpa: 48.1, 63.7, 87.7, 122.1, 137.4, 148.3, 153.4, 162.1, 169.5, 186.2, 202.1, 210.1 re., 217.7, 238.1,.3, 242.2, 248.1, 250.3, 253.1, 257.1, 262.1, 307.3, 319.4, /dpa/Photoshot: 115.3, /KPA: 169.4, /Lehtikuva: 204.1 re., 307.4, / maxppp: 310.1, /Norbert Schmidt: 219.4, /Okapia/Neufried: 238.2, /Okapia/Root: 272.1, /united-archives/mcphoto: 184.1, /ZB: 72.1, 76.2, 148.2, 169.6, 224.1, 231.5, 250.2, 253.4, 288.1, 299.2, 300.2|Pixelio: 257.5 (Feuer), 322.3 re., /bmd: 234.1 Mi., /Gabi Schoenemann: 118.2, /Thommy Weiss: 240.1|Podhraski, M.: 257.5 (Schrifttafeln)|Premium/Colemann/Taylor: 55.5|Project Photos: 38.1, 59.4, 114.1 (Tiere), 130.1 (Baby), 172.2, 321.4|Reinhard – Tierfoto: 57.6, 62.4, 80.4, 92.3|Reinold, Ulrike: 9.4, 37.3, 68.1, 128.2 li., 260.1,.2, 261.3, 293.4,.5, 304.1,.2, 305.3|Robert-Koch-Institut/Wecke: 154.2 a+b|Röhl, Stephan, Berlin: 37.4, 65.3, 68.2, 111.3, 113.5, 120.1,.2|Schauer, J.: 276.3 u.|Schuster, R.: 61.4|Schütte, N., Berlin: 53.3, 118.3, 121.3,.5|Sevcik – Jan, Ceske Budejovice: 92.2|Studio-TV-Film: 257.5 (Feuerstein)|Theuerkauf, H., Gotha: 9.1 re., 9.3 li., 12.1b Hintergr., 17.3 li., 18.3, 24.1 re.+li., 27.4 c, 31.3-4, 36.1, 71.7, 81.8, 106.3|Tierfoto Giel: Titelbild|ullstein bild: 231.3|Universität Bonn/G. Oleschinski: 276.1,.2|upsolut mv gmbh/Wagner: 42.1|Walter, J./PLF Kassel: 87.4|Widmann, Peter: 299.6, 301.4|Wikimedia/Wildfeuer (GDFL + CC BY 2.5): 234.1 li.+re.|Wikipedia/André Karwath: 125.3, 127.4, /Jerome Prohaska: 17.4, /Olaf Leillinger (CC-2.5-BY-SA): 278.1, /public domain: 30.1 re., 119.4, 204.3 (Ecstasy), /public domain/Dave Pape: 55.3, /public domain/Jopi: 57.4, 80.6|Wildlife/Fiedler: 89.4 o., /Graner: 101.3, /Poelzer: 101.4, /N.Wu: 209.4, /Mallwitz: 211.4, /S.Muller: 280.1, /Varesvuo: 282.1 (Adler)|Willer, K.-H.: 50.2|www.earthhistory.org.uk: 270.3|Zentrum für Humangenetik der Universität Bremen: 221.4,.5, 252.1|Zimmek/Anthony: 111.5

Biologie verstehen mit Basiskonzepten

In der Biologie gibt es einige grundlegende Vorstellungen, die in vielen verschiedenen Zusammenhängen eine Rolle spielen. Diese Basiskonzepte können dabei helfen, Biologie besser zu verstehen, leichter zu lernen und Zusammenhänge herzustellen.

System

Biologische Systeme bestehen aus unterschiedlichen Elementen, die miteinander in Wechselwirkung stehen. Ihr richtiges Zusammenspiel ist wichtig für die Stabilität des Systems.

So sind Produzenten, Konsumenten und Destruenten jeweils unverzichtbare Bestandteile von Ökosystemen. Erst durch ihr Zusammenwirken werden Kreisläufe, wie der Kohlenstoff- und der Stickstoffkreislauf, geschlossen.

Bei der Immunabwehr sind verschiedene Organe und Zellen des Immunsystems, wie Haut, Schleimhäute, Körperflüssigkeiten und weiße Blutkörperchen, beteiligt. Versagen einzelne Elemente, z. B. infolge einer Ansteckung mit dem HI-Virus, kann es zu Infektionen und Allergien kommen.

Systeme sind unterschiedlich komplex. Sie können auf Einflüsse dynamisch reagieren, um so das System stabil zu halten. Nahrungsketten und Nahrungsnetze beispielsweise bilden die Nahrungsbeziehungen zwischen den in Ökosystemen lebenden Lebewesen ab. Dabei herrscht zwischen Räuber und Beute ein dynamisches Gleichgewicht, das auf Veränderungen im Nahrungsnetz reagiert und sich ständig neu einstellt (biologisches Gleichgewicht).

→ S. 66, 72, 162, 170, 184